空天科学与工程系列教材

航天热能工程学

黄敏超　胡小平　吴海燕　程玉强　编著

国防工业出版社

·北京·

内 容 简 介

本书主要叙述与能量转换过程相关的热力学和传热学基础知识,目的是使读者了解热力学基础理论,理解热力学基本定律,掌握工质的热力性质,了解动力循环的概念,掌握传热学基本概念和基本定律,培养正确的思维模式,并使他们学会运用热力学和传热学的基础理论和分析方法处理工程实际中的有关问题,为后续课程提供必要的热能应用方面的基础知识。全书分为9章:绪论、热力学基础、工质的热力性质、传热学基础、相转变与相平衡、化学热力学基础、循环过程的热力学分析、流动过程的热力学分析、新能源及能量的直接转换。本书注重基本理论的阐述,注重理论与实践的联系,注重结合课程内容对学生开展热力学和传热学分析方法和思维能力的培训。书中附有例题和习题以及必要的热工图表。全书采用国际单位,但考虑到当前工程实际,对某些工程单位也做了必要的说明。

本书适合作为航空宇航科学与技术、热能与动力工程、轮机工程、电力工程、核技术与工程、建筑环境(通暖)、化学工程、机械工程、材料工程等相关专业的本科生教材,亦可供相关领域工程技术人员参考。

图书在版编目(CIP)数据

航天热能工程学/黄敏超等编著. —北京:国防工业出版社,
2016.8

空天科学与工程系列教材

ISBN 978-7-118-10973-3

Ⅰ. ①航… Ⅱ. ①黄… Ⅲ. ①航天工程 – 热能 – 教材
Ⅳ. ①V57

中国版本图书馆 CIP 数据核字(2016)第 175335 号

※

国防工业出版社出版发行

(北京市海淀区紫竹院南路 23 号 邮政编码 100048)
三河市众誉天成印务有限公司印刷
新华书店经售

*

开本 710×1000 1/16 印张 25¾ 字数 482 千字
2016 年 8 月第 1 版第 1 次印刷 印数 1—2000 册 定价 78.00 元

(本书如有印装错误,我社负责调换)

国防书店:(010)88540777 发行邮购:(010)88540776
发行传真:(010)88540755 发行业务:(010)88540717

总　序

　　经过 50 余年的发展,航空航天技术在经济建设、武器装备、科学研究、日常生活中发挥的作用日益彰显。航天技术的研究具有系统复杂、技术尖端、应用性强、辐射面广等特点,是衡量一个国家综合国力的重要标志,同时也能对国家的科学研究与工业技术发展产生巨大的牵引作用。

　　飞行动力学与控制是飞行器设计的核心技术之一。它以经典力学和自动控制理论为基础,研究飞行器在力和力矩作用下的运动与控制规律,以满足飞行任务的要求,与飞行器的工程设计和实际应用有着紧密的关系。飞行器的总体论证与设计、控制系统设计、结构设计、飞行试验与评定、任务规划、运行管理、效能评估等都与飞行动力学与控制密切相关。因此,航空航天领域不仅需要掌握飞行动力学与控制原理的专门人才,相关专业人员掌握一些飞行力学知识也是非常必要的。

　　国防科技大学航天科学与工程学院是我国飞行动力学与控制方面科学研究和知识传承的一个重要基地,早在 20 世纪 50 年代"哈军工"时期就创办了相关专业。程国采、张金槐、任萱、赵汉元、贾沛然、黄圳圭等老一辈学者,积极参与我国重大航天工程领域的研究,学术造诣深厚。为提高学校办学水平,他们注重从科研实践中系统总结,精心提炼,著书立说,惠及后人。20 世纪 80 年代开始,先后出版了《远程火箭弹道学》《弹道导弹制导方法与最优控制》《飞行器再入动力学与制导》《远程火箭精度分析与评估》《人造地球卫星轨道力学》《大型航天器动力学与控制》等一系列高水平教材。这些书注重理论联系实际,突出用飞行动力学与控制理论解决工程实际问题,不仅在我国航天教育领域得到广泛应用,而且成为航天部门科研人员的案头参考书。

　　进入新世纪以来,运载火箭、弹道导弹、近地航天器等传统飞行器的设计与应用逐步成熟,而高超声速飞行器、智能化航天系统、先进深空探测航天器的研究初露端倪。国防科技大学的研究力量一直紧跟这一技术发展趋势,参与和推动着我国飞行动力学与控制技术的进步。通过对原有教材经典内容的继承和对新科研成果的提炼，推出了这套飞行动力学与控制系列教材。教材涵盖了弹道学、轨道力学、姿态动力学、导航技术、精度分析与评估等飞行动力学与控制的主要内容，在知识的经典性与先进性、理论性与实践性方面做到了较好的统一。

经过几代人的艰苦努力，我国的航天事业已逐渐缩小了与先进国家的差距。未来的发展离不开一大批掌握先进知识与理念的人才，我希望也相信这套教材能在我国航天人才培养和航天工程实践中发挥重要作用。作为我国航天队伍中的一员，我期待看到本系列教材的出版，并乐意为之作序。

2013 年 9 月 13 日

前　言

本书是根据国防科学技术大学 2012 版本科课程标准，吸收了国内外同类教材的优点，结合编著者多年的教学经验，在校内试用多年的《工程热力学》和《传热学》内部教材的基础上编写而成的。

本书主要讲述航天技术领域所涉及的物质热物性和能量转换规律，它是航天领域从事科学研究和工程技术人员必备的基础知识。本书的主要任务是：进一步提高本科学员的热力学理论水平，了解传热学的基本概念，培养本科学员正确的思维模式，并使他们学会运用热力学理论和分析方法处理热能转换和热能利用中的有关问题。

编写本书的目的有两个：第一，作为国防科技大学航空宇航科学与技术、飞行器动力工程、空间工程、导弹工程等相关学科专业的本科生核心基础课程教材之一；第二，亦可以作为从事航天热能工程相关专业的技术人员的参考书。

本书各章内容安排如下：

第 1 章是绪论。介绍热力学和传热学的发展简史、研究对象、研究方法和分类。

第 2 章是热力学基础。讲述热力学第一定律及第二定律的基本原理、熵和㶲的基本概念。

第 3 章是关于工质的热力性质方面的内容。讲述纯物质的热力性质、热力学关系式、理想气体混合物、湿空气。

第 4 章是传热学基础。讲述热传导基本概念，一维、二维和三维稳态热传导问题，不稳定热传导，对流换热基本概念，热辐射基本概念，传热基本理论在发动机推力室热防护中的应用等。

第 5 章介绍相转变与相平衡。讲述单元复相系的概念、相转变与相平衡的条件、汽化与凝结过程等。

第 6 章是关于化学热力学基础方面的内容。讲述燃烧过程、反应系统的能量守恒与熵平衡、化学平衡过程等。

第7章介绍循环过程的热力学分析。讲述热力学分析方法、内燃机循环、燃气轮机循环、空气喷气发动机循环、火箭发动机循环、制冷循环与热泵循环等基本概念。

第8章介绍流动过程的热力学分析。讲述流动过程的基本方程、滞止参数与临界参数、气体管道中的绝能等熵流动、喷管与扩压管过程、绝热节流、气体流动过程在飞行器动力装置中的应用。

第9章介绍新能源及能量的直接转换。讲述新能源利用、能量的直接转换、热电现象、温差发电、磁流体动力发电、燃料电池、光电池等。

本书第2、3、6章由黄敏超编写,第1、4章由胡小平编写,第7、8、9章由吴海燕编写,第5章由程玉强编写。在本书编写过程中,得到刘伟强教授、程谋森教授等许多专家有意义的指导和建议,在此表示衷心的感谢。此外,感谢为本书提供各种资料和帮助的其他专家教授们以及参与校对工作的孙涛、马志成等硕士研究生。本书在编写过程中,参考了国内外一些教材和文献的内容,在此一并致谢!

由于作者水平有限,书中难免疏漏和错误,恳请读者们批评指正!

作　者

2015 年 10 月 28 日

目　　录

第1章　绪论

Chapter 1　Introduction ·· 1

1.1　热力学的发展简史(Brief history of thermodynamics) ················· 1

1.2　热力学的研究对象(Research objects of thermodynamics) ············ 4

1.3　热力学的研究方法(Research approaches of thermodynamics) ········· 4

1.4　热力学的分类(Categories of thermodynamics) ························· 5

1.5　传热学的发展简史(Brief history of heat transfer) ····················· 6

1.6　传热学与工程热力学在研究方法上的异同(similarities and
differences on the research approaches of thermodynamics and
heat transfer) ·· 10

思考题 ·· 11

第2章　热力学基础

Chapter 2　Elements of Thermodynamics ································ 12

2.1　基本概念及定义(Fundamental concepts and definitions) ············ 12

2.1.1　热力学系统(Thermodynamics system) ····················· 12

2.1.2　热力学系统的状态及状态参数(State and
state parameters of thermodynamic systems) ················ 14

2.1.3　平衡状态和状态参数坐标图(Equilibrium
state and state parameter coordinate diagram) ··········· 19

2.1.4　状态方程式(State equation) ································· 20

2.1.5　热力过程和准静态过程(Thermodynamic
process and quasi‐static process) ··························· 22

2.1.6　功(Work) ··· 23

2.1.7　热量(Heat) ··· 26

2.1.8　热力循环(Thermodynamic cycle) ························· 28

2.2　热力学第一定律(The first law of thermodynamics) ················· 29

2.2.1　热力学第一定律的实质(Nature of the

first law of thermodynamics） ·· 29

2.2.2　热力学第一定律表达式（Expressions of
the first law of thermodynamics） ·· 30

2.2.3　能量方程的应用（Applications of energy equation） ·········· 32

2.3　热力学第二定律（The second law of thermodynamics） ·············· 36

2.3.1　热力学第二定律的实质与陈述（Nature and
statements of the second law of thermodynamics） ············ 36

2.3.2　可逆和不可逆过程（Reversible and irreversible
processes） ··· 38

2.3.3　关于热力学循环的第二定律推论（The second law
corollaries for thermodynamic cycles） ·························· 39

2.3.4　开尔文温标（Kelvin temperature scale） ······················· 41

2.3.5　卡诺循环（Carnot cycle） ··· 42

2.4　熵（Entropy） ·· 43

2.4.1　克劳修斯不等式（Clausius inequality） ·················· 43

2.4.2　熵变的定义（Definition of entropy change） ············· 44

2.4.3　闭口系的熵方程（Entropy equation for closed systems） ··· 45

2.4.4　开口系的熵方程（Entropy equation for open system） ······ 47

2.5　烟（Availability） ··· 50

2.5.1　烟和炕（Availability and Anergy） ························· 50

2.5.2　闭口系的烟方程（Availability equation for closed
system） ··· 52

2.5.3　流动烟（Flow availability） ····································· 53

2.5.4　开口系的烟方程（Availability equation for open
system） ··· 54

思考题 ·· 56

习题 ·· 57

第3章　工质的热力性质

Chapter 3　Thermodynamic Properties of Working Substances ·············· 60

3.1　纯物质的热力性质（Thermodynamic properties of pure
substances） ··· 60

3.1.1　状态公理（State principle） ····································· 61

3.1.2　$p-v-T$ 关系（$p-v-T$ Relationship） ························· 61

3.1.3　状态参数数据（State parameter data） ····················· 64

3.1.4　气体 $p-v-T$ 关系（$p-v-T$ Relationship for gases） ········· 69

　　　3.1.5　理想气体模型(Ideal gas model) ·················· 71

　3.2　热力学关系式(Thermodynamic relations) ················· 75

　　　3.2.1　状态方程(Equations of state) ·················· 75

　　　3.2.2　由全微分导出的热力学关系(Thermodynamic relations from
　　　　　　　exact differentials) ···························· 78

　　　3.2.3　熵、内能和焓的一般热力关系(General thermodynamic
　　　　　　　relations of entropy, internal energy, and enthalpy) ········· 80

　　　3.2.4　其他热力学关系式(Other thermodynamic relations) ········ 83

　3.3　理想气体混合物(Ideal gas mixtures) ·················· 86

　　　3.3.1　混合物成分的描述(Description of mixture composition) ······ 86

　　　3.3.2　混合气体模型(Gas mixture models) ·············· 88

　　　3.3.3　混合物的 U、H 和 S(Energy, enthalpy, and entropy
　　　　　　　for mixtures) ···························· 89

　　　3.3.4　不变成分混合物的过程(Processes of constant -
　　　　　　　composition mixture) ························· 90

　3.4　湿空气(Gas vapor mixture) ······················· 91

　　　3.4.1　干空气和大气(Dry air and atmospheric air) ········· 92

　　　3.4.2　湿空气的比湿度和相对湿度(Specific and relative
　　　　　　　humidity of air) ·························· 93

　　　3.4.3　露点温度(Dew point temperature) ·············· 94

　　　3.4.4　绝热饱和温度和湿球温度(Adiabatic saturation
　　　　　　　temperature and wet - bulb temperature) ·············· 94

　　　3.4.5　温湿图(Psychrometric chart) ··················· 96

　　　3.4.6　湿空气过程(Processes of gas vapor mixtures) ············· 97

　思考题 ··· 100
　习题 ··· 100

第4章　传热学基础
Chapter 4　Foundamentals of Heat Transfer ················· 103

　4.1　热传导基本概念(Basic conceptions about thermal conduction) ··· 103

　　　4.1.1　等温线和等温面(Isotherm and isothermal plane) ·········· 104

　　　4.1.2　热流通量(Heat flux) ······················· 105

　　　4.1.3　热传导方程(Equation of thermal conduction) ············· 105

　　　4.1.4　导热系数(Thermal conductivity) ················· 108

　　　4.1.5　各向异性材料的热传导方程(Thermal conduction equation
　　　　　　　for anisotropic material) ················· 109

4.1.6　传热过程(Heat transfer process) ……………………………… 111

4.2　一维稳定导热(One dimensional steady conduction) …………… 113

4.2.1　无限大平板的一维稳态导热(One dimensional steady
conduction of an infinite plate) …………………………… 113

4.2.2　复合平板的一维稳态导热(One dimensional steady
conduction of composite plate) …………………………… 114

4.2.3　圆管的一维稳态导热(One dimensional steady
conduction of circular tube) ……………………………… 115

4.2.4　圆球的一维稳态导热(One dimensional steady
conduction of ball) ………………………………………… 116

4.3　二维和三维稳态热传导问题(Multi - dimensional thermal
conduction) …………………………………………………… 117

4.3.1　方程形式(Equations) …………………………………… 117

4.3.2　方程解法(Solution of equations) ……………………… 117

4.3.3　分离变量法(Method of separation of variables) ……… 117

4.4　不稳定热传导(Unsteady thermal conduction) ………………… 118

4.4.1　导热系数无限大物体中的不稳定热传导(零维不稳定
热传导)(Zero dimensional unsteady conduction) ……… 118

4.4.2　一维不稳定热传导(One dimensional unsteady conduction) … 120

4.4.3　二维和三维不稳定热传导(Multi dimensional
unsteady conduction) ……………………………………… 123

4.5　对流换热基本概念(Basic conceptions about thermal convection) … 126

4.5.1　基本概念(Basic conceptions) ………………………… 126

4.5.2　对流换热问题的数学描述(Mathematical description
of convection problem) …………………………………… 130

4.5.3　边界层概念及边界层换热微分方程组(Boundary layer and
differential equations of heat transfer in boundary layer) …… 131

4.5.4　动量传递与热量传递的比拟理论(Analogy theory
between momentum transfer and heat transfer) ………… 136

4.5.5　相似原理及量纲分析(Principle of similitude and
dimensional analysis) ……………………………………… 137

4.5.6　相似原理的应用(Application of similitude principle) ……… 138

4.5.7　内部流动强制对流换热实验关联式(Experimental correlations
of heat transfer for forced convection of internal flow) ……… 139

4.5.8　外部流动强制对流换热实验关联式(Experimental correlations

of heat transfer for forced convection of external flow） ······ 142

4.5.9 自然对流换热及实验关联式（Free convection and

experimental correlations） ············· 144

4.6 热辐射基本概念（Basic conceptions about thermal radiation） ······ 147

4.6.1 热辐射的基本概念（Basic conceptions about thermal

radiation） ············· 147

4.6.2 黑体辐射基本定律（Basic radiation laws of black body） ··· 149

4.6.3 实际物体的热辐射——基尔霍夫定律（Radiation of real

body；Kirchhoff's law） ············· 152

4.7 辐射换热的分析方法（Analysis approaches for radiative

heat exchange） ············· 152

4.7.1 形状因子（Angle factor） ············· 152

4.7.2 包壳内的辐射换热（Radiation heat transfer in a shell） ······ 154

4.8 传热理论在火箭发动机推力室热防护中的应用（Application of

heat transfer theory in thrust chamber） ············· 159

4.8.1 各种冷却方式（Various kinds of cooling method for LRE） ······ 161

4.8.2 再生冷却的分析（Analysis of regenerative cooling） ········· 164

思考题 ············· 167

习题 ············· 168

第 5 章　相转变与相平衡

Chapter 5　Phase Transition and Phase Equilibrium ············· 170

5.1 单元复相系统（System of mono – species and multiple phase） ······ 170

5.2 相转变与相平衡条件（Conditions of phase transition and phase

equilibrium） ············· 171

5.2.1 过程方向和系统平衡判据（Process direction and criterions

of system equilibrium） ············· 171

5.2.2 单元复相系统的平衡条件（Equilibrium condition of

Mono – species and multiple phase System） ············· 173

5.2.3 相转变的条件（Condition of phase transition） ············· 175

5.3 单元复相系统的相平衡图（Phase equilibrium Figures of mono

species and multiple phases） ············· 177

5.4 克劳修斯—克拉贝龙方程（Clusius – Clapron equation） ············· 178

5.4.1 克劳修斯—克拉贝龙方程的建立（Derivation of Clusius –

Clapron equation） ············· 178

5.4.2 克劳修斯—克拉贝龙方程的应用举例（Application illustration

　　　　　　of Clusius – Clapron Equation) ················· 181

　　5.5　汽化与凝结过程(Process of vaporization and condensation) ········ 186

　　　　5.5.1　等温汽化与凝结过程(Isothermal process of vaporization
　　　　　　and condensation) ················· 187

　　　　5.5.2　定压汽化与凝结过程(Isobaric process of vaporization and
　　　　　　condensation) ················· 188

　　　　5.5.3　气液共存时的性质计算(Property calculation while vapor
　　　　　　and liquid coexistence) ················· 189

　　5.6　曲界面复相系统的相转变与相平衡(Phase transition and phase
　　　　equilibrium of curly interface multi – phases system) ·············· 191

　　　　5.6.1　曲界面相平衡条件(Condition of phase equilibrium of
　　　　　　curly interface) ················· 192

　　　　5.6.2　液滴与气泡生成和增长的条件(Condition for droplet and
　　　　　　bubble generation and growth) ················· 193

　　　　5.6.3　液体的过热度(Superheat degree of liquid) ·············· 197

　　思考题················· 199

　　习题················· 200

第6章　化学热力学基础
Chapter 6　Elements of Chemical Thermodynamics ················· 202

　　6.1　燃烧过程(Combustion process) ················· 202

　　6.2　反应系统的能量守恒(Conservation of energy for reacting systems) ··· 205

　　6.3　绝热火焰温度(Adiabatic flame temperature) ················· 207

　　6.4　绝对熵和热力学第三定律(Absolute entropy and the third law of
　　　　thermodynamics) ················· 208

　　6.5　化学平衡(Chemical equilibrium) ················· 210

　　思考题················· 216

　　习题················· 217

第7章　循环过程的热力学分析
Chapter 7　Analysis of Thermodynamic Cycles ················· 219

　　7.1　热力学分析方法(Analysis method of thermodynamics) ·············· 219

　　　　7.1.1　热力学第一定律分析法(Analysis method by the first law
　　　　　　of thermodynamics) ················· 219

　　　　7.1.2　热力学第二定律分析法(Analysis method by the second
　　　　　　law of thermodynamics) ················· 221

　　7.2　内燃机循环(Cycle of internal combustion engine) ·················· 223

7.2.1　混合加热循环(Cycle of hybrid calefaction)　·············· 224

7.2.2　定容加热循环(Cycle of isochoric calefaction)　············ 225

7.2.3　定压加热循环(Cycle of isobaric calefaction)　············· 226

7.3　燃气轮机循环(Cycle of gas turbine)　······················· 227

　　7.3.1　定压加热燃气轮机理想循环(Ideal cycle of isobaric

　　　　　calefaction gas turbine)　························· 229

　　7.3.2　考虑不可逆损失的实际燃气轮机循环(Real cycle of gas

　　　　　turbine considering the irreversible loss)　··········· 232

7.4　喷气式发动机循环(Cycle of jet engine)　···················· 236

　　7.4.1　涡轮喷气发动机的理想循环(Ideal cycle of turbine jet

　　　　　engine)　······································ 236

　　7.4.2　提高涡轮喷气发动机循环功的方法(Method for improving

　　　　　turbine jet engine's circulating work)　············· 238

　　7.4.3　提高涡轮喷气发动机推进效率的方法(Method of improving

　　　　　turbine jet engine's propel efficiency)　············· 239

　　7.4.4　冲压式喷气发动机的理想循环(Ideal cycle of athodyd)　··· 241

7.5　火箭发动机循环(Cycle of rocket engine)　··················· 244

　　7.5.1　液体火箭发动机循环(Cycle of liquid rocket engine)　····· 245

　　7.5.2　固体火箭发动机循环(Cycle of solid rocket engine)　········ 247

　　7.5.3　其他火箭发动机(Cycle of the other rocket engines)　······ 248

7.6　制冷循环与热泵循环(Refrigeration cycle and heat pump cycle)　··· 248

　　7.6.1　制冷循环的㶲效率(Exergy efficiency of refrigeration cycle)　··· 249

　　7.6.2　蒸汽压缩式制冷装置(Vapour – compression refrigeration

　　　　　cycle)　······································· 250

　　7.6.3　吸收式制冷装置(Absorption refrigeration equipment)　······ 251

　　7.6.4　热泵循环(Heat pump cycle)　····················· 253

　　7.6.5　热泵的效率与节能作用(Heat pump efficiency and

　　　　　energy conservation effect)　···················· 254

思考题·· 255

习题·· 256

第8章　流动过程的热力学分析

Chapter 8　Thermodynamics Analysis of Flow　·················· 257

8.1　流动过程的基本方程(Basic equations of flow)　·············· 257

　　8.1.1　定常流动基本解法(Basic solutions of steady flow)　······· 257

　　8.1.2　声速和马赫数(Velocity of sound and Mach number)　······ 261

8.2　滞止参数和临界参数(Stagnation parameters and critical
　　　parameters) ·· 264
　　8.2.1　滞止参数(Stagnation parameters) ·························· 264
　　8.2.2　临界参数(Critical parameters) ···························· 268
8.3　气体管道中的等熵流动(Isentropic flow in gas pipe line) ··· 269
　　8.3.1　能量方程的制约 ··· 269
　　8.3.2　伯努利方程的制约 ··· 271
　　8.3.3　等熵过程方程的制约 ·· 271
　　8.3.4　连续方程的制约 ··· 271
8.4　喷管与扩压管(Nozzles and diffusers) ······················· 274
　　8.4.1　喷管(Nozzles) ··· 274
　　8.4.2　扩压管(Diffusers) ·· 285
8.5　绝热节流(Adiabatic throttle) ································ 288
思考题 ··· 290
习题 ··· 292

第9章　新能源及能量的直接转换
Chapter 9　New Energy Sources and Straight Transformation of Energy ··· 296
9.1　新能源利用(Utilization of new energy sources) ················· 296
9.2　能量的直接转换(Straight transformation of energy) ············ 299
　　9.2.1　局域平衡假设(Hypothesis of local equilibrium) ········· 299
　　9.2.2　唯象定律(Phenomenological law) ························ 300
　　9.2.3　不可逆过程的熵产率(Entropy production rate of
　　　　　irreversible process) ··· 303
　　9.2.4　广义热力学流与广义力的选择(Choice of generalized
　　　　　thermodynamics flux and force) ························· 304
　　9.2.5　昂萨格倒易关系(Onsager reciprocal relations) ··········· 306
9.3　热电现象(Thermoelectricity phenomenon) ····················· 307
　　9.3.1　唯象系数的确定(Calculation of phenomenological
　　　　　coefficients) ··· 307
　　9.3.2　塞贝克效应(Seebeck effect) ····························· 308
　　9.3.3　珀尔帖效应(Peltier effect) ····························· 309
　　9.3.4　汤姆逊效应(Thomson effect) ···························· 309
　　9.3.5　开尔文方程(Kelvin equation) ···························· 311
9.4　温差发电(Electricity generation by temperature difference) ········ 312
　　9.4.1　传导热和焦耳热(Conduction heat and Joule heat) ········ 312

9.4.2　热力学第一定律效率(The efficiency by the first law
　　　　of thermodynamics) ································· 314

9.5　磁流体动力发电(Electricity generation by ferrofluid) ············· 316

9.5.1　发电机输出电压(Output of generator) ················· 316

9.5.2　磁流体状态参数(State parameters of ferrofluid) ········· 317

9.5.3　磁流体发电机的循环(Cycle of ferrofliud generator) ········ 318

9.6　燃料电池(Fuel cell) ······································· 319

9.6.1　燃料电池的工作原理(Working principle of fuel cell) ······ 320

9.6.2　输出功和传热量(Work output and heat transferred) ········ 321

9.6.3　燃料电池的效率(Efficiency of fuel cell) ················· 321

9.6.4　实际燃料电池(Real fuel cell) ······················· 322

9.7　光电池(Photovoltaic cell) ································· 323

9.7.1　太阳能(Solar energy) ····························· 323

9.7.2　材料的间隙能(Clearance energy of material) ············· 323

9.7.3　太阳能电池的工作原理(Working principle of solar
　　　　cell) ·· 324

9.7.4　太阳能电池的应用(Application of solar cell) ············· 325

思考题 ·· 326

习题 ·· 326

附录

Appendix ·· 328

参考文献

Reference ·· 394

第 1 章 绪 论

Chapter 1 Introduction

教材目标 本教材主要讲述航天工程领域所涉及的物质热物性和能量转换规律,它是航天领域工程技术人员必备的基础知识。该教材的出版主要是为了提高学生的热力学和传热学理论水平,培养学生正确的思维模式,并使他们学会运用热力学和传热学理论分析方法处理航天热能转换和热能利用中的有关问题。

设计思路 本教材以工程热物理及动力系统教育改革的基本理念为指导,加强与其他高校的相互联系,加速教学研究的进程。将教材的框架设计、内容安排、教学实施等有机结合起来,充分体现教材的先进性和创新点。本教材在介绍热力学基本概念的基础上,重点讲述热力学第一定律和第二定律及其工程应用。通过本教材的学习,使学生理解热力学基本定律和工程应用方法以及传热学的基本概念,初步掌握航天工程系统热力特性分析与工程计算方法。

本章是航天热能工程学的绪论,主要内容包括:热力学的发展简史、研究对象、研究方法和分类,传热学的发展简史,传热学与工程热力学在研究方法上的异同。主要目的是提高学生对航天热能工程学的兴趣。

1.1 热力学的发展简史(Brief history of thermodynamics)

热现象是人类最早接触的自然现象之一。相传远古时代的燧人氏钻木取火,就是机械能转换为热能、使木头温度升高而发生着火的热现象。但是人类对热现象的利用和认识,却经历了漫长的岁月,从远古时代的神话,到 18 世纪前后机械唯物主义的"燃素说""热素说",直到近 300 年来,人类对热的认识才逐步形成了一门真正的学科。

18 世纪初期,由于煤矿开采工业对动力抽水机的需要,最初在英国出现了带动往复水泵的原始蒸汽机。到了 18 世纪下半叶,由于资本主义工厂手工业的发展和自动纺纱机、织布机等工作机的不断发明,迫切需要一种实用的动力机来带动这些工作机,所以到了工场手工业的晚期阶段,热力动力机的发明与应用才有了需要和可能。

1763—1784 年英国人瓦特（James Watt, 1736—1819）对当时的钮科门原始蒸汽机做了重大改进，发明了应用高于大气压的蒸汽作为工质、有回转运动、有独立冷凝器的单缸蒸汽机，现在估计其热效率约为 2%，这在当时却已是很大的进步。因此可以说，蒸汽机的发明与应用是社会生产力发展的必然结果。

此后蒸汽机被纺织、冶金等工业所普遍采用，生产力得到很大提高。到了 19 世纪初，发明了以蒸汽机作为动力的铁路机车和船舶。

随着蒸汽机的广泛应用，如何进一步提高蒸汽机的效率这个问题变得日益突出。这样就促使人们对提高蒸汽机热效率、热功转换的规律以及水蒸汽的热力性质等问题进行了深入研究，从而推动了热力学的发展。

在热功转换规律的研究上，1824 年，卓越的年轻工程师卡诺（Sadi Carnot, 1796—1832）发表了卡诺定理。他首先在理论上指出热机必须工作于温度各不相同的热源之间，才能将从高温热源吸入的热量转变为有用的机械功，并提出了热机最高效率的概念。这些实质上已揭示了热力学第二定律最基本的内容，但是由于卡诺受到了当时流行的"热素说"的束缚，使他未能从中发现热力学第二定律。尽管如此，卡诺对热力学的贡献是功不可没的，他指出冷热源之间温差越大，工作于其间的热机的热效率就越高，这成为以后各种实际热机和热动力设备提高热效率的总指导原则。

热力学第一定律即能量守恒及转换定律的建立，世界上目前公认应归功于德国人迈耶（Julius Robert Mayer, 1814—1878）、英国人焦耳（James Prescotl Joule, 1818—1889）和德国人亥姆霍兹（H. T. Von Helmholtz, 1821—1892）。迈耶于 1842 年首先发表论文阐述了这一定律，但当时缺乏实验支持，没有得到公认。焦耳在与迈耶的理论研究没有联系的情况下，在这方面进行了全面的实验研究。1850 年，焦耳在他发表的第一篇关于热功相当实验的总结论文中，以各种精确的实验结果使热力学第一定律得到了充分的证实，从而获得了物理学界的公认。1847 年，亥姆霍兹发表了著名的论文《论力的守恒》。虽然这篇论文内容就其实质来说并没有超出早他几年的迈耶和焦耳所发表的论文，但它除了兼有迈耶论文的深刻思想和焦耳论文的坚实实验数据外，还充分运用了数学知识，使用的是物理学家的语言，容易令人信服，它是十分接近于今天各类教科书中关于能量守恒定律的一般叙述。在促使人们最终接受能量守恒原理的过程中，这篇论文所起的作用比迈耶和焦耳的论文所起的作用都要大。

能量守恒及转换定律是 19 世纪物理学最重要的发现，它用定量的规律将各种物理现象联系起来，寻求一个可以度量各种现象的物理量，即能量。能量这一概念是由汤姆逊（William Thomson，原名开尔文 Lord Kelvin, 1824—1907）于 1851 年引入热力学的。热力学第一定律的确立宣告了不消耗能量的永动机（第一类永动机)是不可能实现的。

随着热力学第一定律的建立,克劳修斯(Rudolf Clausius,1822—1888)在迈耶和焦耳工作的基础上,重新分析了卡诺的工作,根据热量总是从高温物体传向低温物体这一客观事实,于1850年提出了热力学第二定律的一种表述:不可能把热量从低温物体传到高温物体而不引起其他变化。

1851年,开尔文也独立地从卡诺的工作中发现了热力学第二定律,提出了热力学第二定律的另一种表述:任何循环系统不可能从单一热源吸取热量使之完全转变为功而不产生其他影响。

从单一热源(如大气)吸热完全转变为功而不产生其他影响的机器是不违背能量守恒定律即热力学第一定律的。但这种机器可从大气或海洋吸取热量使热量完全转变为功,因而可以说不需要任何代价,是完全免费的,所以实质上这也是一种永动机,称为第二类永动机。第二类永动机是非常吸引人的,曾使许多人浪费了大量的精力。热力学第二定律的建立,宣告了第二类永动机与第一类永动机一样,也是不可能实现的。

在卡诺研究的基础上,克劳修斯和开尔文提出了热力学第二定律。热力学第二定律本质上是指明过程方向性的定律。在热力学两个定律建立以后,热力学理论将它们应用于分析各类具体问题的过程中,得到了进一步的发展。例如应用这两个基本定律,导出了反映物质各种性质的相应的热力学函数以及各热力学函数之间的普遍关系,求得了各种物质在相变过程中、化学反应中的各种规律等。

在将热力学原理应用于低温现象的研究中,能斯特(Walther Nernst,1864—1949)在1906年得到了一个称为能氏定律的新规律,并于1913年将这一规律表述为“绝对零度不能达到原理”——这就是热力学第三定律。经典热力学的基础理论就是由上述三个热力学基本定律构成的。

纵观热力学的发展简史,可以说是热力学理论与热机技术及热力工程相互促进共同发展的。19世纪末期发明了内燃机,它具有体积小、重量轻、热效率较高等优点,很快成为汽车、飞机、船舶、机车等交通运输工具的主要动力机,也广泛用作拖拉机、采矿设备、国防战车的动力。与内燃机的发明相适应,在热力学中发展了对内燃机中热力过程和热力循环方面的研究。

19世纪后半期,蒸汽机已不能满足工业生产对动力的巨大需要。19世纪末发明了蒸汽轮机,它具有适宜于应用高参数的蒸汽、热效率高、功率可以很大等主要优点,现今成为火力发电厂最主要的动力设备。蒸汽轮机的发明与应用,在工程热力学中提出并发展了高参数蒸汽的性质、气体与蒸汽经过喷管的流动等问题。

20世纪40年代,燃气轮机已经改进发展成为实际应用的一种重要热动力设备,在热力学中也发展了相应的研究内容。

1942 年美国人凯南(Joseph Henry Keenan,1900—1977)在热力学基础上提出了有效能的概念,使人们对能源利用和节能的认识又上了一个台阶。

近代科学技术的发展向热力学提出了新的课题,如等离子发电、燃料电池等能源转换新技术、环保型制冷工质研究,以及物质在超高温、超高压和超低温、超低真空等极端条件下的性质和规律等。古老的热力学不仅在传统领域中继续保持着青春与活力,而且也必将在解决高新技术领域的新课题中扮演着十分重要的角色。

1.2　热力学的研究对象(Research objects of thermodynamics)

热力学第一定律从数量上描述了热能与机械能相互转换时的关系,热力学第二定律从品质上说明热能与机械能之间的差别,指出能量转换时的条件和方向性。

热力学研究工质的基本热力性质,包括空气、燃气、水蒸汽、湿空气的热力性质。

热力学研究各种热工设备的工作过程。即应用热力学基本定律,分析计算工质在各种热工设备中所经历的状态变化过程和热力循环,探讨分析影响能量转换效果的因素以及提高能量转换效率的途径。

热力学研究与热工设备工作过程直接有关的一些化学与物理过程。目前,热能的主要来源是依靠燃料的燃烧,而燃烧是剧烈的化学反应过程,因此需要讨论化学热力学的基本知识。

随着科技进步和生产发展,工程热力学的研究和应用范围已不限于只是作为建立热机(或制冷装置)理论的基础,现已扩展到许多工程技术领域,如航空航天、高能激光、热泵、空气分离、空气调节、海水淡化、化学精炼、生物工程、低温超导、物理化学等,都需要应用工程热力学的基本理论和基本知识。因此,工程热力学已成为许多工科专业所必修的一门技术基础课。

1.3　热力学的研究方法(Research approaches of thermodynamics)

热力学有两种不同的研究方法:一种是宏观研究方法,另一种是微观研究方法。

宏观研究方法不考虑物质的微观结构,也不考虑微观粒子(分子和原子)的运动行为,而是把物质看成连续的整体,并且用宏观物理量来描述它的状态。通过大量的直接观察和实验,总结出基本规律,再以基本规律为依据,经过严格逻辑推理,导出描述物质性质的宏观物理量之间的普遍关系以及其他的一些重要推论。由于热力学基本定律是无数经验的总结,因而具有高度的可靠性和普遍性。

应用宏观研究方法的热力学称为宏观热力学、经典热力学或唯象热力学。工程热力学主要采用宏观研究方法。

在宏观热力学中,还普遍采用抽象、概括、理想化和简化处理方法。为了突出主要矛盾,往往将较为复杂的实际现象和问题略去细节,抽出共性,建立起合适的物理模型,以便能更本质地反映客观事物。例如,将空气、燃气、湿空气等气体理想化为理想气体处理,将高温热源以及各种可能的热源概括成为具有一定温度的抽象热源,将实际不可逆过程理想化为可逆过程,以便分析计算,然后再根据实验给予必要的校正,等等。当然,运用理想化和简化方法的程度要视分析研究的具体目的和所要求的精度而定。

宏观研究方法也有它的局限性,由于它不涉及物质的微观结构,因而往往不能解释热现象的本质及其内在原因。

微观研究方法正好弥补了这个不足。应用微观研究方法的热力学称为微观热力学或统计热力学。它从物质的微观结构出发,即从分子、原子的运动和它们的相互作用出发,研究热现象的规律。在对物质的微观结构及微粒运动规律做某些假设的基础上,应用统计方法,将宏观物理量解释为微观量的统计平均值,从而解释热现象的本质及其发生的内部原因。由于做了某些假设,所以其结果与实际并不一定完全符合,这是它的局限性。

作为应用科学的工程热力学,是以宏观研究方法为主,以微观理论的某些假设来帮助解释一些微观现象。

1.4　热力学的分类(Categories of thermodynamics)

热力学是研究与热现象有关的能量转换规律的科学。

能量是物质运动的量度。能量和物质不可分割,能量转换必须以物质为媒介。如何看待物质是研究的出发点,系统状态的描述方法和研究系统性质的理论依据都与如何看待物质有关。

宏观观点和微观观点从不同角度看待物质。前者把物质看成连续介质,后者认为物质是由大量分子、原子等微观粒子组成,因而有宏观热力学和微观热力学之分。

众所周知,在无外界作用时,处于平衡态的体系的状态不随时间变化,但常见的物系都是非平衡态的。无论是处于平衡态或非平衡态的物系都可用宏观或微观两种不同的观点进行研究,因此又有平衡态热力学和非平衡态热力学的区别。

以宏观方法研究平衡态物系的热力学称为平衡态热力学,又称为经典热力学;用宏观方法研究偏离平衡态不远的非平衡态物系的热力学,称为非平衡态热力学或不可逆过程热力学。用微观方法研究热现象的科学统称为统计物理学。统计物理学用于平衡态物系时称为统计热力学,又称为统计力学。

以宏观观点研究热现象时,是以总结经验而来的基本定律为依据,而统计热力学则以粒子运动遵守的经典力学或量子力学原理为依据。可见,二者的理论依据是不同的。

宏观方法的优点是简单、可靠,只要少数几个宏观物理量就可描述系统的状态。同时,所依据的基本定律已被大量实践所证实,具有极大的普遍性和可靠性。用以进行各种推演时,只要不作其他任意的假定,所得的结论同样是极为可靠的。然而,因为此方法未涉及物质的内部结构,不能解释现象的微观本质,同时也不能用以得出具体物质的性质。经典热力学的不足之处可用统计热力学弥补。后者基于物质的内部结构,不但可以解释宏观现象的本质,而且当对物质的结构做出一些合理的假设后,甚至还可得出具体的物性。但因微观粒子为数众多,要用统计的方法才能进行研究,因此计算麻烦,不如宏观方法简单。又因统计热力学有赖于对物质结构所做的假设,因而所得结论的可靠性也较差。总之,两种方法相互补充,相辅相成,不能说一种绝对优于另一种。

就工程应用而言,简单可靠是首先需要考虑的问题,因此本书的内容以宏现平衡的经典热力学为主。为了解释某些宏观现象的实质和扩大眼界,以及加深对主要内容的理解,本书也安排了一些统计热力学和不可逆过程热力学方面的内容。

1.5　传热学的发展简史(Brief history of heat transfer)

热传导、热对流和热辐射是传热的三种基本方式。

19 世纪初,兰贝特(J. H. Lambert, 1728—1777)、毕渥(J. W. Biot, 1774—1862)和傅里叶(J. B. J. Fourier, 1768—1830)都从固体一维导热的实验入手开展了研究。1804 年,毕渥根据实验提出了一个公式,认为单位时间通过单位面积的导热热量正比于两侧表面温差、反比于壁厚,比例系数是材料的物理性质。这个公式提高了对导热规律的认识,只是在理论上略显粗糙。傅里叶在进行实验研究的同时,十分重视数学工具的运用。他从理论解与实验的对比中不断完善他的理论公式,取得的进展令人瞩目。1807 年他提出了求解偏微分方程的分离变量法和可以将解表示成一系列任意函数的级数的概念,得到学术界的重视。1812 年,法国科学院以"热量传递定律的数学理论及理论结果与精确实验的比较"为题设项竞奖。经过努力,傅里叶于 1822 年发表了他的著名论著《热的解析理论》,成功地完成了创建导热理论的任务。他提出的导热定律现称为傅里叶定律,正确地概括了导热实验的结果,奠定了导热理论的基础。他以傅里叶定律和能量守恒定律为基础而推导出的导热微分方程是导热问题正确的数学描述,成为求解大多数工程导热问题的出发点。他所提出的采用无穷级数表示理论解的方法(即傅里叶级数)开辟了数学求解的新途径。因此,傅里叶被公认为导热理论的奠基人。

在傅里叶之后,导热理论求解的领域不断扩大,许多学者做出了贡献。其中,雷曼(G. F. B. Remann,1826—1866)、卡斯劳(H. S. Carslaw,1870—1954)、耶格尔(J. C. Jaeger)和雅各布(M. Jakob)等人的工作值得重视。

流体流动的理论是对流换热理论的必要前提。1822 年纳维埃(M. Navier,1785—1836)提出的流动方程组,可适用于不可压缩性流体。此方程组在 1845 年经斯托克斯(G. G. Stokes,1829—1903)改进,成为纳维尔—斯托克斯方程(即 NS 方程),完成了建立流体流动基本方程组的任务。然而,由于该方程组是一个耦合的非线性偏微分方程组,非常复杂,只有很少数的简单流动问题能够进行解析求解,流体力学理论的发展遇到了困难。这种局面一直等到 1880 年雷诺(O. Reynolds,1842—1912)提出了一个对流动有决定性影响的无量纲物理量群即雷诺数之后才开始有所改观。在 1880—1883 年,雷诺进行了大量实验研究,发现管内流动从层流向湍流的转变发生在雷诺数的数值为 1800～2000,澄清了实验结果之间的混乱,对指导实验研究做出了重大贡献。长期以来,比单纯流动更为复杂的对流换热问题的理论求解进展不大。1881 年洛仑兹(H. Lorentz,1853—1928)对自然对流的理论解,1885 年格雷茨(L. Graetz)和 1910 年努塞尔(W. Nusselt,1882—1957)对管内换热的理论解及 1916 年努塞尔的凝结换热理论解分别对于解析求解做出了贡献。只是这些可以得到解析解的问题为数不多,具有突破意义的进展是 1909 年和 1915 年努塞尔两篇论文的贡献。他对强制对流和自然对流的基本微分方程及边界条件进行量纲分析,获得了有关无量纲数之间的原则关系,开辟了在无量纲数原则关系正确指导下,通过实验研究求解对流换热问题的一种基本途径,有力地促进了对流换热研究的发展。鉴于量纲分析法在 1914 年才由白金汉(E. Buckingham)提出,相似理论则在 1931 年才由基尔皮切夫(В. Кирпичев)等发表,努塞尔的成果有其独创性,努塞尔于是被公认为发展对流换热理论的杰出先驱。

在对流换热微分方程组的理论求解上,两个方面的进展发挥了重要作用:其一是普朗特(L. Prandtl,1875—1953)于 1904 年提出的边界层(附面层)概念。

他认为,低黏性流体只有在横向速度梯度很大的区域内才有必要考虑黏性的影响,这个范围主要处于与流体接触的壁面附近,而其外的主流则可以当作无黏性流体处理。这是一个经过深思熟虑、切合实际的论断。在边界层理论的指导下,对流换热微分方程组可以得到合理的简化,从而在某些情况下可以获得其解析解,有力地推动了理论求解方法的发展。1921年波尔豪森(E. Pohlhausen)在流动边界层概念的启发下又提出了热边界层的概念。1930年他与施密特(E. Schmidt,1892—1975)及贝克曼(W. Beckmann)合作,成功地求解了竖壁附近空气的自然对流换热问题。数学家与传热学家合作,发挥各自的长处,成为科学研究史上成功合作的范例。其二是湍流计算模型的发展。1925年的普朗特比拟、1939年的冯·卡门(Th. von Karman,1881—1963)比拟以及1947年马丁纳利(R. C. Martinelli)的引申,记录着湍流理论早期发展的轨迹。由于湍流问题在应用上的重要性,湍流计算模型的研究随着对湍流机理认识的不断深化而蓬勃发展,逐渐发展成为传热学研究中的一个令人瞩目的热点,它也有力地推动着理论求解向纵深发展。还应该提到,在对流换热理论的近代发展中,麦克亚当斯(W. McAdams)、贝尔特(L. M. K. Boelter)和埃克特(E. R. G. Eckert)等都先后做出了重要的贡献。

在热辐射的早期研究中,认识到黑体辐射的重要意义并用人工黑体进行实验研究对于建立热辐射的理论具有重要作用。1889年卢默(O. Lummer)等人测得了黑体辐射光谱能量分布的实验数据。19世纪末斯蒂芬(J. Stefan,1835—1893)根据实验确立了黑体辐射力正比于其绝对温度的四次方的规律,后来在理论上被玻耳兹曼(L. Boltzmann,1844—1906)所证实,这个规律被称为斯蒂芬—玻耳兹曼定律。热辐射基础理论研究中的最大挑战在于确定黑体辐射的光谱能量分布。1896年维恩(W. Wien,1864—1928)通过半理论半经验的方法推导出一个公式,这个公式虽然在短波段与实验比较符合,但在长波段却与实验结果显著不符。几年后,瑞利(Lord Rayleigh,1842—1919)从理论上也推导出一个公式,此公式数年后又经过金斯(J. H. Jeans,1877—1946)改进,后人称它为瑞利—金斯公式。这个公式在长波段与实验结果比较符合而在短波段则与实验差距很大,而且随着频率的增高,辐射能量将增至无穷大,这显然是十分荒谬的。瑞利—金斯公式在高频部分即紫外部分遇到了无法克服的困难,这简直是理论上的一场灾难——因此被称为"紫外灾难"。"紫外灾难"的出现使人们强烈地意识到,原先以为已经相当完美的经典物理学理论确实存在着问题,而问题的解决有赖于观念上新的突破。普朗克(M. Planck,1858—1947)决心找到一个与实验结果相符的新公式。经过艰苦努力,他终于在1900年提出了一个公式,其后的实验证实普朗克公式与实际情况在整个光谱段完全符合。在寻求这个公式的物理解释中,他大胆地提出了与经典物理学的连续性概念根本不同的新假说,即

"能量子假说"。能量子假说认为,物体在发出辐射和吸收辐射时,能量不是连续地变化的,而是跳跃地变化的,即能量是一份一份地发射和一份一份地吸收的,每一份能量都有一定的数值,这些能量单元称为"量子"。科学发展的道路往往是曲折的。普朗克公式因为缺乏理论依据而在当时不为人们所接受,普朗克本人对于他自己的新假设在认识上也有反复。直到 1905 年爱因斯坦(A. Einstein,1879—1955)的光量子理论得到公认后,普朗克公式才为人们所接受。按照量子理论确立的普朗克定律正确地揭示了黑体辐射能量光谱分布的规律,奠定了热辐射理论的基础。

在物体之间的辐射热量交换方面,有两个重要的理论问题。其一是物体的发射率与吸收比之间的关系问题。1859 年和 1860 年基尔霍夫(G. Kirchhoff,1824—1887)的两篇论文提供了解答过程。虽然他在 1860 年论文中的证明是针对单色和偏振辐射的,然而它的重要意义正在于对全光谱辐射的推广。其二是物体间辐射换热的计算方法。由于物体之间的辐射换热是一个无穷反射逐次削弱的复杂物理过程,计算方法的研究有其特殊的重要意义。1935 年波略克(Г. Л. Поляк)借鉴商务结算的原理提出的净辐射法,1954 年霍特尔(H. C. Hottel)提出、1967 年又加以改进的交换因子法以及 1956 年奥本亥姆(A. K. Oppenheim)提出的模拟网络法,是三种受到重视的计算方法。他们分别为完善此类复杂问题的计算方法做出了贡献。

除了上述按基本热量传递方式的发展过程以外,测量新技术、计算机技术、激光技术等新技术引入实验研究,对传热学的发展也发挥了重要作用。传热学本来就是一门"唯象"的科学,实验手段是其最基本的也是最重要的研究手段之一。

还要特别提到的是,由于计算机的迅速发展,用数值方法对传热问题的分析研究取得了重大进展。从 20 世纪 70 年代起,以英国帝国理工大学的斯波尔丁教授(D. B. Spalding,1923—)及其同事们的工作为代表,逐步形成了一个新兴分支——数值传热学(Numerical Heat Transfer,NHT)。近年来,数值传热学得到了蓬勃的发展,各种算法不断成熟,各种商业软件如 CFX、FLUENT、TASFLOW、ANSYS 等不断涌现,呈现出巨大的活力。对于许多很复杂的问题,传统的实验方法和解析方法往往无能为力,数值方法却发挥了极大的优势。数值方法相对来说成本低廉,可以仿真各种复杂的过程,取代一些昂贵、费时、传统方法难以实现的实验。当然,数值仿真正确与否,还需要实验和理论模型的验证和校验。

从以上传热学的发展简史可以看出,传热学已经发展成为一门初具理论体系和发展充满活力的基础学科。它在生产力发展需求的推动下不断成长,同时,它的建立和发展反过来又促进了生产力的进一步发展。当前,能源技术、环境技术、材料科学、微电子技术、空间技术、生物技术等新兴科学技术的发展,给传热学提出了新的课题,同时也提出了新的挑战。可以相信,传热学在迎接时代新挑战的过程中,必将获得更大的发展,取得更加辉煌的成就。

1.6 传热学与工程热力学在研究方法上的异同（similarities and differences on the research approaches of thermodynamics and heat transfer）

工程热力学与传热学都是研究热现象的,都以热能的传递与转换过程中的基本规律作为研究对象。但是,工程热力学与传热学从不同的角度来研究热现象,因此在研究内容与研究方法上有较大区别。

(1) 工程热力学主要研究可逆过程(冷、热介质温差无限小的情况下),而传热学研究的一切热量传递过程都是不可逆过程。

(2) 工程热力学着重研究的是在能量转换与传递过程中各种形式的能量在数量方面的关系以及热能在品质方面的情况。

在经典的热力学中,不考虑能量传递过程所需的时间。工程热力学中的这种研究方法是对实际工程问题的高度抽象,是为了简化复杂的实际问题而又得出具有一定的指导意义的结论所必需的。这只是研究的一个方面。

但是,为了使所讨论的能量传递过程能够付诸实施,并能满足一定的生产和工艺要求,必须引入时间的概念。时间是传热学中的重要变量。在工业实际中,必须致力于研究高效的热量传递方法。

(3) 工程热力学不着重研究过程进行的不同时刻和设备的不同地点上温度变化的情况,而这却是传热学感兴趣的话题。

利用工程热力学的方法可以从理论上分析热力系统的状态、能量传递和迁移的多少以及系统的发展方向与性能的好坏。但是,能量是以何种方式传递和迁移?传递和迁移的速率如何?以及能量状态随时间和空间的分布如何?热力学都没有给予回答。处理和解决诸如此类的问题就是传热学的根本任务所在。例如,对于一个物体的加热过程,我们可以将其视为一个热力学过程。因此,热力学可以根据能量守恒的原则,研究这一系统最终达到的平衡温度,以及初态与终态之间的系统内能变化、过程中与外界交换的热量,对外界所做的功的大小等。而传热学则是基于热传递现象的机理,研究该物体在达到平衡以前的任何时刻、任意位置的温度变化和温度分布,以及加热过程中热量随时间的变化关系等规律。

所以,传热学分析各种具体的传热过程是如何进行的,探求工程及自然现象中热量传递过程的物理本质,揭示各种热现象的传输机理,建立能量输运过程的数学模型,分析计算传热系统的温度和热流水平,揭示热量传递的具体规律。在一些较为复杂的场合,则通过计算机模拟或直接用实验方法,研究热量传递的规律。

思 考 题

1-1 简述热力学和传热学发展史。

1-2 热力学的研究对象和研究方法是什么?

1-3 我国能源面临的主要问题是什么?

第2章 热力学基础

Chapter 2 Elements of Thermodynamics

内容提要 作为航天热能工程学的核心内容,本章主要讲解热力学基础知识,包括热力学基本概念及定义、热力学第一定律、热力学第二定律、熵和烟等。这些基本概念和基本定律在本课程中,几乎随时都会遇到,对它们必须有一个正确的理解和掌握。

基本要求 要求学生深入理解热力学系统及其状态参数、迁移参数的基本概念,理解热力学第一定律和第二定律的实质,掌握开口系统的能量方程和熵方程,深入理解准静态过程和可逆过程的基本概念,掌握功、热量、能量、焓、熵的基本概念及计算式,理解烟参数和㶲参数的热力学意义。

2.1 基本概念及定义 (Fundamental concepts and definitions)

2.1.1 热力学系统(Thermodynamics system)

工程热力学主要研究热能和机械能之间的转换规律以及工质的热力性质。无论热能还是机械能,作为一种能量,它们都不能脱离物质而单独存在以及相互转换。例如在蒸汽动力装置中,水在锅炉中吸热变成蒸汽,然后在汽轮机中水蒸气膨胀推动叶轮旋转对外做功,做功后的乏汽在冷凝器中向冷却水放出热量而又凝结成水。在这个过程中,实现热能和机械能转换的工质是水蒸气,向工质提供热量的高温热源是炉膛中燃烧生成的高温燃气,而吸收工质所释放的热量的低温热源是冷凝器中的冷却水。正是通过工质的状态变化以及它与高温热源、低温热源的相互作用实现了热能和机械能之间的转换。

热力学是通过对有关物质的状态变化的宏观分析来研究能量转换过程的。为了便于研究,选取某些确定的物质或某个确定空间中的物质作为主要的研究对象,称为热力学系统,简称系统。热力学系统以外一切其他物质统称为外界。在进行热力学分析时,对于热力学系统在能量转换过程中的行为及变化规律,要作详细分析,而对于外界一般只笼统地考察它们与热力学系统间相互作用时所传递的各种能量与质量。热力学系统与外界之间的分界面称为边界。根据具体问题,边界可以是实际的,也可以是假想的;可以是固定的,也可以是移动的,主要取决于能否简明地分析该热力设备。当热力学系统与外界间发生相互作用时,必须有能量和质量穿越边界,因而可在边界上判定热力学系统与外界间传递能量和质量的形式及数量。实际上,也只有在边界上才能判定系统与外界间是否有能量和质量的交换。由于热力设备是通过工质状态变化而实现能量转换,且其变化规律决定了过程的特点,故在分析热力设备的工作时经常取工质作热力学系统,而把高温热源、低温热源等其他物体取作外界。

热力学系统的选取应注意两个限制条件:①较小的热力学系统必须包括大量的微观粒子;②较大的热力学系统必须是有限的。因为工程热力学是建立在统计基础之上,通过人们在长期实践中研究有限空间总结出来的。

热力学系统根据内部情况的不同可以分为:

(1) 单元系统,由单一的化学成分组成;

(2) 多元系统,由多种化学成分组成;

(3) 单相系统,由单一的相(如气体或液体)组成;

(4) 复相系统,由多种相(如气—液两相或气—液—固三相)组成;

(5) 均匀系统,系统的各部分性质均匀一致;

(6) 非均匀系统,系统的各部分性质不均匀一致。

根据热力学系统与外界相互作用情况的不同,热力学系统又可分为闭口系统、开口系统和孤立系统。

1. 闭口系统(Closed system)

若一个热力学系统和外界不发生物质交换,就称为闭口系统。如图 2-1-1 所示,气体在汽缸中受热膨胀而推动活塞及重物做功。这时若取气体为一个热力学系统,而取活塞、重物及热源为外界,则当系统膨胀对外界做功时,系统的边界随活塞一起移动,没有任何物质穿越边界进入或离开系统,因而这个热力学系统为闭口系统。闭口系统中包含的物质是固定的,故也称闭口系统为控制质量系统(Control Mass System)。

2. 开口系统(Open system)

若一个热力学系统与外界之间有物质交换,称为开口系统。如图 2-1-2 所示,有一台汽车发动机,燃料和空气不断从进口流入,在其中燃烧后膨胀对外界做功,然后废气从出口流出。这时若取发动机外壳及进、出口截面(假想边界)所包围空间中的物质为一个热力学系统,则因系统和外界间不断通过进口和出口处的边界交换物质,故这个系统为开口系统。开口系统中物质的量是可以改变的。由于开口系统所占据的空间是固定的,故也称开口系统为控制体积系统(Control Volume System)。

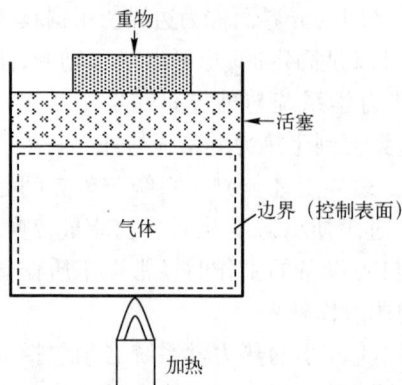

图 2-1-1　活塞—汽缸组件中的气体　　　　图 2-1-2　汽车发动机

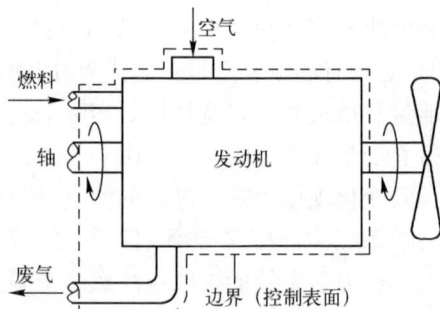

3. 孤立系统(Isolated system)

若一个热力学系统和外界之间既无能量交换又无质量交换,称为孤立系统。例如把进行能量交换的一切有关物质如工质、高温热源、低温热源、耗功设备等一起取作一个热力学系统,则由于该系统与外界不发生任何能量和质量的交换,因此它就是一个孤立系统。

2.1.2　热力学系统的状态及状态参数(State and state parameters of thermodynamic systems)

在实现能量转换的过程中,系统本身的状态总是在不断地发生变化。为了描述系统的变化,就需要说明变化过程中系统所经历的每一步的宏观状况。热力学中把热力学系统所处的宏观状况称为系统的热力学状态,简称状态。系统的状态常用一些物理量来描述,这种物理量称为状态参数。热力学系统的状态参数包括温度、压强、比体积、热力学能、焓、熵等。其中,温度、压强和比体积称为基本状态参数,它们都是可以测量的物理量。由状态参数的定义可知:对应于某个给定的状态,所有状态参数都应有各自确定的数值,反之一组数值确定的状态参数可确定一个状态;状态参数的数值仅取决于系统的状态,而与达到该状态所经历的途径无关。例如系统由某个状态 1 变化到另一个状态 2,不管经过什么途径,其压强变化总是相同的,即

$$\Delta p_{1,2} = p_2 - p_1$$

相应地,微元变化时压强的微增量 $\mathrm{d}p$ 具有全微分的性质,即有

$$\int_1^2 \mathrm{d}p = p_2 - p_1 = \Delta p_{1,2}$$

下面逐个介绍比体积、压强、温度、热力学能、焓、熵这 6 个状态参数的含义。

14

1. 比体积(Specific volume)

比体积又称比容,它是描述热力学系统内部物质分布状况的状态参数。它表明单位质量物质所占有的体积,其符号为 v,单位为 m^3/kg。按比体积的定义可得

$$v = \frac{V}{m} \qquad (2-1-1)$$

式中:m 为物质的质量,单位为 kg;V 为物质所占有的体积,单位为 m^3。

单位体积物质的质量称为密度,符号为 ρ,单位为 kg/m^3。由定义可知,密度和比体积互为倒数,即有

$$\rho = \frac{m}{V} = \frac{1}{v} \qquad (2-1-2)$$

2. 压强(Pressure)

压强是描述热力学系统内部力学状况的状态参数。流体的压强,也称压强,是流体在单位面积上的垂直作用力,符号为 p。根据力学原理,若作用于物体上的各力所组成的力系平衡,则物体的运动状况保持不变。热力学中称该物体处于力平衡状态。对于气态物质组成的热力学系统,重力场及电磁力场等体积力的作用通常可忽略不计,因而当气体内各处的压强相同时热力学系统内部就处于力平衡的状态。

工业上,压强容器的受力情况主要取决于其中流体的绝对压强与环境大气压强的差值,所以采用这个差值作为设备工作压强的指标,测压表(计)测量的也是这个差值。通常,把流体压强高出大气压强的差值称为表压,以符号 p_g 表示。若大气压强为 p_{atm},则这时流体的绝对压强为

$$p = p_{atm} + p_g \qquad (2-1-3)$$

流体压强低于大气压强的差值称为真空度,以符号 p_v 表示,则流体的绝对压强为

$$p = p_{atm} - p_v \qquad (2-1-4)$$

表压、真空度和绝对压强之间的上述关系如图 2-1-3 所示。根据上述关系,即使流体的绝对压强不变,如果大气压强发生变化,表压或真空度也会发生变化。因此,只有流体的绝对压强才能作为描述流体状态的状态参数。

压强的单位为 Pa(帕),因其单位量值较小,工程上常用 MPa(兆帕)作压强的单位,并有

$$1 MPa = 10^6 Pa$$

此外,曾经得到广泛应用、目前仍能见到的其他压强单位还有巴、标准大气压、工程大气压、毫米汞柱、毫米水柱等。在英制单位体系中,常用 Psi 表示压强。

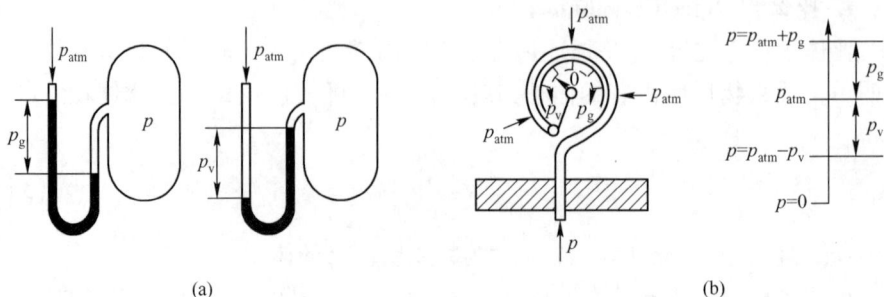

图 2-1-3　表压、真空度和绝对压强之间的关系

（a）U 型管测量；（b）压力表测量。

$$1bar(巴) = 10^5 Pa$$

$$1atm(标准大气压) = 1.01325 \times 10^5 Pa$$

$$1at(工程大气压) = 9.80655 \times 10^4 Pa$$

$$1mmHg(毫米汞柱,0℃) = 133.322 Pa$$

$$1mmH_2O(毫米水柱,4℃) = 9.80665 Pa$$

$$1Psi = 6.895 \times 10^3 Pa$$

例 2-1-1　应用气压计测定大气压压强。气压计的水银柱高度为 758.3mm,室温为 25℃。试求这时的大气压压强,并采用下列各单位表示：（1）mmHg(0℃)；（2）atm；（3）Pa。

解　因为水银的密度随温度而变化,故应把 25℃时水银柱高度表示为 0℃时相应的水银柱高度。其换算公式为

$$h_{0℃} = h_t(1 - 0.000172\{t\}_{℃})$$

（1）由上式可得

$$h_{0℃} = 7583mmHg \times (1 - 0.000172 \times 25) = 755mmHg$$

（2）由 1atm = 760mmHg(0℃) 可得

$$p = \frac{755mmHg}{760mmHg/atm} = 0.993atm$$

（3）由 1mmHg(0℃) = 13332Pa 可得

$$p = 755mmHg \times 133.32Pa/mmHg = 1.007 \times 10^5 Pa$$

3. 温度(Temperature)

温度为描述热力学系统热状况的状态参数,它表示物体的冷热程度。

确立温度概念所依据的理论基础是热力学第零定律(The Zeroth Law of Thermodynamics)或称热平衡定律(Thermal Equilibrium Law)。热平衡现象是一种常见的现象。如果两个冷热程度相同的物体相接触,两者的热状态便保持恒定不再变化,这时两物体就处于热平衡。经验表明,如果 A、B 两物体分别与 C

物体处于热平衡,则只要不改变它们各自的状态,使 A、B 两物体相接触,可以看到该两物体的状态维持恒定不变,即证明它们也处于热平衡。根据热平衡这一性质即可总结得到热力学第零定律:两个系统分别与第三系统处于热平衡,则两系统也必然处于热平衡。根据热力学第零定律,对于所有处于热平衡的系统的某个状态参数具有相同的数值——这个状态参数就称为温度。

按照气体分子运动学说,气体的温度是气体分子平均动能的量度。因此,只要气体的状态一定,其分子的平均动能就有一定的数值,相应地气体的温度也就有确定的数值。这就说明,温度是系统的状态参数。

根据热平衡的概念,只要温度计与被测物体处于热平衡,就可按温度计中测温物质的温度来表示被测物体的温度。而温度的数值可利用测温物质的体积、压强、电阻等性质随温度变化的关系来表示。

温度计量的基本温标是热力学温标,其基本温度是热力学温度,以 T 来表示,单位为 K(开)。国际上规定采用水的三相点温度,即水的固相、液相和气相三相共存状态的温度,作为定义热力学温标的固定点,并规定该点的热力学温度为 273.16K。而热力学温度单位 K 为水的三相温度的 1/273.16。

热力学温标也可用摄氏温度 t 来表示,单位为℃(摄氏度)。摄氏温度与热力学温度的关系为

$$t(\text{℃}) = T(\text{K}) - 273.15 \qquad (2-1-5)$$

即 0℃相当于 273.15K,100℃相当于 373.15K,而 0K 相当于 -273.15℃。显然,水的三相点摄氏温度为 0.01℃。在工程上,为了简化,有时采用以下的近似计算式:

$$t(\text{℃}) = T(\text{K}) - 273 \qquad (2-1-6)$$

而华氏温标用于英制单位,它规定在标准大气下,水的冰点为 32℉,沸点为 212℉,华氏温度与摄氏温度的换算关系为

$$\frac{t(\text{℉}) - 32}{212 - 32} = \frac{t(\text{℃}) - 0}{100 - 0}$$
$$t(\text{℉}) = \frac{9}{5}t(\text{℃}) + 32 \qquad (2-1-7)$$

4. 热力学能(Thermodynamic energy)

热力学系统内部的大量微观粒子本身具有的能量,称为热力学能,或称内能。它与系统内粒子微观运动和粒子的空间位置有关。热力学能包括分子的动能、分子力所形成的位能、构成分子的化学能和构成原子的原子能等。由于热能与机械能相互转化过程中,一般不涉及化学变化和核反应,后两种能量不发生变化,因此在工程热力学中通常只考虑前两者。

分子的动能包括分子的移动动能、转动动能、振动动能,它是温度的函数。

由于分子间存在作用力,因此系统内部还具有克服分子间作用力形成的分子位能,也称物质内位能,它是比体积和温度的函数。

单位质量的热力学能称为比热力学能,对于均匀系统,有

$$u = U/m$$
$$U = mu$$
(2-1-8)

式中:u 为比热力学能,单位为 J/kg;U 为热力学能,单位为 J。

由于内动能是温度的函数,内位能是比体积和温度的函数,因此热力学能是温度和比体积的函数,即热力学能是一个状态参数,热力学能或比热力学能可表示为

$$U = U(T,v) \quad 或 \quad u = u(T,v)$$
(2-1-9)

对于理想气体,比热力学能 $u = u(T)$ 只是温度的函数。在一个温度变化的过程中,对应的比热力学能的改变量为 $\Delta u = \int_{T_1}^{T_2} c_v(T) \mathrm{d}T$,其中 $c_v(T)$ 是比定容热容。

5. 焓(Enthalpy)

焓是一个组合的状态参数,其定义式为

$$H = U + pV$$
(2-1-10)

单位质量物质的焓称为比焓,对于均匀系统有

$$h = H/m = u + pv$$
(2-1-11)

式中:H 为焓,单位为 J;h 为比焓,单位为 J/kg。

对于理想气体,比焓 $h = h(T)$ 只是温度的函数。在一个温度变化的过程中,对应的比焓的改变量为 $\Delta h = \int_{T_1}^{T_2} c_p(T) \mathrm{d}T$,其中 $c_p(T)$ 是比定压热容。

6. 熵(Entropy)

熵是导出的状态参数,对于简单可压缩均匀系统,熵可由其他状态参数表示为

$$S = \int_0^1 \frac{\mathrm{d}U + p\mathrm{d}V}{T} + S_0$$

式中:S_0 为熵的初值。微分上式可得

$$\mathrm{d}S = \frac{\mathrm{d}U + p\mathrm{d}V}{T}$$
(2-1-12)

单位物质的熵称为比熵,对于均匀系统有

$$\mathrm{d}s = \frac{\mathrm{d}S}{m} = \frac{\mathrm{d}u + p\mathrm{d}V}{T}$$
(2-1-13)

式中:s 为比熵,单位为 J/(kg·K);S 为熵,单位为 J/K。对于理想气体,式(2-1-13)可写为 $\mathrm{d}s = \frac{c_v(T)\mathrm{d}T}{T} + \frac{R\mathrm{d}v}{v}$ 或 $\mathrm{d}s = \frac{c_p(T)\mathrm{d}T}{T} - \frac{R\mathrm{d}p}{p}$。

从宏观上看,熵的物理意义是表征热力学系统做功能力和热力过程进行程度的状态参数。

2.1.3 平衡状态和状态参数坐标图(Equilibrium state and state parameter coordinate diagram)

热力学分析中所涉及的热力学系统的状态,通常都要求是热力学平衡状态,简称平衡状态。如果热力学系统内同时存在热平衡、力平衡,对于有化学反应的系统还同时存在化学平衡,则热力学系统所处的状态就称为热力学平衡状态。当系统中存在各种平衡条件时,只要没有外界影响,系统的状态就不会发生变化。因而,在不受外界影响的条件下,如果系统的状态不随时间而变化,则系统就处于平衡状态。

一个处于热力学平衡状态的系统,由于其内部存在热平衡,故系统内一定具有均匀一致的温度。又由于其内部存在力平衡,故系统内具有确定不变的压强分布,而对于气态物质组成的热力学系统,因重力场及电磁力场的作用通常可忽略不计,故系统内具有均匀一致的压强。工程上常见的系统大都是气态物质组成的系统,于是整个系统可用一组具有确定数值的温度、压强及其他参数来描述其状态。后面所讨论的大部分系统都属于这类系统。

在平衡状态下,表示系统状态的各状态参数,并不是都可以单独地自由确定其数值的。经验表明:系统从一个平衡状态变化到另一个平衡状态,完全取决于系统与外界间的能量传递。因为各种能量传递的方式都是独立进行的,故确定热力学系统所处平衡状态所需的独立状态参数的数目,就等于系统与外界间进行能量传递方式的数目——这就是状态公理。

对于工程上常见的气态物质组成的系统,当没有化学反应时,它与外界间传递的能量只限于热量和系统体积变化所做的功两种,因此只有两个独立的状态参数。也就是说,只要确定两个独立状态参数的数值,其他参数的值也就随之确定,系统的状态即可确定。

应用两个独立状态参数可以组成状态参数坐标图,如图 2-1-4 所示的压强—比体积坐标图,简称压容图或 $p-v$ 图。对于只要两个独立状态参数就可确定其状态的系统来说,$p-v$ 图上的任意一点,如点 $1(p_1,v_1)$ 即可代表系统的一个平衡状态,而点 $2(p_2,v_2)$ 则代表另一个平衡状态。

如果热力学系统内部不存在热平衡或力平衡等各种平衡条件,则系统内各部分会自发地发生热的相互作用或力的相互作用,

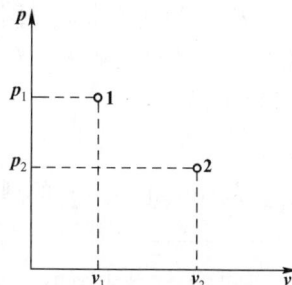

图 2-1-4　$p-v$ 图上两个状态示例

使系统状态发生变化,并趋于平衡状态。当系统处于不平衡状态时,其状态难以用简单的数值表示,也无法在状态参数坐标图上表示。

2.1.4 状态方程式(State equation)

在平衡状态下,由可压缩物质组成的系统,只要知道两个独立的状态参数,系统的状态就完全确定,即所有的状态参数的数值完全确定。这说明,状态参数之间存在确定的函数关系。状态参数之间的各种函数关系,统称为热力学函数。其中温度、压强和比体积三个基本状态参数之间的函数关系式是最基本的关系式,称为状态方程式,并可表示为

$$F(p,v,T) = 0$$

或写成对某一状态参数的显函数形式:

$$T = f_1(p,v), \quad p = f_2(v,T), \quad v = f_3(p,T)$$

理想气体状态方程式由波义耳—马略特定律、盖吕萨克定律等实验定律导得。对 1mol[①] 的理想气体有

$$p\bar{v} = \bar{R}T \tag{2-1-14}$$

式中:$\bar{v}$ 为 1mol 理想气体所占有的体积,称为摩尔体积,单位为 m^3/mol。根据阿伏加德罗定律可推得:在同温同压下,任何理想气体的摩尔体积都相同。于是由式(2-1-14)可知,对于任何理想气体,其 $\bar{R}$ 的数值相同。在物理标准状态,即 $p_0 = 101325Pa$ 及 $T_0 = 273.15K$,利用该状态下理想气体摩尔体积的数值 $\bar{v} = 22.4141 \times 10^{-3} m^3/mol$,由式(2-1-14)可以求得摩尔气体常数(通用气体常数)的值为

$$\bar{R} = 8.314510J/(mol \cdot K) \tag{2-1-15}$$

1mol 理想气体的质量称为摩尔质量,以 M 表示,其单位为 kg/mol。由摩尔的定义可知,1kmol 气体的质量的数值等于各种气体的相对分子质量 M_r。若以 M 除式(2-1-14)等号两侧,则可得适用于 1kg 理想气体的状态方程式

$$pv = RT \tag{2-1-16}$$

式中:$R = \bar{R}/M$ 为气体常数。因为摩尔质量 M 随气体种类而异,故气体常数 R 的数值与气体的种类有关。对于物质的量为 n(单位为 mol)的理想气体,由式(2-1-14)可得

$$pV = n\bar{R}T \tag{2-1-17}$$

对于质量为 m(单位为 kg)的理想气体,由式(2-1-16)可得

---

① "mole"是"物质的量"的单位。热力学中把含有的分子数与 0.012kg 碳 12 的原子数(即阿伏加德罗常数 6.0228×10^{23})相等时气体的量定义为 1mol。

$$pV = mRT \qquad\qquad (2-1-18)$$

理想气体状态方程式,反映了在平衡状态下理想气体的温度、压强及比体积间的基本关系,其形式简单,低压或高温情况下可用于气体实际计算。

完全遵守理想气体状态方程式的气体才可称为理想气体。根据分子运动学说,这种气体的分子是本身不占有体积的完全弹性的质点,且分子间没有内聚力。由此可见,理想气体仅是一种理想的模型。实际上,当压强比较低或温度比较高时[①],气体的比体积变得比较大,而相应的分子本身的体积和分子间内聚力的影响比较小,此时气体的状态参数之间的关系就基本上符合理想气体状态方程式。历史上就是根据对这种情况下各类气体所作的大量实验,建立了波义耳—马略特定律、盖吕萨克定律等实验定律,并总结得到了理想气体状态方程式。热能工程中常用的氧气、氮气及空气等气体,在通常的温度及压强下均可当作理想气体,按理想气体状态方程式进行分析,甚至像燃气(虽然压强较高但其温度也较高)及包含水蒸汽的空气(因其分压强很低)也可近似当作理想气体处理。

例 2-1-2 体积为 50L 的储气瓶中装有 C_2H_6 气体 1kg。现室温为 27℃,试求瓶内气体的压强。

解 假设在所给条件下 C_2H_6 气体的性质符合理想气体性质,则可按理想气体状态方程求解气体压强。若计算所得的气体压强不高,即可认为假设正确,所得结果的误差不大。根据式(2-1-18)

$$pV = mRT$$

因
$$V = 50L = 0.05\,m^3$$
$$T = (27 + 273)K = 300K$$

$$R = \frac{\overline{R}}{M} = \frac{8.314510 J/(mol \cdot K)}{0.03 kg/mol} = 277.15 J/(kg \cdot K)$$

可得

$$p = \frac{mRT}{V} = \frac{1kg \times 277.15 J/(kg \cdot K) \times 300K}{0.05\,m^3} = 1.663 \times 10^6 Pa = 1.663 MPa$$

例 2-1-3 压缩空气储气罐的体积为 $0.3\,m^3$,罐内空气压强 $p_1 = 1MPa$。当用去一部分压缩空气后,罐内空气的压强 p_2 降为 0.9MPa。设室温为 20℃,试求罐内原有空气的质量 m_1 及用后剩下的空气的质量 m_2。

解 在上述温度和压强下,空气可视作理想气体,故按理想气体状态方程式计算,并假定气体温度不变。

(1)查得空气的气体常数 $R = 287.1 J/(kg \cdot K)$,按题意 $T = (273 + 20)K = 293K$、$p_1 = 1MPa = 1 \times 10^6 Pa$,故储气罐内原有空气的质量为

---

① 对于 O_2、He、H_2、CO 等气体,在常温下,只要其压强不高于 10MPa。

$$m_1 = \frac{p_1 V}{RT} = \frac{1 \times 10^6 \mathrm{Pa} \times 0.3 \mathrm{m^3}}{287.1 \mathrm{J/(kg \cdot K)} \times 293 \mathrm{K}} = 3.56 \mathrm{kg}$$

（2）根据理想气体状态方程式,用气前、后的状态可列出为

$$p_1 V = m_1 RT$$
$$p_2 V = m_2 RT$$

于是可以得到

$$\frac{p_1}{p_2} = \frac{m_1}{m_2}$$

故用气后储气罐内剩下的空气质量为

$$m_2 = m_1 \frac{p_2}{p_1} = 3.56 \mathrm{kg} \times \frac{0.9 \times 10^6 \mathrm{Pa}}{1 \times 10^6 \mathrm{Pa}} = 3.20 \mathrm{kg}$$

2.1.5 热力过程和准静态过程(Thermodynamic process and quasi – static process)

处于平衡状态的系统,在受到外界作用时系统的状态将发生变化。热力学系统从一个状态出发,经过一系列中间状态而变化到另一个状态,它所经历的全部状态的集合称为热力过程,简称过程。如图 2-1-5 所示的由汽缸中气体组成的热力学系统,当活塞及重物的重量和气体压强对活塞的推力相等时,系统与外界处于力平衡,系统本身也处于平衡状态。当移去一些重物时,活塞受气体压强推动而升起,汽缸的体积增大。这时贴近活塞的气体首先发生膨胀而压强降低,接着其余部分气体也逐步发生膨胀降压,气体的状态发生一系列的变化。当气体对活塞的推力降低到与重物及活塞的重量相等时,活塞停止运动。这时系统与外界又达到力平衡,系统本身也达到一个新的平衡状态。这样,系统就完成了一个热力过程。

分析以上热力过程可以看到,处于平衡状态的热力学系统所发生的所有状态变化,都是平衡遭到破坏的结果。由于外界条件的变化,在外界与系统之间形成热或力的不平衡时,受该不平衡势的影响,在系统内部造成不平衡,使系统的平衡状态遭到破坏,从而引起系统状态的变化,向新的平衡状态过渡,由此可见,热力过程中系统所经历的是一系列不平衡状态。

因为只有平衡状态才具有确定的状态参数,才能用状态方程式表示状态参数间的关系,故难以分析由一系列不平衡状态组成的热力过程。为此,热力学引入一种理想的热

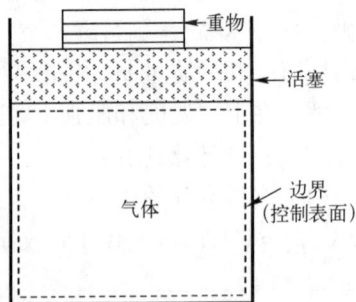

图 2-1-5 准静态过程示例

力过程。如图 2-1-5 所示的系统,设想用大量的微粒物体代替重物,并将这些微粒慢慢地一粒一粒移去,使系统进行一连串的变化。在这种情况下,系统每次只发生微小的状态变化,且每当系统的状态稍微偏离平衡状态之后,能有充分的时间建立新的平衡状态。若令系统每次状态变化趋于无限小,而变化次数趋于无限多时,得到这样的一种热力过程:过程中热力学系统经历的是一系列平衡状态并在每次状态变化时仅无限小地偏离平衡状态,该过程称为准静态过程。由于准静态过程中系统所经历的是平衡状态,易于利用状态参数来描述及分析系统的行为,因而热力学中主要研究准静态过程。

虽然准静态过程是理想的过程,但是绝大部分实际过程都可以近似地当作准静态过程。因为气体分子热运动的平均速度可达每秒数百米以上,气体压强改变的传播速度也达每秒数百米,因而在一般工程设备具有的有限空间中,气体的平衡状态被破坏后恢复平衡所需的时间,即所谓弛豫时间非常短。尤其像一般往复运动的机器,其汽缸内部空间很小,活塞运动速度仅每秒十余米,因此当机器工作时气体工质内部能及时地不断建立平衡状态,而工质的变化过程很接近准静态过程。即使在气流速度较高、状态变化较快的涡轮机械中,当它稳定工作时,气流中气体状态的变化仍可近似地按准静态过程进行分析处理。

在状态参数坐标图上,准静态过程可表示为一条实线曲线。如图 2-1-6 所示的 $p-v$ 图,曲线 1-2 即表示一个准静态过程。如果系统由状态 1′ 到 2′ 的变化经历的不是准静态过程,即过程中系统经历的是一系列不平衡状态,则除了 1′ 及 2′ 两个平衡状态外,整个过程经历的状态无法表示在 $p-v$ 图上,而仅能在 1′ 及 2′ 两点间连以虚线,以表示存在某个非准静态过程。

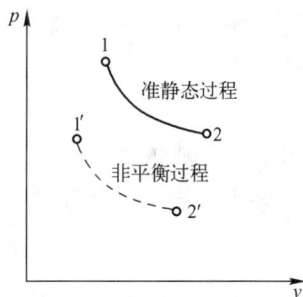

图 2-1-6　准静态过程和非平衡过程示例

2.1.6　功(Work)

力学中把物体通过力的作用而传递的能量称为功,并定义功等于力 F 与物体在力作用方向上的位移 Δx 的乘积,即

$$W = F\Delta x$$

按此定义,汽缸中气体膨胀推动活塞及重物升起时气体就会做功;涡轮机中气体推动叶轮旋转时气体也做功。这类功都属于机械功。但除此之外,还有许多其他形式的功,它们并不直接地表现为力和位移,但能通过转换全部变为机械功,因而它们与机械功是等价的。例如电池对外输出电能,即可认为电池对外输出

电功。于是,根据能量转换的观点,热力学中功的定义如下:功是热力学系统与外界之间通过边界而传递的能量,且其全部效果可表现为举起重物。热力学通常规定:热力学系统对外做功为正($W > 0$),外界对热力学系统做功为负($W < 0$)。此外,必须注意,功是通过边界而传递的能量,所以系统本身宏观运动的动能及离地一定高度的重力位能等表示系统本身"储存"的机械能,决不可与功相混淆。

直接由系统体积变化与外界发生作用而传递的功称为体积变化功,或直接称为容积功或膨胀功及压缩功。如图 2-1-7 所示的热力学系统,当气体发生膨胀而推动活塞升起时,系统即对外界做膨胀功。在微元过程中,设在边界上活塞所受推力为 F,而位移为 dx,则系统对外界做的膨胀功为

图 2-1-7 工质的膨胀或压缩过程示例

$$\delta W = F dx$$

若膨胀过程为准静态过程,则在边界上活塞所受推力 F 可表示为系统的压强 p 和活塞面积 A 的乘积,即 $F = pA$。于是可得微元静态过程中系统对外界所做膨胀功的表示式

$$\delta W = F dx = pA dx = p dV \qquad (2-1-19)$$

当系统由状态 1 到状态 2 进行一个准静态过程 1-2 时,系统对外界所做的膨胀功即为 δW 沿过程 1-2 的积分,即

$$W = \int_1^2 \delta W = \int_1^2 p dV \qquad (2-1-20)$$

若该系统中气体的质量为 m,则按 1kg 气体计算的膨胀功为

$$\delta w = \frac{\delta W}{m} = p d\left(\frac{V}{m}\right)$$

即

$$\delta w = p dv \qquad (2-1-21)$$

$$w = \int_1^2 p dv \qquad (2-1-22)$$

当准静态过程中系统的压强 p 随体积 V 或比体积 v 变化的函数关系 $p = p(v)$ 已知时,即可按上述公式通过积分来计算膨胀功。例如,若该过程中系统状态变化的关系为 $pv = p_1 v_1 =$ 常量,则该(等温)过程中系统对外所做的功为

$$w_{1-2} = \int_1^2 p dv = \int_1^2 \frac{p_1 v_1}{v} dv = p_1 v_1 \ln \frac{v_2}{v_1}$$

按照热力学的约定,气体膨胀对外做功时,由式(2-1-20)及式(2-1-22)计算所得功的数值为正;气体受压缩而外界消耗功时,功的数值为负。

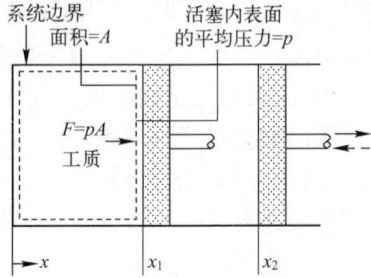

功的单位为 J(焦耳),即

$$1J = 1N \cdot m$$

1kg 气体所做的功 w 的单位为 J/kg。

按照式(2-1-20)及式(2-1-22),可以在 $p-v$ 图上表示准静态过程中系统所做的体积变化功。如图 2-1-8 所示,若在准静态过程的曲线上取一微元线段 dl,则该段下面的阴影部分的面积即可代表微元准静态过程 dl 中系统中所做的体积变化功 $\delta w = pdv$,而曲线 1—2 下面的面积代表准静态过程 1—2 中系统所做的体积变化功 $w = \int_1^2 pdv$。采用 $p-v$ 图表示体积变化功形象直观,故常用于热力过程的定性分析。

如图 2-1-8 所示,自状态 1 到状态 2 可以有许多不同的过程,相应地各过程曲线下的面积所代表的各过程中系统对外所做的功也不同。因此,体积变化功是取决于过程性质的量,称为过程量。为了区分与具体过程有关的功 δW 和状态参数的全微分 dp,则分别用符号 δ 及 d 来表示。

最后必须指出,当过程中存在摩擦、扰动等现象时,必然引起功的耗散,且状态变化的

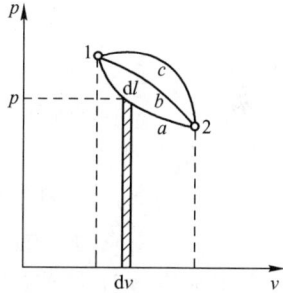

图 2-1-8　准静态过程所做的功

情况也较为复杂,因而除简单情况外,不深入考虑各种功耗散因素对系统做功的影响。而上述功的计算公式及图示分析,也只适用于不存在功耗散现象的准静态过程。

例 2-1-4　设汽缸中气体的压强为 4MPa,体积由 500cm³ 膨胀至 1000cm³。气体膨胀时:(1)压强保持不变;(2)压强和体积的函数关系保持 $pv = p_1v_1$。试求这两种过程中气体所做的功,并利用 $p-v$ 图上过程曲线下的面积进行比较。

解　已知

$$p_1 = 4MPa = 4 \times 10^6 Pa$$

$$V_1 = 500cm^3 = 5 \times 10^{-4} m^3$$

$$V_2 = 1000cm^3 = 1 \times 10^{-3} m^3$$

(1)当 $p = p_1$ 时,可得

$$W_{1-2'} = \int_1^{2'} pdV = \int_1^{2'} p_1 dV = p_1(V_{2'} - V_1)$$

$$= (4 \times 10^6)Pa \times (1 \times 10^3 - 5 \times 10^{-4})m^3$$

$$= 2000J$$

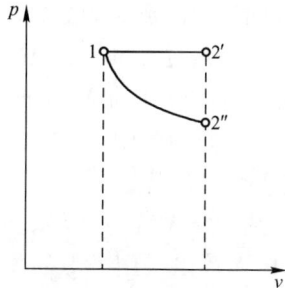

例 2-1-4 图

（2）当 $pV = p_1V_1$ 时，可得

$$W_{1-2''} = \int_1^{2''} pdV = \int_1^{2''} \frac{p_1V_1}{V}dV = p_1V_1\ln\frac{V_2''}{V_1}$$

$$= 4 \times 10^6\text{Pa} \times 5 \times 10^{-4}\text{m}^3 \times \ln\frac{1 \times 10^{-3}\text{m}^3}{5 \times 10^{-4}\text{m}^3} = 1386\text{J}$$

（3）两过程在 $p-v$ 图上的过程曲线如例 2-1-4 图所示：过程 1-2' 为水平线，是等压过程，而过程 1-2" 为曲线，是等温过程。显然。曲线 1-2' 下面的面积（即该过程的膨胀功）较大，计算结果与此相符。

2.1.7 热量（Heat）

物体间除了以功的方式传递能量外，还常以热量的方式传递能量。热力学中对热量作如下定义：热量是热力学系统与外界之间仅仅由于温度不同而通过边界传递的能量。根据气体分子运动学说，可以对热量的概念给予更明确的说明。如前所述，气体热力学温度是气体分子平均动能的度量，故两种气体的温度不同时，其分子平均移动动能就不相同。当这两种气体相接触时，它们的分子在紊乱运动中相互碰撞，而动能大的分子向动能小的分子传递动能，于是温度较高的气体分子平均移动动能减小，而温度较低的气体分子平均移动动能增大，即由温度较高的气体向温度较低的气体传递了能量。这就是热量传递的微观实质。固态物质间通过热传导传递热量的过程也相类似，只是固态物质分子动能的传递形式有所不同而已。

热量和功是系统与外界间通过边界传递的能量，但两者有着本质的差别：热量是物体间通过紊乱的分子运动发生相互作用而传递的能量；功则是物体间通过有规则的微观运动或宏观的运动发生相互作用而传递的能量。也正是由于这个差别，热量不可能把它的全部效果表现为举起重物。

应该注意，热能与热量是两个不同的概念。热能是指物体内分子紊乱运动即分子热运动所具有的能量，故它是可储存于物体的一种能量。而热量则是两物体间传递的热能的数量，也称传热量，因而不能说"某个物体含有热量"。

热量是过程量，其单位为 J。通常用 Q 表示某过程传递的热量，用 δQ 表示微元过程中传递的微量的热量。按 1kg 物质计的热量用 q 及 δq 表示，其单位为 J/kg。在热力学中，通常约定，系统吸热时热量为正（$Q > 0$），系统放热时热量为负（$Q < 0$）。

热力学系统与外界之间进行的各种能量传递过程所遵循的规律是类似的，因而可以采用类似的关系来描述各种方式的能量传递作用。类比于物体在力的作用下其空间位置发生变化而传递机械功的现象，热力学中引用势（Potential）和状态坐标（State Coordinate）两类状态参数，把各种能量传递过程都描

述为系统在势参数的作用下,状态坐标发生变化而实现的与外界间的能量传递过程。

所谓势,就是推动能量传递的作用力,其数值的大小直接地决定能量传递作用的强度。而所谓状态坐标,是其变化可作为衡量某种能量传递作用的标志。例如,当系统与外界间传递体积变化功时,推动做功的势是压强,状态坐标是比体积,比体积的变化则是衡量做功的标志:比体积增大系统对外做功,比体积减小外界对系统做功;比体积不变,则无论状态发生何种变化,系统与外界无体积变化功的交换。

与此类似,当系统与外界传递热量时,系统与外界之间的温差是推动热量传递的势,而作为传递热量作用的状态坐标必然有一个状态参数,这个状态参数称为熵,其符号为 S,单位为 J/K。类比于无耗散现象的准静态过程中体积变化功的表达式

$$\delta W = p\mathrm{d}V$$

及

$$W = \int_1^2 p\mathrm{d}V$$

在无耗散现象的准静态过程中也即可逆过程中,系统与外界传递的热量可表示为

$$\delta Q = T\mathrm{d}S \qquad (2-1-23)$$

及

$$Q = \int_1^2 T\mathrm{d}S \qquad (2-1-24)$$

由此可知,系统吸热时它的熵增大,系统放热时它的熵减小,系统与外界不发生热交换时它的熵不变。

对于 1kg 工质传递的热量,按照式(2-1-23)及式(2-1-24)可得

$$\delta q = \frac{\delta Q}{m} = T\mathrm{d}\left(\frac{S}{m}\right) = T\mathrm{d}s \qquad (2-1-25)$$

及

$$q = \int_1^2 T\mathrm{d}s \qquad (2-1-26)$$

这里 s 为 1kg 工质的熵,称为比熵。

以温度和比熵为坐标作图,称为温熵图,或称 $T-s$ 图。如图 2-1-9 所示,$T-s$ 图和 $p-v$ 图一样,图上一个点可代表一个平衡状态,一条曲线可代表一个准静态过程。类似于在 $p-v$ 图上表示体积变化功 $W = \int_1^2 p\mathrm{d}V$,在 $T-s$ 图上,曲线 1-2 下面的面积可以表示无耗散现象的准静态过程即可逆过程中系统与外界所传递的热量,即 $q = \int_1^2 T\mathrm{d}s$。当 $s_2 > s_1$ 时表示系统吸热;当 $s_2 < s_1$ 时表示系统放热。温熵图给分析系统与外界传递的热量带来很大方便。根据温熵图,如图 2-1-9 所示,在图上点 1 和点 2 之间可连接许多不同的过程曲线,各曲线下

面的面积所代表的热量显然是不同的,从而说明系统和外界之间传递的热量与过程的性质有关,即热量是一个过程量。

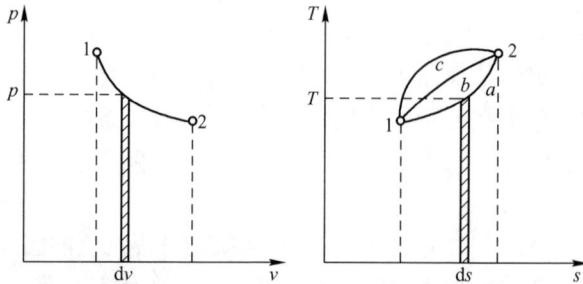

图 2-1-9 $p-v$ 图和 $T-s$ 图举例

2.1.8 热力循环(Thermodynamic cycle)

在内燃机或燃气轮机装置中,空气经吸气过程吸入机器,其温度和压强经过压缩过程而提高,然后空气与燃料混合在燃烧室中进行燃烧,燃烧生成的高温燃气在膨胀并推动机器对外输出机械功之后成为低压的废气,最后在排气过程中废气直接排入大气。这类机器中,工质的变化比较复杂,不仅机器中每次循环工作都要重要吸入新鲜空气,而且每次循环过程中工质的化学组成还要发生变化,由空气变成燃气。为了便于进行热力学分析,在舍弃一些次要的因素后,可以采用一个理想的循环变化过程来替代它。这时,把工质化学组成发生变化的燃烧过程改换成一个假想的加热过程,并把排气及吸气过程合起来看作把工质送到机器外面大气中冷却的过程。于是,仍然得到与蒸汽动力装置相同的工作方式,工质在经过一系列的变化后重新回复到初始状态,周而复始地循环工作。

热力学中,把系统由初始状态出发,经过一系列中间状态后,重新回到初始状态所完成的一个封闭的热力过程,称为热力循环,简称循环。若循环中系统经历的是准静态过程,则它可以在 $p-v$ 及 $T-s$ 图上表示为一条封闭曲线。如图 2-1-10 所示的封闭曲线 $a-b-c-d-a$ 即代表一个热力循环。

按 $p-v$ 图,在过程 $a-b-c$ 中比体积 v 增大,所以体积变化功 $\int_{a-b-c} \delta w$ 为正,系统对外做功;而在过程 $c-d-a$ 中比体积 v 减小,$\int_{a-b-c} \delta w$ 为负,外界对系统做功。于是整个热力循环中系统所做的净功应为该两过程功的代数和,即

$$\oint \delta w = \int_{a-b-c} \delta w + \int_{c-d-a} \delta w$$

它可用 $p-v$ 图上循环曲线所包围的面积表示。

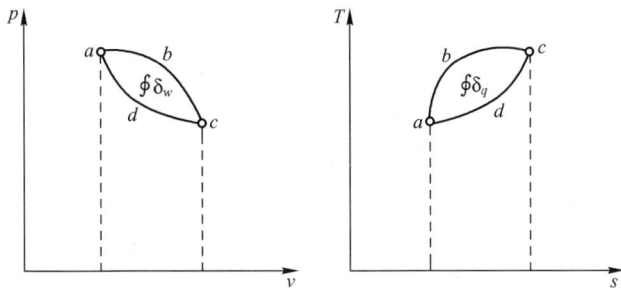

图 2-1-10　热力循环示例

按 $T-s$ 图,在过程 $a-b-c$ 中比熵 s 增大,过程的热量为正,系统吸热;而在过程 $c-d-a$ 中,热量为负,系统放热。于是,整个热力循环中系统接收的净热量为该两过程热量的代数和,即

$$\oint \delta q = \int_{a-b-c} \delta q + \int_{c-d-a} \delta q$$

它可用 $T-s$ 图上循环曲线所包围的面积表示。

由于过程进行的先后次序不同,过程在状态参数坐标图上的方向也不同。根据过程的方向,热力循环可分为正循环和逆循环两种。按顺时针方向进行的是正循环,其目的是利用热能来产生机械功。所有的动力循环都是按正循环工作的。按逆时针方向进行的是逆循环,其目的是付出一定的代价使热量从低温区传向高温区。所有的制冷循环及热泵循环都是按逆循环工作的。

2.2　热力学第一定律(The first law of thermodynamics)

2.2.1　热力学第一定律的实质(Nature of the first law of thermodynamics)

人们从无数的实践经验中总结出了这样一条规律:自然界中存在着各种形式的能量,如热能、机械能、电磁能、化学能、光能、原子能等,各种不同形式的能量都可以彼此转移,也可以相互转换,但在转移和转换过程中,尽管能量的形式可以改变,但是它们的总量保持不变。这一规律称为能量守恒与转换定律。这是自然界中一条普遍原理,它适用于各个领域和各个方面。能量守恒与转换定律应用于热力学,或者说应用在伴有热效应的各种过程中,便是热力学第一定律。在工程热力学中,热力学第一定律主要说明热能和机械能在相互转换时,能量的总量必定守恒。热力学第一定律是热力学的基本定律,它建立了热能与机械能等其他形式的能量在相互转换时的数量关系,是热工分析和计算的基础。

在热力学第一定律建立之前,历史上曾有不少人想发明一种不供给能量而永远对外做功的机器,即第一类永动机。为了明确说明这种发明是不可能的,热力学第一定律也可表述为:"第一类永动机是不可能制成的"。

2.2.2 热力学第一定律表达式(Expressions of the first law of thermodynamics)

1. 一般热力学系统的能量方程(Energy equations of general thermodynamics system)

如图 2-2-1 所示,热力学系统具有的质量为 m,能量为 E。热力学系统作为一个整体,在空间运动速度为 V,它所具有的宏观动能为 $E_k = \frac{1}{2}mV^2$,热力学系统质心位置高度为 z,它所具有的重力位能为 $E_p = mgz$。此外,与热力学系统内部大量粒子微观运动和粒子空间位形有关的能量,称为热力学能或内能,记为 U。热力学系统的总能量是指热力学能 U、宏观动能 E_k 和重力位能 E_p 的总和,即

$$E = U + E_k + E_p \tag{2-2-1}$$

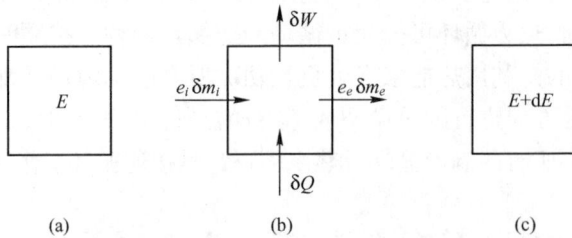

图 2-2-1　热力学系统能量方程导出示意图
(a) 初始状态;(b) 中间状态;(c) 终了状态。

如图 2-2-1 所示,假设只有一个入口和一个出口的热力学系统在一段极短的时间 dt 内从外界吸收了微小的热量 δQ,又从外界流进了每千克总能量为 $e_i = u_i + e_{ki} + e_{pi}$ 的质量 δm_i;与此同时,热力学系统对外界做出了微小的总功 δW(即各种形式功的总和),并向外界流出了每千克总能量为 $e_e = u_e + e_{ke} + e_{pe}$ 的质量 δm_e。经过时间 dt 后,热力学系统的总能量变成 $E + dE$。

根据质量守恒定律可知,热力学系统质量的变化等于流进与流出质量之差,即

$$dm = \delta m_i - \delta m_e \tag{2-2-2}$$

两边同时除以时间 dt,可得

$$\frac{dm}{dt} = \dot{m}_i - \dot{m}_e \tag{2-2-3}$$

根据热力学第一定律可知，热力学系统总能量的变化等于热力系统输入的能量的总和减去输出的能量的总和，即

$$(E + \mathrm{d}E) - E = (\delta Q + e_i \delta m_i) - (\delta W + e_e \delta m_e)$$

整理为

$$\frac{\mathrm{d}E}{\mathrm{d}t} = \dot{Q} - \dot{W} + e_i \dot{m}_i - e_e \dot{m}_e \qquad (2-2-4)$$

对于热力学系统有多处入口和出口情况，质量方程和能量方程可分别表示为

$$\frac{\mathrm{d}m}{\mathrm{d}t} = \sum_i \dot{m}_i - \sum_e \dot{m}_e \qquad (2-2-5)$$

$$\frac{\mathrm{d}E}{\mathrm{d}t} = \dot{Q} - \dot{W} + \sum_i \dot{m}_i e_i - \sum_e \dot{m}_e e_e \qquad (2-2-6)$$

式(2-2-5)和式(2-2-6)是一般热力学系统的质量方程和能量方程，适合于任何工质进行的任何无摩擦或有摩擦过程。

2. 闭口系统的能量方程(Energy equations of closed system)

对于闭口系统，$\dot{m}_i = 0$、$\dot{m}_e = 0$，代入式(2-2-5)和式(2-2-6)，可得

$$\frac{\mathrm{d}m}{\mathrm{d}t} = 0 \qquad (2-2-7)$$

$$\frac{\mathrm{d}E}{\mathrm{d}t} = \dot{Q} - \dot{W} \qquad (2-2-8)$$

式(2-2-8)可进一步整理为

$$\mathrm{d}E = \delta Q - \delta W \qquad (2-2-9)$$

式(2-2-9)两边同时除以闭口系统质量 m 可得

$$\mathrm{d}e = \delta q - \delta w \qquad (2-2-10)$$

式(2-2-8)至式(2-2-10)都是闭口系统的能量方程。

3. 开口系统的能量方程(Energy equations of open system)

对于图 2-2-2 所示的闭口系统(入口区域 + 开口系统 + 出口区域)，其能量方程为

$$(E_{CV} + \mathrm{d}E_{CV} + e_e \delta m_e) - (E_{CV} + e_i \delta m_i) = \delta Q - \delta W \qquad (2-2-11)$$

闭口系统与外界交换的总功为

$$\delta W = \delta W_{CV} + (p_e A_e) \mathrm{d}l_e - (p_i A_i) \mathrm{d}l_i \qquad (2-2-12)$$

式中：δW_{CV} 为开口系统与外界交换的功；$p_e A_e \mathrm{d}l_e$、$-p_i A_i \mathrm{d}l_i$ 分别为出口处和入口处因工质流出、流入开口系统而做的功。

对于闭口系统，忽略入口和出口边界交换的热量，则有

$$\delta Q = \delta Q_{CV} \qquad (2-2-13)$$

综合式(2-2-11)至式(2-2-13)，可得

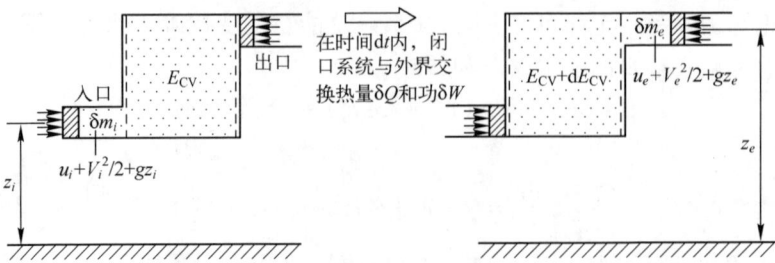

图 2-2-2　开口系统能量方程导出示意图

$$\mathrm{d}E_{\mathrm{CV}} = \delta Q_{\mathrm{CV}} - \delta W_{\mathrm{CV}} + p_i A_i \mathrm{d}l_i + e_i \delta m_i - (p_e A_e \mathrm{d}l_e + e_e \delta m_e) \quad (2\text{-}2\text{-}14)$$

由于 $\delta m = \rho A \mathrm{d}l = A \mathrm{d}l/v$，式(2-2-14)可进一步整理为

$$\mathrm{d}E_{\mathrm{CV}} = \delta Q_{\mathrm{CV}} - \delta W_{\mathrm{CV}} + \left(p_i v_i + u_i + \frac{V_i^2}{2} + g z_i\right)\delta m_i - \left(p_e v_e + u_e + \frac{V_e^2}{2} + g z_e\right)\delta m_e$$

即

$$\mathrm{d}E_{\mathrm{CV}} = \delta Q_{\mathrm{CV}} - \delta W_{\mathrm{CV}} + \left(h_i + \frac{V_i^2}{2} + g z_i\right)\delta m_i - \left(h_e + \frac{V_e^2}{2} + g z_e\right)\delta m_e$$

$$(2\text{-}2\text{-}15)$$

同理，对于有多处入口和出口的开口系统，其能量方程可表示为

$$dE_{\mathrm{CV}} = \delta Q_{\mathrm{CV}} - \delta W_{\mathrm{CV}} + \sum_i \left(h_i + \frac{V_i^2}{2} + g z_i\right)\delta m_i - \sum_e \left(h_e + \frac{V_e^2}{2} + g z_e\right)\delta m_e$$

$$(2\text{-}2\text{-}16)$$

式(2-2-16)两边同时除以 $\mathrm{d}t$ 后变为

$$\frac{dE_{\mathrm{CV}}}{\mathrm{d}t} = \dot{Q}_{\mathrm{CV}} - \dot{W}_{\mathrm{CV}} + \sum_i \dot{m}_i \left(h_i + \frac{V_i^2}{2} + g z_i\right) - \sum_e \dot{m}_e \left(h_e + \frac{V_e^2}{2} + g z_e\right)$$

$$(2\text{-}2\text{-}17)$$

式(2-2-16)(微分形式)和式(2-2-17)(导数形式)都是开口系统的能量方程。

开口系统的稳定状态是指开口系统任何位置上工质的状态参数都不随时间而变化的状态，此时有 $\mathrm{d}E_{\mathrm{CV}}/\mathrm{d}t = 0$，$\mathrm{d}m_{\mathrm{CV}}/\mathrm{d}t = 0$。

2.2.3　能量方程的应用(Applications of energy equation)

1. 动力机(Power system)

(1) 工质的动能变化一般只占做功量的千分之几，可忽略，即

$$\frac{1}{2}\Delta V^2 = 0$$

(2) 工质的重力位能变化一般不到做功量的万分之一，也可忽略，即

$$g\Delta z = 0$$

（3）热力学系统散热一般只占做功量的百分之一左右，有时也可忽略，即

$$q = 0$$

稳定状态的动力机在以上条件下，由式（2-2-17）可得

$$\dot{W}_{CV} = \dot{m}h_1 - \dot{m}h_2$$

$$w = \frac{\dot{W}_{CV}}{\dot{m}} = h_1 - h_2$$

即动力机对外做功等于工质的焓降。

2. 压气机（Compressor）

以上三个条件基本适用，但与动力机相反，压气机是通过消耗外功来提升工质的焓。由式（2-2-17）可得

$$w = h_1 - h_2 \quad 或 \quad -w = h_2 - h_1$$

即压气机的功耗等于工质的焓升。

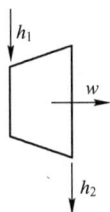
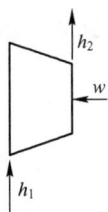

图 2-2-3　动力机　　　　图 2-2-4　压气机

3. 换热器（Heat exchanger）

如图 2-2-5 所示，在换热器中，工质的动能及位能变化可以忽略，又不对外做功，即 $\Delta V^2/2 = 0$，$g\Delta z = 0$，$w = 0$，由式（2-2-17）可得

对于加热器，有

$$q = \dot{Q}_{CV}/\dot{m} = h_2 - h_1 > 0$$

对于散热器，有

$$q = \dot{Q}_{CV}/\dot{m} = h_2 - h_1 < 0$$

于是，加热器加入的热量等于工质焓升，散热器散出的热量等于工质的焓降。

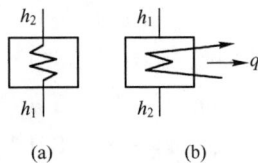

图 2-2-5　换热器
（a）加热器；（b）散热器。

4. 喷管（Nozzle）

喷管是使流体降压升速的特殊管道，其工质流动过程一般可认为是绝热过程，$q = 0$；并可忽略位能的变化，$g\Delta z = 0$；不对外做功，$w = 0$。由式（2-2-17）可得

$$\frac{1}{2}(V_2^2 - V_1^2) = h_1 - h_2 > 0$$

即工质通过喷管后动能的增加等于工质的焓降。

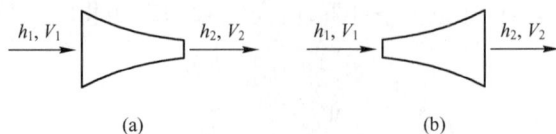

图 2-2-6　喷管和扩压管

(a) 喷管；(b) 扩压管。

5. 扩压管(Diffuser)

扩压管是使流体升压降速的特殊管道,以上喷管的假定条件同样适用于扩压管,由式(2-2-17)可得

$$\frac{1}{2}(V_1^2 - V_2^2) = h_2 - h_1 > 0$$

即工质通过扩压管后动能的降低等于工质的焓升。

6. 节流圈(Throttle)

流体工质流经阀门、缝隙等时所经历的过程称为节流,如图 2-2-7 所示。可认为此时 $q = 0$、$g\Delta z = 0$、$w = 0$。在节流前后足够远的地方 $V_1 = V_2$、$\Delta V^2/2 = 0$。由式(2-2-17)可得

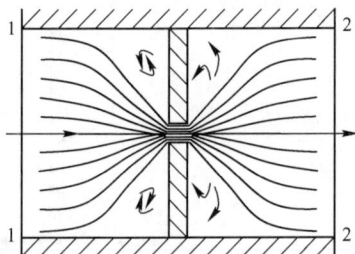

图 2-2-7　节流圈

$$\Delta h = 0 \quad \text{或} \quad h_2 = h_1$$

例 2-2-1　压气机在 95kPa、25℃的状态下稳定地以 340m³/min 的体积流率吸入空气,进口处的空气流速可以忽略不计;压气机排口处的截面积为 0.025m²,排出的压缩空气的参数为 200kPa、120℃。压气机的散热率为 60kJ/min。已知空气的气体常数 $R = 0.287$kJ/(kg·K),比定容热容 $c_v = 0.717$kJ/(kg·K),求压气机所消耗的功率。

解

以压气机中空气为研究对象,稳定工况下其能量方程为

$$\dot{Q}_{CV} - \dot{W}_{CV} + \left(h_1 + \frac{V_1^2}{2} + gz_1\right)\dot{m} - \left(h_2 + \frac{V_2^2}{2} + gz_2\right)\dot{m} = 0$$

即

$$\dot{W}_{CV} = \dot{Q}_{CV} + \left(h_1 + \frac{V_1^2}{2} + gz_1\right)\dot{m} - \left(h_2 + \frac{V_2^2}{2} + gz_2\right)\dot{m} \qquad (a)$$

其中

$$\dot{Q}_{\text{CV}} = -\frac{60 \times 10^3}{60} = -1000 \text{J/s},$$

$$\dot{m} = \rho \dot{V} = \frac{p_1 \dot{V}}{RT_1} = \frac{95 \times 10^3}{287 \times (273 + 25)} \times \frac{340}{60} = 6.2944 \text{kg/s},$$

$$V_1 = 0 \text{m/s}, \ \Delta z = 0 \text{m},$$

$$V_2 = \frac{\dot{m}}{\rho_2 A_2} = \frac{\dot{m} R T_2}{p_2 A_2} = \frac{6.2944 \times 287 \times (273 + 120)}{200 \times 10^3 \times 0.025} = 141.99 \text{m/s},$$

$$\Delta h = h_2 - h_1 = c_p \Delta T = (287 + 717) \times (120 - 25) = 95380.0 \text{J/kg}.$$

将以上数据代入式(a),可得压气机所消耗的功率:

$$\dot{W}_{\text{CV}} = -1000 + 6.2944 \times \left(-95380.0 - \frac{141.99^2}{2} \right) = -6.648 \times 10^5 \text{J/s}$$

负号表示外界对压气机做功。

例 2-2-2 由稳定气源(T_i, p_i)向体积为V的刚性真空容器绝热充气,直到容器内压强达到$p_i/2$时关闭阀门。若已知该气体的比热力学能及比焓与温度的关系分别为:$u = c_v T, h = c_p T$,比热比$k = c_p/c_v$,气体状态方程为$pv = RT$,试计算充气结束时,容器内气体的温度T_2及充入气体的质量m_2。

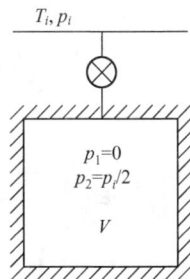

例 2-2-2 图

解

以刚性容器中气体为研究对象,其能量方程的一般表达式为

$$\frac{\mathrm{d}E_{\text{CV}}}{\mathrm{d}t} = \dot{Q}_{\text{CV}} - \dot{W}_{\text{CV}} + \left(h_i + \frac{V_i^2}{2} + gz_i \right) \dot{m}_i - \left(h_e + \frac{V_e^2}{2} + gz_e \right) \dot{m}_e$$

根据题意对上述一般表达式进行简化:

刚性容器是静止不动的,$E_{\text{CV}} = U = mu$;

绝热充气,$\dot{Q}_{\text{CV}} = 0$;

无功量交换,$\dot{W}_{\text{CV}} = 0$;

只有充气,没有放气,并忽略宏观动能和重力位能的变化,于是有

$$\left(h_i + \frac{V_i^2}{2} + gz_i \right) \dot{m}_i - \left(h_e + \frac{V_e^2}{2} + gz_e \right) \dot{m}_e = \dot{m}_i h_i$$

把这些关系式代入一般表达式,可得

$$\frac{\mathrm{d}(mu)}{\mathrm{d}t} = \dot{m}_i h_i$$

即

$$d(mu) = \dot{m}_i h_i dt$$

对上式积分,可得

$$\Delta(mu) = \int_1^2 \dot{m}_i h_i dt = m_i h_i \qquad (a)$$

由于刚性容器的初始状态为真空,于是

$$\Delta(mu) = m_2 u_2 - m_1 u_1 = m_2 u_2 \qquad (b)$$

根据质量方程

$$\frac{dm}{dt} = \dot{m}_i - \dot{m}_e = \dot{m}_i$$

积分后得

$$\Delta m = m_2 - 0 = m_i \qquad (c)$$

由式(a)、式(b)和式(c)推出

$$u_2 = h_i, \ c_v T_2 = c_p T_i, \ T_2 = \frac{c_p}{c_v} T_i = k T_i$$

根据气体状态方程,有

$$m_2 = \frac{p_2 V}{R T_2} = \frac{p_i V}{2 k R T_i}$$

2.3 热力学第二定律(The second law of thermodynamics)

从实践中可知,在没有外界的作用下,热力过程(比如温差传热、自由膨胀、化学反应等)将朝一个方向进行,但不能朝相反的方向进行。热力学第一定律对于过程的方向性没有加以限制,这样必须引入其他约束以弥补热力学第一定律的不足,这就是热力学第二定律。热力学第一定律只关心能量的大小及其转换数量,不关心能量的品质。热力学第二定律能够确定过程中能量的品质以及能量贬值的程度。比如,具有较高温度的热能可以部分转换为功,它比同样大小、但温度较低的热能具有更高的品位。

2.3.1 热力学第二定律的实质与陈述(Nature and statements of the second law of thermodynamics)

在介绍热力学第二定律陈述之前,先定义热源的概念。一个热容量无穷大的物体,在吸收或释放有限的热量时其自身温度保持不变,这样的物体,被定义为恒温热源。巨大的水团,例如,海洋、湖泊、河流以及大气层的空气,都可近似认为是恒温热源,它们具有巨大的热储存能力。然而,恒温热源也不一定很大。一个物体,只要相对所能提供或吸收的能量而言,其热容量很大,也可近似认为是恒温热源。

以热能的方式提供能量的恒温热源,称为高温热源(热源或热库);以热能的形式吸收能量的恒温热源,称为低温热源(冷源或冷库)。

实践经验表明,自发过程都是按照一定的方向进行的,而热力学第二定律究竟如何阐明过程进行的方向和条件呢? 针对各种具体过程,热力学第二定律可有不同的陈述方式。由于各种陈述方式所阐明的是同一客观规律,所以它们是彼此等效的。下面只介绍热力学第二定律关于热功转换和热量传递的两种经典说法。

开尔文—普朗克(Kelvin - Planck)陈述:"不可能制成一种循环动作的热机,只从单一热源吸取热量,使之完全转变为功,而其他物体不发生任何变化。"或者说:"第二类永动机是不可能制成的。"人们把从单一热源取得热量并使之完全变为机械能而不引起其他变化的循环发动机称为第二类永动机。这种永动机并不违反热力学第一定律,因为它在工作中能量是守恒的,但却违反了热力学第二定律。

克劳修斯(Clausius)陈述:"热量不可能从低温物体传向高温物体而不引起其他变化。"克劳修斯陈述表明,高温物体向低温物体传热与低温物体向高温物体传热是性质完全不同的两类过程。前者属于自发的不可逆过程,后者则不能自发进行。但通过制冷机消耗一定的机械能后,可以从低温物体取得热量而送往高温物体。克劳修斯陈述反映了自发过程的方向性与不可逆性。

上述两种经典说法是根据热力学第二定律对各种特殊过程所作出的具体叙述。热力学第二定律的陈述虽然各不相同,但可以证明其实质是一致的。现用反证法来证明上述两种经典说法的一致性:若克劳修斯陈述不成立,则开尔文—普朗克陈述也不成立,反之亦然。如图 2-3-1(a)所示,假如与克劳修斯陈述相反,热量 Q_C 能自发地从低温热源流向高温热源,并且另有一热机 A 从高温热源吸收热量 Q_H,并使其传给低温热源的热量正好等于 Q_C,这样热机 A 将做净功 $W_{cycle} = Q_H - Q_C$。取高、低热源及热机为热力学系统,则整个系统在完成一个循

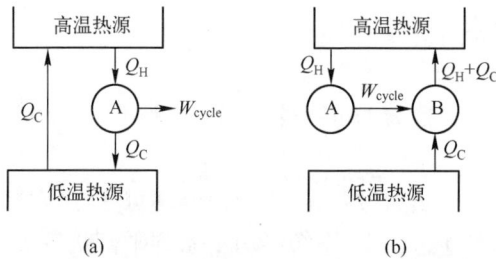

图 2-3-1　热力学第二定律两种陈述的等价性
(a) 违背克劳修斯事例;(b)违背开尔文—普朗克事例。

环时,所产生的唯一结果就是热机 A 从单一热源取得热量 $Q_H - Q_C$ 全部变为循环功 W_{cycle},即整个热力学系统变成了第二类永动机。这也违反了开尔文—普朗克陈述。反之,如图 2-3-1(b)所示,如果热机 A 能够只从一个热源吸取热量而循环做功,这时可利用这一热机 A 来驱动制冷机 B,将热量从低温热源传至高温热源,这样整个热力学系统显然违反了克劳修斯陈述。因此,开尔文—普朗克陈述与克劳修斯陈述是一致的。

2.3.2　可逆和不可逆过程(Reversible and irreversible processes)

可逆过程定义为:系统在经历了一个热力过程之后,如果系统及其环境能精确地回复到各自的初始状态,则称系统原先经历的过程为可逆过程,反之称为不可逆过程。

可逆过程在现实中是不存在的,它们仅是实际过程的理想化模型。有的实际过程可能很接近可逆过程,但永远无法达到。那么,为什么要费心研究这些假想的过程呢? 第一,它们易于分析,因为一个可逆过程中,系统经历了一系列平衡状态;第二,作为理想化模型,它们可以与实际过程相比较。以可逆过程替代不可逆过程,结果是做功装置能发出最多的功,消耗功的装置则需要最少的功。可逆过程是热力学中一个极为重要的基本概念,这个纯理想化的概念的建立,是人类智慧的结晶,也是科学的抽象思维方法的范例。它不仅给出了实际过程完善程度的最高理论限度和客观标准,而且使得运用数学工具及热力学分析方法对实际过程进行理论分析成为可能。

典型的不可逆过程主要有:
(1) 有限温度差引起的热交换;
(2) 气体或液体由高压向低压自由膨胀;
(3) 自发化学反应;
(4) 不同成份或状态的物质自发混合;
(5) 流体的黏性流动;
(6) 电流流过电阻;
(7) 具有时间延迟的磁化和极化;
(8) 非弹性变形。

过程的不可逆因素称为不可逆性。不可逆性又分为内部不可逆性和外部不可逆性。

如果系统经历一个热力过程,仅内部没有不可逆性,则这个过程被称为内部可逆过程。在内部可逆过程中,系统经历一系列平衡状态。当过程反向进行时,系统经过同样的平衡过程回到初始状态,也就是说,对于一个内部可逆过程来说,正向过程和逆向过程的系统路径是一致的。

如果过程进行中,系统外部没有不可逆性,这个过程称为外部可逆过程。如果系统与热源接触处的温度与热源温度一致,则该热源与系统之间的传热就是一个外部可逆过程。

2.3.3 关于热力学循环的第二定律推论(The second law corollaries for thermodynamic cycles)

1. 第二定律对动力循环的限制,卡诺推论(The second law limitations on power cycles. The carnot corollaries)

如图 2-3-2 所示,一个动力循环系统工作于两个热源之间,对外输出净功 W_{cycle},循环的热效率为

$$\eta = \frac{W_{cycle}}{Q_H} = 1 - \frac{Q_C}{Q_H} \qquad (2-3-1)$$

式中: Q_H 为从高温热源吸收的热量; Q_C 为向低温热源释放的热量。

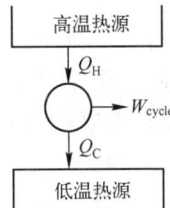

假若 $Q_C = 0$,系统将仅从高温热源吸收热量 Q_H 而对外输出净功,此时热效率为 100% ,但是这种工作方式违反了开尔文—普朗克陈

图 2-3-2　动力循环系统示意图

述,这是绝对不允许的。因此,工作于两个热源之间的系统经历一个循环之后只能部分地把从高温热源吸收的热量转变成功,而剩余部分必须通过热交换向低温热源释放,也就是说,热效率必定小于 100% ,这可以作为第二定律的一个推论。同时注意,该结论:①与系统中工质的具体性质无关。②与热力循环的具体过程无关。③与过程是否是实际的或理想的无关。

推论 1　在相同的两个热源之间工作的不可逆动力循环,其热效率必定小于可逆动力循环的热效率。

推论 2　在相同的两个热源之间工作的所有可逆动力循环的热效率均相等。

推论 1 证明:参见图 2-3-3,一个可逆动力循环 R 和一个不可逆动力循环 I 工作于两个相同的热源之间。可逆循环吸收热量 Q_H,对外做功 W_R,放出热量 $Q_C = Q_H - W_R$;不可逆循环吸收热量 Q_H,对外做功 W_I,放出热量 $Q'_C = Q_H - W_I$。现在让可逆动力循环工作在相反方向循环 R′(可逆循环),即循环吸收热量 Q_C,外界对系统做功 W_R,放出热量 Q_H。

考察组合系统 R′+I 发现,从高温热源吸收热量 $Q_H - Q_H = 0$,向低温热源放出热量 $Q'_C - Q_C = Q_H - W_I - (Q_H - W_R) = W_R - W_I$,组合系统对外做功 $W_{cycle} = W_I - W_R$,由于组合系统是单个热源工作并且经历了不可逆循环,根据开尔文—普朗克陈述必然有

$$W_{cycle} = W_I - W_R < 0 \text{（单一热源）}$$

既然 W_I 小于 W_R，可逆和不可逆循环吸收相同的热量 Q_H，所以 $\eta_I < \eta_R$，完成对推论 1 的证明。

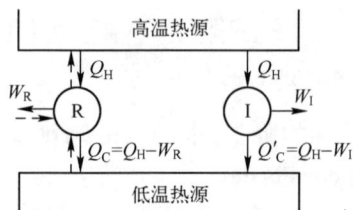

图 2-3-3　工作于两热源之间的可逆和不可逆动力循环系统示意图

对于推论 2 的证明与对推论 1 的证明类似，假设两个工作于两个热源之间的可逆循环，一个按照动力循环方式工作，另一个按照制冷循环方式工作，并令它们向高温热源吸收或放出的热能相等，这样可以推出 $W_{R1} = W_{R2}$，即 $\eta_{R1} = \eta_{R2}$。

2. 第二定律对制冷和热泵循环的限制（The second law limitations on refrigeration and heat pump cycles）

如图 2-3-4 所示，一个系统工作于两个热源之间，低温热源向系统传递热量 Q_C，外界对系统做功 W_{cycle}，系统向高温热源传递热量 $Q_H = Q_C + W_{cycle}$。

对于制冷循环，其性能系数为

$$\beta = \frac{Q_C}{W_{cycle}} = \frac{Q_C}{Q_H - Q_C} \qquad (2-3-2)$$

对于热泵循环，其性能系数为

$$\gamma = \frac{Q_H}{W_{cycle}} = \frac{Q_H}{Q_H - Q_C} \qquad (2-3-3)$$

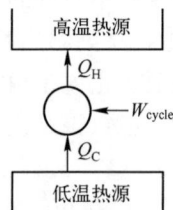

图 2-3-4　制冷或热泵循环系统示意图

从式（2-3-2）和式（2-3-3）可知，当 $W_{cycle} = 0$ 时，$\beta, \gamma \to \infty$，此时 $Q_H = Q_C$，显然这违反克劳修斯陈述，所以无论是制冷循环还是热泵循环，其性能系数都是有限的。

根据图 2-3-5，依照卡诺推论的证明思路，容易得出以下推论。

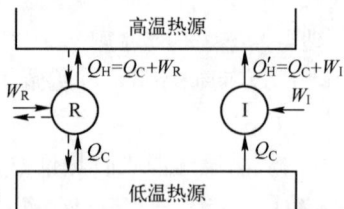

图 2-3-5　工作于两热源之间的可逆和不可逆制冷循环系统示意图

推论1 在相同的两个热源之间工作的不可逆制冷/热泵循环,其性能系数必定小于可逆制冷/热泵循环的性能系数。

推论2 在相同的两个热源之间工作的所有可逆制冷/热泵循环的性能系数均相等。

2.3.4 开尔文温标(Kelvin temperature scale)

不依赖于测温物体性质的温标,称为热力学温标。热力学温标为热力学计算提供了方便。它的导出应用了热机原理。

从第二个卡诺推论可知,工作于相同的两个热源之间的所有可逆动力循环的热效率均相等,并且与具体的工作流体种类、工作流体性质、循环完成的方式和可逆热机类型无关,热效率仅与热源特性有关。另外,注意到热源的温度差是热交换和对外做功的推动力,因此可以合理地推论热效率仅依赖于两个热源的温度。

假设 θ_C 和 θ_H 分别是某种温标定义下的低温和高温热源的温度,基于先前的推理,循环热效率可以表示为

$$\eta = \eta(\theta_C, \theta_H)$$

结合式(2-3-1),可得

$$\eta(\theta_C, \theta_H) = 1 - \frac{Q_C}{Q_H}$$

整理为

$$\frac{Q_C}{Q_H} = 1 - \eta(\theta_C, \theta_H)$$

可以简化为

$$\left(\frac{Q_C}{Q_H}\right)_{\substack{\text{rev} \\ \text{cycle}}} = \psi(\theta_C, \theta_H) \tag{2-3-4}$$

其中,ψ 没有具体化,可能有各种各样的选择,而开尔文温标简单地选择 $\psi = T_C/T_H$,T 是开尔文温标定义下的温度。于是上式变为

$$\left(\frac{Q_C}{Q_H}\right)_{\substack{\text{rev} \\ \text{cycle}}} = \frac{T_C}{T_H} \tag{2-3-5}$$

式(2-3-5)只给出了温度比,为了完成开尔文温标的定义,还必须选择一个温度的基准点,沿用水的三相点是273.16K 的规定,0K 与水的三相点之间的温度差的1/273.16 定为热力学温度的单位。这样,如果一个可逆循环工作于温度分别为273.16K 和 T 的两个热源之间,这两个温度的联系为

$$T = 273.16 \left(\frac{Q}{Q_{tp}}\right)_{\substack{\text{rev} \\ \text{cycle}}} \tag{2-3-6}$$

式中：Q_{tp} 为循环系统与温度为 273.16K 的热源之间的热交换量；Q 为循环系统与温度为 T 的热源之间的热交换量。从式（2-3-6）可以看出 $Q > 0$，所以 $T > 0$。

2.3.5　卡诺循环（Carnot cycle）

热机是循环工作的装置，在循环的终点，热机的工质回到初始状态。在循环的某一过程，工质对外做功；而在另一过程，外界对工质做功。这两个过程的差额就是热机对外所做的净功。热机循环的效率，很大程度上取决于各过程的运行情况。完全由耗费最少功、做出最大功的过程（可逆过程）组成的循环，净功及循环效率达到最大。因此，效率最高的循环必定是可逆循环。实际过程中的不可逆性是不可避免的，所以可逆循环不能实现，它只是真实循环的上限。

最熟悉的可逆循环是卡诺循环，它由法国工程师萨迪·卡诺于 1824 年首次提出。基于卡诺循环的热力发动机称为卡诺热机。卡诺循环包含两个可逆等温过程和两个可逆绝热过程，如图 2-3-6 所示。

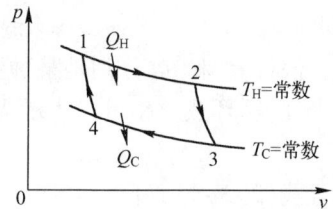

图 2-3-6　卡诺循环的 $p-v$ 图

可逆等温膨胀过程 1－2：工质在等温 T_H 下，从高温热源吸热 Q_H 并做膨胀功 W_H。

可逆绝热膨胀过程 2－3：工质在可逆绝热条件下膨胀，温度由 T_H 降至 T_C。

可逆等温压缩过程 3－4：工质在等温 T_C 下被压缩，过程中将热量 Q_C 传给低温热源。

可逆绝热压缩过程 4－1：工质在可逆绝热条件下被压缩，温度由 T_C 升至 T_H，过程结束时，工质的状态回复到循环开始的状态 1。

在图 2-3-6 的 $p-v$ 关系曲线上，过程曲线下的面积表示准静态过程的体积变化功。曲线 1-2-3 下的面积表示气体在循环过程中膨胀时所做的功，曲线 3-4-1 下的面积表示气体在压缩过程中外界对气体所做的功。循环路径 1-2-3-4-1 所包含的面积，表示的是这两个过程功的差值，代表循环过程的净功。

卡诺热机循环是完全可逆的循环，它包含的所有过程都是可逆的，它也可以变成一种卡诺制冷循环，如图 2-3-7 所示。此时的循环过程完全保持不变，只是换热和做功的方向都相反。从低温热源吸收热量 Q_C，释放到高温热源的热量为 Q_H，输入到循环系统的净功为 W。

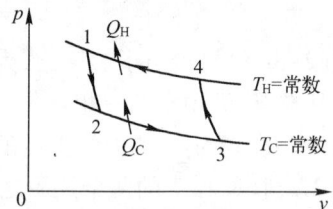

图 2-3-7　逆卡诺循环的 $p-v$ 图

2.4 熵(Entropy)

2.4.1 克劳修斯不等式(Clausius inequality)

克劳修斯不等式用数学语言表述为

$$\oint\left(\frac{\delta Q}{T}\right)_{\mathrm{b}} \leqslant 0 \qquad (2\text{-}4\text{-}1)$$

式中:T 为系统边界处的热力学温度;δQ 为系统在边界处与环境交换的微元热量。克劳修斯不等式中"="适用于系统经历了一个内部可逆的循环,"<"表示系统内部有不可逆性。

克劳修斯不等式的说明过程如图 2-4-1 所示。一个温度为 T 的系统在边界处吸收热量 δQ,对外做功 δW。由于热量 δQ 来自于温度为 T_{res} 的热源,为了保证系统与热源之间的热交换没有不可逆性,在此不妨设计一个中间可逆热机循环,它从热源吸收热量 $\delta Q'$,向系统释放热量 δQ,对外做功 $\delta W'$。从开尔文温标的定义式(2-3-5),可以获得以下方程:

$$\frac{\delta Q'}{T_{\mathrm{res}}} = \left(\frac{\delta Q}{T}\right)_{\mathrm{b}} \qquad (2\text{-}4\text{-}2)$$

对于图 2-4-1 中虚线包围的复合系统(包括系统和中间可逆热机循环),能量方程为

$$\mathrm{d}E_{\mathrm{C}} = \delta Q' - \delta W_{\mathrm{C}}$$

式中:$\delta W_{\mathrm{C}} = \delta W + \delta W'$ 为复合系统对外做功。

由以上两式可得

$$\delta W_{\mathrm{C}} = T_{\mathrm{res}}\left(\frac{\delta Q}{T}\right)_{\mathrm{b}} - \mathrm{d}E_{\mathrm{C}}$$

让该复合系统经历一个循环,并对上式积分可得

$$W_{\mathrm{C}} = \oint T_{\mathrm{res}}\left(\frac{\delta Q}{T}\right)_{\mathrm{b}} - \oint \mathrm{d}E_{\mathrm{C}} = T_{\mathrm{res}}\oint\left(\frac{\delta Q}{T}\right)_{\mathrm{b}}$$

$$(2\text{-}4\text{-}3)$$

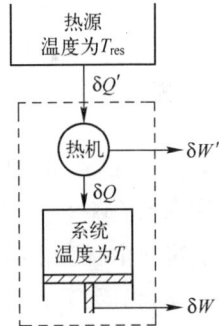

图 2-4-1 克劳修斯不等式
证明过程示意图

对于复合系统,从单一热源吸收热量 Q',对外做功 W_{C}。如果系统内部没有不可逆性,也即复合系统内部没有不可逆性,这时复合系统对外做功必等于零;如果系统有内部不可逆性,也即复合系统有内部不可逆性,这时复合系统对外做功必小于零,否则就违反了开尔文—普朗克陈述。于是式(2-4-3)整理为

$$\oint\left(\frac{\delta Q}{T}\right)_{\mathrm{b}} = \frac{W_{\mathrm{C}}}{T_{\mathrm{res}}} \triangleq -\sigma_{\mathrm{cycle}} \qquad (2\text{-}4\text{-}4)$$

其中，$\sigma_{cycle}=0$，系统中无不可逆性；$\sigma_{cycle}>0$，系统中有不可逆性；$\sigma_{cycle}<0$，不可能。

由式（2-4-4）可以看出，σ_{cycle} 是系统运行循环中不可逆性强度的尺度。由后续章节可知，σ_{cycle} 可以定义为循环中内部不可逆性引起的熵产。

2.4.2　熵变的定义（Definition of entropy change）

图2-4-2 表示闭口系统的两个内部可逆循环 1–A–2–C–1 和 1–B–2–C–1，根据克劳修斯不等式有

$$\left(\int_1^2 \frac{\delta Q}{T}\right)_A + \left(\int_2^1 \frac{\delta Q}{T}\right)_C = 0$$

$$\left(\int_1^2 \frac{\delta Q}{T}\right)_B + \left(\int_2^1 \frac{\delta Q}{T}\right)_C = 0$$

两式相减有

$$\left(\int_1^2 \frac{\delta Q}{T}\right)_A = \left(\int_1^2 \frac{\delta Q}{T}\right)_B$$

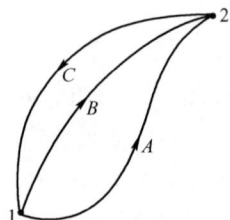

图2-4-2　两个内部可逆循环示意图

由于 A 和 B 的任意性，可知对于内部可逆过程，$\delta Q/T$ 的积分与路径无关，仅与系统初态和终态有关。这样可以定义一个状态参数熵为

$$S_2 - S_1 = \left(\int_1^2 \frac{\delta Q}{T}\right)_{\substack{\text{int} \\ \text{rev}}} \tag{2-4-5}$$

式中：下标"int rev"为内部可逆过程。其微分的形式为

$$dS = \left(\frac{\delta Q}{T}\right)_{\substack{\text{int} \\ \text{rev}}} \tag{2-4-6}$$

熵是一个广延量，具有可加性，其单位为 J/K；比熵的单位为 J/(kg·K) 或 J/(mol·K)。熵是一个状态参数，系统由一个状态变到另一个状态所引起的熵变，对于这两个状态之间的所有过程都是一样的，不管这个过程是可逆的还是不可逆的。因此，定义式（2-4-6）可以用来求取熵的变化。一旦求得后，这个量就是在这两个状态之间变化的所有过程的熵变。

两个状态之间的熵的变化通常使用 TdS 等式来计算。假设闭口系统经历一个内部可逆过程，不考虑系统整体运动和重力的影响，能量方程采用微分形式表示为

$$(\delta Q)_{\substack{\text{int} \\ \text{rev}}} = dU + (\delta W)_{\substack{\text{int} \\ \text{rev}}} \tag{2-4-7}$$

对于简单可压缩系统，系统做功为

$$(\delta W)_{\substack{\text{int} \\ \text{rev}}} = p dV \tag{2-4-8}$$

又

$$(\delta Q)_{\substack{\text{int} \\ \text{rev}}} = T dS \tag{2-4-9}$$

式（2-4-8）和式（2-4-9）代入式（2-4-7），得到第一个 TdS 方程：

$$TdS = dU + pdV \qquad (2-4-10)$$

此外

$$dH = d(U + pV) = dU + Vdp + pdV$$

整理为

$$dU + pdV = dH - Vdp$$

代入式(2-4-10),得到第二个 TdS 方程:

$$TdS = dH - Vdp \qquad (2-4-11)$$

式(2-4-10)和式(2-4-11)可以改写成单位质量形式

$$Tds = du + pdv$$

$$Tds = dh - vap$$

或者单位摩尔形式

$$Td\bar{s} = d\bar{u} + pd\bar{v}$$

$$Td\bar{s} = d\bar{h} - \bar{v}dp$$

特别需要说明一点,在不考虑动能和势能变化时,以上 TdS 方程是在闭口系统内部可逆过程条件下导出来的,实际上对于经历不可逆过程的闭口系统或单输入单输出的开口系统稳态流入流出的工质,以上公式也是适用的。

2.4.3 闭口系统的熵方程(Entropy equation for closed systems)

1. 熵方程(Entropy equation)

图2-4-3表示一个闭口系统经历一个循环,这个循环由两个过程组成,它们是一个不可逆过程 I 和一个可逆过程 R。由式(2-4-4)可得

$$\oint\left(\frac{\delta Q}{T}\right)_b = \int_1^2\left(\frac{\delta Q}{T}\right)_b + \int_2^1\left(\frac{\delta Q}{T}\right)_{\substack{int \\ rev}} = -\sigma$$

$$(2-4-12)$$

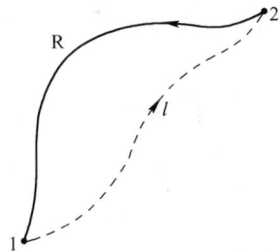

图 2-4-3 闭口系统循环示意图

又

$$S_2 - S_1 = \left(\int_1^2 \frac{\delta Q}{T}\right)_{\substack{int \\ rev}}$$

以上两式合并为

$$\int_1^2\left(\frac{\delta Q}{T}\right)_b + (S_1 - S_2) = -\sigma$$

于是

$$S_2 - S_1 = \int_1^2\left(\frac{\delta Q}{T}\right)_b + \sigma \qquad (2-4-13)$$

$$\text{熵变} \qquad \text{熵流} \qquad \text{熵产}$$

对于热源,由于 T_b 是常数,热源的熵变为

$$S_2 - S_1 = \frac{Q_{res}}{T_b} + \sigma$$

由于热源没有内部不可逆性,因此

$$\Delta S \big|_{res} = \frac{Q_{res}}{T_b} = -\frac{Q}{T_b} \tag{2-4-14}$$

式中:Q_{res} 为热源的热交换量;Q 为循环系统的热交换量。

设系统与环境在边界上多处有热交换并且在每一处温度不变,则熵方程可表示为

$$S_2 - S_1 = \sum_j \frac{Q_j}{T_j} + \sigma \tag{2-4-15}$$

其时间变化率形式为

$$\frac{\mathrm{d}S}{\mathrm{d}t} = \sum_j \frac{\dot{Q}_j}{T_j} + \dot{\sigma} \tag{2-4-16}$$

其微分形式为

$$\mathrm{d}S = \left(\frac{\delta Q}{T}\right)_b + \delta\sigma \tag{2-4-17}$$

2. 熵增原理(Principle of Entropy Increase)

孤立系统的能量方程简化为

$$\Delta E \big|_{isol} = 0 \tag{2-4-18}$$

如果系统及其环境组成一个孤立系统,其能量方程为

$$\Delta E \big|_{system} + \Delta E \big|_{surr} = 0 \tag{2-4-19}$$

孤立系统的熵方程为

$$\Delta S \big|_{isol} = \int_1^2 \left(\frac{\delta Q}{T}\right)_b + \sigma = \sigma \geqslant 0 \tag{2-4-20}$$

熵产生于所有的实际过程,因此可以得出结论:孤立系统中只有熵增加的过程才能进行,这就是熵增原理,它也可以看作热力学第二定律的一种陈述。

如果系统及其环境组成一个孤立系统,其熵方程为

$$\Delta S \big|_{system} + \Delta S \big|_{surr} = \sigma \tag{2-4-21}$$

在统计热力学中,熵与混乱程度相关联。热力学第二定律的一种陈述是,孤立系统经历自发过程后,熵将增加。这就相当于孤立系统经历自发过程,系统的混乱程度在加剧。

从微观的角度,熵与热力几率有关,它们之间的联系就是著名的玻耳兹曼关系:

$$S = k\ln w \tag{2-4-22}$$

式中:S 为系统的熵;k 为玻耳兹曼常数;w 为系统可能达到的微观状态总数,也

称热力几率,它表示系统的无序状态。由式(2-4-22)可知,对于孤立系统热力过程,熵始终是增加的,即系统的混乱程度在不断加剧。

2.4.4 开口系统的熵方程(Entropy equation for open system)

1. 熵方程的推导(Derivation of the entropy equation)

如图2-4-4所示,开口系统在 t 时刻的熵为 $S_{CV}(t)$,加上入口区域 i,闭口系统(开口系统 + 入口区域 + 出口区域)在 t 时刻的熵为

$$S_{CM}(t) = S_{CV}(t) + (\delta m_i)s_i \tag{2-4-23}$$

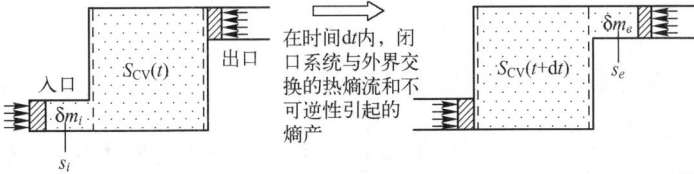

图2-4-4 开口系统熵方程导出示意图

经过一个时间间隔 $\mathrm{d}t$,入口区域 i 的质量 δm_i 进入开口系统;同时 t 时刻包含于开口系统的质量 δm_e 进入出口区域 e,这样闭口系统在 $t + \mathrm{d}t$ 时刻的熵为

$$S_{CM}(t + \mathrm{d}t) = S_{CV}(t + \mathrm{d}t) + (\delta m_e)s_e \tag{2-4-24}$$

由闭口系统的熵方程

$$S_{CM}(t + \delta t) - S_{CM}(t) = \sum_j \frac{\delta Q_j}{T_j} + \delta\sigma$$

并代入式(2-4-23)和式(2-4-24),可得

$$\left[S_{CV}(t + \mathrm{d}t) + (\delta m_e)s_e\right] - \left[S_{CV}(t) + (\delta m_i)s_i\right] = \sum_j \frac{\delta Q_j}{T_j} + \delta\sigma$$

整理为

$$S_{CV}(t + \mathrm{d}t) - S_{CV}(t) = \mathrm{d}S_{CV}(t) = \sum_j \frac{\delta Q_j}{T_j} + (\delta m_i)s_i - (\delta m_e)s_e + \delta\sigma$$

$$\tag{2-4-25}$$

式(2-4-25)两边除以 $\mathrm{d}t$ 可得

$$\frac{\mathrm{d}S_{CV}}{\mathrm{d}t} = \sum_j \frac{\dot{Q}_j}{T_j} + \dot{m}_i s_i - \dot{m}_e s_e + \dot{\sigma} \tag{2-4-26}$$

式中:$\mathrm{d}S_{CV}/\mathrm{d}t$ 为开口系统的熵随时间变化率;$\dot{Q}_j/T_j$ 为边界 j 处的热熵流随时间的变化率;$\dot{m}_i s_i$ 为伴随工质流进系统引起的熵移随时间变化率;$\dot{m}_e s_e$ 为伴随工质流出系统引起的熵移随时间变化率;$\dot{\sigma}$ 为由内部不可逆性引起的熵产随时间变化率。

对于多个入口和出口情况,式(2-4-26)可写为

$$
\underbrace{\frac{\mathrm{d}S_{CV}}{\mathrm{d}t}}_{\substack{\text{熵变}\\ \text{随时间}\\ \text{变化率}}} = \underbrace{\sum_j \frac{\dot{Q}_j}{T_j} + \sum_i \dot{m}_i s_i - \sum_e \dot{m}_e s_e}_{\substack{\text{熵移}\\ \text{随时间}\\ \text{变化率}}} + \underbrace{\dot{\sigma}}_{\substack{\text{熵产}\\ \text{随时间}\\ \text{变化率}}}
$$

$(2-4-27)$

2. 开口系统的稳态分析(Analysis of open system at steady state)

稳态过程的质量方程为

$$
0 = \sum_i \dot{m}_i - \sum_e \dot{m}_e \tag{2-4-28}
$$

稳态过程的能量方程为

$$
0 = \dot{Q}_{CV} - \dot{W}_{CV} + \sum_i \dot{m}_i \left(h_i + \frac{V_i^2}{2} + gz_i \right) - \sum_e \dot{m}_e \left(h_e + \frac{V_e^2}{2} + gz_e \right)
$$

$(2-4-29)$

稳态过程的熵方程为

$$
0 = \sum_j \frac{\dot{Q}_j}{T_j} + \sum_i \dot{m}_i s_i - \sum_e \dot{m}_e s_e + \dot{\sigma} \tag{2-4-30}
$$

以上三个方程就是对开口系进行稳态分析的基本方程。

例2-4-1 涡轮机以空气为工质。进口处压强 $p_1 = 0.6\mathrm{MPa}$,温度 $t_1 = 277℃$,出口处压强 $p_2 = 0.1\mathrm{MPa}$。空气流量为 $50\mathrm{kg/min}$,涡轮发出的功率为 $160\mathrm{kW}$,散热量为 $960\mathrm{kJ/min}$。已知环境温度为 $20℃$,空气的比定压热容 $c_p = 1.004\mathrm{kJ/(kg \cdot K)}$,气体常数 $R = 0.287\mathrm{kJ/(kg \cdot K)}$。求涡轮机出口处的空气温度 t_2,并说明该涡轮机是否为可逆装置。

解

以涡轮机中空气为研究对象,它是一个典型的开口系统,其能量方程和熵方程分别为

$$
\frac{\mathrm{d}E_{CV}}{\mathrm{d}t} = \dot{Q}_{CV} - \dot{W}_{CV} + \left(h_1 + \frac{V_1^2}{2} + gz_1 \right)\dot{m}_1 - \left(h_2 + \frac{V_2^2}{2} + gz_2 \right)\dot{m}_2
$$

$$
\frac{\mathrm{d}S_{CV}}{\mathrm{d}t} = \sum_j \frac{\dot{Q}_j}{T_j} + \dot{m}_1 s_1 - \dot{m}_2 s_2 + \dot{\sigma}
$$

根据题意,该涡轮机工作状况稳定,忽略宏观动能和重力位能的变化,所以

$$
\dot{Q}_{CV} - \dot{W}_{CV} + \dot{m}(h_1 - h_2) = 0
$$

$$
\frac{\dot{Q}_{CV}}{T_0} + \dot{m}(s_1 - s_2) + \dot{\sigma} = 0
$$

开口系统与环境交换的热量随时间变化率为 $\dot{Q}_{CV} = -\dfrac{960}{60}\text{kJ/s} = -16\text{kJ/s}$，

热熵流随时间变化率 $\dfrac{\dot{Q}_{CV}}{T_0} = \dfrac{-16}{293} = -0.0546\left(\dfrac{\text{kJ}}{\text{K} \cdot \text{s}}\right)$，开口系统输出功率 $\dot{W}_{CV} =$

160kJ/s，空气流量 $\dot{m} = \dfrac{50}{60}\text{kg/s} = 0.8333\text{kg/s}$。把这些数据代入能量方程和熵方程

可得

$$-16 - 160 + 0.8333 \times 1.004 \times \left[(277 + 273) - (t_2 + 273) \right] = 0$$

$$-0.0546 + 0.8333 \times \left(1.004\ln\dfrac{t_2 + 273}{277 + 273} - 0.287\ln\dfrac{0.1}{0.6} \right) + \dot{\sigma} = 0$$

解方程可得

$$t_2 = 66.663\,^{\circ}\text{C}$$

$$\dot{\sigma} = 0.0294\text{kJ/(K} \cdot \text{s}) > 0$$

所以该涡轮机是不可逆装置。

例 2-4-2　设有相同质量的某种固体两块，两者的温度分别为 T_A 及 T_B，现使两者相接触而使其最终温度变为相同，试求两者熵的总和的变化。

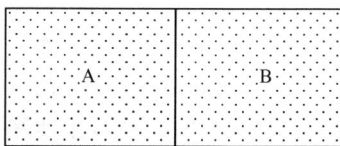

解

例 2-4-2 图

根据题意，A、B 两块物质的初始温度不同，接触以后达到热平衡。在这一过程中，A 和 B 与外界之间没有热交换，也即没有热熵流输出。由于 A 和 B 之间存在温差，使得熵产生，所以 A 和 B 的总熵还是增加的。

对于不可压物质模型，$T\text{d}S$ 方程简化为

$$T\text{d}S = \text{d}U + p\text{d}V = mc\text{d}T$$

整理为

$$\text{d}S = mc\dfrac{\text{d}T}{T}$$

对上式积分可得

$$\Delta S = mc\ln\dfrac{T_2}{T_1}$$

由此，A 物质和 B 物质的总熵变为

$$\Delta S = \Delta S_A + \Delta S_B = mc\ln\dfrac{T_2}{T_A} + mc\ln\dfrac{T_2}{T_B} = mc\ln\dfrac{T_2^2}{T_A T_B} \qquad (\text{a})$$

此外，根据能量方程可得

$$\Delta U = \Delta U_A + \Delta U_B = Q - W = 0$$

即

$$mc(T_2 - T_A) + mc(T_2 - T_B) = 0$$

解方程可得

$$T_2 = \frac{T_A + T_B}{2} \qquad (b)$$

将式(b)代入式(a)可得总熵变为

$$\Delta S = mc\ln\frac{(T_A + T_B)^2}{4T_A T_B}$$

2.5 㶲(Availability)

对于每一个热力过程,能量是守恒的,它既不能产生也不能消灭。不过在预测能量的可用性方面,能量守恒定律是不全面的。例如,一个孤立系统初始包括一小箱燃料和足够多的空气。假设燃料在空气中燃烧而产生轻微加热的燃烧混合物,虽然这个系统的能量是不变的,但燃烧前的燃料和空气混合物显然比燃烧后混合物有用。比如,通过一定的设备,燃料和空气混合物可以用来发电、产生过热蒸汽等,而燃烧后混合物的应用能力大大降低。于是,燃烧前的系统比燃烧后的系统具有更高的应用潜能。从这个例子可以看出,尽管能量在经历一个过程前后是守恒的,但其可用性却发生了改变。

2.5.1 㶲和㷻(Availability and Anergy)

对于两个系统,一个是理想化的外界,另一个是讨论的闭口系统,当两个系统相互影响达到平衡时所能得到的最大理论功(有用功),被称为㶲(可用能),而不能转换成有用功的部分能量称为㷻。

1. 外界(Environment)

"环境"定义为系统以外的任何事物。

"外界"定义为环境的一部分,每一相的强度量是均匀的,并且对于任何过程不随时间而变。

外界被认为是可逆的,内部不可逆性发生在系统之中,不可逆性发生在周围环境之中。此外,在分析外界时,也不考虑动能和重力位能的变化。

在本书中,外界被认为是一个范围足够大的简单可压缩系统,并且温度 T_0 和压强 p_0 是均匀不变的。设 U_e、S_e 和 V_e 分别是外界的内能、熵和体积,则根据第一个 $T\mathrm{d}S$ 方程可以写出

$$\Delta U_e = T_0 \Delta S_e - p_0 \Delta V_e \qquad (2-5-1)$$

上式是分析外界的基本方程,也是计算系统可用能的基础。

2. 寂态(Dead state)

当系统与外界达到热力学平衡时,系统的状态称为"死态",或称为"寂态"。

当系统处于寂态时，系统与外界的工质流动不影响系统的状态，系统对环境是静止的，系统和外界的可用能为零。因此寂态可以作为度量任何系统㶲的统一标准。

3. 㶲的计算 (Evaluation of availability)

如图 2-5-1 所示，一个闭口系统与外界组成复合系统。假设在复合系统的边界只有功交换，这样可以保证没有热交换；复合系统的体积不变，这样可以保证复合系统输出的功全部用于提升重物。因此当闭口系统与外界达到寂态时，复合系统所做的最大理论功就是㶲。

复合系统的能量方程简化为

$$\Delta E_{\mathrm{c}} = Q_{\mathrm{c}} - W_{\mathrm{c}} = - W_{\mathrm{c}} \qquad (2\text{-}5\text{-}2)$$

式中：W_{c} 为复合系统对外做功；ΔE_{c} 为复合系统的能量改变，它等于闭口系统能量改变与外界能量改变之和。设闭口系统初始能量为 E，在达到寂态时闭口系统能量为 U_0（没有动能和重力位能），则 ΔE_{c} 可以表示为

$$\Delta E_{\mathrm{c}} = (U_0 - E) + \Delta U_{\mathrm{e}}$$

代入式(2-5-1)，得

$$\Delta E_{\mathrm{c}} = (U_0 - E) + (T_0 \Delta S_{\mathrm{e}} - p_0 \Delta V_{\mathrm{e}}) \qquad (2\text{-}5\text{-}3)$$

把式(2-5-3)代入式(2-5-2)可得

$$W_{\mathrm{c}} = (E - U_0) - (T_0 \Delta S_{\mathrm{e}} - p_0 \Delta V_{\mathrm{e}})$$

由于复合系统的体积不变，$\Delta V_{\mathrm{e}} = - (V_0 - V)$，于是

$$W_{\mathrm{c}} = (E - U_0) + p_0 (V - V_0) - T_0 \Delta S_{\mathrm{e}} \qquad (2\text{-}5\text{-}4)$$

对于复合系统，由于没有热交换，所以熵方程简化为

$$\Delta S_{\mathrm{c}} = (S_0 - S) + \Delta S_{\mathrm{e}} = \sigma_{\mathrm{c}} \qquad (2\text{-}5\text{-}5)$$

将式(2-5-5)代入式(2-5-4)可得

$$W_{\mathrm{c}} = \underline{(E - U_0) + p_0 (V - V_0) - T_0 (S - S_0)} - T_0 \sigma_{\mathrm{c}} \qquad (2\text{-}5\text{-}6)$$

式(2-5-6)中下划线部分取决于闭口系统的初态和寂态，与具体的过程无关；$T_0 \sigma_{\mathrm{c}}$ 取决于复合系统的具体过程，根据热力学第二定律它不可能小于零。所以复合系统对外所做的最大理论功为

$$W_{\mathrm{c,max}} = (E - U_0) + p_0 (V - V_0) - T_0 (S - S_0) \qquad (2\text{-}5\text{-}7)$$

根据定义 $W_{\mathrm{c,max}}$ 就是闭口系统的㶲 A。而比㶲 a 表示为

$$a = (e - u_0) + p_0 (v - v_0) - T_0 (s - s_0) \qquad (2\text{-}5\text{-}8)$$

或者

$$a = (u - u_0) + p_0 (v - v_0) - T_0 (s - s_0) + V^2/2 + gz \qquad (2\text{-}5\text{-}9)$$

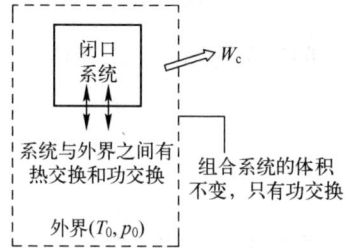

图 2-5-1　包含闭口系统和外界的复合系统

闭口系统的㶲变为

$$A_2 - A_1 = (E_2 - E_1) + p_0(V_2 - V_1) - T_0(S_2 - S_1) \qquad (2-5-10)$$

式中：p_0 和 T_0 为外界的压强和温度。

2.5.2 闭口系统的㶲方程(Availability equation for closed system)

闭口系统㶲方程的推导是结合能量方程和熵方程来进行的。

$$E_2 - E_1 = \int_2 \delta Q - W$$

$$S_2 - S_1 = \int_2^2 \left(\frac{\delta Q}{T}\right)_b + \sigma$$

将熵方程两边乘以 $-T_0$ 后，与能量方程相加，可得

$$(E_2 - E_1) - T_0(S_2 - S_1) = \int_2^2 \delta Q - T_0 \int_2^2 \left(\frac{\delta Q}{T}\right)_b - W - T_0\sigma$$

结合式(2-5-10)，有

$$(A_2 - A_1) - p_0(V_2 - V_1) = \int_1^2 \left(1 - \frac{T_0}{T_b}\right)\delta Q - W - T_0\sigma$$

上式可整理为

$$A_2 - A_1 = \underbrace{\int_1^2 \left(1 - \frac{T_0}{T_b}\right)\delta Q - [W - p_0(V_2 - V_1)]}_{\text{㶲移}} \underbrace{- T_0\sigma}_{\text{㶲损}} \qquad (2-5-11)$$
$$\underbrace{}_{\text{㶲变}}$$

式(2-5-11)是从能量方程和熵方程推导出来的，它不是一个独立的结果，但可用于代替熵方程表示热力学第二定律。

式(2-5-11)右端第一项㶲移包括两部分：一部分是由热交换引起的，另一部分是由功交换引起的，分别表示为

$$[\text{伴随热交换的㶲移}] = \int_1^2 \left(1 - \frac{T_0}{T_b}\right)\delta Q \qquad (2-5-12)$$

$$[\text{伴随功交换的㶲移}] = W - p_0(V_2 - V_1) \qquad (2-5-13)$$

式(2-5-11)右端第二项为㶲损，它是由闭口系统的不可逆性引起的，可表示为

$$I = T_0\sigma \qquad (2-5-14)$$

于是

$$I : \begin{cases} > 0 & \text{系统有不可逆性} \\ = 0 & \text{系统没有不可逆性} \end{cases} \qquad (2-5-15)$$

而㶲变可正可负

$$A_2 - A_1 : \begin{cases} > 0 \\ = 0 \\ < 0 \end{cases} \qquad (2-5-16)$$

㶲率方程为

$$\frac{\mathrm{d}A}{\mathrm{d}t} = \sum_j \left(1 - \frac{T_0}{T_j}\right)\dot{Q}_j - \left(\dot{W} - p_0\frac{\mathrm{d}V}{\mathrm{d}t}\right) - \dot{I} \qquad (2\text{-}5\text{-}17)$$

式中：$\mathrm{d}A/\mathrm{d}t$ 为闭口系统㶲随时间变化率，简称㶲率；$\left(1 - T_0/T_j\right)\dot{Q}_j$ 为伴随热交换的㶲移率；$\dot{Q}_j$ 为系统边界处的热交换率；T_j 为系统边界处的温度；$\dot{W} - p_0\dfrac{\mathrm{d}V}{\mathrm{d}t}$ 为伴随功交换的㶲移率；$\dot{I}$ 为系统㶲损率。

2.5.3 流动㶲(Flow availability)

1. 伴随流动功的㶲移(Availability transfer accompanying flow work)

如图 2-5-2 所示，以阴影部分流体为研究对象，它是一个闭口系统，由式(2-5-13)可得

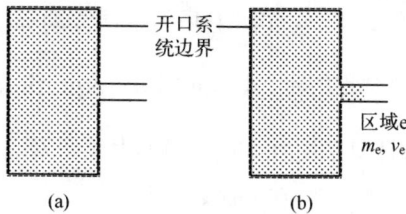

图 2-5-2　开口系统流动㶲概念引出示意图

(a) t 时刻；(b) $t + \Delta t$ 时刻。

$$[\text{伴随流动功的㶲移}] = W - p_0\Delta V \qquad (2\text{-}5\text{-}18)$$

对于时间从 t 到 $t + \Delta t$，闭口系统体积变化为 $\Delta V = m_e v_e$，上式改写为

$$[\text{伴随流动功的㶲移}] = W - p_0 m_e v_e \qquad (2\text{-}5\text{-}19)$$

式(2-5-19)两边分别除以 Δt，并让 $\Delta t \to 0$ 取极限，于是

$$[\text{伴随流动功的㶲移率}] = \lim_{\Delta t \to 0}\left(\frac{W}{\Delta t}\right) - \lim_{\Delta t \to 0}\left[\frac{m_e}{\Delta t}(p_0 v_e)\right]$$

当 $\Delta t \to 0$，闭口系统与开口系统的边界重合，也就是说，开口系统的流动功㶲移率为

$$[\text{伴随流动功的㶲移率}] = \dot{m}_e p_e v_e - \dot{m}_e p_0 v_e \qquad (2\text{-}5\text{-}20)$$

2. 流动㶲的推导(Development of the flow availability)

对于开口系统，伴随工质流动的能量转移为

$$[\text{伴随工质流动的能量转移率}] = \dot{m}e = \dot{m}\left(u + \frac{V^2}{2} + gz\right) \qquad (2\text{-}5\text{-}21)$$

那么对于这部分能量的㶲为

$$[伴随工质流动的㶲移率] = \dot{m}a = \dot{m}[(e - u_0) + p_0(v - v_0) - T_0(s - s_0)]$$

$$(2-5-22)$$

式(2-5-20)加上式(2-5-22)可得

[伴随工质流动和流动功的㶲移率]

$$= \dot{m}[a + pv - p_0 v]$$

$$= \dot{m}[(e - u_0) + p_0(v - v_0) - T_0(s - s_0) + (pv - p_0 v)]$$

$$= \dot{m}\left[(u - u_0) + p_0(v - v_0) - T_0(s - s_0) + (pv - p_0 v) + \frac{V^2}{2} + gz\right]$$

$$= \dot{m}\left[(h - h_0) - T_0(s - s_0) + \frac{V^2}{2} + gz\right]$$

$$\triangleq \dot{m}a_f$$

$$(2-5-23)$$

式中：a_f 为需要求解的流动㶲，它实际上是因工质流动和流动功引起的㶲移。

2.5.4 开口系统的㶲方程（Availability equation for open system）

如图 2-5-3 所示，开口系统在 t 时刻的㶲为 $A_{CV}(t)$，加上入口区域 i，复合系统（包含入口、开口系统和出口）在 t 时刻的㶲为

$$A_{CM}(t) = A_{CV}(t) + m_i a_{fi} \qquad (2-5-24)$$

经过一个时间间隔 Δt，入口区域 i 的质量 m_i 进入开口系统；同时 t 时刻包含于开口系统的质量 m_e 进入出口区域 e，这样复合系统在 $t + \Delta t$ 时刻的㶲为

$$A_{CM}(t + \Delta t) = A_{CV}(t + \Delta t) + m_e a_{fe} \qquad (2-5-25)$$

由复合系统（闭口系统）的㶲方程可得

$$A_{CM}(t + \Delta t) - A_{CM}(t) = \sum_j \left(1 - \frac{T_0}{T_j}\right)Q_j - (W - p_0 \Delta V) - I$$

代入式(2-5-24)和式(2-5-25)可得

$$[A_{CV}(t + \Delta t) + m_e a_{fe}] - [A_{CV}(t) + m_i a_{fi}] = \sum_j \left(1 - \frac{T_0}{T_j}\right)Q_j - (W - p_0 \Delta V) - I$$

整理得：

$$A_{CV}(t + \Delta t) - A_{CV}(t) = \sum_j \left(1 - \frac{T_0}{T_j}\right)Q_j - (W - p_0 \Delta V) + m_i a_{fi} - m_e a_{fe} - I$$

$$(2-5-26)$$

式(2-5-26)两边除以 Δt，并取极限可得

$$\frac{dA_{CV}}{dt} = \sum_j \left(1 - \frac{T_0}{T_j}\right)\dot{Q}_j - \left(\dot{W} - p_0 \frac{dV}{dt}\right) + \dot{m}_i a_{fi} - \dot{m}_e a_{fe} - \dot{I} \quad (2-5-27)$$

54

式中:$\mathrm{d}A_{\mathrm{CV}}/\mathrm{d}t = \lim\limits_{\Delta t \to 0}[(A_{\mathrm{CV}}(t + \Delta t) - A_{\mathrm{CV}}(t)/\Delta t]$ 为开口系统的㶲随时间的变化率,简称㶲率;$(1 - T_0/T_j)\dot{Q}_j = (\lim\limits_{\Delta t \to 0}Q_j/\Delta t)(1 - T_0/T_j)$ 为伴随热交换的㶲移率;$\dot{W}$ $- p\dfrac{\mathrm{d}V}{\mathrm{d}t} = \lim\limits_{\Delta t \to 0}\dfrac{W}{\Delta t} - p_0\lim\limits_{\Delta t \to 0}\dfrac{\Delta V}{\Delta t}$ 为伴随功交换的㶲移率;$\dot{m}_i a_{\mathrm{fi}} = \lim\limits_{\Delta t \to 0}m_i a_{\mathrm{fi}}/\Delta t$ 为因工质流入开口系统引起的流动㶲率;$\dot{m}_e a_{\mathrm{fe}} = \lim\limits_{\Delta t \to 0}m_e a_{\mathrm{fe}}/\Delta t$ 为因工质流出开口系统引起的流动㶲率;$\dot{I} = \lim\limits_{\Delta t \to 0}I/\Delta t$ 为开口系统因不可逆性产生的㶲损率。

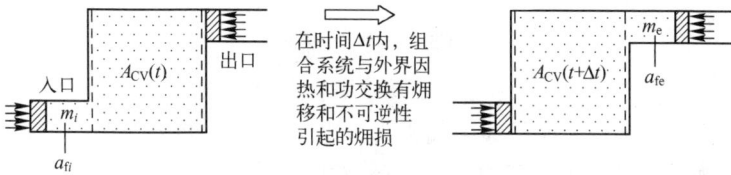

图 2-5-3　开口系统㶲方程导出示意图

对于多个入口和出口的情况,式(2-5-27)变为

$$\underbrace{\frac{\mathrm{d}A_{\mathrm{CV}}}{\mathrm{d}t}}_{\text{㶲变率}} = \underbrace{\sum_j\left(1 - \frac{T_0}{T_j}\right)\dot{Q}_j - \left(\dot{W} - p_0\frac{\mathrm{d}V}{\mathrm{d}t}\right) + \sum_i \dot{m}_i a_{\mathrm{fi}} - \sum_e \dot{m}_e a_{\mathrm{fe}} - \dot{I}}_{\text{㶲移率}} \quad \overline{\text{㶲损率}}$$

$$(2\text{-}5\text{-}28)$$

由于开口系统的能量方程为

$$\frac{\mathrm{d}E_{\mathrm{CV}}}{\mathrm{d}t} = \dot{Q}_{\mathrm{CV}} - \dot{W}_{\mathrm{CV}} + \sum_i \dot{m}_i\left(h + \frac{V^2}{2} + gz\right)_i - \sum_e \dot{m}_e\left(h + \frac{V^2}{2} + gz\right)_e$$

所以开口系统的炕方程为

$$\frac{\mathrm{d}A_{\mathrm{NCV}}}{\mathrm{d}t} = \frac{\mathrm{d}E_{\mathrm{CV}}}{\mathrm{d}t} - \frac{\mathrm{d}A_{\mathrm{CV}}}{\mathrm{d}t}$$

$$= \sum_j \frac{T_0}{T_j}\dot{Q}_j - p_0\frac{\mathrm{d}V}{\mathrm{d}t} + \sum_i \dot{m}_i[h_0 + T_0(S - S_0)]_i$$

$$- \sum_e \dot{m}_e[h_0 + T_0(S - S_0)]_e + \dot{I} \quad (2\text{-}5\text{-}29)$$

例 2-5-1　压气机空气进口温度为 17℃,压强为 0.1MPa,每分钟吸入空气 5m³,经绝热压缩后其温度为 207℃,压强为 0.4MPa。若环境温度为 17℃,大气压强为 0.1MPa,求压缩过程的做功能力损失。设空气比热容为定值,气体常数 $R = 0.287\mathrm{kJ/(kg \cdot K)}$,比定压热容 $c_p = 1.005\mathrm{kJ/(kg \cdot K)}$。

解

以压气机中空气为研究对象,其压缩过程的熵方程为

$$\frac{\mathrm{d}S_{\mathrm{CV}}}{\mathrm{d}t} = 0 + \dot{m}s_1 - \dot{m}s_2 + \dot{\sigma} = 0$$

熵产随时间的变化率为

$$\dot{\sigma} = \dot{m}(s_2 - s_1)$$

$$= \frac{0.1 \times 10^6}{287 \times 290} \times \frac{5}{60} \times \left(1005 \times \ln\frac{480}{290} - 287 \times \ln\frac{0.4}{0.1} \right) = 10.87 \text{J}/(\text{K} \cdot \text{s})$$

压缩过程的做功能力损失值为

$$\dot{I} = T_0 \dot{\sigma} = 290 \times 10.87 = 3152.3 \text{J}/\text{s}$$

思 考 题

2-1 若用摄氏温度计和华氏温度计测量同一个物体,有人认为这两种温度计的读数不可能出现数值相同的情况,对吗? 为什么?

2-2 如何理解状态量与过程量之间的区别,它们之间有何联系?

2-3 理想气体与实际气体有何区别?

2-4 如何理解温度与温标?

2-5 热力学能、焓和功的品质有何区别?

2-6 请写出功与热量之间的区别与联系。

2-7 什么是准静态过程? 请举一例说明。

2-8 什么是可逆过程? 请举一例说明。

2-9 热力学第一定律的实质是什么?

2-10 热力学第二定律的实质是什么?

2-11 克劳修斯不等式的热力学意义是什么?

2-12 热力学系统经历一个循环,其状态参数如何变化? 其能量品质如何变化?

2-13 下列说法是否正确,为什么?

(1) 不可逆过程是无法恢复到初始状态的过程。

(2) 机械能可完全转化为热能,而热能却不能完全转化为机械能。

(3) 热机的效率一定小于1。

(4) 循环功越大,热效率越高。

(5) 一切可逆热机的热效率相等。

(6) 系统经历不可逆过程后,其熵一定增大。

(7) 系统吸热,其熵一定增大;系统放热,其熵一定减少。

(8) 熵产大于零的过程必为不可逆过程。

2-14 热量与热能有何区别与联系?

2-15 如何理解自然界中磁的、电的、化学的、核的和热的现象被编织成一个综合体系?

2-16　如何理解任何循环闭口系统的循环净功总等于循环净热量?

2-17　如何理解热工设备的最佳工作状态?

2-18　闭口系统的熵变与哪些因素有关?

2-19　如何判断某一热工装置热力过程的真实性或可行性?

2-20　如何理解功的㶲、热量的㶲、迁移质量的㶲?

2-21　对于热力学第二定律,基于㶲参数如何表述?

2-22　试比较能量、熵、㶲之间的关系。

习　题

2-1　某汽缸中气体由 0.1m^3 膨胀到 0.2m^3,膨胀过程中气体的压强与体积的关系为 $p=0.48V+0.04$,其中压强的单位是 MPa,体积的单位是 m^3。已知环境压强为 0.1MPa,试求:

(1) 气体所做的功;

(2) 当活塞和汽缸间的摩擦力为 1000N,而活塞面积为 0.2m^3 时,减去摩擦消耗的功后活塞输出的功为多少?

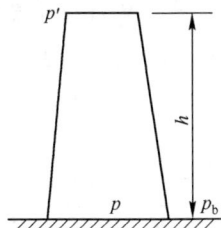

习题 2-2 图

2-2　有一烟囱高 $h=30\text{m}$(见习题 2-2 图),烟囱内烟气平均密度 $\rho_g=0.735\text{kg/m}^3$,若地面环境大气压强 $p_b=0.1\text{MPa}$,大气温度 $t=20℃$,大气密度 ρ_a 取常数,求烟囱底部绝对压强及真空度。

2-3　某刚性绝热贮箱包含 0.2m^3 的空气,在贮箱上装有一个搅拌轮,通过搅拌轮向贮箱中空气做功,其功率为 4W,工作时间长达 20min。若空气的初始密度为 1.2kg/m^3,并忽略空气宏观动能和重力位能的变化,试求:(1)空气末态的比体积;(2)空气比内能的变化。

2-4　一个活塞—汽缸组件见习题 2-4 图。初始状态时,活塞面处于 $x=0\text{m}$,弹簧处于自然状态,没有力作用于活塞。在加热情况下,气体膨胀直到活塞碰到卡子,此时活塞面处于 $x=0.05\text{m}$,同时停止加热。弹簧作用力满足 $F_{\text{spring}}=kx$,其中

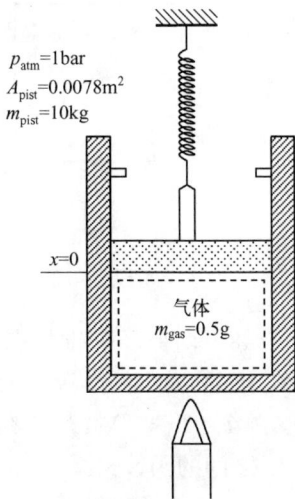

$p_{\text{atm}}=1\text{bar}$
$A_{\text{pist}}=0.0078\text{m}^2$
$m_{\text{pist}}=10\text{kg}$

$x=0$

气体
$m_{\text{gas}}=0.5\text{g}$

习题 2-4 图

弹簧刚度 $k = 10000\text{N/m}$。活塞与汽缸壁之间的摩擦力可以忽略不计,重力加速度 $g = 9.81\text{m/s}^2$,其他已知条件见习题 2-4 图。试求:

(1)气体的初始压强,单位采用 kPa;

(2)气体对活塞做的功,单位采用 J;

(3)若气体比内能的初态值和末态值分别是 214kJ/kg 和 337kJ/kg,计算加热过程交换的热量,单位采用 J。

2-5 蒸汽锅炉每小时产生 $p_2 = 20\text{bar}$、$t_2 = 350℃$ 的蒸汽 10t,设锅炉给水温度 $t_1 = 40℃$,锅炉热效率 $\eta_k = 0.76$,煤的发热值为 $Q_L = 29700\text{kJ/kg}$,求锅炉的耗煤量。

已知工质的焓值:在 $p_1 = 20\text{bar}$、$t_1 = 40℃$ 时,$h_1 = 169.2\text{kJ/kg}$;在 $p_2 = 20\text{bar}$、$t_2 = 350℃$ 时,$h_2 = 3137.2\text{kJ/kg}$。

2-6 一个容积为 0.3m^3 的储气罐内装有初压 $p_1 = 0.5\text{MPa}$,初温 $t_1 = 27℃$ 的氮气。若对储气罐加热,其温度、压强升高。储气罐上装有安全阀,当压强超过 0.8MPa 时,阀门便自动打开,放走氮气,即储气罐维持最大压强为 0.8MPa。问当罐内氮气温度为 306℃ 时,对罐内氮气共加入多少热量?设氮气比热比 $k = 1.4$。

2-7 在图中所示的绝热容器 A、B 中,装有某种相同的理想气体。已知 T_A、p_A、V_A 和 T_B、p_B、V_B;比定容热容 c_v 可看成常量;比热力学能与温度的关系为 $u = c_v T$。若管路和阀门均绝热,求打开阀门后,A、B 容器中气体的终温与终压。

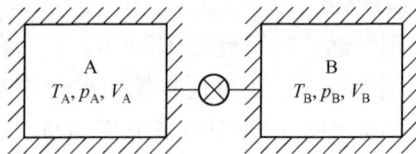

习题 2-6 图　　　　　　　　习题 2-7 图

2-8 两个可逆动力循环系统按序列组合。第一个动力循环系统从高温热源 T_H 吸热,向中间热源 T 放热;第二个动力循环系统从中间热源 T 吸热,向低温热源 $T_C(T_C < T)$ 放热。在下列条件下,试分别导出中间热源的温度 T 与 T_H 和 T_C 之间的函数关系:

(1)两个动力循环系统输出的净功是相同的;

(2)两个动力循环系统的热效率是相同的。

2-9 两个贮箱由一个阀相连。在初始状态,一个贮箱包含有 0.5kg 80℃、1bar 的空气,另一个贮箱包含有 1kg 50℃、2bar 的空气。打开阀,直到两股空气充分混合,达到平衡。试采用理想气体模型求:

(1) 空气的平衡温度;

(2) 空气的平衡压强;

(3) 混合过程空气的熵产。

2-10 一个发明者声称可设计一个新装置,在没有功交换和热交换的情况下,一股空气流输入这个新装置后可以稳定地输出冷热两股空气流,其参数见习题 2-10 图。在忽略空气的宏观动能和重力位能变化的条件下,试采用理想气体模型评价该声明的真伪性。

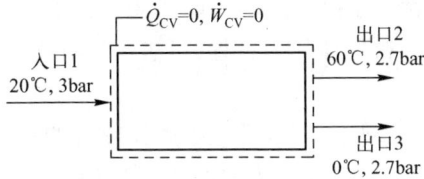

习题 2-10 图

2-11 试证明自由膨胀过程是不可逆过程。

2-12 用质量流量为 $\dot{m} = 360 \text{kg/h}$,$t_1 = 500℃$,$p_1 = 0.1\text{MPa}$ 的废气资源定压加热 $t_{s1} = 27℃$,$p_{s1} = 0.1\text{MPa}$,流量 $\dot{m}_s = 720 \text{kg/h}$ 的未饱和水,若废气的终温为 37℃,出口压强为 $p_2 = 0.08\text{MPa}$,求:

(1) 水的终态温度 t_{s2};

(2) 以废气为系统,过程的热熵流和熵产;

(3) 以废气为系统,过程的做功能力损失(环境温度为 27℃)。

已知水的比热容 $c_w = 4.187 \text{kJ/(kg · K)}$;废气可作理想气体处理,气体常数 $R = 287 \text{J/(kg · K)}$,比定压热容 $c_p = 1.01 \text{kJ/(kg · K)}$。

第3章 工质的热力性质

Chapter 3 Thermodynamic Properties of Working Substances

内容提要 作为航天热能工程学的核心内容,本章主要讲解工质的热力性质,包括纯物质的热力性质、热力学关系式、理想气体混合物、湿空气等。基于工质特性,应用基本定律分析具体热力过程,可进一步巩固学生掌握的热力学基本知识。

基本要求 在本章学习中,要求学生了解比热容的一般关系式、真实气体状态方程的几种常见形式和湿空气的热力性质,掌握基本热力学关系式和麦克斯韦关系式,理解气体混合物的分子量、气体常数、比热容,掌握真实气体热力过程中的内能、焓和熵变计算。

3.1 纯物质的热力性质(Thermodynamic properties of pure substances)

相是指化学成分和物理结构在空间分布均匀的物质。因为物理结构的差异,使得物质可能有不同的单相存在,常见的相态有三种:固相、液相和气相,也可能有气—液、液—固、固—气两相并存的平衡状态,或者液—气—固三相共存的平衡状态。如果以多于一相的形式存在,则相与相之间用相边界隔开。例如,氧气和氮气可以混合形成单一气相,酒精和水可以混合形成单一液相,而油和水混合形成两个液相。

纯物质是指化学成分在空间分布均匀不变的物质。纯物质可以包含多相,但是其化学成分在每一相中必须相同。例如,液态水和水蒸汽组成一个两相系统,这个系统可以被认为是纯物质,因为每一相中的化学成分相同。在 0.1MPa、90K 以上空气呈气态,77K 以下空气呈液态。对于单相存在的空气,无论是气态空气还是液态空气都是纯物质。但当空气两相共存时,由于氧和氮的沸点不同,使得液态空气与气态空气的成分各不相同,因此两相共存的空气不是纯物质。

在本书中我们约定,使用"蒸汽"来特指水蒸气,即气态的水。

3.1.1　状态公理（State principle）

闭口系统的平衡状态是由状态参数来表示的,从大量的热力系统观测可知,不是所有的状态参数都是相互独立的,平衡状态是由一定的状态参数值唯一确定的,所有其他状态参数都可以由这些独立状态参数来表示,这就是所谓的状态公理,用来决定系统状态的独立状态参数。

对于系统能量独立改变的每一种方式,将有一个独立的状态参数与之对应。

根据状态公理,热交换作为一种系统能量独立改变的方式,须有一个独立状态参数与之对应;对于每一种能独立改变系统能量的功方式,须有相应的独立状态参数数目与之对应,也就是该系统所需的独立状态参数的数目为相应独立功的数目加1。实践经验表明,在具体计算相应功的数目时,必要条件是系统必须经历准静态过程。

如果一个系统在经历准静态过程时除热交换形式之外只有一种功形式能改变系统的能量,这时系统被称为简单系统,也就是说简单系统只需两个状态参数就可确定系统的状态情况,这就是状态公理应用于简单系统的情况。

对于简单系统,若系统体积变化能改变系统能量,称为简单可压缩系统。此外,也有其他形式的简单系统,如简单弹性系统、简单磁系统等。

对于简单可压缩系统,其体积变化功的计算公式为 $\int_1^2 pdV$。如选用温度 T 和比体积 v 来表示系统状态,则其他状态参数可以表示为温度和比体积的函数: $p = p(T,v)$, $u = u(T,v)$ 等。

本章分析的主要内容是由纯物质组成的简单可压缩系统的热力性质。

3.1.2　$p-v-T$ 关系（$p-v-T$ Relationship）

1. $p-v-T$ 表面（$p-v-T$ Surface）

简单可压缩纯物质的状态由任意两个相互独立的强度参数确定。一旦两个参数确定,其他参数都可以确定,因此,可以将 $p-v-T$ 关系表示为表面。表面图表示在由压强、比体积和温度所构成的三维正交坐标系中,一系列平衡状态及相变过程所构成的空间曲面。图3-1-1是类似水凝固时膨胀的纯物质的 $p-v-T$ 表面图,图3-1-2是凝固时收缩的纯物质的 $p-v-T$ 表面图(其中大多数物质呈现这一特性)。

在图3-1-1和图3-1-2中一些区域标注为固体、液体和蒸汽,在这些单相区域只须两个状态参数就可确定其状态情况。在单相区域之间是两相共存范围,包括液—汽、固—液、固—汽。在两相共存范围内,状态参数压强与温度不是相互独立的,一个量的变化必然牵涉到另一个量的变化,也就是说,状态不能仅

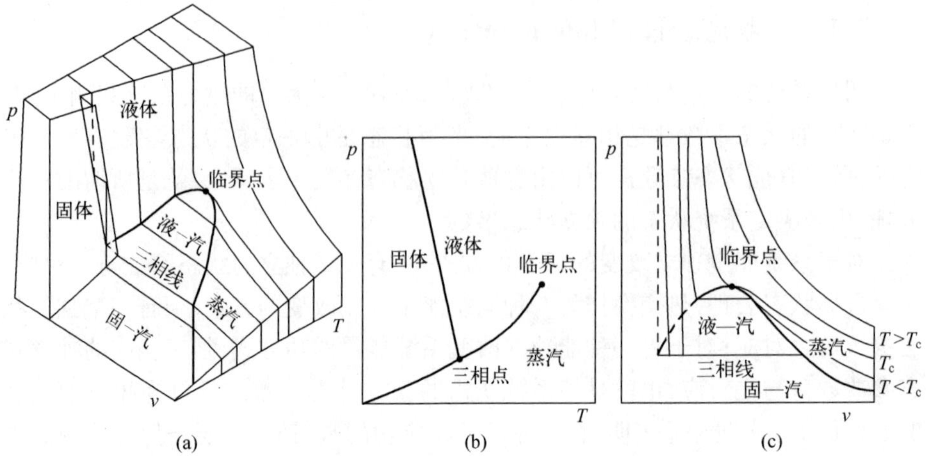

图 3-1-1　凝固时膨胀的纯物质的 p-v-T 图和投影图
（a）三维表面图；（b）p-T 图；（c）p-v 图。

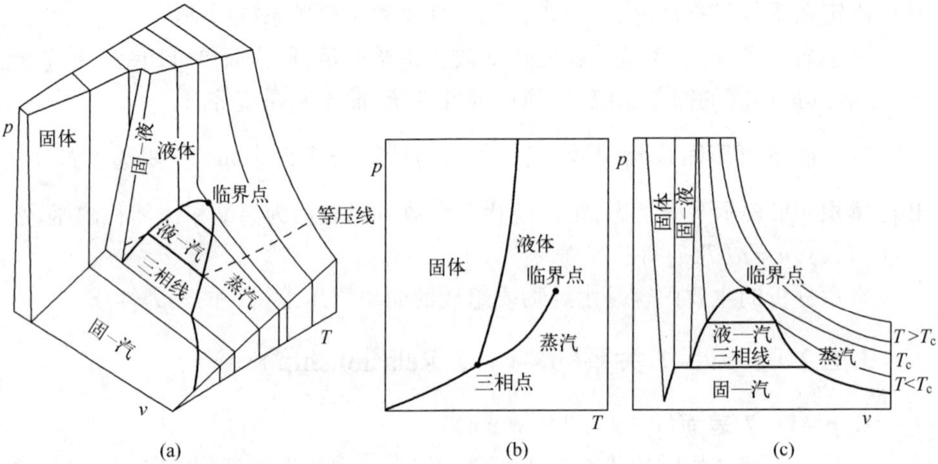

图 3-1-2　凝固时收缩的纯物质的 p-v-T 图和投影图
（a）三维表面图；（b）p-T 图；（c）p-v 图。

仅用压强和温度来确定。然而，状态可以用比体积加上压强或温度中的任何一个来确定，三相共存的平衡状态在图中标注为三相线。

　　一个相变开始或结束的状态被称为饱和状态。液－汽两相共存的区域（图 3-1-1 和图 3-1-2 中阴影部分）被称为蒸汽拱顶，蒸汽拱顶的左右边界线分别被称为饱和液体线和饱和蒸汽线，在蒸汽拱顶的顶部，也就是饱和液体线与饱和蒸汽线的交点，被称为临界点。

2. $p-v-T$ 表面的投影(Projection of the $p-v-T$ surface)

1) $p-T$ 图

$p-T$ 图(也称相图)是 $p-v-T$ 表面在压强—温度平面的投影。从图 3-1-1(b)和图 3-1-2(b)中可以看出,两相共存区域变成三条线,这些线上的每一点表示某一特定温度和压强下所对应的两相混合物。

$p-v-T$ 表面中的三相线投影到相图上变成三相点。国际组织规定用水的三相点作为定义热力学温标的参照点。根据测定,水的三相点温度是 273.16K,对应水的三相点压强是 0.6113kPa。

对于结冰膨胀的物质(如水),其固—液两相线在相图中向左边倾斜,如图 3-1-1(b)所示,而结冰收缩的物质(大多数物质),其固—液两相线在相图中向右边倾斜,如图 3-1-2(b)所示。

2) $p-v$ 图

$p-v$ 图是 $p-v-T$ 表面在压强—比体积平面的投影,如图 3-1-1(c)和图 3-1-2(c)所示。$p-v$ 图常用于计算分析。在临界温度之下,存在液—汽两相过渡区域,在临界温度之上,不存在液—汽两相过渡区域。

3) $T-v$ 图

$T-v$ 图是 $p-v-T$ 表面在温度—比体积平面的投影,如图 3-1-3 所示。$T-v$ 图也常用于计算分析。

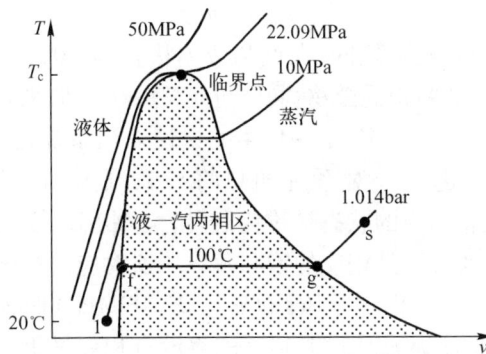

图 3-1-3 $T-v$ 图

3. 相变(Phase Transition)

为了分析纯物质的相变,考虑一个闭口系统是由包含于活塞—汽缸中的 1kg 液态水(20℃)组成,见图 3-1-4(a),这个状态在图 3-1-3 中由点 1 表示。假设水被慢慢加热,并保持压强不变且稳定在 1.014bar。

既然系统在加热过程中压强不变,在温度增加的同时将伴随着比体积慢慢增加,最终系统到达图 3-1-3 中点 f,这是压强为 1.014bar 下的饱和液态水。线

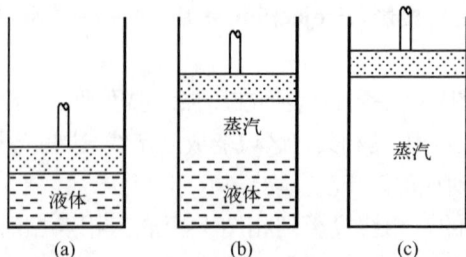

图 3-1-4　水在不变压强下由液体变为蒸汽示意图
（a）饱和液体；（b）饱和液体与饱和蒸汽；（c）饱和蒸汽。

段 1-f 的液体状态被称为过冷液体状态,这是由于过冷状态的温度低于饱和状态温度;此外,过冷液体状态又被称为压缩液体状态,因为液体压强大于其温度所对应的饱和压强。

当系统处于饱和液体状态时,继续在压强不变的条件下加热,将出现等温下蒸汽形成的现象,如图 3-1-4(b)所示,系统由液—汽两相混合物组成。当液体和蒸汽混合物处于平衡状态时,液相是饱和液体,气相是饱和蒸汽。如果系统被进一步加热直到液体完全汽化,它将到达图 3-1-3 中点 g,也就是饱和蒸汽状态。对于液—汽两相混合物可以定义"干度"来表示它们的比例,即

$$x = \frac{m_{\text{vapour}}}{m_{\text{liquid}} + m_{\text{vapour}}} \tag{3-1-1}$$

干度的大小介于 0 到 1 之间,在饱和液体状态,$x = 0$,在饱和蒸汽状态,$x = 1$。对于固-汽、固-液两相混合物,同样可定义一个参数来表示它们的比例。

让我们回到对图 3-1-3 和图 3-1-4 的讨论。当系统处于饱和蒸汽状态时(图 3-1-3 中点 g),进一步对系统加热将导致温度和比体积同时增加,见图 3-1-3 中点 s。类似点 s 的状态被称为过热蒸汽状态。这是由于对于给定的压强,系统当时的温度大于其相应的饱和蒸汽压所对应的温度。

现在来分析压强等于临界压强($p_c = 22.09\text{MPa}$)时水的加热过程,从图 3-1-3 中定压线可知,从液体过渡到蒸汽将没有相变过程,也就是说汽化只能发生在压强低于临界压强的情况。当温度和压强分别高于临界温度和临界压强时,液体与蒸汽之间的区别将丧失,对于这样状态的物质一般称为超临界流体。

本书主要研究汽化过程,对应图 3-1-5 中线 $a'' - b'' - c''$,同时也研究熔化过程和升华过程,分别对应图 3-1-5 中线 $a - b - c$ 和线 $a' - b' - c'$。

3.1.3　状态参数数据(State parameter data)

附表 2 至附表 6 是有关水的特性数据(包括比体积、比内能、比焓和比熵),附表 7 至附表 9 是有关制冷剂 12 的特性数据,附表 10 至附表 12 是有关制冷

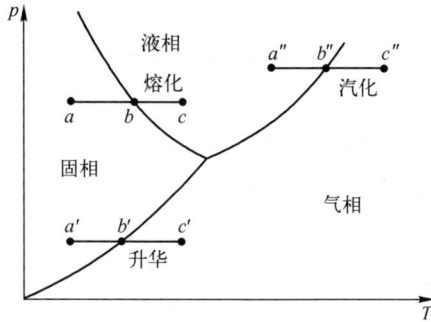

图 3-1-5　水的相图

134a 的特性数据,附表 13 至附表 15 是有关氨的特性数据,附表 16 至附表 18 是有关制冷剂 22 的特性数据。

1. 压强、比体积和温度(Pressure, specific volume, and temperature)

对于过冷液体和过热蒸汽,附表中都有比体积随压强或温度的变化值,对于表中未列出数值的中间状态,可通过表中数值的线性插值求得。对于饱和状态,两相混合物的体积为

$$V = V_{liq} + V_{vap}$$

平均比体积定义为

$$v = \frac{V}{m} = \frac{V_{liq}}{m} + \frac{V_{vap}}{m}$$

既然液相是饱和液体,气相是饱和蒸汽,这样有 $V_{liq} = m_{liq} V_f$,$V_{vap} = m_{vap} v_g$,所以

$$v = \left(\frac{m_{liq}}{m}\right) v_f + \left(\frac{m_{vap}}{m}\right) v_g = (1 - x) v_f + x v_g \qquad (3-1-2)$$

例 3-1-1　一个活塞—汽缸组件包含有 3.0MPa 和 300℃(状态 1)的水蒸气。在体积不变情况下水蒸气首先冷却到温度为 200℃的状态 2,接着水等温压缩到压强为 2.5MPa 的状态 3,见例题 3-1-1 图。试求状态 1、2、3 的比体积和状态 2 的干度。

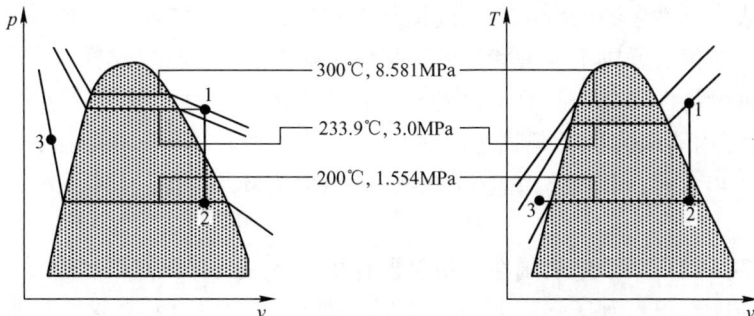

例 3-1-1 图

解

对于状态 1，由于其压强 $p_1 = 3.0\text{MPa}$ 小于温度 $T_1 = 300℃$ 对应的饱和压强 8.581MPa，因此状态 1 位于过热水蒸气区域。通过附表 4 中压强 3.0MPa 和温度 $(280℃,320℃)$ 内插可得 $v_1 = 0.0811\text{m}^3/\text{kg}$。

对于状态 2，其比体积 $v_2 = v_1 = 0.0811\text{m}^3/\text{kg}$。由附表 2 中温度 $T_2 = 200℃$ 查得 $v_f = 0.0011565\text{m}^3/\text{kg}$ 和 $v_g = 0.1274\text{m}^3/\text{kg}$。既然 $v_f < v_2 < v_g$，状态 2 应位于液—汽两相混合区。基于式(3-1-2)，其干度可表示为

$$x_2 = \frac{v_2 - v_f}{v_g - v_f} = \frac{0.0811 - 0.001565}{0.1274 - 0.001565} = 0.633$$

对于状态 3，由于其压强 $p_3 = 2.5\text{MPa}$ 大于温度 $T_3 = 200℃$ 对应的饱和压强 1.554MPa，因此状态 3 位于液相区域，由附表 5 查得 $v_3 = 0.0011555\text{m}^3/\text{kg}$。

2. 比内能、比焓和比熵（Specific internal energy, specific enthalpy and specific entropy）

对于过冷液体和过热蒸汽，附表中都有比内能、比焓和比熵随压强或温度的变化值，对于中间状态，可通过表中数值的线性插值求得。对于饱和状态，两相混合物的内能为

$$U = U_{liq} + U_{vap}$$

平均比内能定义为

$$u = \frac{U}{m} = \frac{U_{liq}}{m} + \frac{U_{vap}}{m}$$

既然液相是饱和液体，气相是饱和蒸汽，这样有 $U_{liq} = m_{liq}u_f$，$U_{vap} = m_{vap}u_g$，所以

$$u = \left(\frac{m_{liq}}{m}\right)u_f + \left(\frac{m_{vap}}{m}\right)u_g = (1-x)u_f + xu_g \tag{3-1-3}$$

同理可得

$$h = (1-x)h_f + xh_g \tag{3-1-4}$$

$$s = (1-x)s_f + xs_g \tag{3-1-5}$$

附表中特性参数的测量必须选择参考状态，只有这样才能计算每一个热力状态的相对值。原则上参考状态的选择可是随机的、任意的，这样就产生了基于不同基准的特性参数表。对于附表中水的参考状态选为 $0.01℃$ 的饱和水，在这个状态，比内能取为 0，比焓通过公式 $h = u + pv$ 计算。对于氨和冷却剂的参考状态选为 $-40℃$ 的饱和液体，在这个状态，比焓取为 0，比内能通过公式 $u = h - pv$ 计算。

例 3-1-2 一个绝热刚性贮箱包含有 0.25m^3 的 $100℃$ 饱和水蒸气。饱和水蒸气被快速搅拌直到压强为 1.5bar，试求水蒸气末态温度和在这个过程中水蒸气对外所做的功。

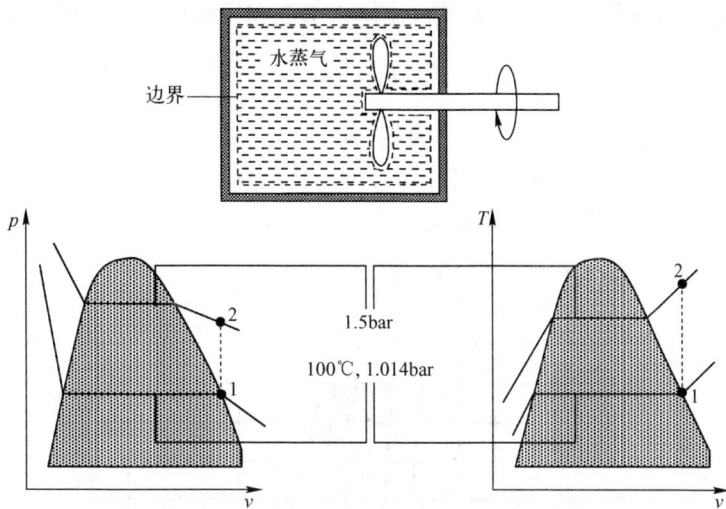

例 3-1-2 图

解

为了确定水蒸气的末态,需要知道两个独立的状态参数,一个是末态压强 $p_2 = 1.5\mathrm{bar}$,另一个是末态比体积 $v_2 = v_1$。

由附表 2 可得 $v_1 = v_g(100℃) = 1.673\mathrm{m^3/kg}$,比内能 $u_1 = u_g(100℃) = 2506.5\mathrm{kJ/kg}$。由 $v_2 = v_1 = 1.673\mathrm{m^3/kg}$ 和 $p_2 = 1.5\mathrm{bar}$ 在附表 4 中内插,可得

$$t_2 = 273℃, u_2 = 2767.8\mathrm{kJ/kg}$$

以贮箱中水蒸气为研究对象,其能量方程为

$$\Delta U + \Delta E_K + \Delta E_P = Q - W$$
$$\quad 0 \qquad 0 \qquad 0$$

整理为

$$W = -(U_2 - U_1) = -m(u_2 - u_1) = -\frac{V}{v_1}(u_2 - u_1)$$

代入数据可得

$$W = -\frac{0.25\mathrm{m^3}}{1.673\mathrm{m^3/kg}}(2767.8\mathrm{kJ/kg} - 2506.5\mathrm{kJ/kg}) = -38.9\mathrm{kJ}$$

式中:负号表示为外界对贮箱中水蒸气做功。

3. 比热容 c_v 和 c_p(Specific heats c_v and c_p)

对于定容过程和定压过程,简单可压缩纯物质的比热容分别定义为

$$c_v = \frac{\partial u}{\partial T}\bigg|_v \tag{3-1-6}$$

$$c_p = \frac{\partial h}{\partial T}\bigg|_p \tag{3-1-7}$$

式中:下标 v 和 p 分别表示微分过程比体积不变和压强不变。比热比定义为

$$k = \frac{c_p}{c_v} \qquad (3-1-8)$$

一般来说,比热容是比体积和温度(或者压强和温度)的函数,图 3-1-6 所示为水蒸气的比定压热容图。对于每种物质的气体、液体和固体,可以通过实验测定其某一状态下的比热容数据。

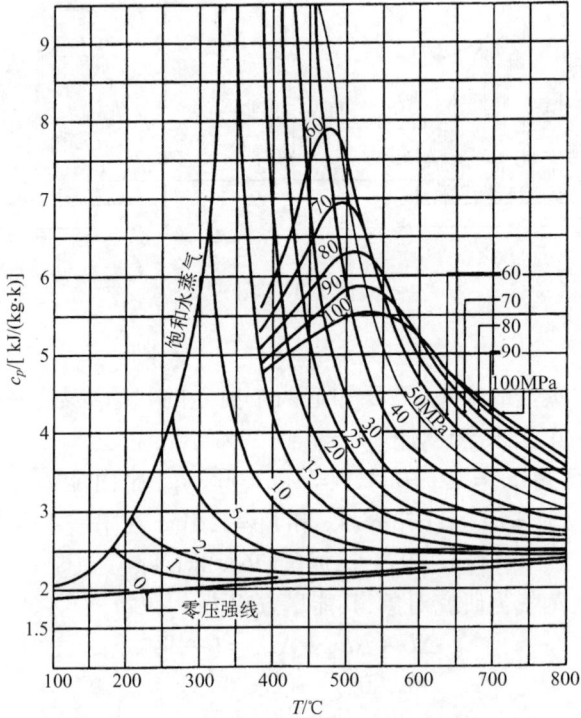

图 3-1-6　水蒸气比定压热容 c_p 随温度和压强变化曲线

4. 用饱和液体数据近似代替液体数据(Approximations for liquids using saturated liquid data)

从附表 5 可以看出,对于某一个具体的温度 T,压缩(过冷)液态水的比体积、比内能和比熵随压强变化很小,所以在工程计算上,下列公式是合理的:

$$v(T,p) \approx v_f(T) \qquad (3-1-9)$$

$$u(T,p) \approx u_f(T) \qquad (3-1-10)$$

$$s(T,p) \approx s_f(T) \qquad (3-1-11)$$

比焓的计算公式为

$$h(T,p) \approx u_f(T) + p v_f(T) \qquad (3-1-12)$$

68

5. 不可压物质模型(Incompressible substance model)

对于一些液体或固体,比体积假定是常数,比内能只随温度变化,这样理想化的物质被称为是不可压缩的。不可压缩物质的比定容热容可以表示为

$$c_v(T) = \frac{\mathrm{d}u}{\mathrm{d}T} \tag{3-1-13}$$

比焓表示为

$$h(T,p) = u(T) + pv \tag{3-1-14}$$

不可压缩物质的比定压热容为

$$c_p = \frac{\partial h}{\partial T}\bigg|_p = \frac{\partial(u+pv)}{\partial T}\bigg|_p = \frac{\mathrm{d}u}{\mathrm{d}T} = c_v = c \tag{3-1-15}$$

所以不可压缩物质的比内能和比焓的计算公式分别为

$$u_2 - u_1 = \int_{T_1}^{T_2} c(T)\,\mathrm{d}T \tag{3-1-16}$$

$$h_2 - h_1 = \int_{T_1}^{T_2} c(T)\,\mathrm{d}T + v(p_2 - p_1) \tag{3-1-17}$$

对于不可压缩物质,由方程 $T\mathrm{d}s = \mathrm{d}u + p\mathrm{d}v$ 和 $\mathrm{d}v = 0$,并积分可得

$$s_2 - s_1 = \int_{T_1}^{T_2} \frac{c(T)}{T}\,\mathrm{d}T \tag{3-1-18}$$

3.1.4　气体 $p-v-T$ 关系($p-v-T$ Relationship for gases)

1. 通用气体常数(Universal gas constant)

从图 3-1-7 中可以看出,对实验数据进行外推可得

$$\lim_{\substack{p \to 0 \\ T > 0}} \frac{p\bar{v}}{T} = \bar{R} \tag{3-1-19}$$

式中: $\bar{R}$ 为通用气体常数,它的数值为

$$\bar{R} = 8.314\mathrm{kJ}/(\mathrm{kmol} \cdot \mathrm{K}) \tag{3-1-20}$$

2. 压缩因子(Compressibility factor)

压缩因子定义为

$$Z = \frac{p\bar{v}}{\bar{R}T} \tag{3-1-21}$$

压缩因子是无量纲的。既然 $\bar{v} = Mv$、$\bar{R} = MR$,压缩因子同样可以表示为

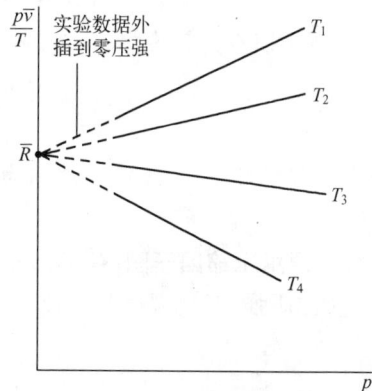

图 3-1-7　不同温度下 $p\bar{v}/T$ 随压强变化曲线

$$Z = \frac{pv}{RT} \qquad (3\text{-}1\text{-}22)$$

由式(3-1-19)可得

$$\lim_{\substack{p \to 0 \\ T > 0}} Z = 1 \qquad (3\text{-}1\text{-}23)$$

氢气压缩因子随压强和温度变化的曲线如图3-1-8所示。

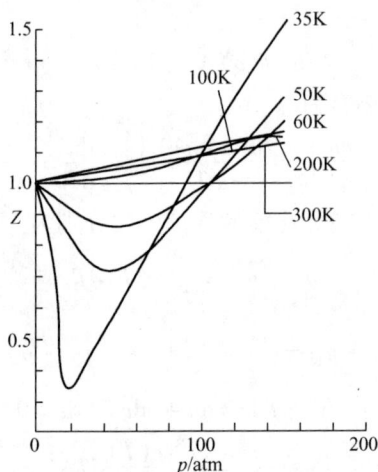

图3-1-8　氢气的压缩因子随压强和温度变化曲线

压缩因子可以假定是压强和温度的多项式函数,即

$$Z = 1 + \hat{B}(T)p + \hat{C}(T)p^2 + \hat{D}(T)p^3 + \cdots \qquad (3\text{-}1\text{-}24)$$

如果用$1/\bar{v}$为自变量,压缩因子也可表示为

$$Z = 1 + \frac{B(T)}{\bar{v}} + \frac{C(T)}{\bar{v}^2} + \frac{D(T)}{\bar{v}^3} + \cdots \qquad (3\text{-}1\text{-}25)$$

式(3-1-24)和式(3-1-25)被称为维里展开,系数$\hat{B}$、$\hat{C}$、$\hat{D}\cdots$和B、C、$D\cdots$称为维里系数。

3. 通用压缩因子图(Generalized compressibility chart)

对比压强、对比温度和对比体积分别定义为

$$p_{\mathrm{R}} = \frac{p}{p_c}, T_{\mathrm{R}} = \frac{T}{T_c}, v_{\mathrm{R}} = \frac{v}{v_c} \qquad (3\text{-}1\text{-}26)$$

式中:p_c、T_c和v_c分别为物质的临界压强、临界温度和临界比体积。由于压缩因子是温度和压强的函数,所以压缩因子同样可表示为$Z = f(p_{\mathrm{R}}, T_{\mathrm{R}})$。图3-1-9表示了10种气体的压缩因子曲线,从图中可以看出,压缩因子只与对比压强和对比温度有关,而与具体气体种类无关。在附图1、附图2和

附图 3 给出了通用压缩因子图,在图中同时引入了伪对比体积以方便查图,其定义为

$$v_R' = \frac{\bar{v}}{RT_c/p_c} = \frac{v}{RT_c/p_c} \qquad (3-1-27)$$

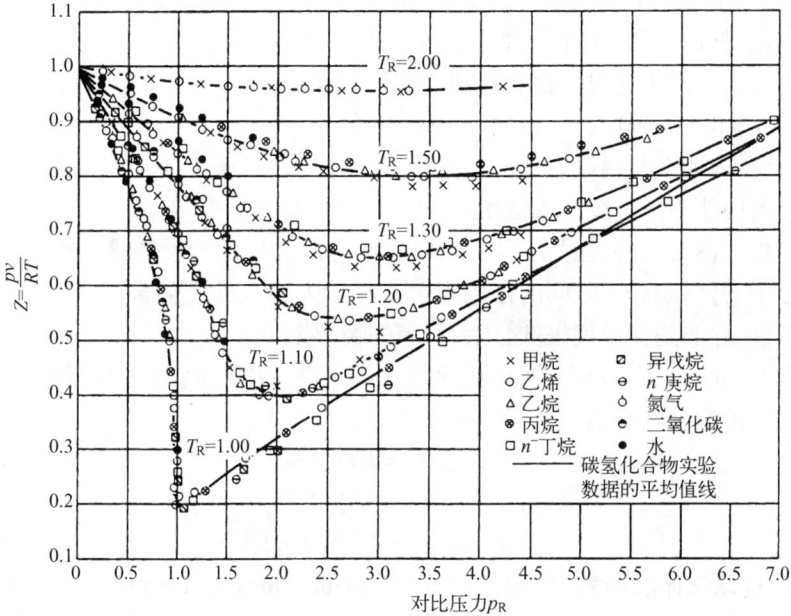

图 3-1-9　各种气体的通用压缩因子图

3.1.5　理想气体模型(Ideal gas model)

当 $p_R \leqslant 0.05$ 或 $T_R \geqslant 15$ 时,$Z \approx 1$,即

$$Z = \frac{pv}{RT} = 1$$

或者

$$pv = RT \qquad (3-1-28)$$

式(3-1-28)被称为理想气体状态方程。

由于 $v = \bar{v}/M$ 和 $R = \bar{R}/M$,式(3-1-28)又可以表示为

$$p\bar{v} = \bar{R}T \qquad (3-1-29)$$

理想气体的比内能是温度的单值函数,即

$$u = u(T)$$

这是焦耳在 1843 年通过实验,并从数学上证明过的。在他的经典实验中,

焦耳将两个容器与一根带阀的管子相通,再浸入在水中,如图 3-1-10 所示。开始时,一个容器装有高压空气,而另一个容器为真空。当达到热平衡后,他打开阀门,让空气从一个容器流向另一个容器,直到两个容器中压强相等。焦耳观测到水温并没有变化,从而知道,两个容器里的空气没有热量传入或传出。由于这时并没有做功,所以他得出结论:即使体积和压强变化,空气的内能并未改变。

图 3-1-10　焦耳的实验装置示意图

他推断说,内能只与温度有关,而与压强和比体积无关。后来,焦耳还证明,非理想气体的内能不是温度的单值函数。

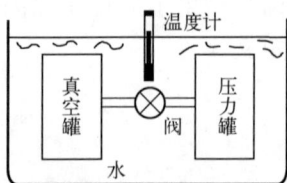

　　理想气体是一种理想化了的气体模型,它假设气体分子是球形的,并忽略了气体分子的体积、分子之间的作用力。工程上大多数的气体都可以当成理想气体来处理,除非是在温度极低、压力极高的情形下。

又因为 $h = u + pv$,所以理想气体的比焓 $h = u(T) + RT = h(T)$ 也只与温度有关。理想气体模型可以归纳为

$$\begin{cases} pv = RT \\ u = u(T) \\ h = h(T) = u(T) + RT \end{cases}$$

1. 理想气体的内能、焓和比热容(Internal energy, enthalpy, and specific heats of ideal gases)

　　由于理想气体比内能只是温度的函数,于是理想气体的比定容热容可以表示为

$$c_v(T) = \frac{\mathrm{d}u}{\mathrm{d}T} \tag{3-1-30}$$

分离变量

$$\mathrm{d}u = c_v(T)\mathrm{d}T \tag{3-1-31}$$

对式(3-1-31)积分

$$u(T_2) - u(T_1) = \int_{T_1}^{T_2} c_v(T)\mathrm{d}T \tag{3-1-32}$$

对于理想气体的比焓,同样有

$$c_P(T) = \frac{\mathrm{d}h}{\mathrm{d}T} \tag{3-1-33}$$

$$\mathrm{d}h = c_p(T)\mathrm{d}T \tag{3-1-34}$$

$$h(T_2) - h(T_1) = \int_{T_1}^{T_2} c_p(T)\mathrm{d}T \tag{3-1-35}$$

由于理想气体满足 $h = u + RT$,两边对 T 求导可得

$$\frac{\mathrm{d}h}{\mathrm{d}T} = \frac{\mathrm{d}u}{\mathrm{d}T} + R$$

代入式(3-1-30)和式(3-1-33)推得

$$c_p(T) = c_v(T) + R \qquad (3-1-36)$$

式(3-1-36)两边同乘摩尔质量 M

$$\bar{c}_p(T) = \bar{c}_v(T) + \bar{R} \qquad (3-1-37)$$

式(3-1-37)称为迈耶关系式。

对于理想气体,比热比也只是温度的函数:

$$k = \frac{c_p(T)}{c_v(T)} \qquad (3-1-38)$$

由式(3-1-36)和式(3-1-38)推出

$$c_p(T) = \frac{kR}{k-1} \qquad (3-1-39)$$

$$c_v(T) = \frac{R}{k-1} \qquad (3-1-40)$$

一些理想气体的比热容和比热比随温度的变化见附表20。此外,比热容也可表示为温度的多项式。

$$\frac{\bar{c}_p}{R} = \alpha + \beta T + \gamma T^2 + \delta T^3 + \varepsilon T^4 \qquad (3-1-41)$$

式(3-1-41)适用于 $300 \sim 1000\mathrm{K}$ 温度范围,一些气体的上述常数 α、β、γ、δ 和 ε 的值在附表21 中可查。

2. 理想气体的熵变(Entropy change of ideal gas)

由 $T\mathrm{d}s$ 方程可得

$$\mathrm{d}s = \frac{\mathrm{d}u}{T} + \frac{p}{T}\mathrm{d}v$$

$$\mathrm{d}s = \frac{\mathrm{d}h}{T} - \frac{v}{T}\mathrm{d}p$$

对于理想气体,由于 $\mathrm{d}u = c_v(T)\mathrm{d}T$,$\mathrm{d}h = c_p(T)\mathrm{d}T$,$pv = RT$,所示以上两式可写为

$$\mathrm{d}s = c_v(T)\frac{\mathrm{d}T}{T} + R\frac{\mathrm{d}v}{v} \qquad (3-1-42)$$

$$\mathrm{d}s = c_p(T)\frac{\mathrm{d}T}{T} - R\frac{\mathrm{d}p}{p} \qquad (3-1-43)$$

积分可得

$$s(T_2, v_2) - s(T_1, v_1) = \int_{T_1}^{T_2} c_v(T)\frac{\mathrm{d}T}{T} + R\ln\frac{v_2}{v_1} \qquad (3-1-44)$$

$$s(T_2,p_2) - s(T_1,p_1) = \int_{T_1}^{T_2} c_p(T) \frac{\mathrm{d}T}{T} - R\ln\frac{p_2}{p_1} \qquad (3-1-45)$$

取 1 个大气压和 0K 温度时的比熵为 0 作为参考点,那么 1 个大气压和 T 温度时的比熵(标准状态比熵)为

$$s^0(T) - 0 = \int_0^T c_p(T) \frac{\mathrm{d}T}{T} - R\ln\frac{1}{1} = \int_0^T c_p(T) \frac{\mathrm{d}T}{T} \qquad (3-1-46)$$

$s^0(T)$ 或 $\bar{s}^0(T)$ 的数据在附表 22 ~ 附表 28 中可查。由于

$$\int_{T_1}^{T_2} c_p(T) \frac{\mathrm{d}T}{T} = \int_0^{T_2} c_p(T) \frac{\mathrm{d}T}{T} - \int_0^{T_1} c_p(T) \frac{\mathrm{d}T}{T} = s^0(T_2) - s^0(T_1)$$

式(3-1-45)可改写为

$$s(T_2,p_2) - s(T_1,p_1) = s^0(T_2) - s^0(T_1) - R\ln\frac{p_2}{p_1} \qquad (3-1-47)$$

或者

$$\bar{s}(T_2,p_2) - \bar{s}(T_1,p_1) = \bar{s}^0(T_2) - \bar{s}^0(T_1) - \bar{R}\ln\frac{p_2}{p_1} \qquad (3-1-48)$$

对于比热容不变的情况

$$s(T_2,v_2) - s(T_1,v_1) = c_v\ln\frac{T_2}{T_1} + R\ln\frac{v_2}{v_1} \qquad (3-1-49)$$

$$s(T_2,p_2) - s(T_1,p_1) = c_p\ln\frac{T_2}{T_1} - R\ln\frac{p_2}{p_1} \qquad (3-1-50)$$

一些理想气体的比内能、焓和熵可以在附表 22 ~ 附表 28 中查到。

3. 理想气体的多变过程(Polytropic process of ideal gas)

一个闭口系统的多变过程可以表示为

$$pV^n = c \qquad (3-1-51)$$

式中:n 为多变指数。对于理想气体,因为 $pV = mRT$,所以有

$$\frac{T_2}{T_1} = \left(\frac{p_2}{p_1}\right)^{(n-1)/n} = \left(\frac{V_1}{V_2}\right)^{n-1} \qquad (3-1-52)$$

对于定比热容的理想气体等熵过程,有

$$0 = c_v \frac{\mathrm{d}T}{T} + R \frac{\mathrm{d}v}{v}$$

$$0 = c_p \frac{\mathrm{d}T}{T} - R \frac{\mathrm{d}p}{p}$$

积分后可得

$$0 = c_v\ln\frac{T_2}{T_1} + R\ln\frac{v_2}{v_1}$$

$$0 = c_p\ln\frac{T_2}{T_1} - R\ln\frac{p_2}{p_1}$$

又

$$c_p = \frac{kR}{k-1}, c_v = \frac{R}{k-1}$$

联立这些方程,可导出

$$\frac{T_2}{T_1} = \left(\frac{p_2}{p_1}\right)^{(k-1)/k} \tag{3-1-53}$$

$$\frac{T_2}{T_1} = \left(\frac{v_1}{v_2}\right)^{k-1} \tag{3-1-54}$$

$$pv^k = c_1 \tag{3-1-55}$$

等熵过程关系式 $pv^k = c_1$ 与多变过程关系式 $pv^n = c$ 相近,其关系如图 3-1-11 所示。多变指数 $n=0$ 对应于定压过程,$n=1$ 对应于等温过程,$n=k$ 对应于绝热过程(等熵过程),$n=\pm\infty$ 对应于定容过程。

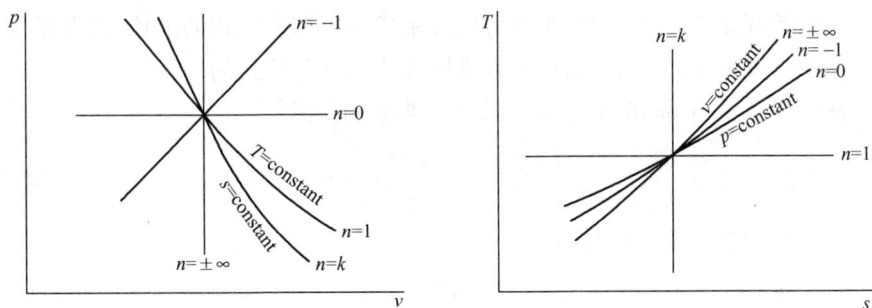

图 3-1-11　理想气体的多变过程

3.2　热力学关系式(Thermodynamic relations)

3.2.1　状态方程(Equations of state)

1. 维里方程(Virial equations)

根据维里展开式(3-1-25),压缩因子可表示为

$$Z = \frac{pv}{RT} = 1 + \frac{B(T)}{\bar{v}} + \frac{C(T)}{\bar{v}^2} + \frac{D(T)}{\bar{v}^3} + \cdots \tag{3-2-1}$$

式中:系数 B、C、D 为第二、第三、第四阶维里系数,它们都是温度的函数,它们与分子之间的作用力有关。

若不计气体分子之间的作用力以及分子的体积,则压缩因子 $Z=1$,此时 $p\bar{v} = \bar{R}T$,这就是理想气体的状态方程,适合于温度相对高、压强相对低的情况。

为修正理想气体状态方程,并避免维里级数的固有复杂性,已经提出了 100 多个修正的状态方程。这些方程大多属于经验公式,多数只适合于气体,少数可以描述液相下的 $p-v-T$ 的变化。每个状态方程都只适合于几个特定状态,它们的应用限于给定的压强或密度范围,这时方程可以真实地反映 $p-v-T$ 的变化。

2. 二常数状态方程(Two-constant equations of state)

1873 年,范德瓦尔斯(Van der Waals)对理想气体状态方程进行了修正,提出了著名的范德瓦尔斯方程:

$$p = \frac{\overline{R}T}{\overline{v}-b} - \frac{a}{\overline{v}^2} \tag{3-2-2}$$

式中:b 为因实际气体分子所占体积而引入的常数;$a/\overline{v}^2$ 为对分子间引力的修正。

从范德瓦尔斯方程可知,压强可以表示成温度和比体积的函数,或者温度可以表示成压强和比体积的函数,所以称压强或温度是显式的。

从图 3-1-1 中易知,对于等温线在临界点有下式

$$\left(\frac{\partial^2 p}{\partial \overline{v}^2}\right)_T = 0, \left(\frac{\partial p}{\partial \overline{v}}\right)_T = 0 \tag{3-2-3}$$

范德瓦尔斯方程在临界点有

$$p_c = \frac{\overline{R}T_c}{\overline{v}_c - b} - \frac{a}{\overline{v}_c^2}$$

于是

$$\left(\frac{\partial^2 p}{\partial \overline{v}^2}\right)_T = \frac{2\overline{R}T_c}{(\overline{v}_c - b)^3} - \frac{6a}{\overline{v}_c^4} = 0$$

$$\left(\frac{\partial p}{\partial \overline{v}}\right)_T = \frac{\overline{R}T_c}{(\overline{v}_c - b)^2} + \frac{2a}{\overline{v}_c^3} = 0$$

求解以上三个方程可得

$$a = \frac{27\overline{R}^2 T_c^2}{64 \, p_c} \tag{3-2-4}$$

$$b = \frac{\overline{R}T_c}{8p_c} \tag{3-2-5}$$

$$\overline{v}_c = \frac{3}{8} \frac{\overline{R}T_c}{p_c} \tag{3-2-6}$$

对于不同的气体,常数 a 和 b 的值可在附表 29 中查到。

引入压缩因子 $Z = p\bar{v}/(\bar{R}T)$，对比温度 $T_R = T/T_c$，伪对比体积 $v_R' = p_c\bar{v}/(\bar{R}T_c)$，范德瓦尔斯方程采用压缩因子可写为

$$Z = \frac{v_R'}{v_R' - 1/8} - \frac{27/64}{T_R v_R'} \qquad (3-2-7)$$

或写成 Z、T_R 和 p_R 的形式

$$Z^3 - \left(\frac{p_R}{8T_R} + 1\right)Z^2 + \left(\frac{27p_R}{64T_R^2}\right)Z - \frac{27p_R^2}{512T_R^3} = 0 \qquad (3-2-8)$$

由式(3-2-6)可导出范德瓦尔斯方程的压缩因子在临界点的值为

$$Z_c = \frac{p_c\bar{v}_c}{\bar{R}T_c} = \frac{3}{8} = 0.375$$

实际上，从附表1可知压缩因子 $Z_c \in (0.23, 0.33)$，因此范德瓦尔斯方程在临界点是不精确的，它是分析实际气体最简单的状态方程。

另外三个常用的二常数状态方程是 Berthelot 方程、Dieterici 方程和 Redlich – Kwong 方程。其中 Redlich – Kwong 方程是 1949 年提出来的，它是二常数方程中最好的，其表达式为

$$p = \frac{\bar{R}T}{\bar{v} - b} - \frac{a}{\bar{v}(\bar{v} + b)\sqrt{T}} \qquad (3-2-9)$$

从式(3-2-9)可知，压强可以表示成温度和比体积的函数，所以称压强是显式的，而温度和比体积是隐含的。根据式(3-2-3)，同样可以求得

$$a = 0.42748\frac{\bar{R}^2 T_c^{5/2}}{p_c} \qquad (3-2-10)$$

$$b = 0.08664\frac{\bar{R}T_c}{p_c} \qquad (3-2-11)$$

$$\bar{v}_c = 0.333\frac{\bar{R}T_c}{p_c} \qquad (3-2-12)$$

Redlich – Kwong 方程的压缩因子形式表示为

$$Z = \frac{v_R'}{v_R' - 0.08664} - \frac{0.42748}{T_R^{3/2}s(v_R' + 0.08664)} \qquad (3-2-13)$$

由式(3-2-13)可以导出 Redlich – Kwong 方程的压缩因子在临界点的值为

$$Z_c = \frac{p_c\bar{v}_c}{\bar{R}T_c} = 0.333$$

这个值位于实际气体压缩因子在临界点的上边界，因此 Redlich – Kwong 方程在临界点也是不精确的。但是 Redlich – Kwong 方程特别适用于分析高压气体，它

的计算精度比范德瓦尔斯方程的计算精度高。

3. 多常数状态方程(Multi constant equations of state)

Benedict、Webb 和 Rubin 三人提出了一个多常数状态方程,表达式为

$$p = \frac{\overline{R}T}{\overline{v}} + \left(B\,\overline{R}T - A - \frac{C}{T^2} \right)\frac{1}{\overline{v}^2} + \frac{(b\overline{R}T - a)}{\overline{v}^3} + \frac{a\alpha}{\overline{v}^6} + \frac{c}{\overline{v}^3 T^2}\left(1 + \frac{\gamma}{\overline{v}^2} \right)\exp\left(-\frac{\gamma}{\overline{v}^2} \right)$$

$$(3-2-14)$$

式中常数在附表 29 中可查。

随着高速计算机的出现,已经出现了常数多于 50 个的状态方程,并且用于工程计算。

3.2.2 由全微分导出的热力学关系(Thermodynamic relations from exact differentials)

1. 数学原理(Mathematical principle)

对于简单可压缩物质或混合物,所有的状态参数都可以表示成两个独立变量的函数,例如,$p = p(T,v)$,$u = u(T,v)$,$h = h(T,v)$ 等,统一可以写成 $z = z(x,y)$。

数学上,z 的全微分为

$$dz = \left(\frac{\partial z}{\partial x} \right)_y dx + \left(\frac{\partial z}{\partial y} \right)_x dy \qquad (3-2-15)$$

或者表示为

$$dz = M dx + N dy \qquad (3-2-16)$$

式中:$M = (\partial z/\partial x)_y$,$N = (\partial z/\partial y)$。如果 M 和 N 是连续的一阶偏导数,则有

$$\frac{\partial}{\partial y}\left[\left(\frac{\partial z}{\partial x} \right)_y \right]_x = \frac{\partial}{\partial x}\left[\left(\frac{\partial z}{\partial y} \right)_x \right]_y$$

所以

$$\left(\frac{\partial M}{\partial y} \right)_x = \left(\frac{\partial N}{\partial x} \right)_y \qquad (3-2-17)$$

这是一个重要的数学关系式。

假设三个状态变量 x,y,z,其中任意两个可以被选为独立变量,即 $y = y(z,x)$,$x = x(y,z)$。它们的全微分为

$$dx = \left(\frac{\partial x}{\partial y} \right)_z dy + \left(\frac{\partial x}{\partial z} \right)_y dz$$

$$dy = \left(\frac{\partial y}{\partial x} \right)_z dx + \left(\frac{\partial y}{\partial z} \right)_x dz$$

以上二式消去 dy

$$\left[1 - \left(\frac{\partial x}{\partial y} \right)_z \left(\frac{\partial y}{\partial x} \right)_z \right]dx = \left[\left(\frac{\partial x}{\partial y} \right)_z \left(\frac{\partial y}{\partial z} \right)_x + \left(\frac{\partial x}{\partial z} \right)_y \right]dz$$

既然 x 和 z 是相互独立变化的,可令 z 不变,只改变 x。也就是 $dz = 0$,$dx \neq 0$,即

$$\left(\frac{\partial x}{\partial y}\right)_z \left(\frac{\partial y}{\partial x}\right)_z = 1 \tag{3-2-18}$$

可令 x 不变,只改变 z。也就是 $dz \neq 0$,$dx = 0$,即

$$\left(\frac{\partial x}{\partial y}\right)_z \left(\frac{\partial y}{\partial z}\right)_x + \left(\frac{\partial x}{\partial z}\right)_y = 0$$

$$\left(\frac{\partial x}{\partial y}\right)_z \left(\frac{\partial y}{\partial z}\right)_x \left(\frac{\partial z}{\partial x}\right)_y = -\left(\frac{\partial x}{\partial z}\right)_y \left(\frac{\partial z}{\partial x}\right)_y = -1 \tag{3-2-19}$$

这是另外两个重要的数学关系式。

2. 主要的全微分(Principal exact differentials)

对于简单可压缩物质组成的闭口系统,有以下全微分方程:

$$du = Tds - pdv \tag{3-2-20}$$

$$dh = Tds + vdp \tag{3-2-21}$$

比亥姆亥兹函数 f(Specific Helmholtz Function)(比自由能)定义为

$$f = u - Ts \tag{3-2-22}$$

比吉布斯函数 g(Specific Gibbs Function)(比自由焓)定义为

$$g = h - Ts \tag{3-2-23}$$

比亥姆亥兹函数 f 的全微分为

$$df = du - Tds - sdT = -pdv - sdT \tag{3-2-24}$$

比吉布斯函数 g 的全微分为

$$dg = dh - Tds - sdT = vdp - sdT \tag{3-2-25}$$

3. 麦克斯韦关系式(Maxwell relations)

从四个全微分方程

$$du = Tds - pdv$$

$$dh = Tds + vdp$$

$$df = -pdv - sdT$$

$$dg = vdp - sdT$$

容易推出麦克斯韦关系式:

$$\left(\frac{\partial T}{\partial v}\right)_s = -\left(\frac{\partial p}{\partial s}\right)_v \tag{3-2-26}$$

$$\left(\frac{\partial T}{\partial p}\right)_s = \left(\frac{\partial v}{\partial s}\right)_p \tag{3-2-27}$$

$$\left(\frac{\partial p}{\partial T}\right)_v = \left(\frac{\partial s}{\partial v}\right)_T \tag{3-2-28}$$

$$\left(\frac{\partial v}{\partial T}\right)_p = -\left(\frac{\partial s}{\partial p}\right)_T \tag{3-2-29}$$

此外,还可导出其他四个关系式:

$$\left(\frac{\partial u}{\partial s}\right)_v = T = \left(\frac{\partial h}{\partial s}\right)_p \tag{3-2-30}$$

$$\left(\frac{\partial u}{\partial v}\right)_s = -p = \left(\frac{\partial f}{\partial v}\right)_T \tag{3-2-31}$$

$$\left(\frac{\partial h}{\partial p}\right)_s = v = \left(\frac{\partial g}{\partial p}\right)_T \tag{3-2-32}$$

$$\left(\frac{\partial f}{\partial T}\right)_v = -s = \left(\frac{\partial g}{\partial T}\right)_p \tag{3-2-33}$$

3.2.3 熵、内能和焓的一般热力关系(General thermodynamic relations of entropy, internal energy, and enthalpy)

1. 熵的一般关系式

由 $s = s(T,v)$ 可得

$$\mathrm{d}s = \left(\frac{\partial s}{\partial T}\right)_v \mathrm{d}T + \left(\frac{\partial s}{\partial v}\right)_T \mathrm{d}v \tag{3-2-34}$$

式中

$$\left(\frac{\partial s}{\partial T}\right)_v = \left(\frac{\partial u}{\partial T}\right)_v \Big/ \left(\frac{\partial u}{\partial s}\right)_v = \frac{c_V}{T} \tag{3-2-35}$$

$$\left(\frac{\partial s}{\partial v}\right)_T = \left(\frac{\partial p}{\partial T}\right)_v \tag{3-2-36}$$

将式(3-2-35)和式(3-2-36)代入式(3-2-34)可得

$$\mathrm{d}s = \frac{c_V}{T}\mathrm{d}T + \left(\frac{\partial p}{\partial T}\right)_v \mathrm{d}v \tag{3-2-37}$$

该式是 T、v 为独立变量时熵的一般关系式,它适合于任何的简单可压缩物质。

由 $s = s(T,p)$ 可得

$$\mathrm{d}s = \left(\frac{\partial s}{\partial T}\right)_p \mathrm{d}T + \left(\frac{\partial s}{\partial p}\right)_T \mathrm{d}p \tag{3-2-38}$$

式中

$$\left(\frac{\partial s}{\partial T}\right)_p = \left(\frac{\partial h}{\partial T}\right)_p \Big/ \left(\frac{\partial h}{\partial s}\right)_p = \frac{c_p}{T} \tag{3-2-39}$$

$$\left(\frac{\partial s}{\partial p}\right)_T = -\left(\frac{\partial v}{\partial T}\right)_p \tag{3-2-40}$$

将式(3-2-39)和式(3-2-40)代入式(3-2-38)可得

$$\mathrm{d}s = \frac{c_p}{T}\mathrm{d}T - \left(\frac{\partial v}{\partial T}\right)_p \mathrm{d}p \tag{3-2-41}$$

该式是 T、p 为独立变量时熵的一般关系式。

同样,由 $s = s(p, v)$ 可得

$$ds = \left(\frac{\partial s}{\partial p}\right)_v dp + \left(\frac{\partial s}{\partial v}\right)_p dv \tag{3-2-42}$$

式中

$$\left(\frac{\partial s}{\partial p}\right)_v = \left(\frac{\partial s}{\partial T}\right)_v \left(\frac{\partial T}{\partial p}\right)_v = \frac{c_V}{T}\left(\frac{\partial T}{\partial p}\right)_v \tag{3-2-43}$$

$$\left(\frac{\partial s}{\partial v}\right)_p = \left(\frac{\partial s}{\partial T}\right)_p \left(\frac{\partial T}{\partial v}\right)_p = \frac{c_p}{T}\left(\frac{\partial T}{\partial v}\right)_p \tag{3-2-44}$$

将式(3-2-43)和式(3-2-44)代入式(3-2-42)可得

$$ds = \frac{c_V}{T}\left(\frac{\partial T}{\partial p}\right)_v dp + \frac{c_p}{T}\left(\frac{\partial T}{\partial v}\right)_p dv \tag{3-2-45}$$

该式是 p、v 为独立变量时熵的一般关系式。

2. 内能的一般关系式

将式(3-2-37)代入 $du = Tds - pdv$ 可得

$$du = c_V dT + \left[T\left(\frac{\partial p}{\partial T}\right)_v - p\right]dv \tag{3-2-46}$$

该式是 T、v 为独立变量时内能的一般关系式。

将式(3-2-41)代入 $du = Tds - pdv$ 可得

$$du = c_p dT - T\left(\frac{\partial v}{\partial T}\right)_p dp - pdv \tag{3-2-47}$$

由 $v = v(T, p)$ 可得

$$dv = \left(\frac{\partial v}{\partial T}\right)_p dT + \left(\frac{\partial v}{\partial p}\right)_T dp \tag{3-2-48}$$

将式(3-2-48)代入式(3-2-47)有

$$du = \left[c_p - p\left(\frac{\partial v}{\partial T}\right)_p\right]dT - \left[T\left(\frac{\partial v}{\partial T}\right)_p + p\left(\frac{\partial v}{\partial p}\right)_T\right]dp \tag{3-2-49}$$

该式是 T、p 为独立变量时内能的一般关系式。

将式(3-2-45)代入 $du = Tds - pdv$ 可得

$$du = c_V\left(\frac{\partial T}{\partial p}\right)_v dp + \left[c_p\left(\frac{\partial T}{\partial v}\right)_p - p\right]dv \tag{3-2-50}$$

该式是 p、v 为独立变量时内能的一般关系式。

3. 焓的一般关系式

将式(3-2-37)代入 $dh = Tds + vdp$ 可得

$$dh = c_V dT + T\left(\frac{\partial p}{\partial T}\right)_v dv + vdp \tag{3-2-51}$$

由 $p = p(T, v)$ 可得

$$\mathrm{d}p = \left(\frac{\partial p}{\partial T}\right)_v \mathrm{d}T + \left(\frac{\partial p}{\partial v}\right)_T \mathrm{d}v \qquad (3\text{-}2\text{-}52)$$

将式(3-2-52)代入式(3-2-51)可得

$$\mathrm{d}h = \left[c_V + v\left(\frac{\partial p}{\partial T}\right)_v\right]\mathrm{d}T + \left[T\left(\frac{\partial p}{\partial T}\right)_v + v\left(\frac{\partial p}{\partial v}\right)_T\right]\mathrm{d}v \qquad (3\text{-}2\text{-}53)$$

该式是 T、v 为独立变量时焓的一般关系式。

将式(3-2-41)代入 $\mathrm{d}h = T\mathrm{d}s + v\mathrm{d}p$,有

$$\mathrm{d}h = c_p \mathrm{d}T - \left[T\left(\frac{\partial v}{\partial T}\right)_p - v\right]\mathrm{d}p \qquad (3\text{-}2\text{-}54)$$

该式是 T、p 为独立变量时焓的一般关系式。

将式(3-2-45)代入 $\mathrm{d}h = T\mathrm{d}s + v\mathrm{d}p$ 可得

$$\mathrm{d}h = \left[c_V\left(\frac{\partial T}{\partial p}\right)_v + v\right]\mathrm{d}p + c_p\left(\frac{\partial T}{\partial v}\right)_p \mathrm{d}v \qquad (3\text{-}2\text{-}55)$$

该式是 p、v 为独立变量时焓的一般关系式。

例 3-2-1　某气体的状态方程为 $p(v-b) = RT$,热力学能 $u = c_v T + u_0$,其中 c_v、u_0 为常数。试证明:在可逆绝热过程中该气体能满足下列方程式

$$p(v-b)^\gamma = c,\text{其中 } \gamma = c_p/c_v, c \text{ 为常数}$$

证明

熵的一般关系式为

$$\mathrm{d}s = \frac{c_v}{T}\mathrm{d}T + \left(\frac{\partial p}{\partial T}\right)_v \mathrm{d}v$$

$$\mathrm{d}s = \frac{c_p}{T}\mathrm{d}T - \left(\frac{\partial v}{\partial T}\right)_p \mathrm{d}p$$

对于可逆绝热过程,有 $\mathrm{d}s = 0$,因此上两式变为

$$\frac{c_v}{T}\mathrm{d}T + \left(\frac{\partial p}{\partial T}\right)_v \mathrm{d}v = 0$$

$$\frac{c_p}{T}\mathrm{d}T - \left(\frac{\partial v}{\partial T}\right)_p \mathrm{d}p = 0$$

根据题中所给的状态方程可得

$$\left(\frac{\partial p}{\partial T}\right)_v = \frac{R}{v-b},\ \left(\frac{\partial v}{\partial T}\right)_p = \frac{R}{p}$$

于是

$$\frac{c_v}{T}\mathrm{d}T = -\frac{R}{v-b}\mathrm{d}v$$

$$\frac{c_p}{T}dT = \frac{R}{p}dp$$

两式相除后，整理为

$$\int \frac{dp}{p} + \int \gamma \frac{dv}{v-b} = 0$$

$$\ln p(v-b)^\gamma = c',\ \gamma = c_p/c_v$$

即

$$p(v-b)^\gamma = c,\ c\ 为常数$$

3.2.4 其他热力学关系式(Other thermodynamic relations)

1. 体积膨胀系数、等温压缩系数和等熵压缩系数(Volume expansivity, iso-thermal, and isentropic compressibility)

对于比体积 $v = v(T,p)$，其全微分表示为

$$dv = \left(\frac{\partial v}{\partial T}\right)_p dT + \left(\frac{\partial v}{\partial p}\right)_T dp$$

体积膨胀系数 β 定义为

$$\beta = \frac{1}{v}\left(\frac{\partial v}{\partial T}\right)_p \qquad (3-2-56)$$

等温压缩系数 κ 定义为

$$\kappa = -\frac{1}{v}\left(\frac{\partial v}{\partial p}\right)_T \qquad (3-2-57)$$

实验数据表明等温压缩系数 κ 始终为正，部分示例见表 3-2-1。

表 3-2-1　1atm 时液态水的体积膨胀系数 β 和等温压缩系数 κ 随温度变化

$T/^\circ\!C$	密度/(kg/m^3)	$\beta \times 10^6/K^{-1}$	$\kappa \times 10^6 bar^{-1}$
0	999.84	-68.14	50.89
10	999.70	87.90	47.81
20	998.21	206.6	45.90
30	995.65	303.1	44.77
40	992.22	385.4	44.24
50	988.04	457.8	44.18

等熵压缩系数 α 定义为

$$\alpha = -\frac{1}{v}\left(\frac{\partial v}{\partial p}\right)_s \qquad (3-2-58)$$

声速(Velocity of Sound)的定义式为

$$c = \sqrt{-v^2 \left(\frac{\partial p}{\partial v}\right)_s} \qquad (3-2-59)$$

将式(3-2-58)代入式(3-2-59)可得

$$c = \sqrt{v/\alpha} \qquad (3-2-60)$$

2. 比热容和比热比的关系式(Relations involving the specific heats and the specific heat ratio)

由式(3-2-37)和式(3-2-41)推出

$$(c_p - c_v)\,\mathrm{d}T = T\left(\frac{\partial p}{\partial T}\right)_v \mathrm{d}v + T\left(\frac{\partial v}{\partial T}\right)_p \mathrm{d}p$$

对于压强 $p = p(T, v)$,其全微分为

$$\mathrm{d}p = \left(\frac{\partial p}{\partial T}\right)_v \mathrm{d}T + \left(\frac{\partial p}{\partial v}\right)_T \mathrm{d}v$$

消去 $\mathrm{d}p$,并整理为

$$\left[(c_p - c_v) - T\left(\frac{\partial v}{\partial T}\right)_p \left(\frac{\partial p}{\partial T}\right)_v\right]\mathrm{d}T = T\left[\left(\frac{\partial v}{\partial T}\right)_p \left(\frac{\partial p}{\partial v}\right)_T + \left(\frac{\partial p}{\partial T}\right)_v\right]\mathrm{d}v$$

于是

$$(c_p - c_v) = T\left(\frac{\partial v}{\partial T}\right)_p \left(\frac{\partial p}{\partial T}\right)_v \qquad (3-2-61)$$

$$\left(\frac{\partial p}{\partial T}\right)_v = -\left(\frac{\partial v}{\partial T}\right)_p \left(\frac{\partial p}{\partial v}\right)_T \qquad (3-2-62)$$

式(3-2-62)代入式(3-2-61)得

$$\begin{aligned}
c_p - c_v &= -T\left(\frac{\partial v}{\partial T}\right)_p^2 \left(\frac{\partial p}{\partial v}\right)_T \\
&= Tv\left[\frac{1}{v}\left(\frac{\partial v}{\partial T}\right)_p\right]^2 \Big/ \left[-\frac{1}{v}\left(\frac{\partial v}{\partial p}\right)_T\right] \\
&= Tv\beta^2/\kappa \qquad (3-2-63)
\end{aligned}$$

由于 $T, \kappa > 0, v, \beta^2 \geqslant 0$,所以 $c_p - c_v \geqslant 0$。当 $T \to 0$ 时,$c_p - c_v \to 0$。对于大多数固体和液体,由于 $\beta \to 0$,所以 $c_p - c_v \to 0$,此时它们的比热容统一用 c_p 表示。

对于比热比的关系式,由于

$$\frac{c_v}{T} = \left(\frac{\partial s}{\partial T}\right)_v = \frac{-1}{(\partial v/\partial s)_T (\partial T/\partial v)_s}$$

$$\frac{c_p}{T} = \left(\frac{\partial s}{\partial T}\right)_p = \frac{-1}{(\partial p/\partial s)_T (\partial T/\partial p)_s}$$

两式相除可得

$$k = \frac{c_p}{c_v} = \frac{(\partial v/\partial s)_T (\partial T/\partial v)_s}{(\partial p/\partial s)_T (\partial T/\partial p)_s} \qquad (3-2-64)$$

数学变换为

$$k = \left[\left(\frac{\partial v}{\partial s} \right)_T \left(\frac{\partial s}{\partial p} \right)_T \right] \left[\left(\frac{\partial p}{\partial T} \right)_s \left(\frac{\partial T}{\partial v} \right)_s \right]$$

$$= \left(\frac{\partial v}{\partial p} \right)_T \left(\frac{\partial p}{\partial v} \right)_s = \left[-\frac{1}{v} \left(\frac{\partial v}{\partial p} \right)_T \right] \Big/ \left[-\frac{1}{v} \left(\frac{\partial v}{\partial p} \right)_s \right]$$

$$= \frac{\kappa}{\alpha} \qquad\qquad (3\text{-}2\text{-}65)$$

由式(3-2-61)可得声速为

$$c = \sqrt{ -v^2 \left(\frac{\partial p}{\partial v} \right)_s } = \sqrt{ -kv^2 \left(\frac{\partial p}{\partial v} \right)_T } = \sqrt{ kv/\kappa } \qquad (3\text{-}2\text{-}66)$$

对于理想气体,声速公式变为

$$c = \sqrt{kRT} \,(\text{理想气体}) \qquad\qquad (3\text{-}2\text{-}67)$$

3. 焦耳—汤姆逊系数(Joule – Thomson coefficient)

焦耳—汤姆逊系数 μ_J 定义为

$$\mu_J = \left(\frac{\partial T}{\partial p} \right)_h \qquad\qquad (3\text{-}2\text{-}68)$$

因为在绝热节流过程中压强总是下降的,$\mathrm{d}p$ 恒为负值,所以焦耳–汤姆逊系数具有明确的热力学意义,即

当 $\mu_J > 0$ 时,$\mathrm{d}T < 0$,节流冷效应

当 $\mu_J < 0$ 时,$\mathrm{d}T > 0$,节流热效应

当 $\mu_J = 0$ 时,$\mathrm{d}T = 0$,节流零效应

焦耳—汤姆逊系数可以通过实验来确定,如图 3-2-1 所示。节流前后的状态通过温度计和压强表来测定,节流程度通过调节活门的开度大小来控制。实验时,在保持入口焓值一定的情况下,改变节流程度,待稳定后,再测出相应的出口参数。这样,就可以在 $p - T$ 图上画出多条定焓曲线。

应用数学关系式

$$\left(\frac{\partial T}{\partial p} \right)_h \left(\frac{\partial p}{\partial h} \right)_T \left(\frac{\partial h}{\partial T} \right)_p = -1$$

焦耳—汤姆逊系数 μ_J 变为

$$\mu_J = -\frac{1}{c_p} \left(\frac{\partial h}{\partial p} \right)_T \qquad\qquad (3\text{-}2\text{-}69)$$

代入关系式 $(\partial h/\partial p)_T = v - T(\partial v/\partial T)_p$,可得

$$\mu_J = \frac{1}{c_p} \left[T \left(\frac{\partial v}{\partial T} \right)_p - v \right] \qquad\qquad (3\text{-}2\text{-}70)$$

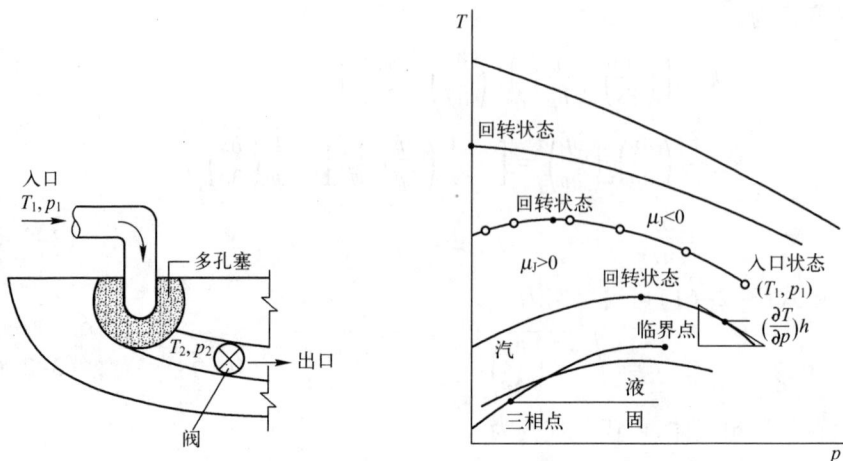

图 3-2-1 焦耳—汤姆逊系数的实验装置和等焓线

3.3 理想气体混合物 (Ideal gas mixtures)

许多系统的研究涉及两种或更多种的气体混合物,例如矿物燃料的燃烧产物由多种气体成分构成,包括二氧化碳和水蒸气等。

3.3.1 混合物成分的描述 (Description of mixture composition)

考虑一个由气体混合物构成的闭口系统,它的成分可以由每种成分的质量或摩尔数表示,它们的关系是

$$n_i = \frac{m_i}{M_i} \tag{3-3-1}$$

式中:n_i 为第 i 种成分的摩尔数;m_i 为第 i 种成分的质量;M_i 为第 i 种成分的分子量(摩尔质量)。

混合物的总质量是各成分质量之和,表示为

$$m = m_1 + m_2 + \cdots + m_j = \sum_{i=1}^{j} m_i \tag{3-3-2}$$

第 i 种成分的质量分数(Mass Fraction)定义为

$$mf_i = \frac{m_i}{m} \tag{3-3-3}$$

式(3-3-2)两边同时除以 m 可得

$$1 = \sum_{i=1}^{j} mf_i \tag{3-3-4}$$

混合物的总摩尔数是各成分摩尔数之和,表示为

86

$$n = n_1 + n_2 + \cdots + n_j = \sum_{i=1}^{j} n_i \qquad (3-3-5)$$

第 i 种成分的摩尔分数(Mole Fraction)定义为

$$y_i = \frac{n_i}{n} \qquad (3-3-6)$$

式(3-3-5)两边同时除以 n 可得

$$1 = \sum_{i=1}^{j} y_i \qquad (3-3-7)$$

混合物的分子量定义为

$$M = \frac{m}{n} \qquad (3-3-8)$$

式(3-3-8)可以变为

$$M = \frac{m_1 + m_2 + \cdots + m_j}{n}$$

又 $m_i = n_i M_i$,式(3-3-8)变为

$$M = \frac{n_1 M_1 + n_2 M_2 + \cdots + n_j M_j}{n}$$

最后可得

$$M = \sum_{i=1}^{j} y_i M_i \qquad (3-3-9)$$

例3-3-1 某碳氢燃料的燃烧产物的摩尔成分为: CO_2 ,0.08; H_2O ,0.11; O_2 ,0.07; N_2 ,0.74。试求:(1)燃烧产物的摩尔质量;(2)各成分的质量分数。

解

(1) $y_{CO_2} = 0.08$, $y_{H_2O} = 0.11$, $y_{O_2} = 0.07$, $y_{N_2} = 0.74$

应用式(3-3-9)可得

$$M = 0.08 \times 44 + 0.11 \times 18 + 0.07 \times 32 + 0.74 \times 28$$
$$= 28.46 \, \text{kg/kmol}$$

(2)假设有 1kmol 的燃烧产物,其计算结果如下表所示。

1kmol 燃烧产物

成分	n_i/kmol	×	$M_i/(\text{kg/kmol})$	=	m_i/kg	$mf_i/\%$
CO_2	0.08	×	44	=	3.52	12.37
H_2O	0.11	×	18	=	1.98	6.96
O_2	0.07	×	32	=	2.24	7.87
N_2	0.74	×	28	=	20.72	72.80
总量	1.00				28.46	100.00

3.3.2 混合气体模型(Gas mixture models)

考虑一个充满气体混合物的闭口系统,如图 3-3-1 所示,其理想气体状态方程式为

$$p = n\frac{\overline{R}T}{V} \qquad (3-3-10)$$

式中:n 为混合气体的总摩尔数。

1. Dalton 模型(Dalton model)

Dalton 模型认为,对于温度为 T 和体积为 V 的混合气体,摩尔数为 n_i 的某种气体成分的分压为 p_i,并满足理想气体方程式,即

$$p_i = n_i\frac{\overline{R}T}{V} \qquad (3-3-11)$$

温度T

压力p

气体1: n_1
气体2: n_2
$\vdots$ $\vdots$
气体j: n_j

n摩尔
混合物

边界

体积V

图 3-3-1 多种气体混合物的闭口系统

式(3-3-11)除以式(3-3-10)可得

$$\frac{p_i}{p} = \frac{n_i\overline{R}T/V}{n\overline{R}T/V} = \frac{n_i}{n} = y_i$$

于是

$$p_i = y_i p \qquad (3-3-12)$$

对每一种成分分压求和有

$$\sum_{i=1}^{j} p_i = \sum_{i=1}^{j} y_i p = p\sum_{i=1}^{j} y_i = p \qquad (3-3-13)$$

2. Amagat 模型(Amagat model)

Amagat 模型认为,对于温度为 T 和压强为 p 的混合气体,摩尔数为 n_i 的某种气体成分的分体积为 V_i,并满足理想气体方程式,即

$$V_i = n_i\frac{\overline{R}T}{p} \qquad (3-3-14)$$

式(3-3-14)除以 $V = n\overline{R}T/p$ 可得

$$\frac{V_i}{V} = \frac{n_i\overline{R}T/p}{n\overline{R}T/p} = \frac{n_i}{n} = y_i$$

于是

$$V_i = y_i V \qquad (3-3-15)$$

对于每一种成分体积相加有

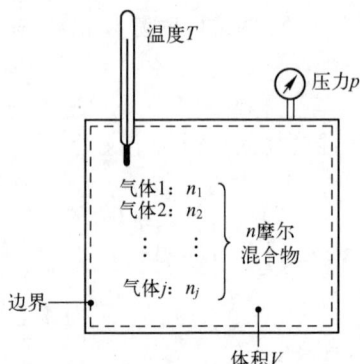

$$\sum_{i=1}^{j} V_i = \sum_{i=1}^{j} y_i V = V \sum_{i=1}^{j} y_i = V \qquad (3-3-16)$$

3.3.3 混合物的 U、H 和 S(Energy, enthalpy, and entropy for mixtures)

内能、焓和熵都是广延量,对于混合物有以下等式:

$$U = U_1 + U_2 + \cdots + U_j = \sum_{i=1}^{j} U_i$$

$$H = H_1 + H_2 + \cdots + H_j = \sum_{i=1}^{j} H_i$$

$$S = S_1 + S_2 + \cdots + S_j = \sum_{i=1}^{j} S_i$$

因为

$$U_i = n_i \bar{u}_i = m_i u_i$$

$$H_i = n_i \bar{h}_i = m_i h_i$$

$$S_i = n_i \bar{s}_i = m_i s_i$$

所以

$$n\bar{u} = n_1 \bar{u}_1 + n_2 \bar{u}_2 + \cdots + n_j \bar{u}_j = \sum_{i=1}^{j} n_i \bar{u}_i$$

$$n\bar{h} = n_1 \bar{h}_1 + n_2 \bar{h}_2 + \cdots + n_j \bar{h}_j = \sum_{i=1}^{j} n_i \bar{h}_i$$

$$n\bar{s} = n_1 \bar{s}_1 + n_2 \bar{s}_2 + \cdots + n_j \bar{s}_j = \sum_{i=1}^{j} n_i \bar{s}_i$$

$$mu = m_1 u_1 + m_2 u_2 + \cdots + m_j u_j = \sum_{i=1}^{j} m_i u_i$$

$$mh = m_1 h_1 + m_2 h_2 + \cdots + m_j h_j = \sum_{i=1}^{j} m_i h_i$$

$$ms = m_1 s_1 + m_2 s_2 + \cdots + m_j s_j = \sum_{i=1}^{j} m_i s_i$$

整理为

$$\bar{u} = \sum_{i=1}^{j} y_i \bar{u}_i \qquad (3-3-17)$$

$$\bar{h} = \sum_{i=1}^{j} y_i \bar{h}_i \qquad (3-3-18)$$

$$\bar{s} = \sum_{i=1}^{j} y_i \bar{s}_i \qquad (3-3-19)$$

$$u = \sum_{i=1}^{j} mf_i u_i \qquad (3-3-20)$$

$$h = \sum_{i=1}^{j} mf_i h_i \qquad (3-3-21)$$

$$s = \sum_{i=1}^{j} mf_i s_i \qquad (3-3-22)$$

将内能和焓分别对温度求微分可得

$$\bar{c}_v = \sum_{i=1}^{j} y_i \bar{c}_{v,i} \qquad (3-3-23)$$

$$\bar{c}_p = \sum_{i=1}^{j} y_i \bar{c}_{p,i} \qquad (3-3-24)$$

$$c_v = \sum_{i=1}^{j} mf_i c_{v,i} \qquad (3-3-25)$$

$$c_p = \sum_{i=1}^{j} mf_i c_{p,i} \qquad (3-3-26)$$

质量基和摩尔基参数之间的转换关系为

$$\bar{u} = Mu, \bar{h} = Mh, \bar{c}_p = Mc_p, \bar{c}_v = Mc_v, \bar{s} = Ms \qquad (3-3-27)$$

3.3.4 不变成分混合物的过程(Processes of constant – composition mixture)

如图 3-3-2 所示,气体混合物在 1-2 的过程中其内能、焓和熵的改变为

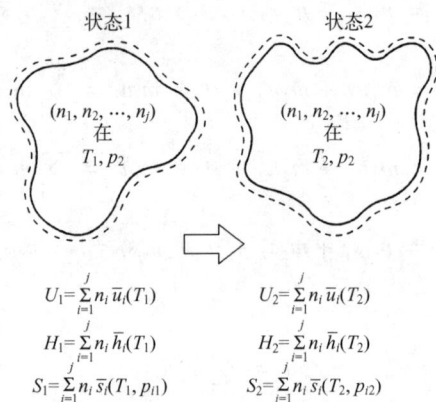

图 3-3-2 理想气体混合过程

$$U_2 - U_1 = \sum_{i=1}^{j} n_i [\bar{u}_i(T_2) - \bar{u}_i(T_1)] \qquad (3-3-28)$$

90

$$H_2 - H_1 = \sum_{i=1}^{j} n_i \left[\bar{h}_i(T_2) - \bar{h}_i(T_1) \right] \qquad (3\text{-}3\text{-}29)$$

$$S_2 - S_1 = \sum_{i=1}^{j} n_i \left[\bar{s}_i(T_2, p_{i2}) - \bar{s}_i(T_1, p_{i1}) \right] \qquad (3\text{-}3\text{-}30)$$

式中：T_1 和 T_2 分别为初态和终态温度。以上三式分别除以混合物摩尔数后变为

$$\Delta \bar{u} = \sum_{i=1}^{j} y_i \left[\bar{u}_i(T_2) - \bar{u}_i(T_1) \right] \qquad (3\text{-}3\text{-}31)$$

$$\Delta \bar{h} = \sum_{i=1}^{j} y_i \left[\bar{h}_i(T_2) - \bar{h}_i(T_1) \right] \qquad (3\text{-}3\text{-}32)$$

$$\Delta \bar{s} = \sum_{i=1}^{j} y_i \left[\bar{s}_i(T_2, p_{i2}) - \bar{s}_i(T_1, p_{i1}) \right] \qquad (3\text{-}3\text{-}33)$$

1. 理想气体表(Ideal gas tables)

对于理想气体，在附表 22 ～ 附表 28 中可直接查得内能和焓，然后计算其变化值。对于熵变可用以下公式计算：

$$\Delta \bar{s}_i = \bar{s}_i^0(T_2) - \bar{s}_i^0(T_1) - \bar{R} \ln \frac{p_{i2}}{p_{i1}}$$

由于混合气体的成分不变，所以有

$$\frac{p_{i2}}{p_{i1}} = \frac{y_i p_2}{y_i p_1} = \frac{p_2}{p_1}$$

综合应用以上两式可得

$$\Delta \bar{s}_i = \bar{s}_i^0(T_2) - \bar{s}_i^0(T_1) - \bar{R} \ln \frac{p_2}{p_1}$$

2. 定比热容过程(Constant specific heat process)

对于比热容不变的情况，内能、焓和熵的变化值为

$$\Delta \bar{u} = \bar{c}_v(T_2 - T_1), \ \Delta \bar{h} = \bar{c}_p(T_2 - T_1), \ \Delta \bar{s} = \bar{c}_p \ln \frac{T_2}{T_1} - \bar{R} \ln \frac{p_2}{p_1}$$

$$\Delta \bar{u}_i = \bar{c}_{v,i}(T_2 - T_1), \ \Delta \bar{h}_i = \bar{c}_{p,i}(T_2 - T_1), \ \Delta \bar{s}_i = \bar{c}_{p,i} \ln \frac{T_2}{T_1} - \bar{R} \ln \frac{p_2}{p_1}$$

3.4 湿空气(Gas vapor mixture)

蒸汽是接近于饱和区的气体状态，这种状态的物质很容易冷凝。讨论气体—蒸汽混合物时，过程中蒸汽可能会从混合物中冷凝析出，形成气液两相混合物。这样，分析就复杂了。所以，气体—蒸汽混合物应该与一般的气体混合物区别对待。

工程中有几种常用的气体—蒸汽混合物。现在主要讨论空气—水—蒸汽混合物,这是工程上最常遇到的气体—蒸汽混合物。空气—水—蒸汽混合物也称湿空气,其主要应用是空气调节。

3.4.1 干空气和大气(Dry air and atmospheric air)

空气是氮气、氧气和其他微量气体的混合物。大气中的空气通常都含有一些水蒸气。完全不含水蒸气的空气称为干空气。为了方便,通常把空气当作水蒸气和干空气的混合气体。干空气的成分比较稳定。由于不同情况的蒸发原因,空气中水蒸气的含量会有所变化。虽然空气中的水蒸气含量较少,但是它对人们舒适度的影响是很大的。因此,在空气调节中必须考虑这个因素。

空调设备中,空气温度变化范围通常为 – 10℃ ~50℃。在这个范围内,干空气可当作理想气体,并具有恒定的比定压热容 $c_p = 1.005$kJ/(kg · K)。采用定比热容的误差在0.2% 以下。

以0℃作参考温度,干空气的焓和焓变可由下式求得:

$$h_{\text{dry-air}} = c_p T = 1.005T(\text{kJ/kg}) \tag{3-4-1}$$

$$\Delta h_{\text{dry-air}} = c_p \Delta T = 1.005 \Delta T(\text{kJ/kg}) \tag{3-4-2}$$

式中:T 为空气温度;ΔT 为温度的变化。

在空调过程中考虑的是焓变,与参考点选择无关。空气中的水蒸气是不是也可以视作理想气体呢? 为了方便,可以部分降低精确性的要求。其实,空气中的水蒸气视作理想气体所引起的误差很有限。在 50℃ 时,水的饱和压强是12.3kPa。低于这个压强,饱和水蒸气可以认为是理想气体而误差低于0.2%。因此,空气中的水蒸气可视作独立存在的理想气体,遵循状态方程 $pv = RT$。

湿空气看作理想气体的混合物,它的压强就是干空气的分压 p_a 与水蒸气的分压 p_v 之和:

$$p = p_a + p_v(\text{kPa}) \tag{3-4-3}$$

水蒸气的分压可看作蒸汽压强,这是蒸汽处于混合物温度和体积下,独立存在的压强。既然水蒸气是理想气体,焓值是温度的单值函数 $h = h(T)$。在低于50℃时,等焓线和等温线是重合的。因此,在空气中,水蒸气的焓值可以等同于相同温度下饱和蒸汽的焓值,即

$$h_v(T,低压) \approx h_g(T) \tag{3-4-4}$$

水蒸气在 0℃ 时的焓值是 2501.3kJ/kg,其平均比定压热容是 1.82kJ/(kg.℃),则水蒸气的焓值可近似用下式求得

$$h_v(T) \approx 2501.3 + 1.82T(\text{kJ/kg}) \tag{3-4-5}$$

式中,T 在 – 10℃ ~50℃之间,误差在允许范围内。

3.4.2 湿空气的比湿度和相对湿度（Specific and relative humidity of air）

空气中水蒸气的含量可以由多种方式确定。单位质量干空气中含有水蒸气的质量，称为比湿度（也称为含湿量）。记为

$$\omega = \frac{m_v}{m_a}$$

也可以写成

$$\omega = \frac{m_v}{m_a} = \frac{p_v V/(R_v T)}{p_a V/(R_a/T)} = \frac{p_v/R_v}{p_a/R_a} = 0.622 \frac{p_v}{p_a} \qquad (3\text{-}4\text{-}6)$$

即

$$\omega = 0.622 \frac{p_v}{p - p_v} \qquad (3\text{-}4\text{-}7)$$

式中：p 为湿空气的总压强。

考虑 1kg 的干空气。根据定义，干空气中没有水蒸气，因此含湿量是零。现在加一些水蒸气于空气之中，其含湿量增加。水蒸气加入越多，含湿量也越高，直到它再也容纳不下更多的水蒸气为止。这时，空气里的水蒸气达到饱和，称作饱和空气。继续加入饱和空气中的水蒸气都会凝结。在饱和温度和饱和压强下，水蒸气含量可由式（3-4-7）计算，并用某温度下的饱和压强 p_g 代替 p_v。

空气中的水蒸气含量对环境舒适度有很大影响。这种影响更大程度上取决于空气中水蒸气的含量 m_v 和同温度下空气最大水蒸汽含量 m_g 的比值。这个比值称作相对湿度 ϕ，它可表示为

$$\phi = \frac{m_v}{m_g} = \frac{p_v V/(R_v T)}{p_g V/(R_g/T)} = \frac{p_v}{p_g} \qquad (3\text{-}4\text{-}8)$$

干空气时，$\phi = 0$；饱和空气时，$\phi = 1$。联立 ω 和 ϕ 两式，相对湿度可表示为

$$\phi = \frac{\omega p}{(0.622 + \omega) p_g} \qquad (3\text{-}4\text{-}9)$$

含湿量可表示为

$$\omega = 0.622 \frac{\phi p_g}{p - \phi p_g} \qquad (3\text{-}4\text{-}10)$$

大气中的空气是干空气和水蒸气的混合物，其焓值可由干空气和水蒸气的焓值表示。在大量的实际应用中，空气—水蒸气混合物中干空气的含量是恒定的，而水蒸气的含量在变化。因此，大气中空气的焓值表示的是以单位质量干空气为基准的，而不是以单位质量的空气—水蒸气—水混合物为基准。

大气中空气的总焓值是广延量，是干空气和水蒸气的焓值之和：

$$H = H_a + H_v = m_a h_a + m_v h_v \qquad (3-4-11)$$

即

$$h = \frac{H}{m_a} = h_a + \frac{m_v}{m_a} h_v = h_a + \omega h_v \approx h_a + \omega h_g \qquad (3-4-12)$$

3.4.3 露点温度(Dew point temperature)

在湿润的夏季,早晨的草地常常是湿的,其实夜里并没有下雨。原因是空气中过量的水分凝结在冷的表面上,形成露水。夏天大量的水在白天蒸发,夜晚温度降低,空气的"含水能力",即空气的最大含水量也降低了。当空气的含水能力等于空气的含湿量时,空气达到饱和状态,其相对湿度是100%。如果温度再降低,将导致部分水分凝结,这就是露水形成的开始。

露点温度 T_{dp} 定义为:空气在一定压力下冷却时,冷凝开始的温度。T_{dp} 是水蒸气压强对应的饱和温度,如图 3-4-1 所示。

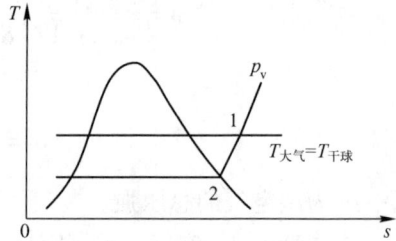

图 3-4-1　湿空气的定压冷却和露点温度

$$T_{dp} = T_{\text{sat}@p_v} \qquad (3-4-13)$$

当空气在定压下冷却时,蒸汽压强 p_v 是常量,蒸汽在空气中(状态1)经历的是一个定压冷却过程,直到与饱和蒸汽曲线相交(状态2)。这时的温度是 T_{dp}。只要温度继续降低,部分蒸汽就会凝结析出。结果,空气中的蒸汽含量减少,导致 p_v 降低。在冷凝过程中,空气持续饱和。这样,该过程就沿着100%的相对湿度线,也就是露点线移动。在这个过程中,环境温度就是饱和空气对应的露点温度。

湿热的天气里,从冰箱取出听装饮料,就会在罐表面上结露,表明饮料的温度低于周围空气的露点温度。装水的杯子里加入少量的冰、搅拌使水冷却,就可以测得室内空气的露点温度:结露开始形成时杯子外表面的温度,就是空气的露点温度。

3.4.4 绝热饱和温度和湿球温度(Adiabatic saturation temperature and wet-bulb temperature)

相对湿度和含湿量常在工程和大气科学中应用,为了方便,把它们与可测的量联系起来,如温度、压强。

求相对湿度的一种方法,就是求空气的露点温度。知道露点温度,就可以求

出蒸汽压强 p_v，从而求出相对湿度。

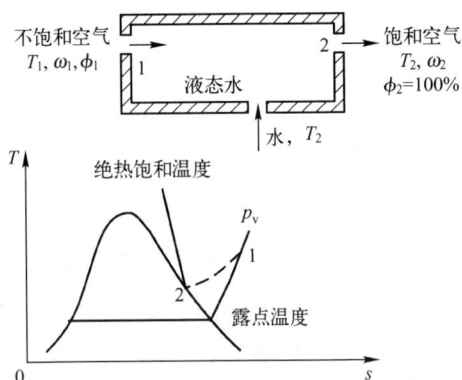

图 3-4-2　绝热饱和过程及其 $T-s$ 图

另一种求解含湿量或相对湿度的方法，与绝热饱和过程有关。该过程的 $T-s$ 图如图 3-4-2 所示。系统由一个装满水的隔热管道组成。温度为 T_1、含湿量为 ω_1 的非饱和稳流空气通过这个管道。ω_1 是需要求解的参数。当空气流过水面时，一些水会蒸发并与空气流混合。在这个过程中，空气中的水分增加，而温度降低。因为那部分水蒸发所需的热量来自于空气，如果管道足够长，空气将成为温度 T_2 下的饱和空气，T_2 称为绝热饱和温度。

如果水补充给管道的速率等于 T_2 温度下水蒸发的速率，上述绝热过程可作为稳流过程。这个过程没有热量和功的相互作用，动能和重力位能的变化也可以忽略。所以，这个双进口、单出口的稳流系统的质量能量守恒关系可以简化。

由于干空气的流速是恒定的，其质量守恒为

$$\dot{m}_{a1} = \dot{m}_{a2} = \dot{m}_a \tag{3-4-14}$$

$$\dot{m}_{w1} + \dot{m}_f = \dot{m}_{w2} \tag{3-4-15}$$

也就是说，空气中蒸汽的质量流量按照蒸发的速率 $\dot{m}_f$ 增长，即

$$\dot{m}_a \omega_1 + \dot{m}_f = \dot{m}_a \omega_2$$

所以

$$\dot{m}_f = \dot{m}_a (\omega_2 - \omega_1) \tag{3-4-16}$$

由开口系统的能量方程可得

$$\dot{m}_a h_1 + \dot{m}_f h_f = \dot{m}_a h_2 \tag{3-4-17}$$

由式（3-4-16）和式（3-4-17）可得

$$\dot{m}_a h_1 + \dot{m}_a (\omega_2 - \omega_1) h_f = \dot{m}_a h_2 \tag{3-4-18}$$

进一步展开为

$$h_{a1} + \omega_1 h_{g1} + (\omega_2 - \omega_1) h_f = h_{a2} + \omega_2 h_{g2}$$

即

$$\omega_1 = \frac{c_p(T_2 - T_1) + \omega_2(h_{g2} - h_f)}{h_{g1} - h_f}$$ (3-4-19)

其中，ω_2 由下式计算

$$\omega_2 = 0.622 \frac{p_{g2}}{p_2 - p_{g2}}$$ (3-4-20)

因为 $\phi_2 = 100\%$，所以，空气的含湿量和相对湿度，可以根据绝热饱和过程的进、出口空气压强和温度计算求得。如果进入管道的空气已经饱和，那么绝热饱和温度 T_2 将会与入口温度 T_1 相同。在这种情况下，可得到结果 $\omega_1 = \omega_2$。大体上，绝热饱和温度介于入口温度和露点温度之间。

为了测定空气的含湿量或相对湿度，更实用的方式是：用一支湿度计，在其球端包裹湿纱布条，空气流吹过纱布条，用这种方法测出的温度为湿球温度 T_{wb}，大气中空气的温度就称为干球温度。在空调系统中，这种干湿球温度计测相对湿度的方法应用相当广泛。

上述原理与饱和绝热过程类似，当不饱和空气在湿纱布上方吹过时，纱布上的水蒸发，之后，水的温度下降，空气和水之间产生温差，这是传热的原因。一会儿，水蒸发失去的热量等于水从空气中吸收的热量，使水的温度达到稳定，此时读出的温度是湿球温度。

绝热饱和温度和湿球温度不是相同的，但是，在大气压下，空气—水—水蒸汽混合物的湿球温度恰好近似等于其绝热饱和温度。因此，湿球温度 T_{wb} 可以代替 T_2 以计算该空气混合物的含湿量。

3.4.5　温湿图(Psychrometric chart)

如果压强已知，大气中空气的状态可以通过两个独立的状态参数来确定，其他参数都可以计算求出。然而，进行空气过程测算的工作量很大。故可将计算的结果事先计算好，画成图线以备用。这样的图线叫做温湿图，在空调设计中广泛采用。

温湿图按压强为 1atm 时描绘，在其他大气压强下，即使海拔相当高时，该空气湿温图仍可通用而误差很小。

图 3-4-3 说明了温湿图的基本特征。横轴为干球温度，纵轴为含湿量。有些图还将蒸汽压强在纵轴上表示出来，因为在固定的总压强 p 下，含湿量

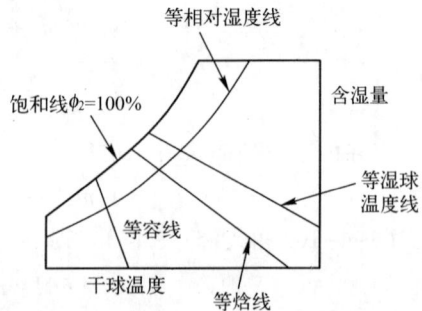

图 3-4-3　温湿图的基本特征

ω 和蒸汽压强 p_v 是一一对应的,即

$$\omega = 0.622 \frac{p_v}{p - p_v}$$

在图的左部,有一条向上弯曲的曲线,称为饱和线,所有的饱和空气状态都落在这条曲线上,因此,它也是 100% 相对湿度曲线,其他小于 100% 的相对温度线与它的形状大致一样。

等湿球温度线向右下倾斜,定容线以立方米每千克干空气表示,与等湿球温度线相像,只是略微陡峭。等焓线按千焦每千克干空气计,与等湿球温度线几乎平行。因此,在有的图线中,等湿球温度线就作为等焓线用。

3.4.6 湿空气过程(Processes of gas vapor mixtures)

湿空气过程包括单纯加热(单纯提高温度)、单纯冷却(单纯降低温度)、加湿(提高湿度)、去湿(降低湿度)。有时需要两种或更多的过程复合,使空气达到理想的温度和湿度。

1. 单纯加热和冷却(含湿量 ω = 常数)

许多住宅的供热系统是炉子、热泵或者电阻加热器。空气通过管道循环加热,输送管道包括暖气管或电阻管道。由于水分没有增加也没有流失,空气的含湿量在该过程中保持不变。在空气温湿图上,该加热过程会沿着等含湿量线朝着干球温度增加的方向进行,表示为一条水平直线。

但是,在加热过程中,即使含湿量 ω 保持不变,空气的相对湿度还是减少了。这是因为,相对湿度是空气水分含量和相同温度下空气吸湿能力的比值。空气吸湿能力随着温度的升高而增加。这样,加热后的空气相对湿度很可能会低于人体感觉舒适的水平,引起皮肤干燥、呼吸困难和静电增强。

在恒定不变的含湿量下,冷却过程和加热过程是类似的,但是,干球温度降低、相对湿度增加了。冷却过程的实现,可以采用空气流经内部有制冷剂的盘管、空气流经内部有冷水的盘管等方法。

不包含加湿去湿的加热冷却,干空气质量方程为 $\dot{m}_{a1} = \dot{m}_{a2} = \dot{m}_a$。水的质量守恒关系为 $\omega_1 = \omega_2$。忽略风扇做功,该工况的能量方程为

$$q = \frac{\dot{Q}}{\dot{m}_a} = h_2 - h_1 \qquad (3\text{-}4\text{-}21)$$

式中:h_1 和 h_2 分别为单位质量干空气在流入和流出加热或冷却区域时的焓。

2. 加热加湿

单纯加热过程引起的相对湿度降低,纠正的方法是对加热空气进行加湿。先使空气经历加热过程(过程 1 – 2),然后再进入加湿过程(过程 2 – 3)。状态 3 取决于加湿过程实现的方式。如果蒸汽进入加湿段,加湿的同时有热量加入

$(T_3 > T_2)$，对于这种情况，可以在加热段将空气加热到较高的温度，以此来补偿加湿过程中的冷却效应。

3. 冷却去湿

在单纯冷却过程中，空气的含湿量保持不变，相对湿度增加，如果相对湿度高到过分的程度，就需要除去空气中的水分，即去湿，去湿需要把空气冷却到它的露点温度以下。比如，热的潮湿空气以初状态进入冷却段，通过冷却盘管，在含湿量保持不变的情况下，温度降低，相对湿度增加。如果冷却段足够长，空气达到露点温度状态，这时成为饱和空气。进一步冷却，部分水分从空气中冷凝出来。空气在整个冷凝过程中保持饱和，并始终沿着 100% 的相对湿度线下滑，达到最终状态。在这个过程中，空气冷凝析出的水蒸汽通过分离通道流出冷却段。通常假定，冷凝液离开冷却段的温度就是沿着 100% 相对湿度线下滑的最终状态的温度。该状态下的饱和空气，直接通向室内，与室内空气汇合。有时，该状态空气的相对湿度恰当而温度偏低，就需要将空气通过加热段，使其达到让人更舒适的温度，之后再通入室内。

4. 蒸发冷却

通常的冷却系统按制冷循环方式工作，它们的初始投资和运转费用都很高。在炎热、干燥的气候下，可以利用蒸发冷却来降低制冷成本。

蒸发冷却器也称为湿式冷却器。它根据一个简单的原理：水蒸发所吸收的潜热来自水及其周围的空气。因此，水和空气在这个过程里都冷却了。

让少量的水通过渗漏孔流出，水罐就像"出汗"一样。在干燥的环境里，从渗漏孔流出的水蒸发，使水罐内剩余的水冷却。在炎热干燥的天气里，院子里浇过水以后，人们会觉得凉爽，就是因为水在蒸发时吸引了空气中的热量。蒸发冷却器正是按这个原理工作的。

蒸发冷却过程示意图和温湿图如图 3-4-4 所示。状态 1 下的干燥热空气流入蒸发冷却器，蒸发冷却器喷水。一部分水在此过程中蒸发，吸收空气的热量。空气的温度降低，湿度增加达到状态 2。极限的情况是空气达到饱和状态 2′，然后流出蒸发冷却器。状态 2′ 是该过程所能达到的最低温度状态。

湿空气流与外界交换的热量很小，可以忽略不计，所以蒸发冷却过程与绝热饱和过程本质上是相同的。因此，蒸发冷却过程在温湿图上可用等湿球温度线表示。不过蒸发冷却器的喷水温度如果与湿空气出口处温度不同，等湿球温度线就不太准确了。

等湿球温度线几乎和等焓线重合，所以湿空气流的焓也认为保持不变，那么，在蒸发冷却过程中 $T_{湿球} \approx$ 常数和 $h \approx$ 常数。这是一个合理的、误差很小的近似，在空调计算中普遍应用。

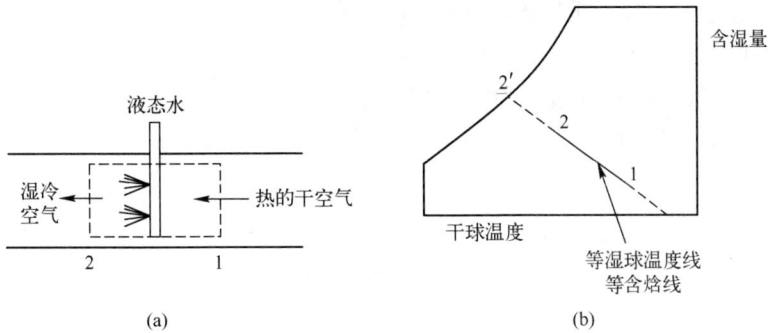

图 3-4-4　蒸发冷却过程

（a）示意图；（b）温湿图。

5. 气流的绝热混合

许多空调系统中,都需要把两股气流混合。尤其是在大型楼宇、生产车间、加工车间、医院中,处理过的空气在送入空调空间前,还需要同一定比例的新风混合。这个过程只要把两股气流简单混合就行,如图 3-4-5 所示。

混合过程中与环境的换热量很小,可以认为该过程是气流的绝热混合。在混合过程中,没有做功,也没有动能和重力位能的变化,或是很小。因此,两股气流绝热混合的质量和能量守恒关系可以简化。

干空气的质量方程为

$$\dot{m}_{a1} + \dot{m}_{a2} = \dot{m}_{a3} \quad （3-4-22）$$

水蒸汽的质量方程为

$$\dot{m}_{a1}\omega_1 + \dot{m}_{a2}\omega_2 = \dot{m}_{a3}\omega_3 \quad （3-4-23）$$

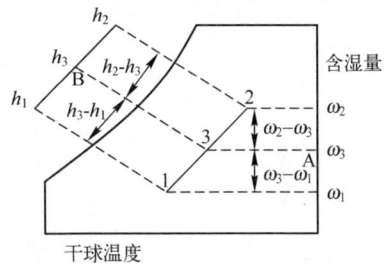

图 3-4-5　气流的绝热混合

气流的能量方程为

$$\dot{m}_{a1}h_1 + \dot{m}_{a2}h_2 = \dot{m}_{a3}h_3 \quad （3-4-24）$$

以上三式消去 $\dot{m}_{a3}$ 可得

$$\frac{\dot{m}_{a1}}{\dot{m}_{a2}} = \frac{\omega_2 - \omega_3}{\omega_3 - \omega_1} = \frac{h_2 - h_3}{h_3 - h_1} \quad （3-4-25）$$

这个平衡方程式在温湿图中可以用几何关系表示。它说明, $\omega_2 - \omega_3$ 和 $\omega_3 - \omega_1$ 的比值,等于 $\dot{m}_{a1}$ 和 $\dot{m}_{a2}$ 的比值,满足这个条件的状态落在虚线 3 - A 上。 $h_2 - h_3$ 与 $h_3 - h_1$ 的比也等于 $\dot{m}_{a1}$ 与 $\dot{m}_{a2}$ 的比,满足这个条件的过程在虚线 3 - B 上。两条虚线的交点 3 就是满足这两个条件的唯一状态点。它在连接状态 1 与状态 2 的直线上。于是得到以下结论:两股不同状态 1 和状态 2 的气流绝热混合时,混合物状态 3 位于温湿图上状态点 1 和状态点 2 的连线上。2-3 长度和

3-1 长度的比值等于质量流量 $\dot{m}_{a1}$ 与 $\dot{m}_{a2}$ 的比值。

饱和曲线是上凹的。当状态1和状态2位于饱和曲线附近时,连接这两个状态点的直线可能会穿过饱和线,混合后的状态点3可能会位于饱和线的左边,这时,必定有一定量的水在混合过程中析出。

思 考 题

3-1 什么是简单可压缩系统?

3-2 什么是过冷液体和过热蒸汽?

3-3 饱和状态的温度与压强有何关系?

3-4 如何确定状态参数数据的零基准?

3-5 由不可压缩物质构成的系统的熵与温度是相互独立的吗?

3-6 由不可压缩物质构成的系统的焓与温度是相互独立的吗?

3-7 什么是通用气体常数?

3-8 什么是真实气体状态方程的压缩因子?

3-9 请对不可压缩物质模型和理想气体模型进行比较分析。

3-10 请分析高温土豆在大气环境冷却过程熵的变化。

3-11 在 $p-v$ 图上两条绝热线可相交吗?

3-12 什么是麦克斯韦方程?

3-13 什么是焦耳—汤姆逊系数?

3-14 什么是湿空气和干空气?

3-15 什么是含湿量和相对湿度?

3-16 什么是露点温度?

3-17 什么是绝热饱和温度?

3-18 空气湿球温度、干球温度和绝热饱和温度之间关系如何?

习 题

3-1 对于水的液—气两相混合物,初始压强为10bar,经历定体积无热交换的过程达到水的临界点,试求初始状态两相混合物的干度。

3-2 一个活塞—汽缸组件包含有水的液—气两相混合物,初始干度为25%,见题中图。活塞的质量为40kg,直径为10cm,大气压强为1bar。在对汽缸加热过程中,活塞首先上升,直到活塞碰到汽缸壁上的卡子而停止。接着,继续加热直到水的压强变为 3bar。若活塞与汽缸壁之间的摩擦可忽略不计,重力加速度 $g = 9.81 \text{m/s}^2$,试求总的加热量。

3-3　水蒸气流过稳定工作的绝热涡轮。水蒸气在涡轮入口处参数为压强 4MPa 和温度 320℃,流速可忽略不计。水蒸气在涡轮出口处参数为压强 0.07MPa 和比体积 2.19m³/kg,流速为 90m/s。出口圆形导管的直径为 0.6m,忽略水蒸气重力位能的变化,试求涡轮输出的功率。

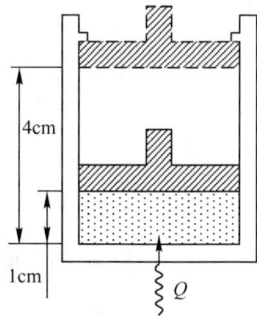

3-4　一个绝热良好的活塞—汽缸组件内装有 4kg 液态水和 1kg、120℃ 的水蒸气,并且保持恒定的压强不变。现有 $-30℃$、5kg 的铜块掉进汽缸中。当达到平衡后,汽缸内的平衡温度以及水蒸气的质量分别是多少?

习题 3-2 图

3-5　压强为 5MPa、温度为 500℃ 的水蒸气以 80m/s 的速度进入一喷管,离开时,压强为 2MPa,温度为 400℃。喷管入口的截面积为 50cm²,同时热量流失的速率为 90kJ/s。试求:(1)水蒸气的质量流量;(2)喷管出口的截面积。

3-6　2kg 水从初态 2.5MPa 和 400℃ 变化到末态 2.5MPa 和 100℃,按照以下两种情况分别计算水的熵变:(1)水经历不可逆过程;(2)水经历内部可逆过程。

3-7　水蒸气流过一涡轮而对外做功(见题中图),其入口参数为压强 30bar、温度 400℃、流速 160m/s,出口参数为饱和水蒸气温度 100℃、流速 100m/s。当涡轮工作在稳定状态时,每千克水蒸气流过涡轮的输出功为 540kJ,涡轮外表面温度为 500K。若忽略水蒸气重力位能的变化,试求每千克水蒸气流过涡轮的熵产。

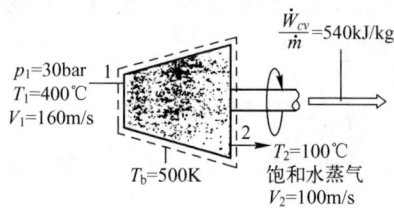

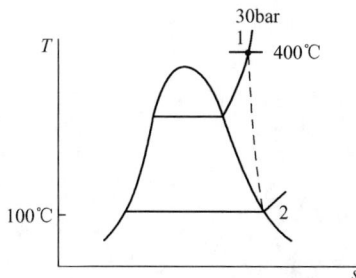

习题 3-7 图

101

3-8 试证明遵守范德瓦尔斯方程 $p = \dfrac{RT}{v-b} - \dfrac{a}{v^2}$ 的气体有如下关系式:

(1) $\mathrm{d}u = c_v \mathrm{d}T + \dfrac{a}{v^2}\mathrm{d}v$;

(2) $\left(\dfrac{\partial u}{\partial v}\right)_T \neq 0$;

(3) $c_p - c_v = \dfrac{R}{1 - \dfrac{2a(v-b)^2}{RTv^3}}$;

(4) c_v 只是温度的函数;

(5) 等温过程的焓变 $(h_2 - h_1)_T = p_2 v_2 - p_1 v_1 + a\left(\dfrac{1}{v_1} - \dfrac{1}{v_2}\right)$;

(6) 等温过程的熵变 $(s_2 - s_1)_T = R\ln\dfrac{v_2 - b}{v_1 - b}$;

(7) 可逆等温过程的膨胀功为 $w_T = RT\ln\dfrac{v_2 - b}{v_1 - b} + a\left(\dfrac{1}{v_2} - \dfrac{1}{v_1}\right)$;

(8) 可逆等温过程的热量 $q_T = RT\ln\dfrac{v_2 - b}{v_1 - b}$。

3-9 温度为 25℃、压强为 0.1MPa 的某气体混合物的摩尔成分是:60% N_2,30% CO_2,10% O_2。试求:
(1) 各成分的质量分数;
(2) 各成分的分压;
(3) 50kg 气体混合物的体积。

3-10 一房间中空气状态为 20℃、98kPa,相对湿度 85%。试计算:
(1) 干空气的分压强;
(2) 空气的含湿量;
(3) 单位质量干空气的焓。

3-11 室内空气的干球、湿球温度分别为 22℃ 和 16℃,假定空气压强为 100kPa。试计算:
(1) 含湿量;
(2) 相对湿度;
(3) 露点温度。

第4章　传热学基础

Chapter 4　Foundamentals of Heat Transfer

　　内容提要　作为航天热能工程学的核心内容,本章主要讲解传热学基础,包括热传导基本概念、一维稳定导热、二维和三维稳定热传导问题、不稳定热传导、对流换热基本概念、热辐射基本概念、辐射换热的分析方法、传热理论在火箭发动机推力室热防护中的应用等。传热学是航天热能工程学所涉及的重要知识,几乎随时都会遇到,对它们必须有一个正确的理解和掌握。

　　基本要求　在本章学习中,要求学生理解热传导、对流换热和热辐射的基本概念,掌握一维稳定导热、对流换热、热辐射的基本计算式,理解火箭发动机推力室热防护中的各种冷却方式。

　　热量传递是自然界最普遍的现象。研究热量传递规律的科学——传热学,是日常生活和工程技术领域中最普遍的重要基础科学。传热学知识在能源、电力、冶金、动力机械、石油化工、低温工程、电子信息、环境与建筑等工业领域以及在航空航天、核能、新材料和生命科学等高技术领域都发挥着极其重要的作用。

　　航天器上使用的推进装置,不管是传统的化学推进还是电推进或激光推进等其他先进推进方式,都存在能量转换过程,通过高温高压气体的喷射产生反作用力来实现推进的目的。还有在轨航天器上的人员或者仪器,必须处于合适的温度范围才能生存或正常工作。返回地球的飞行器,在穿越大气层的时候,如果没有很好的热防护措施,就会像陨石一样,被焚烧得干干净净! 所以热管理、热控制和热防护是航天热能工程领域中非常重要的课题。

　　传热学是研究热量传递规律的科学。其研究内容具体来讲主要包括热量传递的机理、规律、计算和测试方法。本教材仅限在连续介质力学的范畴内进行传热规律的研究。

4.1　热传导基本概念(Basic conceptions about thermal conduction)

　　日常生活的经验告诉我们,热只能自发地从高温物体传向低温物体,或从物体的高温部分自发地流向低温部分。即只有存在温度差或者温度不均匀性时,才会有热量的传导。热量传递过程的推动力是:温差——势(Potential)。也就是说,存在温差才会有传热——温差是热量传递的推动力。

传热学以热力学第一定律和第二定律为基础,即热流量始终从高温热源向低温热源传递;如果没有能量形式的转化,则热流量始终是守恒的。根据热力学第二定律:热量可以自发地由高温热源传向低温热源,而相反的过程一定不是自发过程或者必然会对外界产生影响(如消耗机械功)。从热力学角度看,热量传递是一种不可逆过程,属于非平衡热力学范畴。

目前传热学主要研究热量传递的速率,对于传递的效率问题还未深入研究。

4.1.1　等温线和等温面(Isotherm and isothermal plane)

如何描述物体内的温度场? 将一个温度不均匀的物体内温度相同的各点连接起来,就得到了一系列的等温面。用一个平面(比如坐标平面)去与这些等温面相截,可以得到一簇等温线,如图4-1-1和图4-1-2所示。显然,不同的等温面或者不同的等温线彼此之间不会相交。它们要么在物体内构成封闭的曲线,要么就终止于物体的边界上。

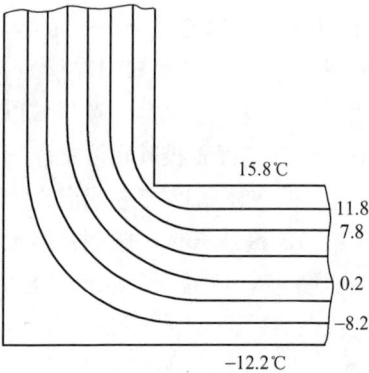

图4-1-1　房屋墙壁内的温度场　　图4-1-2　墙角处的等温线和热流线

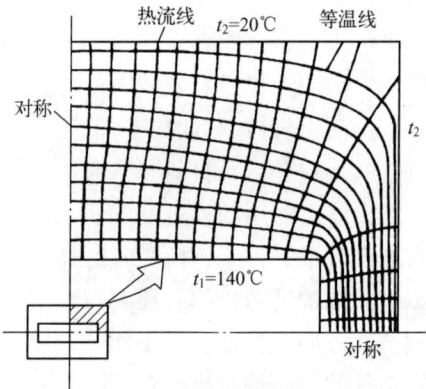

实验证实,对于各向同性的物体,热流总是沿着垂直于等温面的方向(即法向),并且有

$$Q = -kA \frac{\partial t}{\partial n} \qquad (4\text{-}1\text{-}1)$$

式中:Q 为热流量(W);k 为导热系数[单位为 W/(m·K),有些书因为体系和习惯不同,用 λ 表示];A 为传热表面积(m^2);$\partial t/\partial n$ 为温度梯度,如图4-1-3所示。负号表示热流量的方向

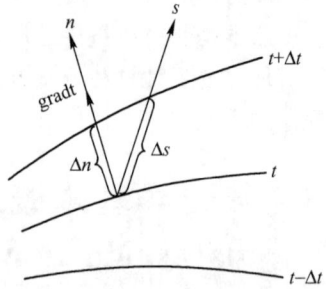

图4-1-3　温度梯度

与温度增加的方向相反,即指向温度降低的方向。此即导热过程的基本定律——傅里叶导热定律。

上式也可以写成
$$q = -k\frac{\partial t}{\partial n}$$

式中:$q = \dfrac{Q}{A}$ 为热流通量,或称热流密度(W/m^2),即单位面积上的热流量。

对于微元面 $\mathrm{d}A$:
$$\mathrm{d}Q = -\mathrm{d}Ak\frac{\partial t}{\partial n}$$

对于有限温差的两个表面:
$$q = k\frac{t_1 - t_2}{l} \tag{4-1-2}$$

4.1.2 热流通量(Heat flux)

定义:单位时间、通过任一表面上单位面积的热量称为该表面的热流通量,其单位是 W/m^2。热流通量是一种流量密度,简称"流密"。

讨论:

(1)热流通量 q 可以看成是向量,因为它具有大小和方向;

(2)沿等温面法线方向上的"热流量/面积"最大,即

$$q_n = -k\frac{\partial t}{\partial n}$$

而任意方向上:
$$q_s = -k\frac{\partial t}{\partial n}\cos\alpha = -k\frac{\partial t}{\partial s} \tag{4-1-3}$$

在直角坐标系(笛卡儿坐标系)中,有

$$q_x = -k\frac{\partial t}{\partial x}, q_y = -k\frac{\partial t}{\partial y}, q_z = -k\frac{\partial t}{\partial z}$$

$$\boldsymbol{q} = \boldsymbol{i}q_x + \boldsymbol{j}q_y + \boldsymbol{k}q_z \tag{4-1-4}$$

式中:$\boldsymbol{i}$、$\boldsymbol{j}$、$\boldsymbol{k}$ 分别为 x,y,z 三个坐标轴上的单位向量。

4.1.3 热传导方程(Equation of thermal conduction)

热传导过程本质上是能量的转移过程,因此描述它的基本方程就是自然界最普遍的规律之一——能量守恒定律,即热力学第一定律。

对于所研究的对象,利用热传导的傅里叶定律,建立其能量守恒关系,就可以得到各种形式的热传导方程。其中最常用的是微分形式的热传导方程,即热传导微分方程。

与流体力学中能量方程的推导过程类似,对于如图 4-1-4 所示在笛卡儿坐标系下的微元控制体,考虑其能量平衡关系并应用傅里叶导热定律,即可建立起

热传导微分方程(具体推导过程略):

$$\rho c \frac{\partial t}{\partial \tau} = \frac{\partial}{\partial x}\left(k\frac{\partial t}{\partial x}\right) + \frac{\partial}{\partial y}\left(k\frac{\partial t}{\partial y}\right) + \frac{\partial}{\partial z}\left(k\frac{\partial t}{\partial z}\right) + Q'$$

$$(4-1-5)$$

式中:ρ 为密度;c 为比热容;k 为导热系数;Q' 为单位体积的内热源(W/m^3)。

如果把 x、y、z 三个方向的热流通量分别记为

$$q_x = -k\frac{\partial t}{\partial x}, \quad q_y = -k\frac{\partial t}{\partial y}, \quad q_z = -k\frac{\partial t}{\partial z}$$

则式(4-1-5)可写成

$$-\rho c\frac{\partial t}{\partial \tau} = \frac{\partial q_x}{\partial x} + \frac{\partial q_y}{\partial y} + \frac{\partial q_z}{\partial z} - Q' \qquad (4-1-6)$$

此式也可适用于各向异性材料,此时在空间各方向上的导热系数可以是不同的。

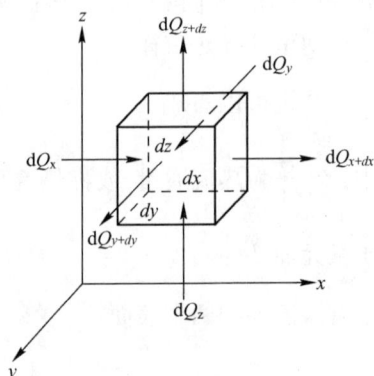

图 4-1-4　笛卡儿坐标系下的微元控制体

对于常物性的导热问题,导热微分方程可简化为

$$\frac{\partial t}{\partial \tau} = \frac{k}{\rho c}\left(\frac{\partial^2 t}{\partial x^2} + \frac{\partial^2 t}{\partial y^2} + \frac{\partial^2 t}{\partial z^2}\right) + \frac{Q'}{\rho c} = \alpha\nabla^2 t + \frac{Q'}{\rho c} \qquad (4-1-7)$$

式中:$\alpha = \dfrac{k}{\rho c}$ 为导温系数(又称热扩散系数),单位是 m^2/s,亦为物性参数。

对工程上常见的某些轴对称问题(如火箭发动机推力室)或球对称问题(如气瓶、推进剂贮箱),采用圆柱坐标系或球坐标系可能会更方便,如图 4-1-5 和图 4-1-6 所示。

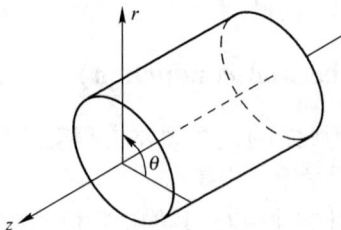

图 4-1-5　圆柱坐标系

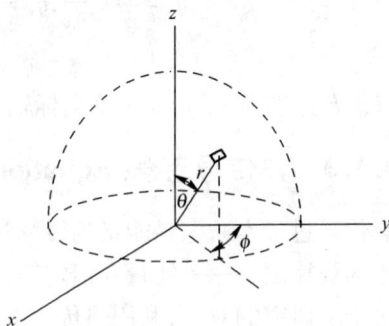

图 4-1-6　球坐标系

推导这两种坐标系下的热传导方程一般有两种方法:微元分析法和坐标变换法。

106

（1）微元分析法。

与在笛卡儿坐标系下利用微元六面体的推导一样，对微元应用傅里叶导热定律和能量守恒关系，即可得到在圆柱坐标系和球坐标系下的热传导方程。具体推导过程略，可以参考相关教材。

（2）坐标变换法。

参见图4-1-7，利用坐标变换，也可很容易地通过笛卡儿坐标系下的热传导方程得到圆柱坐标系或球坐标系下的热传导方程。

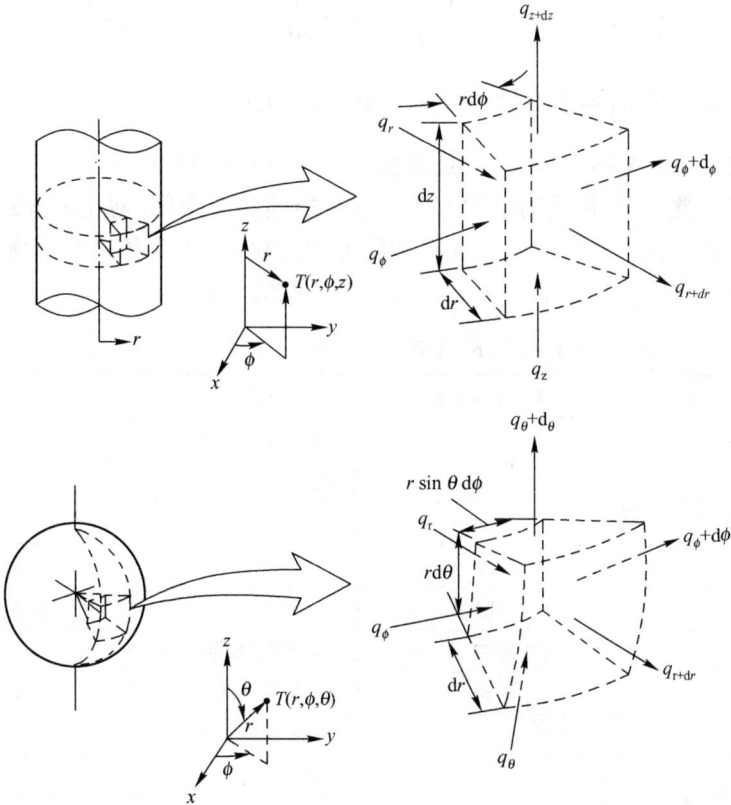

图4-1-7　圆柱坐标系和球坐标系下的微元体

对于圆柱坐标系，坐标变换关系为

$$\begin{cases} x = r\cos\phi \\ y = r\sin\phi \\ z = z \end{cases}$$

故圆柱坐标系下的导热微分方程为

$$\frac{\partial t}{\partial \tau} = \alpha\left(\frac{\partial^2 t}{\partial r^2} + \frac{1}{r}\frac{\partial t}{\partial r} + \frac{1}{r^2}\frac{\partial^2 t}{\partial \phi^2} + \frac{\partial^2 t}{\partial z^2}\right) + \frac{Q'}{\rho c} \qquad (4-1-8)$$

对于球坐标系,坐标变换关系为

$$\begin{cases} x = r\sin\theta\cos\phi \\ y = r\sin\theta\sin\phi \\ z = r\cos\theta \end{cases}$$

式中:θ 和 ϕ 分别为纬度角和经度角。故球坐标系下的导热微分方程为

$$\frac{\partial t}{\partial \tau} = \alpha\left[\frac{1}{r}\frac{\partial^2 rt}{\partial r^2} + \frac{1}{r^2\sin\theta}\frac{\partial}{\partial \theta}\left(\sin\theta\frac{\partial t}{\partial \theta}\right) + \frac{1}{r^2\sin\theta}\frac{\partial^2 t}{\partial \phi^2}\right] + \frac{Q'}{\rho c} \qquad (4-1-9)$$

4.1.4 导热系数(Thermal conductivity)

导热系数 k 又称热导率,它是物性参数,其单位是 W/(m·K)。一般情况下它不是常数,它与物质的结构有关。它可能随温度变化(对于固、液、气),也可能随压强变化(对于液、气),还可能随方向变化(对于非各向同性物质)。如表4-1-1 所示,为273K 时各种材料的导热系数的典型值。

表4-1-1 273K 时各种材料的导热系数的典型值

材　料	$k/(W/m·K)$	材　料	$k/(W/m·K)$
金属材料:		硼硅酸耐热玻璃	1.05
银(最纯的)	418	液体:	
铜(纯的)	387	水银	8.21
铝(纯的)	203	水	0.552
锌(纯的)	112.7	二氧化硫(SO_2)	0.221
铁(纯的)	73	氯代甲烷(CH_2Cl)	0.178
锡(纯的)	64	二氧化碳(CO_2)	0.105
铅(纯的)	34.7	氟利昂(CCl_2F_2)	0.073
非金属固体:		气体:	
方美石(MgO)	43.8	氢	0.176
石英(平行于轴)	19.1	氦	0.141
刚玉石(Al_2O_3)	14.4	空气	0.0243
大理石	2.78	戊烷	0.0128
冰(H_2O)	2.22	三氯甲烷	0.0086
熔融石英	1.91		

导热机理:导热是在没有宏观运动时,组成物质的微观粒子的微观运动引起的热量传递现象。对于不同形态的物质,其导热机理是不同的。

（1）气体：分子不规则热运动时相互碰撞的结果；

（2）导电固体：自由电子的运动起主要作用；

（3）不导电固体：晶格波（弹性波）＋少量自由电子的运动；

（4）液体：分子热运动和弹性波的作用。

通常，$k_{金属} > k_{非金属固体} > k_{液体} > k_{气体}$。一般而言，电的良导体就是热的良导体。

4.1.5　各向异性材料的热传导方程（Thermal conduction equation for anisotropic material）

各向异性是指物质的某个性质（如导热系数）在不同方向上是不同的。常见的各向异性材料有晶体、层叠板、木材、玻璃钢、复合材料等。

若假定沿着三个相互垂直的方向 ξ、η、ζ，其导热系数分别为 k_ξ、k_η、k_ζ，这三个方向称为热传导的主轴，相应的导热系数称为主导热系数。如图 4-1-8 所示，在此三个主轴方向上的热流通量可表示为

$$\begin{cases} q_\xi = -k_\xi \dfrac{\partial t}{\partial \xi} \\[2mm] q_\eta = -k_\eta \dfrac{\partial t}{\partial \eta} \\[2mm] q_\zeta = -k_\zeta \dfrac{\partial t}{\partial \zeta} \end{cases} \tag{4-1-10}$$

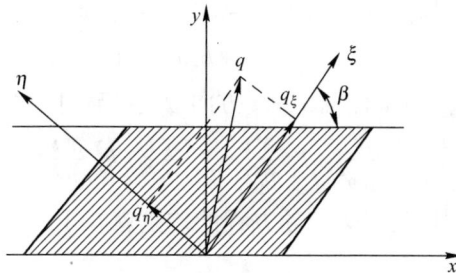

图 4-1-8　各向异性材料中的热流通量

这里 ξ、η、ζ 不必与坐标轴 x、y、z 相同。

可以用主轴 ξ、η、ζ 方向的热流通量来表示坐标轴 x、y、z 方向上的热流通量：

$$\begin{cases} q_x = l_1 q_\xi + l_2 q_\eta + l_3 q_\zeta \\ q_y = m_1 q_\xi + m_2 q_\eta + m_3 q_\zeta \\ q_z = n_1 q_\xi + n_2 q_\eta + n_3 q_\zeta \end{cases} \tag{4-1-11}$$

式中：l_i、m_i、n_i 分别为相应的方向余弦。

此外，可用坐标轴 x、y、z 方向的温度梯度来表示主轴 ξ、η、ζ 方向的温度梯度，这样有

$$\begin{cases} \dfrac{\partial t}{\partial \xi} = l_1 \dfrac{\partial t}{\partial x} + m_1 \dfrac{\partial t}{\partial y} + n_1 \dfrac{\partial t}{\partial z} \\[2mm] \dfrac{\partial t}{\partial \eta} = l_2 \dfrac{\partial t}{\partial x} + m_2 \dfrac{\partial t}{\partial y} + n_2 \dfrac{\partial t}{\partial z} \\[2mm] \dfrac{\partial t}{\partial \zeta} = l_3 \dfrac{\partial t}{\partial x} + m_3 \dfrac{\partial t}{\partial y} + n_3 \dfrac{\partial t}{\partial z} \end{cases} \quad (4-1-12)$$

把式（4-1-11）、式（4-1-12）代入式（4-1-10），注意式（4-1-10）同样适用于各向异性材料，整理后得

$$\rho c \frac{\partial t}{\partial \tau} = k_{xx} \frac{\partial^2 t}{\partial x^2} + k_{yy} \frac{\partial^2 t}{\partial y^2} + k_{zz} \frac{\partial^2 t}{\partial z^2}$$
$$+ (k_{xy} + k_{yx}) \frac{\partial^2 t}{\partial x \partial y} + (k_{yz} + k_{zy}) \frac{\partial^2 t}{\partial y \partial z} + (k_{xz} + k_{zx}) \frac{\partial^2 t}{\partial x \partial z} \quad (4-1-13)$$

其中：

$$\begin{cases} k_{xx} = k_\xi l_1^2 + k_\eta l_2^2 + k_\zeta l_3^2 \\[2mm] k_{yy} = k_\xi m_1^2 + k_\eta m_2^2 + k_\zeta m_3^2 \\[2mm] k_{zz} = k_\xi n_1^2 + k_\eta n_2^2 + k_\zeta n_3^2 \\[2mm] k_{xy} = k_{yx} = k_\xi l_1 m_1 + k_\eta l_2 m_2 + k_\zeta l_3 m_3 \\[2mm] k_{xz} = k_{zx} = k_\xi l_1 n_1 + k_\eta l_2 n_2 + k_\zeta l_3 n_3 \\[2mm] k_{yz} = k_{zy} = k_\xi m_1 n_1 + k_\eta m_2 n_2 + k_\zeta m_3 n_3 \end{cases}$$

若主轴方向 ξ、η、ζ 与坐标轴 x、y、z 方向取为一致，则式（4-1-13）简化为

$$\rho c \frac{\partial t}{\partial \tau} = k_\xi \frac{\partial^2 t}{\partial \xi^2} + k_\eta \frac{\partial^2 t}{\partial \eta^2} + k_\zeta \frac{\partial^2 t}{\partial \zeta^2} = k_x \frac{\partial^2 t}{\partial x^2} + k_y \frac{\partial^2 t}{\partial y^2} + k_z \frac{\partial^2 t}{\partial z^2} \quad (4-1-14)$$

所以，此方程与各向同性材料热传导方程的差别就在于三个方向上的导热系数不同。

若再做一个坐标变换：

$$\begin{cases} \xi_1 = \xi \sqrt{\dfrac{k_0}{k_\xi}} \\[4mm] \eta_1 = \eta \sqrt{\dfrac{k_0}{k_\eta}} \\[4mm] \zeta_1 = \zeta \sqrt{\dfrac{k_0}{k_\zeta}} \end{cases}$$

式中：k_0 为任选值。则上式变为

$$\frac{\partial t}{\partial \tau} = \frac{k_0}{\rho c}\left(\frac{\partial^2 t}{\partial \xi_1^2} + \frac{\partial^2 t}{\partial \eta_1^2} + \frac{\partial^2 t}{\partial \zeta_1^2}\right) \qquad (4-1-15)$$

此式与各向同性材料的热传导方程(4-1-7)在形式上也是完全相同的。

但是应该指出:对于各向异性材料,热流通量通常并不一定与等温面垂直。

4.1.6　传热过程(Heat transfer process)

在传热学中,"传热过程"这一概念是有其特定含义的。

"传热过程"定义为:冷热两种流体通过固体壁面所进行的换热。

传热过程包含的基本传热方式有:导热、对流,还可能有热辐射。图 4-1-9 所示为冷热流体通过墙壁(多层平板)所发生的传热过程。

简单地,考虑如图 4-1-10 所示的无限大平板中的一维稳态传热过程中的热量传递:

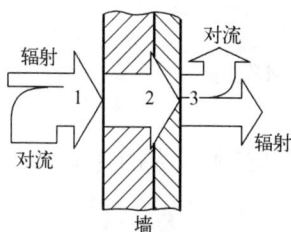

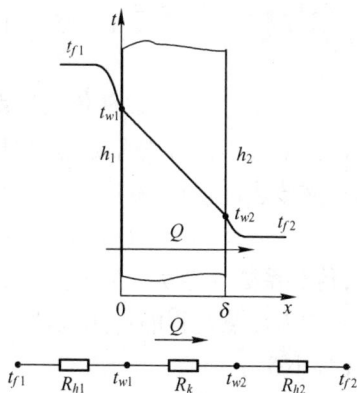

图 4-1-9　墙壁的散热　　　图 4-1-10　一维稳态传热过程

上面传热过程中每个环节传递的热流量为

$$\begin{cases} Q = Ah_1(t_{f1} - t_{w1}) \\ Q = \dfrac{Ak}{\delta}(t_{w1} - t_{w2}) \\ Q = Ah_2(t_{w2} - t_{f2}) \end{cases} \qquad (4-1-16)$$

在无内热源的稳态传热过程中,沿热流方向每个环节所传递的热流量 Q 是相同的,改写成温差的形式:

$$\begin{cases} t_{f1} - t_{w1} = Q\dfrac{1}{Ah_1} \\ t_{w1} - t_{w2} = Q\dfrac{\delta}{Ak} \\ t_{w2} - t_{f2} = Q\dfrac{1}{Ah_2} \end{cases} \qquad (4-1-17)$$

三式相加,可得上述传热过程中传递的热流量为

$$Q = \frac{t_{f1} - t_{f2}}{R_{h1} + R_k + R_{h2}} = \frac{t_{f1} - t_{f2}}{\dfrac{1}{Ah_1} + \dfrac{\delta}{Ak} + \dfrac{1}{Ah_2}} \qquad (4-1-18)$$

因此,可以把这个传热过程表示成热阻串联的形式,如图 4-1-11 所示。

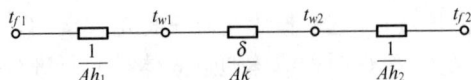

图 4-1-11 热阻的串联

若定义传热系数:

$$K = \frac{1}{\dfrac{1}{h_1} + \dfrac{\delta}{k} + \dfrac{1}{h_2}} = \frac{1}{r_{h_1} + r_k + r_{h_2}} \qquad (4-1-19)$$

其单位为 $W/(m^2 \cdot K)$,它是表征传热过程强烈程度的标尺,它不是物性参数,与过程有关。其中 r_{h_1}、r_{h_2}、r_k 分别是传热过程中的单位对流热阻和单位导热热阻。

则对于该传热过程有

$$Q = AK(t_{f1} - t_{f2}) = AK\Delta t \qquad (4-1-20)$$

显然,传热系数 K 越大,传热越强烈。

若想要增大传热过程的传热系数 K,应该从热阻最大的环节入手。如增大 h_1、k、h_2 或减小 δ。

h_1、h_2 的计算方法及增加传热系数 K 值的措施是本课程的重要内容。表4-1-2 给出了常见传热过程中传热系数的大致数值范围。

表 4-1-2 传热系数的大致数值范围

过　　程	$K/[\,W/(m^2 \cdot K)\,]$
从气体到气体(常压)	10 ~ 30
从气体到高压水蒸汽或水	10 ~ 100
从油到水	100 ~ 600
从凝结有机物蒸汽到水	500 ~ 1000
从水到水	1000 ~ 2500
从凝结水蒸汽到水	2000 ~ 6000

注意:对于非稳态传热过程以及存在内热源的情况,不能用热阻串联的分析方法,因为热阻的串联要求沿热流传递方向上热流量的大小维持不变。

4.2 一维稳态导热(One dimensional steady conduction)

稳态热传导:温度场、热流不随时间而变化。

当导热物体的几何形状比较简单,热流只在一个方向上并且不随时间变化时,即为所谓一维稳定热传导问题时,热传导微分方程可以大大简化。

某些很重要的实际热传导问题就属于这一类,如无限大平板的热传导、无限长圆管的热传导和空心球体的热传导。另外,通过分析这一类简单的热传导问题,将有助于认识和分析更复杂的热传导问题,如二维、三维的非定常导热问题。

4.2.1 无限大平板的一维稳态导热(One dimensional steady conduction of an infinite plate)

对于如图 4-2-1 所示的无限大平板,在无内热源(汇)、常物性的条件下,其热传导微分方程(4-1-5)简化为

$$\frac{\mathrm{d}^2 t}{\mathrm{d}x^2} = 0 \qquad (4-2-1)$$

这是一个二阶常微分方程。其通解为

$$t = c_1 x + c_2 \qquad (线性分布)$$

应用边界条件 $x = 0, t = t_1 ; x = l, t = t_2$ 得到温度分布如下:

$$\frac{t - t_1}{t_2 - t_1} = \frac{x}{l} \qquad (4-2-2)$$

热流量为

$$Q = -kA\frac{\mathrm{d}t}{\mathrm{d}x} = -kA\frac{t_2 - t_1}{l} = \frac{t_1 - t_2}{\dfrac{l}{kA}} \qquad (4-2-3)$$

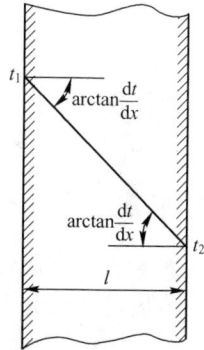

图 4-2-1　无限大平板的一维稳态导热

式中:Q 为热流(量);$t_1 - t_2 = \Delta t$ 是温差;l/kA 是热阻。

此式可与电学中的欧姆定律进行类比

$$I = \frac{\Delta U}{R}$$

可用电路来模拟此导热问题,如图 4-2-2 所示。

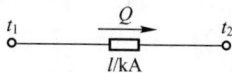

图 4-2-2　热阻的电路模拟

4.2.2　复合平板的一维稳态导热（One dimensional steady conduction of composite plate）

利用无限大单层平板导热热流方程与欧姆定律的类比性,可以很容易地把上述结果推广到多层无限大平板组合而成的复合平板的导热问题,如图 4-2-3 所示。

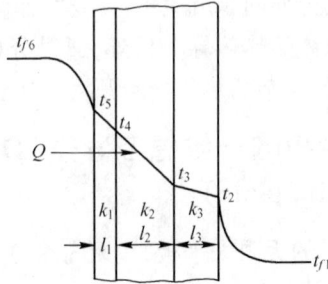

图 4-2-3　复合平板的导热问题

根据热阻串联的规则,可直接写出

$$Q = \frac{t_5 - t_2}{\dfrac{l_1}{k_1 A} + \dfrac{l_2}{k_2 A} + \dfrac{l_3}{k_3 A}} \tag{4-2-4}$$

如果表面有流体流过,并已知两侧流体的温度 t_{f1} 和 t_{f6},则在考虑表面的对流换热热阻的情况下,此时的热流量可写为

$$Q = \frac{t_{f6} - t_{f1}}{\dfrac{1}{h_1 A} + \dfrac{l_1}{k_1 A} + \dfrac{l_2}{k_2 A} + \dfrac{l_3}{k_3 A} + \dfrac{1}{h_2 A}} \tag{4-2-5}$$

注意:导热热阻为 $\dfrac{l}{kA}$,导热热流量为 $Q = \dfrac{t_1 - t_2}{\dfrac{l}{kA}}$,

对流热阻为 $\dfrac{1}{hA}$,对流热流量为 $Q = \dfrac{t_f - t_w}{\dfrac{1}{hA}}$。

实际上,式(4-2-5)中的热流量可以写成任意两个节点间的温差与它们之间的热阻之和的比。值得注意的是,在式(4-2-5)中,并没有考虑复合平板中层与层之间可能存在的接触热阻。

工程中有很多多层复合平板导热的实例,如建筑物外墙、带涂层的平板导热

114

和窑炉的外墙等。

利用上面各式,在已知壁温的条件下,可以求出穿过平板的热流。或者已知测得的热流,可以求出平板内各处的温度。在液体火箭发动机再生冷却壁面设计中常遇到这样的问题。

4.2.3　圆管的一维稳态导热(One dimensional steady conduction of circular tube)

对于圆管,若轴向足够长,则可认为热量仅沿径向传递,如图4-2-4所示。相应的热传导方程(4-1-8)可简化为

$$\frac{\mathrm{d}^2 t}{\mathrm{d}r^2} + \frac{1}{r}\frac{\mathrm{d}t}{\mathrm{d}r} = 0 \qquad (4-2-6)$$

该式的适用条件为稳态、无内热源、常物性的一维导热问题。

其通解为

$$t = c_1 \ln r + c_2 \qquad (4-2-7)$$

应用边界条件为:

$$\begin{cases} r = r_i, t = t_i \\ r = r_o, t = t_o \end{cases}$$

得到

$$\frac{t - t_o}{t_i - t_o} = \frac{\ln \dfrac{r}{r_o}}{\ln \dfrac{r_i}{r_o}} \qquad (4-2-8)$$

图4-2-4　无限长厚壁圆管的一维稳态导热

此即圆管内的温度分布。

圆管内沿径向的热流量为

$$Q = -kA(r)\frac{\mathrm{d}t}{\mathrm{d}r} = -k2\pi rL\frac{\mathrm{d}t}{\mathrm{d}r} = \frac{t_i - t_0}{\dfrac{1}{2\pi kL}\ln \dfrac{r_o}{r_i}} \qquad (4-2-9)$$

式中:L为圆管长度,此处导热热阻为$\dfrac{1}{2\pi kL}\ln \dfrac{r_o}{r_i}$。

可见,径向热流量Q与半径r无关。然而,径向热流密度q却是与半径r成反比的。

与复合平板类似,对于复合圆管(如图4-2-5所示),利用热阻的串联规则可得

$$Q = \frac{t_1 - t_4}{\dfrac{1}{2\pi k_1 L}\ln \dfrac{r_2}{r_1} + \dfrac{1}{2\pi k_2 L}\ln \dfrac{r_3}{r_2} + \dfrac{1}{2\pi k_3 L}\ln \dfrac{r_4}{r_3}}$$

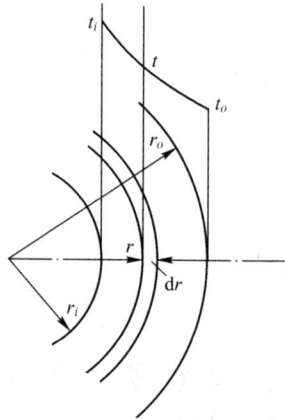

若考虑到内、外表面的对流换热,亦可写成

$$Q = \frac{t_{fi} - t_{fo}}{\dfrac{1}{2\pi r_1 L h_i} + \dfrac{1}{2\pi k_1 L}\ln\dfrac{r_2}{r_1} + \dfrac{1}{2\pi k_2 L}\ln\dfrac{r_3}{r_2} + \dfrac{1}{2\pi k_3 L}\ln\dfrac{r_4}{r_3} + \dfrac{1}{2\pi r_4 L h_o}} \tag{4-2-10}$$

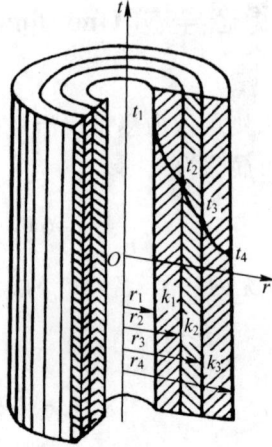

图 4-2-5　复合圆管的一维稳态导热

4.2.4　圆球的一维稳态导热(One dimensional steady conduction of ball)

通过写出如图 4-2-6 所示的圆球壳在球坐标系下的一维稳态导热方程并应用球壳内外壁边界条件,可求出其温度分布:

$$\frac{t - t_o}{t_i - t_o} = \frac{\dfrac{1}{r} - \dfrac{1}{r_o}}{\dfrac{1}{r_i} - \dfrac{1}{r_o}} \tag{4-2-11}$$

可求得径向热流量:

$$Q = \frac{t_i - t_o}{\dfrac{1}{4\pi k}\left(\dfrac{1}{r_i} - \dfrac{1}{r_o}\right)} \tag{4-2-12}$$

可见,径向热流亦与半径无关。

对于内外表面存在对流换热的多层球壳,利用热阻的串联可得

$$Q = \frac{t_{fi} - t_{fo}}{\dfrac{1}{4\pi r_i^2 h_i} + \dfrac{1}{4\pi k}\left(\dfrac{1}{r_1} - \dfrac{1}{r_2}\right) + \cdots + \dfrac{1}{4\pi r_o^2 h_o}} \tag{4-2-13}$$

读者可以自行尝试写出球坐标下的一维稳态导热方程、边界条件。

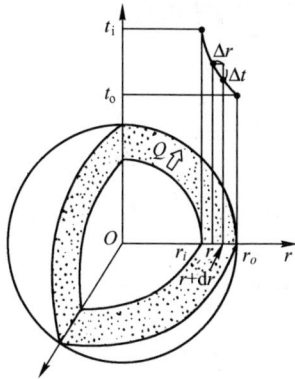

图 4-2-6　球壳的一维稳态导热

4.3　二维和三维稳态热传导问题（Multi – dimensional thermal conduction）

4.3.1　方程形式（Equations）

对于二维和三维情况,热传导方程通常都是偏微分方程,一般情况下,很难解析求解,只有在少数特殊情况下,才可能得到其解析解。

以二维为例,在笛卡儿坐标系下有

$$\frac{\partial^2 t}{\partial x^2} + \frac{\partial^2 t}{\partial y^2} = \frac{Q'}{k}（有热源） \tag{4-3-1}$$

$$\frac{\partial^2 t}{\partial x^2} + \frac{\partial^2 t}{\partial y^2} = 0（无内热源） \tag{4-3-2}$$

B. C $\qquad\qquad t = t_0(x,y)\big|_{\text{B.C}}$

4.3.2　方程解法（Solution of equations）

多维热传导方程的求解方法分为三大类:解析法、组合解法和数值方法。

（1）解析法:分离变量法、复变函数法、形状因子法;

（2）组合解法（参见非稳态导热的多维问题解法）:短圆柱 = 长圆柱与无限大平板相交,短立方体 = 两无限大平板相交。

（3）数值法:有限差分法 FDM、有限元法 FEM、边界元法 BEM 等。

4.3.3　分离变量法（Method of separation of variables）

以如图 4-3-1 所示的二维稳态热传导问题为例进行说明。

117

写成无量纲过余温度形式的导热微分方程为

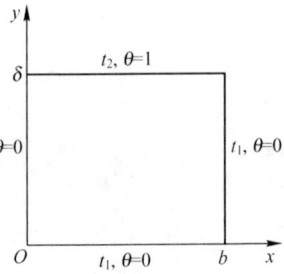

$$\begin{cases} \dfrac{\partial^2 \theta}{\partial x^2} + \dfrac{\partial^2 \theta}{\partial y^2} = 0 \\ \theta(0,y) = 0; \quad \theta(b,y) = 0 \\ \theta(x,0) = 0; \quad \theta(x,\delta) = 1 \end{cases} \qquad (4\text{-}3\text{-}3)$$

式中：$\theta = \dfrac{t - t_1}{t_2 - t_1}$ 为无量纲过余温度。

图 4-3-1　二维稳态热传导问题

若设其解 $\theta(x,y) = X(x) \cdot Y(y)$，代入原方程，得 $\dfrac{X''}{X} = -\dfrac{Y''}{Y} \equiv \lambda^2$

式中：λ 为特征值。

通过分离变量，可得到两个常微分方程：$X'' - \lambda^2 X = 0$ 和 $Y'' + \lambda^2 Y = 0$。

分别求解这两个常微分方程，并引入傅里叶级数，可求得过余温度分布为

$$\theta(x,y) = \frac{2}{\pi} \sum_{n=1}^{\infty} \frac{(-1)^{n+1} + 1}{n} \sin \frac{n\pi x}{b} \frac{\mathrm{sh}\left(\dfrac{n\pi y}{b}\right)}{\mathrm{sh}\left(\dfrac{n\pi \delta}{b}\right)} \qquad (4\text{-}3\text{-}4)$$

4.4　不稳定热传导（Unsteady thermal conduction）

在以上讨论的稳定热传导问题中，系统是处于热平衡状态，此时系统内部温度分布、热流以及系统与边界之间的热交换都不随时间而变化。

然而，在实际工程问题中，还有许多不稳定的热传导问题。这时系统尚未达到热平衡状态（系统也可能根本就没有平衡状态），系统内温度、热流等随着时间不断变化。例如动力系统的启动和关机过程中的热传导问题、变工况或周期性工作设备中的热传导问题、迅速的加热或冷却问题等。

不稳定热传导问题的最大特点就是由于系统内部或者外部的原因，系统内各种物理量随时间在不断地变化。

下面，就来研究几个典型的不稳定热传导问题。

4.4.1　导热系数无限大物体中的不稳定热传导（零维不稳定热传导）（Zero dimensional unsteady conduction）

如果物体本身的导热系数很大，即物体内部的导热很快，而相对来说物体与外界之间的热交换比较慢，则这时物体内部的温度在空间上基本是均匀的，物体温度只随时间而变化。

在数学上,这样的问题是非定常的"零维问题",通常采用集总参数法(lumped parameter approach)来求解。

另外,对于一些尺寸很小的物体,虽然导热系数不是很大,但其内部各处的温度差通常也不大,可以认为温度在空间上是均匀的,也可以当作零维问题来处理。例如,液滴的加热和蒸发/燃烧过程、固体颗粒的加热/冷却过程、测温热电偶的接点等。

对于这样一些只随时间变化而不随空间坐标变化的不稳定热传导问题,处理起来相对比较简单。

考虑如图 4-4-1 所示的一个小金属颗粒(如忽略沿导线热损失的热电偶接点),初始温度均匀,并等于 t_0。

若突然将它放入一个温度为 t_f 的流体中(不失一般性,设金属颗粒被流体加热),求金属颗粒的温度随时间的变化规律。

在零维条件下,金属颗粒的热平衡关系为

$$\rho c V \frac{\mathrm{d}t}{\mathrm{d}\tau} = hA(t_f - t) = -hA(t - t_f) \quad (4\text{-}4\text{-}1)$$

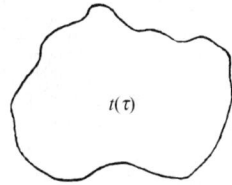

$t(\tau)$

均质的金属颗粒

图 4-4-1 金属颗粒的被加热

式中:V 为金属颗粒的体积;A 为其表面积;ρ 为密度;c 为比热容;h 为金属颗粒与流体之间的对流换热系数。

初始条件为 $\quad \tau = 0, t = t_0$

引入过余温度 $\theta = t - t_f$

则微分方程及其初始条件写为

$$\begin{cases} \dfrac{\mathrm{d}\theta}{\theta} = -\dfrac{hA}{\rho cV}\mathrm{d}\tau \\ \tau = 0, \theta = \theta_0 = t_0 - t_f \end{cases}$$

积分之,可得 $\quad\quad \dfrac{\theta}{\theta_0} = \mathrm{e}^{-\frac{hA}{\rho cV}\tau} = \mathrm{e}^{-\frac{\tau}{\tau^*}}$

其中,$\tau^* = \dfrac{1}{\dfrac{hA}{\rho cV}}$ 为松弛时间,或被称为时间常数,它反映了系统对温度变化响应的快慢,也是 θ 变化到初始过余温度 θ_0 的 e^{-1} 时所需的时间(热响应时间)。

上式还可以写成

$$\frac{\theta}{\theta_0} = \mathrm{e}^{-\frac{hL}{k}\frac{\alpha\tau}{L^2}} \tag{4-4-2}$$

式中:$L = V/A$,为特征长度;hL/k 为毕渥准则(Bi);$\alpha\tau/L^2$ 为傅里叶准则(Fo)。

可见,小金属颗粒的温度随时间将按指数规律变化。

如果以 θ/θ_0 为纵坐标、$\alpha\tau/L^2$ 为横坐标作图,则可在对数坐标下得到一簇直线,其参数(斜率)为 hL/k,如图 4-4-2 所示。

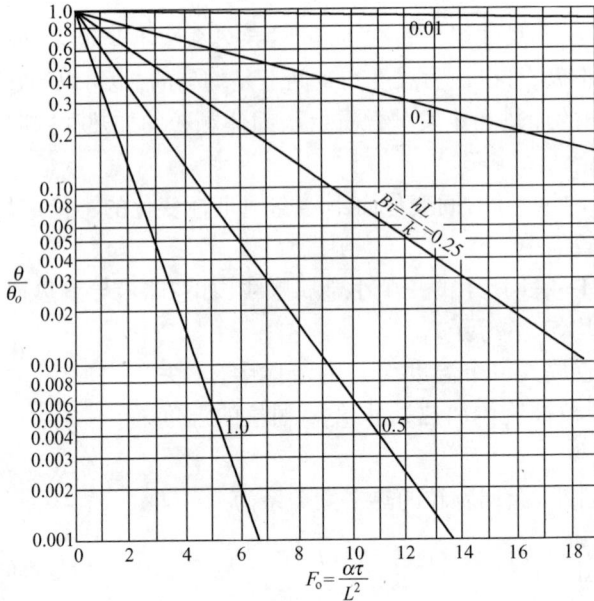

图 4-4-2 均匀金属颗粒被加热时的过余温度随时间的变化关系

这簇直线对于所有的导热系数无限大的物体的非稳态导热(或所有可处理成零维问题的导热)过程,都是适用的。

4.4.2 一维不稳定热传导(One dimensional unsteady conduction)

上述可作为零维处理的问题,主要是针对那些导热系数很大或者尺寸很小的物体的非定常导热问题($Bi \rightarrow 0$)。

对于大多数导热系数为有限值的物体的非定常导热问题,温度将不仅是时间的函数,同时也是空间位置的函数。为方便起见,先来分析一维的不稳定热传导问题——无限大平板的非定常导热问题。

考虑如图 4-4-3 所示的一个厚度为 l 的无限大平板,平板的一面绝热,另一面与周围流体进行热交换,平板的初始温度均匀,都为 t_0,流体的温度为 t_f(设 $t_0 > t_f$,散热)。

此时,描述该(无热源、常物性)平板内温度变化的热量平衡关系为

$$\rho c \frac{\partial t}{\partial \tau} = \frac{\partial}{\partial x}\left(k \frac{\partial t}{\partial x}\right)$$

若令过余温度

$$\theta = t - t_f$$

则有

$$\frac{\partial \theta}{\partial \tau} = \alpha \frac{\partial^2 \theta}{\partial x^2}$$

120

其中 $$\alpha = \frac{k}{\rho c} \qquad (4-4-3)$$

初始条件和边界条件为

$$\begin{cases} \tau = 0, \theta = \theta_0 \quad 0 \leqslant x \leqslant l \\ \tau > 0, x = 0, \dfrac{\partial \theta}{\partial x} = 0 \quad 绝热壁 \\ x = l, k\dfrac{\partial \theta}{\partial x} = -h\theta_l \quad \begin{array}{l}对流边界\\(第三类 B.C)\end{array} \end{cases}$$

这是一个二阶抛物型偏微分方程。其求解方法在《数学物理方程》中进行了详细的阐述,其中最典型方法的就是傅里叶提出的所谓"分离变量法",即假定解 $\theta = \theta(\tau, x)$ 可表示为

$$\theta(\tau, x) = F(\tau)G(x)$$

然后将其代入方程(4-4-3),可得到

$$G(x)F'(\tau) = \alpha F(\tau)G''(x)$$

分离变量为 $$\frac{1}{\alpha}\frac{F'}{F} = \frac{G''}{G} \equiv \pm\lambda^2$$

式中:λ 为特征值(此问题称为特征值问题)。

由此,可得两个分别关于时间和空间坐标的常微分方程:

$$F' - (\pm)\lambda^2\alpha F = 0$$
$$G'' - (\pm)\lambda^2 G = 0$$

解第一个方程得 $$F = c_1 \mathrm{e}^{\pm\lambda^2\alpha\tau}$$

由于过余温度 $\theta(\tau, x)$ 随时间 τ 增加总是减小的,所以在上面解中,正负号应该取负号,才会有物理意义。故

$$F = c_1 \mathrm{e}^{-\lambda^2\alpha\tau}$$

然后再解关于 G 的方程,得

$$G = c_2 \mathrm{e}^{+\mathrm{i}\lambda x} + c_3 \mathrm{e}^{-\mathrm{i}\lambda x}$$

式中:i 为 $\sqrt{-1}$。

所以 $$\theta = \mathrm{e}^{-\lambda^2\alpha\tau}(A\cos\lambda x + B\sin\lambda x) \qquad (4-4-4)$$

上式中的 A、B 为待定常数,可由边界条件确定。

对式(4-4-4)求导得

$$\frac{\partial \theta}{\partial x} = \mathrm{e}^{-\lambda^2\alpha\tau}(-A\lambda\sin\lambda x + B\lambda\cos\lambda x)$$

由绝热壁条件 $\partial\theta/\partial x\big|_{x=0}$,可求得 $B = 0$,所以

$$\theta = A\mathrm{e}^{-\lambda^2\alpha\tau}\cos\lambda x \qquad (4-4-5)$$

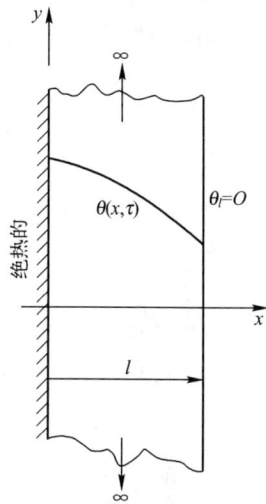

图 4-4-3 一维不稳定热传导

又由对流壁的边界条件为 $\left.\dfrac{\partial\theta}{\partial x}\right|_{x=l} = -\dfrac{h}{k}\theta_l$

可得

$$-A\mathrm{e}^{-\lambda^2\alpha\tau}\lambda\sin\lambda l = \dfrac{h}{k}\theta_l \tag{4-4-6}$$

由式(4-4-5)可知

$$\theta_l = A\mathrm{e}^{-\lambda^2\alpha\tau}\cos\lambda l \tag{4-4-7}$$

对式(4-4-6)和式(4-4-7)联立求解,可得

$$\cot(\lambda l) = \dfrac{\lambda k}{h} \tag{4-4-8}$$

这是一个关于 λ 的超越方程,其解有无穷多个。由此可得一系列的特征值 $\lambda:\lambda_1,\lambda_2,\cdots,\lambda_n$,每一个 λ 都对应于一个特解,如图4-4-4所示。

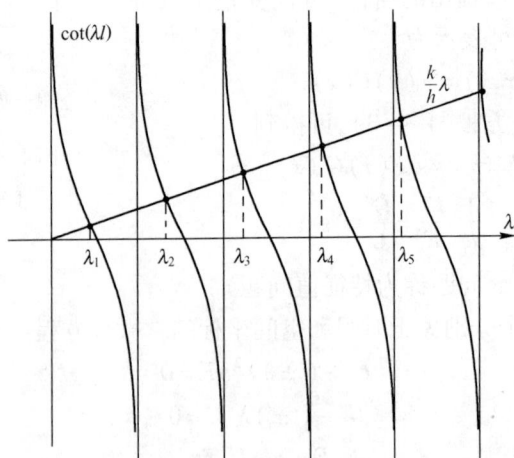

图4-4-4　超越方程的解

由于原微分方程(4-4-3)是线性的,所以这些特解叠加起来仍是该微分方程的解,如

$$\theta = \sum_{n=1}^{\infty} A_n\mathrm{e}^{-\lambda_n^2\alpha\tau}\cos\lambda_n x$$

为了确定系数 A_n,把初始条件展开成如下无穷级数:

$$\theta_0 = A_0\cos\lambda_1 x + A_2\cos\lambda_2 x + \cdots$$

把上式乘以 $\cos\lambda_n x\mathrm{d}x$,并在 $x = 0 \sim l$ 区间积分,并利用三角函数的正交性,可求得

$$A_n = \dfrac{2\theta_0\sin\lambda_n l}{\lambda_n l + \sin\lambda_n l\cos\lambda_n l}$$

记 $\lambda_n = \delta_n/l$,则温度分布的最终表达式为

$$\theta = \sum_{n=1}^{\infty} e^{-\delta_n^2 \frac{\alpha\tau}{l^2}} \frac{2\theta_0 \sin\delta_n \cos\dfrac{\delta_n x}{l}}{\delta_n + \sin\delta_n \cos\delta_n} \qquad (4\text{-}4\text{-}9)$$

平板对外的热损失为

$$\mathrm{d}q_i = -k \left.\frac{\partial\theta}{\partial x}\right|_{x=l} \mathrm{d}\tau$$

$$\mathrm{d}Q_i = -kA \left.\frac{\partial\theta}{\partial x}\right|_{x=l} \mathrm{d}\tau$$

$$q_i = \int_0^\tau -k \left.\frac{\partial\theta}{\partial x}\right|_{x=l} \mathrm{d}\tau$$

$$Q_i = \int_0^\tau -kA \left.\frac{\partial\theta}{\partial x}\right|_{x=l} \mathrm{d}\tau$$

具体地
$$\left.\frac{\partial\theta}{\partial x}\right|_{x=l} = \frac{2\theta_0}{l} \sum_{n=1}^{\infty} e^{-\delta_n^2 \frac{\alpha\tau}{l^2}} \frac{\delta_n \sin^2\delta_n}{\delta_n + \sin\delta_n \cos\delta_n}$$

$$q_i = \frac{Q_i}{A} = \frac{2kl}{\alpha}\theta_0 \sum_{n=l}^{\infty} \frac{\sin^2\delta_n \left[1 - e^{-\delta_n^2 \frac{\alpha\tau}{l^2}}\right]}{\delta_n^2 + \delta_n \sin\delta_n \cos\delta_n} \qquad (4\text{-}4\text{-}10)$$

由于是非稳定热传导问题,热流密度 q_i 是时间 τ 的函数。

4.4.3 二维和三维不稳定热传导(Multi dimensional unsteady conduction)

对于更复杂的二维和三维问题,利用上述的"分离变量法"的思想,也可以进行分析。

首先来看二维问题:考虑一个 z 方向无限长的常物性矩形杆(柱)的二维非稳态导热问题,见图 4-4-5。柱(杆)与周围流体之间有热交换,其对流换热系数为 h。

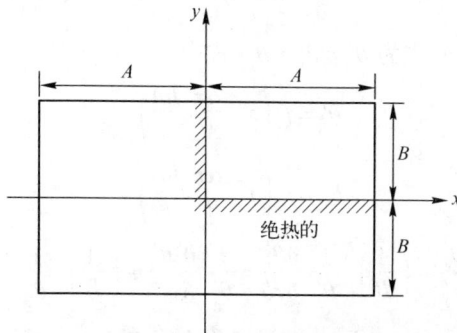

图 4-4-5 无限长的矩形杆(柱)的二维非稳态导热问题

若把坐标的原点取在柱体的中心,由于对称性,实际上只需要考虑四分之一就可以了。可得其导热微分方程和相应的初边界条件为

$$\begin{cases} \dfrac{\partial \theta}{\partial \tau} = \alpha \left(\dfrac{\partial^2 \theta}{\partial x^2} + \dfrac{\partial^2 \theta}{\partial y^2} \right) \\ \text{I. C.} \quad \tau = 0, \theta = \theta_0 \\ \text{B. C.} \quad \tau > 0, x = 0, \dfrac{\partial \theta}{\partial x} = 0 \\ \qquad\qquad\quad y = 0, \dfrac{\partial \theta}{\partial y} = 0 \\ \qquad\qquad\quad x = A, \ -k \dfrac{\partial \theta}{\partial x} \bigg|_{x=A} = h\theta_A \\ \qquad\qquad\quad y = B, \ -k \dfrac{\partial \theta}{\partial y} \bigg|_{x=B} = h\theta_B \end{cases} \qquad (4\text{-}4\text{-}11)$$

引入无因次量

$$x' = \frac{x}{A}, y' = \frac{y}{B}, \tau'_x = \frac{\alpha \tau}{A^2}, \tau'_y = \frac{\alpha \tau}{B^2}, \theta' = \frac{\theta}{\theta_0}$$

则以上方程可写成

$$\begin{cases} \dfrac{\partial \theta'}{\partial \tau'_x} + \left(\dfrac{A}{B} \right)^2 \dfrac{\partial \theta'}{\partial \tau'_y} = \dfrac{\partial^2 \theta'}{\partial x'^2} + \left(\dfrac{A}{B} \right)^2 \dfrac{\partial^2 \theta'}{\partial y'^2} \\ x' = 0, \dfrac{\partial \theta'}{\partial x'} = 0 \\ y' = 0, \dfrac{\partial \theta'}{\partial y'} = 0 \\ x' = 1, \ -\dfrac{\partial \theta'}{\partial x'} = \dfrac{hA}{k} \theta' \\ y' = 1, \ -\dfrac{\partial \theta'}{\partial y'} = \dfrac{hB}{k} \theta' \end{cases}$$

假定方程的解的形式为 $\theta' = \theta'_x \cdot \theta'_y$,式中

$$\theta'_x = f_1 \left(x', \frac{\alpha \tau}{A^2}, \frac{hA}{k} \right)$$

$$\theta'_y = f_2 \left(y', \frac{\alpha \tau}{B^2}, \frac{hB}{k} \right)$$

代入方程,有 $\quad \dfrac{1}{\theta'_x} \dfrac{\partial \theta'_x}{\partial \tau'_x} + \left(\dfrac{A}{B} \right)^2 \dfrac{1}{\theta'_y} \dfrac{\partial \theta'_y}{\partial \tau'_y} = \dfrac{1}{\theta'_x} \dfrac{\partial^2 \theta'_x}{\partial x'^2} + \left(\dfrac{A}{B} \right)^2 \dfrac{1}{\theta'_y} \dfrac{\partial^2 \theta'_y}{\partial y'^2}$ (4-4-12)

上式可写成 $\qquad\qquad \varPhi_x(x', \tau'_x) = \varPhi_y(y', \tau'_y)$

在这里,此条件要求两个值始终等于一个常数。但是,二者之中任何一个方程在另一个方程不存在时也应该成立,所以这个常数只能为零。故有

$$\begin{cases} \dfrac{\partial \theta'_x}{\partial \tau'_x} = \dfrac{\partial^2 \theta'_x}{\partial x'^2} \\[3mm] \dfrac{\partial \theta'_y}{\partial \tau'_y} = \dfrac{\partial^2 \theta'_y}{\partial y'_y} \end{cases} \tag{4-4-13}$$

这是两个独立的一维非定常导热方程,其解在 4.4.2 节已经得到。将其相乘组合起来就得到了二维问题最终的解。

类似地,某些特定的三维问题如短圆柱、立方体等也可采取这种组合解法,分解为二维和一维问题来处理,如图 4-4-6 所示。

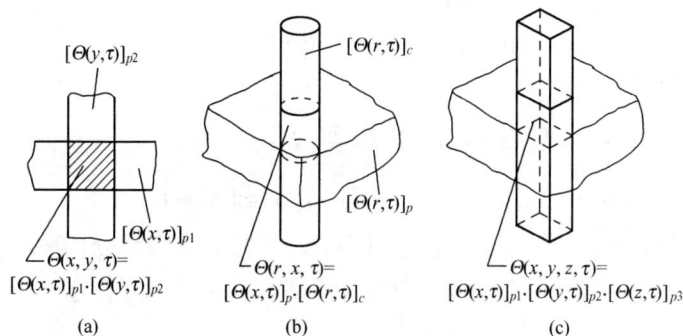

图 4-4-6　多维导热问题组合解法的图示

例 4-4-1　已知一个无限大平板,在稳态、无内热源的条件下,实验发现 $\dfrac{\mathrm{d}^2 t}{\mathrm{d}x^2}$ < 0(式中 t 为温度,x 为沿板厚度方向的空间坐标),试判断板材的导热系数 $k(t) = k_0(1 + bt)$ 是随 t 增大,还是减小?

解

由 $q = -k\dfrac{\mathrm{d}t}{\mathrm{d}x} = -k_0(1 + bt)\dfrac{\mathrm{d}t}{\mathrm{d}x}$

得:$(1 + bt)\dfrac{\mathrm{d}t}{\mathrm{d}x} = -\dfrac{q}{k_0}$

两边对 x 求导,可得:$(1 + bt)\dfrac{\mathrm{d}^2 t}{\mathrm{d}x^2} + b\left(\dfrac{\mathrm{d}t}{\mathrm{d}x}\right)^2 = 0$

即:$\dfrac{\mathrm{d}^2 t}{\mathrm{d}x^2} = -b\left(\dfrac{\mathrm{d}t}{\mathrm{d}x}\right)^2 \Big/ (1 + bt)$

因为 $(1 + bt) > 0$,$\left(\dfrac{\mathrm{d}t}{\mathrm{d}x}\right)^2 > 0$ 而 $\dfrac{\mathrm{d}^2 t}{\mathrm{d}x^2}$,故 $b > 0$,即导热系数 $k(t) = k_0(1 + bt)$ 随 t 增大而增大。

例 4-4-2　直径为 d、初始温度均匀为 t_i 的长圆柱棒,置于壁温为 t_w 的大空

125

间内。对它通电进行热处理,已知其体积热量产生率 $\dot{q}$ ($\mathrm{W/m^3}$)均匀,棒表面发射率 ε ,空气温度 t_∞ ,棒与空气的对流传热系数为 h ,棒的比定压热容为 c_p ,质量密度为 ρ ,假定圆柱棒内部无温度梯度且为常物性。求:(1)稳态传热方程;(2)当忽略热辐射换热时的瞬态温度响应 $t(\tau)$ 。

解

(1)圆柱棒表面积远小于环境表面积(大空间),圆柱棒与环境之间辐射换热为

$$\varPhi_1 = \varepsilon A(E_b - E_{bw}) = \varepsilon \pi \mathrm{d}l\sigma(t^4 - t_w^4)$$

圆柱棒与空气之间对流换热为

$$\varPhi_2 = hA(t - t_\infty) = h\pi \mathrm{d}l(t - t_\infty)$$

稳态热平衡时:

$$\varPhi = \dot{q} \cdot V = \dot{q} \cdot \frac{\pi \mathrm{d}^2}{4}l = \varPhi_1 + \varPhi_2$$

得

$$\varepsilon\sigma(t^4 - t_w^4) + h(t - t_\infty) = \dot{q} \cdot \mathrm{d}/4$$

(2)因圆柱棒内部无温度梯度,故分析中采用集总参数分析法。

若忽略热辐射换热的影响,未到达稳态时的能量守恒方程为

$$\rho c_p V \frac{\mathrm{d}t}{\mathrm{d}\tau} = \dot{q}V - Ah(t - t_\infty)$$

即:

$$\frac{\mathrm{d}t}{\mathrm{d}\tau} = \frac{\dot{q}}{\rho c_p} - \frac{Ah(t - t_\infty)}{\rho c_p V} = \frac{Ah}{\rho c_p V}\left(t - t_\infty - \frac{\dot{q}V}{Ah}\right)$$

令

$$\theta = t - t_\infty - \frac{\dot{q}V}{Ah}$$

则

$$\frac{\mathrm{d}\theta}{\mathrm{d}\tau} = \frac{4h}{\rho c_p d}\theta$$

所得

$$\frac{\theta}{\theta_0} = \exp\left(-\frac{4h}{\rho c_p d}\tau\right)$$

即:

$$t = t_\infty + \frac{\dot{q}V}{Ah} + \left(t_i - t_\infty - \frac{\dot{q}V}{Ah}\right)\exp\left(-\frac{4h}{\rho c_p d}\tau\right)$$

4.5 对流换热基本概念(Basic conceptions about thermal convection)

4.5.1 基本概念(Basic conceptions)

1. 对流换热的定义和性质

除非在真空环境中,自然界的固体材料都处于某种流体介质之中。因此,在

其表面存在着由于流体流动而产生的热交换——对流换热。

另一方面,对于流体而言,尽管与固体材料类似,同样存在由于温差引起的导热过程,但同时运动着的流体质点(相对于分子运动来说是宏观的运动),会以内能的形式来传递热量,这种能量的传递方式称为热对流。因此,在流体中的换热通常是由热对流和热传导的相互作用引起的。这种由热对流和热传导综合作用下的热交换,简称为对流换热。图4-5-1为对流换热现象示意图。

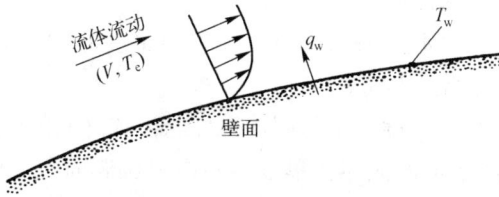

图4-5-1　对流换热示意图

注意热对流与对流换热这两个概念的差别。"对流换热"是指流体流经固体表面时流体与固体表面之间的热量传递现象。对流换热与热对流不同,它既有热对流,又有热传导,不是基本传热方式。

2. 对流换热的特点

(1)是热传导与热对流同时存在的复杂热传递过程;

(2)必须有直接接触(流体与壁面)和宏观运动,还必须存在温差;

(3)由于流体的黏性和受壁面摩擦阻力的影响,在紧贴壁面处会形成速度梯度很大的边界层。

对流换热问题的分析通常比单纯热传导问题的分析要复杂,这是因为必须同时研究流体的运动和能量的传递。

研究对流换热的出发点就是:首先建立描述对流换热系统中流体运动和能量传递的基本方程,这些方程实际上就是大家所熟悉的流体力学基本方程组(Navier – Stokes方程组),即根据质量守恒定律得到的连续方程、根据牛顿运动学第二定律得到的动量守恒方程和根据热力学第一定律得到的能量守恒方程;然后针对具体的问题(在不同的定解条件下)通过求解微分方程组来得到问题的答案,即得到流场参数和传热量。

对于导热问题,往往只需要考虑能量方程。而对于对流问题,因为有流动,所以必须考虑连续方程、动量方程和能量方程三种方程。

在一般流体力学问题中,人们关心的往往是流场中速度、压强的分布和变化以及物体在流体中所受的气动力。而对于对流换热分析,更关心的是流场中温度的分布和变化以及与温度变化有关的热量交换。

工程上所关心的各种对流换热往往都发生在流体与固体之间,而对流换热的热阻主要都集中在紧贴固体壁面的一个薄层内。换热实质上就是该薄层内热传导与运动流体的能量传递的相互作用问题。

在这个薄层中,流体的速度、温度都变化得十分剧烈,这就是通常所说的边界层(附面层)。热量只要一旦穿过了这个边界层就很容易被外流迅速地带走。因此分析对流换热就是要分析发生在这个边界层内的热量交换过程。

3. 对流换热的基本计算式

与前面分析热传导问题一样,分析对流换热最关心的是流体与固体壁面之间的热量交换率,即热流密度 q。

可以想象,这个热流密度一定与固体壁面与流体之间的温差 Δt 有关。牛顿把固体壁面与流过其表面的流体在单位时间内单位表面积上的热流量(即热流密度)q 表示成固壁与流体之间温差的线性关系,即

$$q = h\Delta t = h(t_w - t_f) \tag{4-5-1}$$

式中:h 为"对流换热系数",或称"表面传热系数",其单位是 $W/(m^2 \cdot K)$。

此式被称为牛顿冷却公式,注意习惯上温差 Δt 恒取正值。

显然,把复杂的对流换热问题用如此简单的代数关系来表示,其中的对流换热系数 h 不是、也不可能是一个常数。实际上,对流换热系数是一个反映对流换热本质机理的最重要的参数。它是时间和空间的函数。对不同的问题,它是不同的。对于同一问题在不同条件下,它也是不同的。与导热系数不同的是,它不仅与流体的物性有关,还与流动状态、流通通道的几何形状、表面状况等诸多因素有关,所以它不是物性参数。

研究对流换热问题最终归结到如何确定对流换热系数 h 的问题。因为一旦对流换热系数已确定,对流换热的换热量就可以确定了。图 4-5-2 是对流换热问题靠近壁面处的流动边界层和热边界层示意图。

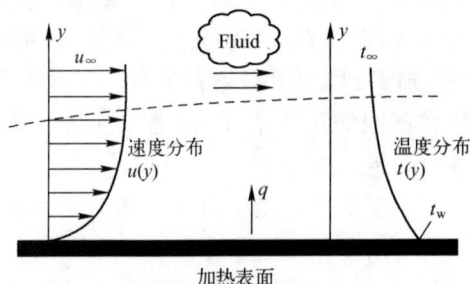

图 4-5-2 流动边界层和热边界层

4. 表面传热系数(对流换热系数)

$$h = \frac{q}{t_w - t_f} = \frac{Q}{A(t_w - t_f)} \quad [\,W/(m^2 \cdot \text{℃})\,] \tag{4-5-2}$$

即:当流体与壁面温度相差1℃(或1K)时,每单位壁面面积上、单位时间内所传递的热量。

如何确定表面传热系数 h 及增强换热的措施是对流换热的核心问题。

5. 影响对流换热系数 h 的因素

以下5个方面的因素将影响对流换热系数。

(1)流体流动的起因。

强制对流:由于外部动力引起的流动(如风机、水泵),其流动强度与压差、流道形状、流体性质有关。

自然对流:在重力场中由于流体内部温度的不均匀造成的密度差所产生的浮升力所引起。

(2)流体有无相变。

有相变的对流换热主要指沸腾换热和凝结换热,伴随着相变潜热的释放或吸收。

(3)流体的流动状态。

雷诺根据他的著名实验,发现流动可分为层流或湍流两种不同的流态。不同流态下流体与固壁间的对流换热的机理和效果是截然不同的。

(4)换热表面的几何因素。

换热表面的形状、大小、换热表面与流动方向的相对位置及换热表面的状态(光滑或粗糙)。

(5)流体的物理性质。

流体的密度 ρ、动力黏度 μ、导热系数 k、体积膨胀系数 α 以及比定压热容 c_p 等物理性质都会影响流体中速度和温度的分布以及动量和热量的传递。

导热系数 k 越大,表面传热系数 h 就越大,因为流体内部和流体与壁面之间的导热热阻小。

密度 ρ 或比热容 c_p 较大的流体也会导致较大的表面传热系数,因为单位体积流体所携带的能量更多。

黏度 μ 大的流体,对对流换热不利,因为有碍流体的流动。

体积膨胀系数 α 越大,自然对流会增强。

综上所述,表面传热系数是众多因素的函数: $h = f(v, t_w, t_f, k, c_p, \rho, \alpha, \mu, l, \Omega \cdots)$ 所以,它不是物性参数。

6. 研究对流换热的方法

(1)解析法:只有对于极少数较简单的问题,才可能通过直接分析解法求得其解析解。

（2）实验法：在相似原理的指导下，通过实验得到其实验关联式，即经验公式。

（3）比拟法：利用流动和传热这两种本质和机理不同、但存在内在联系、其规律类似的物理过程特性进行比拟和推断。

（4）数值法：利用计算机进行数值分析。

4.5.2　对流换热问题的数学描述（Mathematical description of convection problem）

对于常物性、无内热源、不可压缩流体的二维流动，若由于黏性产生的热耗散可忽略不计，写出对流换热问题的下列数学描述。

1. 换热微分方程式

$$h = -\frac{k}{\Delta t}\frac{\partial t}{\partial y}\bigg|_{y=0} \qquad (4\text{-}5\text{-}3)$$

式中：k 为流体的导热系数，$W/(m \cdot K)$；$\Delta t = (t_w - t_f)$ 为壁面与流体的温差，t_w 为壁面温度，t_f 为流体温度。

此式与导热问题的第三类边界条件的比较如下。共同点就是都要考虑流体内的温度分布。不同点：在上式中，k 为流体的导热系数，表面传热系数 h 是未知量；而导热第三类边界条件中 h 是作为已知的边界条件给出的，且在导热问题第三类边界条件中的 k 是固壁的导热系数。

2. 连续性方程（质量守恒）

$$\frac{\partial u}{\partial x} + \frac{\partial v}{\partial y} = 0 \qquad (4\text{-}5\text{-}4)$$

3. 动量方程（动量守恒）

$$\rho\left(\frac{\partial u}{\partial \tau} + u\frac{\partial u}{\partial x} + v\frac{\partial u}{\partial y}\right) = F_x - \frac{\partial p}{\partial x} + \mu\left(\frac{\partial^2 u}{\partial x^2} + \frac{\partial^2 u}{\partial y^2}\right) \qquad (4\text{-}5\text{-}5)$$

$$\rho\left(\frac{\partial v}{\partial \tau} + u\frac{\partial v}{\partial x} + v\frac{\partial v}{\partial y}\right) = F_y - \frac{\partial p}{\partial y} + \mu\left(\frac{\partial^2 v}{\partial x^2} + \frac{\partial^2 v}{\partial y^2}\right) \qquad (4\text{-}5\text{-}6)$$

4. 能量方程（能量守恒）

$$\underbrace{\frac{\partial t}{\partial \tau}}_{\text{非稳态项}} + \underbrace{u\frac{\partial t}{\partial x} + v\frac{\partial t}{\partial y}}_{\text{对流项}} = \underbrace{\frac{k}{\rho c_p}\left(\frac{\partial^2 t}{\partial x^2} + \frac{\partial^2 t}{\partial y^2}\right)}_{\text{扩散项}} \qquad (4\text{-}5\text{-}7)$$

未知量数目（5 个）与方程数目相同，方程组封闭。所以原则上可唯一地求解未知量 h、t、u、v、p。但是由于动量方程中的惯性力项和能量方程中的对流项是非线性的，并且能量微分方程和动量微分方程常常需要耦合求解，因而直接求解上述方程组是相当困难的。但在引入了边界层概念后，使用解析法求解对流换热问题成为可能。

4.5.3 边界层概念及边界层换热微分方程组(Boundary layer and differential equations of heat transfer in boundary layer)

当黏性流体在壁面上流动时,由于黏性的作用,在贴附于壁面处的流体速度实际上等于零,在流体力学中称为贴壁处的无滑移边界条件。

1. 流动边界层

图4-5-3为平板上的流动边界层,随着流动的发展,由层流向湍流发生转捩。

主流区:$y > \delta$

边界层:$y \leq \delta$

$$\begin{cases} y = 0, u = 0 \\ y = \delta, u = 0.99u_\infty \end{cases} \qquad (4-5-8)$$

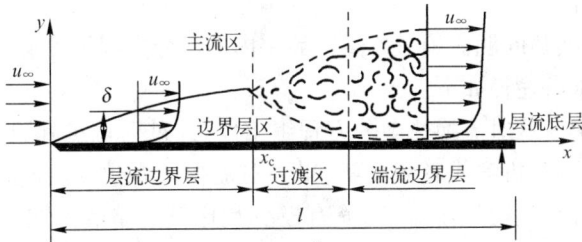

图4-5-3 平板上的流动边界层

(1) 边界层厚度 δ 远远小于壁面尺寸 l

边界层内:$\dfrac{\partial u}{\partial y}$较大,黏性力与惯性力相当,应该用 NS 方程描述(黏性流体)。

边界层外:$\dfrac{\partial u}{\partial y}$较小,黏性力远小于惯性力,可以用 Euler 方程描述(理想流体)。

(2) 随着流动方向的坐标 x 的增大,流动边界层厚度 δ 将增大,雷诺数(惯性力/黏性力)增大,会出现从层流边界层向湍流边界层的转捩。然而,即使是湍流边界层,在贴壁处仍然保留层流的特点,仍存在一个很薄的层流底层。

2. 温度边界层

图4-5-4为平板上的温度边界层。

$$y = 0, t = t_w, \theta = t - t_w = 0$$
$$y = \delta_t, t \approx t_\infty, \theta = 0.99\theta_\infty$$

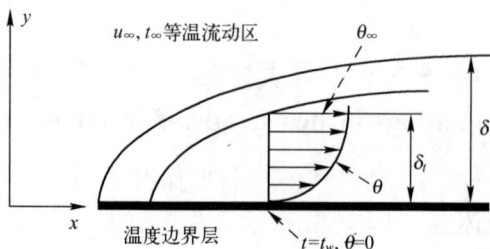

图 4-5-4 温度边界层

温度边界层理论要点包括：

（1）温度场分为主流区和温度边界层区；

（2）温度边界层厚度 δ_t 远小于壁面尺寸。

温度边界层内，$\dfrac{\partial t}{\partial y}$ 较大，必须用能量微分方程描述。温度边界层外，$\dfrac{\partial t}{\partial y} \approx 0$，导热可忽略不计。

这样，对流换热问题必须考虑热边界层内的微分方程组求解。

理论解的求解途径如下。

（1）精确解。从对流换热微分方程组出发，经过简化得到边界层换热微分方程式，然后得到分析解或者数值解，得到对流换热系数 h。通常，直接求解对流换热微分方程组是比较困难的，只有极少数比较简单的问题，才能得到其解析解。

（2）近似解。从边界层理论出发，得到边界层换热积分方程，然后通过假设速度分布和温度分布的表达式，求得对流换热系数 h。这种方法相对较为容易。

3. 流动边界层与热边界层的关系

（1）是速度场与温度场相互作用的结果；

（2）当体积力和压强梯度为零时，动量方程与能量微分方程有完全类似的形式。

$$\frac{\partial u}{\partial \tau} = \nu \nabla^2 u（动量方程）\quad 其中：运动黏度\ \nu = \frac{\mu}{\rho}。$$

$$\frac{\partial t}{\partial \tau} = \alpha \nabla^2 t（能量方程）\quad 其中：导温系数\ \alpha = \frac{k}{\rho c_p}。$$

当 $\nu = \alpha$ 时，速度场与温度场具有相同的形式，这意味着动量传递与热量传递有着类似的特性。运动黏度 ν 表示动量扩散能力的大小，导温系数 α 表示热量扩散能力的大小。

令两者之间的比值 $\dfrac{\nu}{\alpha} = Pr$，即普朗特数，它是物性参数，而且 $Pr = \dfrac{\mu c_p}{k}$。

132

若流动边界层与温度边界层的起点相同,当 $Pr > 1$ 时, $\delta > \delta_t$,而当 $Pr < 1$ 时, $\delta < \delta_t$ 。

4. 边界层换热微分方程组

对于二维、稳态、无内热源的边界层,其换热微分方程组包括:

连续性方程:

$$\frac{\partial u}{\partial x} + \frac{\partial v}{\partial y} = 0 \tag{4-5-9}$$

动量守恒方程:

$$u\frac{\partial u}{\partial x} + v\frac{\partial u}{\partial y} = -\frac{1}{\rho}\frac{\mathrm{d}p}{\mathrm{d}x} + \nu\frac{\partial^2 u}{\partial y^2} \tag{4-5-10}$$

能量守恒方程:

$$u\frac{\partial t}{\partial x} + v\frac{\partial t}{\partial y} = \alpha\frac{\partial^2 t}{\partial y^2} \tag{4-5-11}$$

边界条件:

$$\begin{cases} 当\ y = 0\ 时, u = 0, v = 0, t = t_w \\ 当\ y \to \infty\ 时, u \to u_\infty, t \to t_\infty \end{cases} \tag{4-5-12}$$

对于平板,此时 $\mathrm{d}p/\mathrm{d}x = 0$ 。

在层流范围求解上述方程组,可得局部表面传热系数的表达式(Blausius 解)如下:

$$h_x = 0.332\frac{k}{x}\left(\frac{u_\infty x}{\nu}\right)^{\frac{1}{2}}\left(\frac{\nu}{\alpha}\right)^{\frac{1}{3}} \tag{4-5-13}$$

$$\frac{h_x x}{k} = 0.332\left(\frac{u_\infty x}{\nu}\right)^{\frac{1}{2}}\left(\frac{\nu}{a}\right)^{\frac{1}{3}} \tag{4-5-14}$$

$$Nu_x = 0.332Re_x^{1/2} \cdot Pr^{1/3} \tag{4-5-15}$$

5. 边界层积分方程组

虽然边界层微分方程组是对流换热微分方程组的简化结果,但数学求解仍然比较复杂,人们便想出了预先假定边界层内速度分布与温度分布函数并进行动量与能量积分的求解方法。

1)基本思路

(1)以包含边界层在内的一个微元段为对象,对该控制容积进行积分,分别按照质量流量、动量流量和能量流量的守恒原理导得边界层积分方程组。

积分限:对于动量方程为 $0 \sim \delta$,对于能量方程为 $0 \sim \delta_t$,而被积分函数分别为 $u(y)$ 和 $t(y)$ 。

(2)假设速度、温度分布。

(3)利用边界条件解出 δ 、 δ_t 。

（4）通过求 $\dfrac{\partial u}{\partial y}\Big|_{y=0}$ 得到阻力系数，通过求 $\dfrac{\partial t}{\partial y}\Big|_{y=0}$ 得到表面传热系数。

2）边界层积分方程

（1）动量积分方程。

假设二维、稳态、常物性、不可压缩流体，在垂直于主流方向上的平板宽度为单位长度，强制对流、忽略体积力、不考虑 y 方向的流速 v。

由于来流速度 u_∞ 恒定，因此 $\dfrac{\partial u_\infty}{\partial x}=0$，$\dfrac{\partial p}{\partial x}=0$。经过推导可得边界层动量积分方程为

$$\rho\frac{\mathrm{d}}{\mathrm{d}x}\int_0^\delta u(u_\infty-u)\mathrm{d}y=\mu\frac{\partial u}{\partial y}\Big|_{y=0} \tag{4-5-16}$$

其物理含义为：微元段动量减小量 = 壁面所受的摩擦力（与速度方向相反）。

即：

$$-\mathrm{d}\int_0^\delta \underbrace{(u-u_\infty)}_{\text{速度减量}}\ \underbrace{\rho u\mathrm{d}y}_{\text{质量流量}}=\underbrace{\mu\mathrm{d}x\frac{\partial x}{\partial y}_{y=0}}_{\text{壁面摩擦力}} \tag{4-5-17}$$

（2）能量积分方程。

假设常物性、流速不高，不计黏性耗散热、忽略 x 方向导热，在热边界层外，忽略导热。可推得：

$$\frac{\mathrm{d}}{\mathrm{d}x}\int_0^{\delta_t}u(t_\infty-t)\mathrm{d}y=\alpha\frac{\partial t}{\partial y}\Big|_{y=0} \tag{4-5-18}$$

其物理含义为：微元段内能变化量 = 壁面导热量

$$\mathrm{d}\int_0^{\delta_t}\underbrace{c_p(t-t_\infty)}_{\text{热容}}\ \underbrace{\rho u\mathrm{d}y}_{\text{质量流量}}=\underbrace{-k\mathrm{d}x\frac{\partial t}{\partial y}\Big|_{y=0}}_{\text{导热量}} \tag{4-5-19}$$

3）求解示例

假设稳态、常物性的流体掠过平板的强制对流（层流），恒壁温边界条件。

（1）动量方程求解：

若假设速度分布为三阶幂函数：$u(x,y)=a+by+cy^2+dy^3$，其中 a,b,c,d 为待定系数。

根据边界条件 $y=0$，$u=0$，$\dfrac{\partial^2 u}{\partial y^2}=0$；$y=\delta$，$u=u_\infty$，$\dfrac{\partial u}{\partial y}=0$

可确定四个待定系数：$a=0$，$b=\dfrac{3}{2}\dfrac{u_\infty}{\delta}$，$c=0$，$d=-\dfrac{u_\infty}{2\delta^3}$

故速度分布为

$$\frac{u}{u_\infty}=\frac{3}{2}\frac{y}{\delta}-\frac{1}{2}\left(\frac{y}{\delta}\right)^3 \tag{4-5-20}$$

代入动量积分方程(4-5-17),又当 $x=0$ 时,$\delta=0$,解得边界层厚度 $\delta(x)$ 的变化规律为

$$\frac{\delta(x)}{x} = \frac{4.64}{\sqrt{Re_x}} \qquad (4-5-21)$$

因此,壁面局部切应力为

$$\tau_w(x) = -\mu \frac{\partial u}{\partial y}\bigg|_{y=0} = \frac{3.323\rho u_\infty^2}{\sqrt{Re_x}} \qquad (4-5-22)$$

范宁摩擦系数为 $c_f(x) = \dfrac{\tau_w(x)}{\dfrac{1}{2}\rho u_\infty^2} = 0.646 Re_x^{-1/2}$(局部)

$$c_{f,m} = \frac{1}{l}\int_0^l c_f \mathrm{d}x = 2c_f(l) = 1.292 Re_l^{-1/2} \text{(沿板长平均)} \qquad (4-5-23)$$

(2)能量积分方程求解:

引入过余温度 $\theta = t - t_w$,能量积分方程(4-5-19)变为

$$\frac{\mathrm{d}}{\mathrm{d}x}\int_0^{\delta_t} u(\theta_\infty - \theta)\mathrm{d}y = \alpha \frac{\partial \theta}{\partial y}\bigg|_{y=0} \qquad (4-5-24)$$

假设温度分布为三阶幂函数:$\theta(x,y) = e + fy + gy^2 + hy^3$

由边界条件 $y=0,\theta=0,\dfrac{\partial^2 \theta}{\partial y^2}=0$;$y=\delta_t,\theta=\theta_\infty,\dfrac{\partial \theta}{\partial y}=0$

可确定其中的 4 个待定系数:$e=0;f=\dfrac{3}{2}\dfrac{\theta_\infty}{\delta_t},g=0,h=-\dfrac{\theta_\infty}{2\delta_t^3}$。因此温度分布为

$$\frac{\theta}{\theta_\infty} = \frac{3}{2}\frac{y}{\delta_t} - \frac{1}{2}\left(\frac{y}{\delta_t}\right)^3 \qquad (4-5-25)$$

将 $u(\delta,y),\theta(\delta,y)$ 代入能量积分方程(4-5-24),并假设 $Pr \approx 1$,解得温度边界层厚度 $\delta_t(x)$ 为

$$\delta_t = \frac{Pr^{-1/3}}{1.026}\delta = 4.52\sqrt{\frac{\nu x}{u_\infty}}Pr^{-1/3} \qquad (4-5-26)$$

局部表面传热系数为

$$h_x = -\frac{k}{\theta_\infty}\frac{\partial \theta}{\partial y}\bigg|_{y=0} = 0.332\frac{k}{x}Re_x^{1/2}Pr^{1/3} \qquad (4-5-27)$$

局部努塞尔数为

$$Nu_x = 0.332 Re_x^{1/2}Pr^{1/3} \qquad (4-5-28)$$

板长为 l 的平板上的平均表面传热系数为

$$\bar{h} = \frac{1}{l}\int_0^l h\mathrm{d}x = \frac{B}{l}\int_0^l x^{-1/2}\mathrm{d}x = 2Bl^{-1/2} = 2h_l \qquad (4-5-29)$$

平均表面传热系数所对应的平均努塞尔数为

$$\overline{Nu} = \frac{\overline{h}l}{k} = 2Nu_l = 0.664Re_l^{1/2}Pr^{1/3} \tag{4-5-30}$$

在层流范围 $Re_l < 2 \times 10^5$ 内,上述理论解与实验结果符合较好。

4.5.4 动量传递与热量传递的比拟理论(Analogy theory between momentum transfer and heat transfer)

湍流总切应力为

$$\tau = -\rho\nu\frac{\mathrm{d}u}{\mathrm{d}y} - \rho\varepsilon_m\frac{\mathrm{d}u}{\mathrm{d}y} = -\rho(\nu + \varepsilon_m)\frac{\mathrm{d}u}{\mathrm{d}y} = \tau_l + \tau_t \ (\varepsilon_m:湍流动量扩散率)$$

湍流总热流密度为

$$q = -k\frac{\mathrm{d}t}{\mathrm{d}y} - \varepsilon_t\frac{\mathrm{d}t}{\mathrm{d}y} = -\rho c(\alpha + \varepsilon_t)\frac{\mathrm{d}t}{\mathrm{d}y} = q_l + q_t \ (\varepsilon_t:湍流热扩散率)$$

引入下列无量纲量,得

$$y^* = \frac{y}{l}, x^* = \frac{x}{l}, u^* = \frac{u}{u_\infty}, v^* = \frac{v}{u_\infty}, \Theta = \frac{t - t_w}{t_\infty - t_w}$$

则有
$$u^*\frac{\partial u^*}{\partial x^*} + v^*\frac{\partial u^*}{\partial y^*} = \frac{1}{u_\infty l}(\nu + \varepsilon_m)\frac{\partial^2 u^*}{\partial y^{*2}} \tag{4-5-31}$$

$$u^*\frac{\partial \Theta}{\partial x^*} + v^*\frac{\partial \Theta}{\partial y^*} = \frac{1}{u_\infty l}(\alpha + \varepsilon_t)\frac{\partial^2 \Theta}{\partial y^{*2}} \tag{4-5-32}$$

雷诺认为由于湍流切应力 τ_t 和湍流热流密度 q_t 均由湍流脉动所致,因此可以假设:当 $Pr = 1$ 和 $Pr_t = \varepsilon_m/\varepsilon_t = 1$ 时,则无量纲速度场 u^* 与无量纲温度场 Θ 应该有完全相同的解。此时:

$$\frac{\partial u^*}{\partial y^*}\bigg|_{y^*=0} = \frac{\partial \Theta}{\partial y^*}\bigg|_{y^*=0}$$

而 $\dfrac{\partial u^*}{\partial y^*}\bigg|_{y^*=0} = \dfrac{\partial u}{\partial y}\bigg|_{y=0}\dfrac{l}{u_\infty} = \mu\dfrac{\partial u}{\partial y}\bigg|_{y=0}\cdot\dfrac{l}{\mu u_\infty} = -\tau_w\dfrac{l}{\mu u_\infty} = -c_f\dfrac{Re}{2}$

类似地:

$$\frac{\partial \Theta}{\partial y^*}\bigg|_{y^*=0} = -\frac{k}{(t_w - t_\infty)}\frac{\partial t}{\partial y}\bigg|_{y=0}\frac{l}{k} = -\frac{h_{x=l}l}{k} = -Nu_{x=l}$$

因此有

$$Nu_x = \frac{c_f}{2}Re_x \tag{4-5-33}$$

实验测得平板上湍流边界层阻力系数为

$$c_f = 0.0592Re_x^{-1/5} \quad (Re_x \leqslant 10^7) \tag{4-5-34}$$

故有:

$$Nu_x = 0.0296Re_x^{4/5} \tag{4-5-35}$$

这就是著名的雷诺比拟,它成立的前提是 $Pr=1$。

当 $Pr \neq 1$ 时,需要对该比拟进行修正,于是有契尔顿—柯尔本比拟(修正雷诺比拟):

$$\frac{c_f}{2} = StPr^{2/3} = j \quad (0.6 < Pr < 60) \tag{4-5-36}$$

式中:St 为斯坦顿(Stanton)数,其定义为

$$St = \frac{Nu}{RePr} \tag{4-5-37}$$

j 为 j 因子,亦为无量纲数,它在制冷、低温工业的换热器设计中应用较广。

当平板长度 l 大于临界长度 x_c 时,平板上的边界层由层流段和湍流段组成。其 Nu 数分别为

$$x < x_c \text{ 时,层流,} Nu_x = 0.332 Re^{\frac{1}{2}} Pr^{\frac{1}{3}}$$
$$x > x_c \text{ 时,湍流,} Nu_x = 0.0296 Re^{\frac{4}{5}} Pr^{\frac{1}{3}} \tag{4-5-38}$$

4.5.5　相似原理及量纲分析(Principle of Similitude and dimensional analysis)

通过实验寻求对流换热的实用关联式,仍然是传热研究中的一个重要而可靠的手段。然而,对于存在着许多影响因素的复杂物理现象,要找出众多变量间的函数关系,实验的次数将会十分庞大。为了大幅度减少实验次数,而且又可得出具有一定通用性的结果,必须在相似原理的指导下开展实验。

1. 物理量相似的性质

(1)用相同形式且具有相同内容的微分方程时所描述的现象为同类现象,只有同类现象才能谈相似。

(2)彼此相似的现象,其同名准则数必定相等。

(3)彼此相似的现象,其有关的物理量场分别对应相似。

实验中只需测量各特征数所包含的物理量,避免了测量的盲目性,这就解决了实验中应该测量哪些物理量的问题。

2. 相似准则之间的关系

(1)各特征数之间存在着函数关系,如常物性流体外掠平板对流换热的特征数:

$$Nu = f(Re, Pr)$$

(2)整理实验数据时,即按准则方程式的内容进行。这就解决了实验数据如何整理的问题。

3. 判别现象相似的条件

(1)单值性条件(初始条件、边界条件、几何条件、物理条件)相似;

（2）同名的已定特征数相等；

（3）两种现象相似是实验关联式可以推广应用的条件。

4. 获得相似准则数的方法

（1）相似分析法：在已知物理现象数学描述的基础上，建立两现象之间的一系列比例系数、尺寸相似倍数，并导出这些相似系数之间的关系，从而获得无量纲量。

（2）量纲分析法：在已知相关物理量的前提下，利用 π 定理和量纲和谐原理，采用量纲分析获得无量纲量。

4.5.6 相似原理的应用（Application of Similitude principle）

相似原理的另一个重要应用是指导模化实验。所谓模化实验，是指用不同于实物几何尺度的模型（在大多数情况下是缩小的模型）来研究实际装置中所发生的物理过程的实验。或者，有些真实实验的介质是有毒的，在模化实验中使用无毒的工质替代，而两者之间的主要相似关系应该得到满足。

1. 使用特征数方程时应注意的问题

（1）特征长度应该按准则式规定的方式选取，通常选取对于流动最有影响的那个几何尺寸；

如管内流动换热，取管道内径 d 为特征长度，流体在流通截面形状不规则的槽道中流动，取当量直径（水利直径）d_e 作为特征尺度，$d_e = 4A/P$，其中 A 为过流面积，P 为湿周。

又如对于外部绕流，通常取管道的外径 D 为特征尺度，对于掠过平板的流动，通常取沿流动方向的板长作为特征尺度。

（2）定性温度应按该准则式规定的方式选取。

常用的选取方式有：①对于通道内部流动，取进出口截面温度的平均值。②对于外部流动，取边界层外的流体温度或者这一温度与壁面温度的平均值。

（3）准则方程不能任意推广到得到该方程的实验参数的验证范围以外。

参数验证范围主要有：Re 数范围，Pr 数范围，几何参数范围。

2. 常见无量纲（准则）数的物理意义及表达式

常见无量纲（准则）数的物理意义及表达式见表 4-5-1 所列。

表 4-5-1　常见无量纲（准则）数的物理意义及表达式

特征数名称	定　义	释　义
毕渥数 Bi	$\dfrac{hl}{k}$	固体内部导热热阻与其界面上换热热阻之比（注意，k 为固体的导热系数）
傅里叶数 Fo	$\dfrac{a\tau}{l^2}$	非稳态导热过程的无量纲时间，表征导热过程进行的深度

特征数名称	定 义	释 义
普朗特数 Pr	$\dfrac{\mu c}{k} = \dfrac{\nu}{\alpha}$	动量扩散厚度与热量扩散厚度之比
雷诺数 Re	$\dfrac{ul}{\nu}$	惯性力与黏性力之比的一种度量
格拉晓夫数 Gr	$\dfrac{gl^3\alpha\Delta t}{\nu^2}$	浮升力与黏性力之比的一种度量
努塞尔数 Nu	$\dfrac{hl}{k}$	壁面上流体的无量纲温度梯度（注意：k 为流体的导热系数）
j 因子	$StPr^{2/3}$	无量纲表面传热系数
斯坦顿数 St	$\dfrac{Nu}{RePr}$	一种修正的努塞尔数，或视为流体实际的换热热流密度与流体可传递最大热流密度之比

4.5.7 内部流动强制对流换热实验关联式（Experimental correlations of heat transfer for forced convection of internal flow）

1. 管槽内强制对流流动和换热的特征

（1）流动有层流和湍流之分，如图 4-5-5 所示。

层流：$Re < 2300$

过渡区：$2300 < Re < 10000$

旺盛湍流：$Re > 10000$

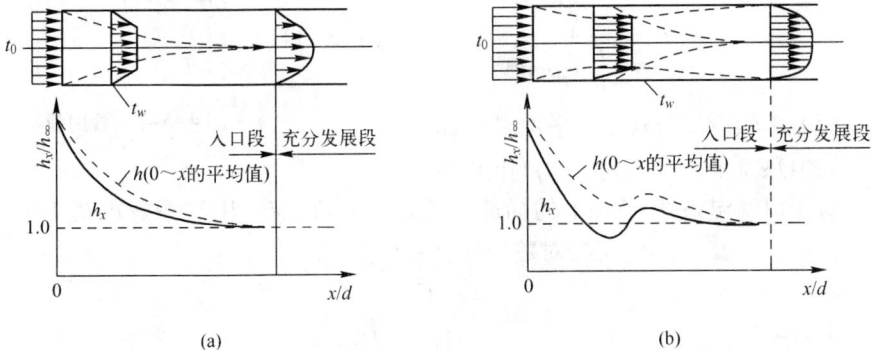

图 4-5-5 管内流动

（a）层流；（b）湍流。

（2）入口段的热边界层薄，表面传热系数高。

层流入口段长度：$l/d \approx 0.05RePr$

湍流：$l/d \approx 60$

139

（3）热边界条件有均匀壁温和均匀热流两种。

湍流:除液态金属外,两种条件的差别可不计,如图4-5-6(a)、(b)所示。

层流:两种边界条件下的换热系数差别明显。

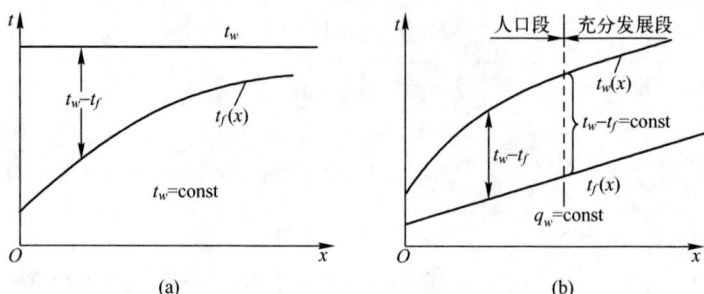

图4-5-6　流体温度和壁温随主流方向的变化

（4）特征速度及定性温度的确定。

特征速度:计算 Re 数时用到的流速,一般多取截面平均流速。

定性温度:计算物性的定性温度多为截面上流体的平均温度(或进出口截面平均温度)。

在用实验方法测定了同一截面上的速度及温度分布后,采用下式确定该截面上流体的平均温度:

$$t_f = \frac{\int_{A_c} c_p t \rho u \mathrm{d}A}{\int_{A_c} c_p \rho u \mathrm{d}A} \qquad (4-5-39)$$

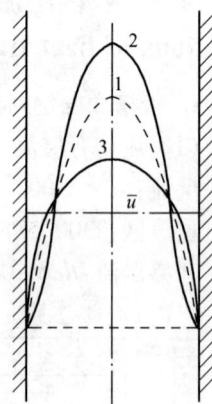

图4-5-7　管内流动

（5）牛顿冷却公式中的平均温差 Δt_m。

对恒热流条件,可取 $(t_w - t_f)$ 作为 Δt_m。

对于恒壁温条件,截面上的局部温差是个变值,应利用热平衡式 $h_m A \Delta t_m = q_m c_p (t_f'' - t_f')$。其中,$\Delta t_m$ 可按对数平均温差计算:

$$\Delta t_m = \frac{t_f'' - t_f'}{\ln\left(\dfrac{t_w - t_f'}{t_w - t_f''}\right)}$$

2. 管内湍流对流换热的实验关联式

（1）对于管内湍流对流换热,使用得最多的是迪图斯－贝尔特(Dittus－Boelter)公式:

$$Nv_f = 0.023 Re_f^{0.8} Pr_f^n c_t \qquad (4-5-40)$$

对气体被加热时,温度修正系数 $c_t = \left(\dfrac{T_f}{T_w}\right)^{0.5}$,当气体被冷却时,$c_t = 1$,对于

液体 $c_t = \left(\dfrac{\mu_f}{\mu_w}\right)^m$。

当液体受热时 $m = 0.11$,液体被冷却时 $m = 0.25$。

(2)采用齐德－泰特公式:

$$Nu_f = 0.027Re_f^{0.8}Pr_f^{1/3}\left(\frac{\mu_f}{\mu_w}\right)^{0.14} \tag{4-5-41}$$

定性温度为流体平均温度 t_f,但 μ_w 按壁温 t_w 确定,取管内径为特征长度。

$$l/d \geqslant 60$$
$$Pr_f = 0.7 \sim 16700$$
$$Re_f \geqslant 10^4$$

(3)采用米海耶夫公式:

$$Nu_f = 0.021Re_f^{0.8}Pr_f^{0.43}\left(\frac{Pr_f}{Pr_w}\right)^{0.25} \tag{4-5-42}$$

定性温度为流体平均温度 t_f,但 Pr_w 按壁温 t_w 确定;取管内径为特征长度。
实验验证范围为

$$l/d \geqslant 50,$$
$$Pr_f = 0.6 \sim 700,$$
$$Re_f = 10^4 \sim 1.75 \times 10^6。$$

(4)采用格尼林斯基公式:

$$Nu_f = \frac{(f/8)(Re - 1000)Pr_f}{1 + 12.7\sqrt{f/8}(Pr_f^{2/3} - 1)}\left[1 + \left(\frac{d}{l}\right)\right]c_t \tag{4-5-43}$$

对于液体 $c_t = \left(\dfrac{Pr_f}{Pr_w}\right)^{0.11}$,$\left(\dfrac{Pr_f}{Pr_w} = 0.05 \sim 20\right)$;　对于气体 $c_t = \left(\dfrac{T_f}{T_w}\right)^{0.45}$,

$\left(\dfrac{T_f}{T_w} = 0.5 \sim 1.5\right)$。

其中,l 为管长,f 为管内湍流流动的达尔西阻力系数,$f = (1.82\lg Re - 1.64)^{-2}$。

该公式的验证范围为:$Re_f = 2300 \sim 10^6$,$Pr_f = 0.6 \sim 10^5$。

上述准则方程式的应用范围可进一步扩大如下:

(1)非圆形截面槽道。用当量直径作为特征尺度应用到上述准则方程中可得

$$d_e = \frac{4A_c}{P} \tag{4-5-44}$$

式中：A_c 为槽道的流动截面积；P 为湿周长。

注：对截面上出现尖角的流动区域，采用当量直径的方法会导致较大的误差。

（2）入口段。入口段的传热系数较高。对于通常的工业设备中的尖角入口，有以下入口效应修正系数：

$$c_l = 1 + \left(\frac{d}{l}\right)^{0.7}$$

（3）螺线管。螺线管强化了换热。对此有螺线管修正系数：

对于液体：$c_r = 1 + 10.3\left(\dfrac{d}{R}\right)$

对于气体：$c_r = 1 + 1.77\dfrac{d}{R}$

以上所有方程仅适用于 $Pr > 0.6$ 的气体或液体。对 Pr 数很小的液态金属，换热规律完全不同。推荐光滑圆管内充分发展湍流换热的准则式，包括：

（1）均匀热流边界

$$Nu_f = 4.82 + 0.0185Pe_f^{0.827} \tag{4-5-45}$$

实验验证范围：

$$Re_f = 3.6 \times 10^3 \sim 9.05 \times 10^5, Pe_f = 10^2 \sim 10^4。$$

（2）均匀壁温边界

$$Nu_f = 5.0 + 0.025Pe_f^{0.8} \tag{4-5-46}$$

实验验证范围：

$$Pe_f > 100。$$

其中特征长度为内径，定性温度为流体平均温度，贝克来数的定义为：$Pe = RePr$。

4.5.8 外部流动强制对流换热实验关联式（Experimental correlations of heat transfer for forced convection of external flow）

外部流动：换热壁面上的流动边界层和热边界层能够自由发展，不会受到邻近壁面存在的限制。

1. 横掠单管

如图4-5-8所示，为流体沿着垂直于管子轴线的方向流过管子表面。流动具有边界层特征，还会发生绕流脱体现象。

此时，虽然局部表面传热系数变化规律比较复杂，但从平均表面换热系数看，渐变规律性很明显。可采用以下分段幂次关联式：

$$Nu = CRe^n Pr^{1/3} \tag{4-5-47}$$

式中：定性温度为 $(t_w + t_\infty)/2$，特征长度为管外径；Re 数中的特征速度为来流速度。上述公式对于实验数据一般需要分段整理，表4-5-2给出了各种截面形状绕流时的系数 C 及指数 n。

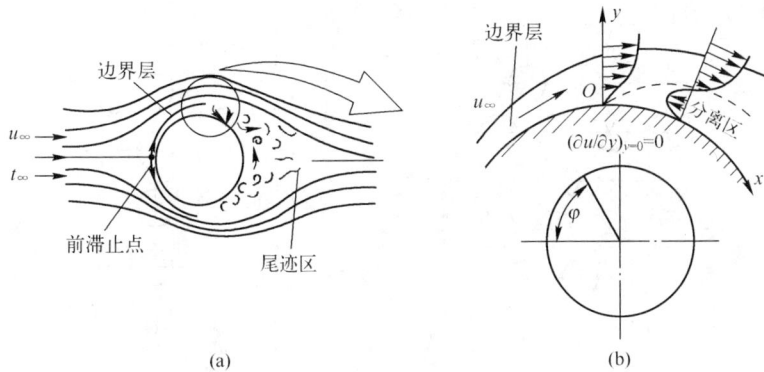

图 4-5-8　绕流的物理图案

（a）圆管绕流；（b）局部放大图。

表 4-5-2　各种截面形状绕流时的系数 C 及指数 n

	Re	C	n
正方形	$5 \times 10^3 \sim 10^5$	0.246	0.588
	$5 \times 10^3 \sim 10^5$	0.102	0.675
正六边形	$5 \times 10^3 \sim 1.95 \times 10^4$ $1.95 \times 10^4 \sim 10^5$	0.160 0.0385	0.638 0.782
	$5 \times 10^3 \sim 10^5$	0.153	0.638
竖直平板	$4 \times 10^3 \sim 1.5 \times 10^4$	0.228	0.731

2. 横掠管束换热实验关联式

外掠管束在换热器中最为常见,通常管子有叉排和顺排两种排列方式,如图 4-5-9 所示,叉排换热强、阻力损失大,但是难以清洗。

影响管束换热的因素除 Re、Pr 数外,还有排列方式（叉排或顺排）、管间距、管束排数等。

后排管受前排管尾流的扰动作用对平均表面传热系数的影响直到 10 排以上的管子才能消失。这种情况下,先给出不考虑排数影响的关联式,再采用管束排数的因素作为修正系数。

143

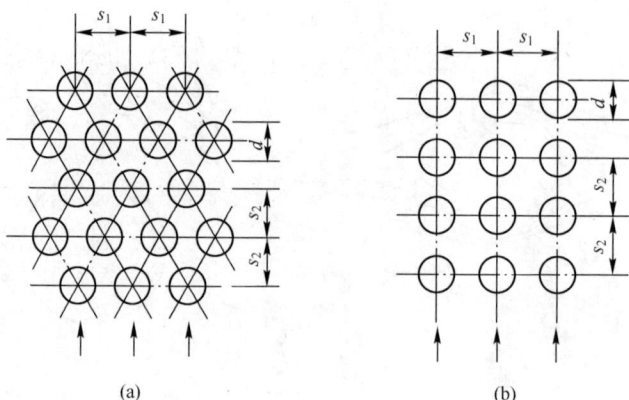

图 4-5-9 叉排和顺排的管束

（a）叉排；（b）顺排。

气体横掠 10 排以上管束的实验关联式为

$$Nu = CRe^m \qquad (4-7-48)$$

式中：定性温度为 $(t_w + t_f)/2$；特征长度为管外径 d；Re 数中的流速采用整个管束中最窄截面处的流速。

实验验证范围：$Re_f = 2000 \sim 40000$。

4.5.9 自然对流换热及实验关联式（Free convection and experimental correlations）

自然对流：不依靠泵或风机等外力推动，由于流体自身温度场的不均匀所引起的流动。一般地，不均匀温度场仅发生在靠近换热壁面的薄层之内，如图 4-5-10 所示。

自然对流亦有层流和湍流之分。层流时，换热热阻主要取决于薄层的厚度。而旺盛湍流时，局部表面传热系数几乎是常量。

自然对流换热可分成大空间自然对流和有限空间自然对流两类。

1. 大空间自然对流换热的实验关联式

对于大空间自然对流换热，工程中广泛使用的是如下关联式：

$$Nu = C(GrPr)^n$$

式中：$Gr = \dfrac{gl^3 \alpha \Delta t}{\nu^2}$ 为格拉晓夫数；$t_m = (t_w + t_\infty)/2$ 为

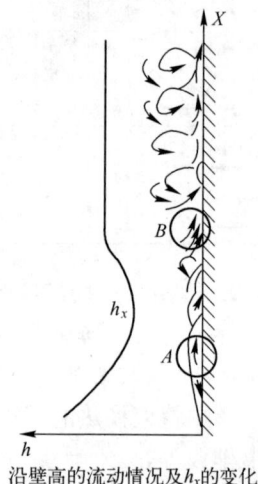

沿壁高的流动情况及 h_x 的变化

图 4-5-10 自然对流的物理图案

144

定性温度。

对于符合理想气体性质的气体,其体积膨胀系数 $\alpha = 1/T$,特征长度的选取对于竖壁和竖圆柱取高度,横圆柱取外径。常数 C 和 n 的值见表 4-5-3。

表 4-5-3　大空间自然对流换热实验关联式中的常数

加热表面形状与位置	流动情况示意	流态	系数 C 及指数 n		Gr 数适用范围
			C	n	
竖平板及竖圆柱		层流过渡湍流	0.59	1/4	$10^4 \sim 3 \times 10^9$
			0.0292	0.39	$3 \times 10^9 \sim 2 \times 10^{10}$
			0.11	1/3	$> 2 \times 10^{10}$
横圆柱		层流过渡湍流	0.48	1/4	$10^4 \sim 3 \times 10^8$
			0.0445	0.37	$5.76 \times 10^8 \sim 4.65 \times 10^9$
			0.10	1/3	$> 4.65 \times 10^9$

对于常热流边界条件下的自然对流,往往采用下面的专用形式:

$$Nu = B(Gr^* Pr)^m$$

式中:$Gr^* = GrNu = \dfrac{g\alpha q l^4}{k \nu^2}$。

2. 有限空间自然对流换热

仅讨论竖立的和水平的两种封闭夹层的自然对流换热。夹层内流体的流动,主要取决于以夹层厚度 δ 为特征长度的 Gr 数,$Gr_\delta = \dfrac{g\alpha \Delta t \delta^3}{\nu^2}$。

一般关联式为:

$$Nu = C(Gr_\delta Pr)^n \left(\frac{H}{\delta}\right)^m \qquad (4-5-49)$$

例 4-5-1　热线风速仪的热线直径 $d = 5\mu m$,长度 2cm,电阻率为 $100\Omega/m$,所测空气温度 20℃,电源供给热线的电流恒为 100mA。忽略热线热容和辐射换热,当热线的温度为 80℃时,试估算空气流速为多少? 已知空气的热物性参数:密度 $1.025 kg/m^3$,导热系数 $0.0298 W/(m \cdot K)$,运动黏度 $20.2 \times 10^{-6} m^2/s$,比热容 $1.009 kJ/(kg \cdot K)$。横掠热线的对流换热关联式为:$Nu = 0.989 Re^{0.33} Pr^{1/3}$,热线的电阻 = 热线电阻率 × 热线长度。

解

本题为空气外掠圆柱体强制对流换热问题。

加热功率为：

$$P = I^2 R = 0.1^2 \times 100 \times 0.02 = 0.02\text{W}$$

由题意，当导线的通电加热与空气之间对流散热达到热平衡时，有

$$P = hA(t_w - t_f) = h\pi dl(t_w - t_f)$$
$$h = P/A(t_w - t_f) = P/\pi dl(t_w - t_f)$$
$$= 0.02/[3.14 \times 5 \times 10^{-6} \times 0.01 \times (80 - 20)]$$
$$= 1929.15\text{W}/(\text{m}^2 \cdot \text{K})$$

定性温度：$t_m = \dfrac{1}{2}(t_w + t_f) = \dfrac{1}{2}(80 + 20) = 50℃$

将空气的物性参数代入下式：

$$Nu = \frac{hd}{k} = \frac{1929.15 \times 5 \times 10^{-6}}{0.0298} = 0.3237$$

$$Pr = \frac{\mu c_p}{k} = \frac{c_p \rho \nu}{k} = \frac{1.009 \times 10^3 \times 1.025 \times 20.20 \times 10^{-6}}{0.0298} = 0.701$$

根据横掠热线对流换热的实验关联式：

$$Nu = CRe^n Pr^{1/3}$$

其中，$C = 0.989, n = 0.33$。

$$0.3237 = 0.988 \times Re^{0.33} \times 0.701^{1/3}$$

求得 $Re = 0.05$，故：

$$u_\infty = Re\frac{\nu}{d} = 0.05 \times \frac{20.20 \times 10^{-6}}{5 \times 10^{-6}} = 0.202\text{m/s}$$

例 4-5-2 根据纯净蒸汽层流膜状凝结的简化假定，已求得冷凝膜中的速度分布为 $u = \dfrac{\rho_l g}{\mu_l}\left(\delta y - \dfrac{1}{2}y^2\right)$，试推导温度为 t_s 的饱和蒸汽在壁温为 t_w 的竖壁上冷凝时液膜厚度的关系式。

解

液膜中冷凝水的流量为

$$q_m = \int_0^\delta \rho_l u\,\mathrm{d}y = \rho_l \int_0^\delta u\,\mathrm{d}y = \rho_l \int_0^\delta \frac{\rho_l g}{\mu_l}\left(\delta y - \frac{y^2}{2}\right)\mathrm{d}y = \frac{\rho_l^2 g}{\mu_l}\left(\frac{\delta y^2}{2} - \frac{y^3}{6}\right)_0^\delta = \frac{\rho_l^2 g \delta^3}{3\mu_l}$$

假定液膜中为纯导热过程，由热量平衡 $\gamma \mathrm{d}q_m = \mathrm{d}Q$ 可得

$$\gamma \frac{\rho_l^2 g}{3\mu_l} \cdot 3\delta^2 \mathrm{d}\delta = k\frac{t_s - t_w}{\delta}\mathrm{d}x$$

式中：γ 为蒸汽的凝结潜热。

即：$\delta^3 \mathrm{d}\delta = \dfrac{k\mu_1(t_s - t_w)}{\gamma \rho_l^2 g}\mathrm{d}x$

边界条件为 $x = 0, \delta = 0$。

将微分方程两边在$[0,x]$区间内进行积分,并整理得

$$\delta = \left[\frac{4k\mu_l (t_s - t_w) x}{\gamma \rho_l^2 g} \right]^{\frac{1}{4}}$$

4.6   热辐射基本概念(Basic conceptions about thermal radiation)

所有物质,无论固体、液体还是气体,只要其温度高于绝对零度,都会以辐射的形式放射出能量,并且同时也吸收其他物质的辐射能量。

因此,所有的传热过程总是或多或少地伴随着辐射换热,只有在某些情况下,辐射换热量相对于其他换热量来说数值很小,可以忽略但在高温条件下,由于辐射引起的热交换通常是很重要的,甚至是主要的热交换方式,例如在火箭发动机燃烧室的内/外壁面、在核反应堆内就是这种情况。

在自然对流情况下,自然对流的换热量往往与辐射换热量数值比较接近,所以两者都需要进行考虑。

另外,在真空中,辐射是唯一的传热方式,这是因为辐射传热与热传导和热对流不同,它不需要介质,在真空中就可以进行。

分析辐射换热问题通常比分析导热、对流换热问题更为复杂。这是因为:第一,空间上某处的辐射换热不仅与其邻近的区域有关,而且还与远离该处的区域有关。即某一微元体不仅与其周围微元体有辐射热交换,而且同时与远处的微元体有着辐射热交换。而在导热和对流换热中,微元体只与其相邻的微元之间有热交换,即某处的热交换主要取决于当地的温度梯度,因而相应的热平衡方程是微分方程,而描述辐射换热的热平衡方程通常是积分–微分方程。第二,在辐射换热分析中所遇到的各种物质的辐射性质,比在导热过程中所需要确定的物质性质(如导热系数)更难以描述和确定。而这些性质更紧密地与物质结构相联系。

4.6.1   热辐射的基本概念(Basic conceptions about thermal radiation)

热辐射可以认为是当受激分子或原子的能级发生变化时,释放出光子(能量束)的能量传递。这些光子在未被其他原子吸收或散射之前都沿直线传播。另一方面,热辐射也可以形象地看作是电磁波形式的能量传递(波粒二相性)。图 4-6-1 所示为电磁波的波谱,热辐射的波长范围为可见光的全部、加上红外线的一部分,大致范围为 $0.1 \sim 100\mu m$。与热相关的电磁辐射称为热辐射,下文中把热辐射简称为辐射。

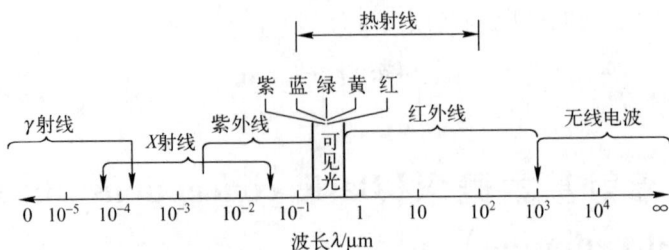

图 4-6-1　电磁波谱

描述辐射的参数是光子或电磁波的速度 c、波长 λ 和频率 ν。

波长 λ 与频率 ν 之间存在以下关系：

$$\lambda\nu = c \qquad\qquad (4\text{-}6\text{-}1)$$

而一个光子的能量 E 与其频率 ν 之间遵循普朗克公式：

$$E = h\nu \qquad\qquad (4\text{-}6\text{-}2)$$

式中：h 为普朗克常数，$h = 6.6256 \times 10^{-34}\,\mathrm{J \cdot s}$。

真空中，热辐射的传播速度与频率无关，是一个常数，其数值为

$$c_0 = 2.997925 \times 10^8\,\mathrm{m/s} \qquad\qquad （真空中的光速）$$

而自然界中所有介质里电磁波的传播速度都比在真空中的速度小，并在一定程度上与频率有关。

真空光速 c_0 与介质中的传播速度 c 之比，称为该介质的折射系数：

$$n_0 = \frac{c_0}{c} \qquad\qquad (4\text{-}6\text{-}3)$$

显然 $n_0 \geqslant 1$。

通常，空气等气体的折射系数非常接近 1，只在小数点后第四位上才有差别；而对于玻璃、石英这样的固体和水这样的液体，折射系数都比较大，约为 1.5 左右。

介质对于辐射射线的折射与一束光由真空中经过一个光滑表面进入介质的时候光的折射类似，这就是斯涅耳(Snell)定律：

$$n_0 = \frac{\sin\beta_0}{\sin\beta} \qquad\qquad (4\text{-}6\text{-}4)$$

如图 4-6-2 所示，当辐射射线从介质 1 穿过介质 2 时，入射角 β_1 与折射角 β_2 之间有如下关系：

$$\frac{\sin\beta_2}{\sin\beta_1} = \frac{n_{10}}{n_{20}} = n_{12} = \frac{c_2}{c_1} \qquad\qquad (4\text{-}6\text{-}5)$$

n_{12} 表示两个介质之间的折射指数。

148

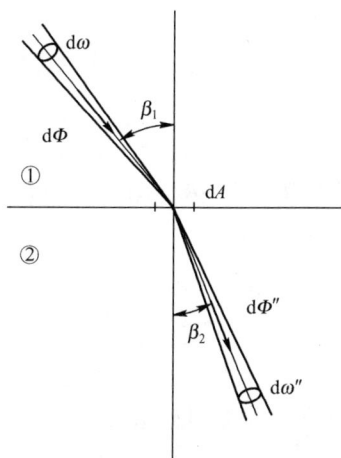

图 4-6-2　折射关系

为了研究方便,引入黑体的概念。

黑体:光谱吸收率 $\alpha_\nu = 1$ 的介质。

显然,由于 $\alpha_\nu = 1$,所以投射到黑体上的辐射没有任何反射或透射。

黑体是一种理想的物体,在自然界中不存在。但是,可以制造出理想的黑体模型,如图 4-6-3 所示。工程中的材质的吸收率小于 1,用其制作成一个球体,通过小孔微元面积入射的辐射射线,经过模型内表面的多次吸收和反射之后,逐渐衰减,最终射出微元面积的辐射为零,这意味着该微元面积吸收了全部入射的辐射——该小孔微元面积就是一个黑体表面。

根据定义,黑体是可以全部吸收投射于其表面的辐射能的介质($\alpha_\nu = 1$)。并且黑体的辐射放射强度 i_{vb} 等于在热力学平衡情况下邻近介质中的辐射热流强度 K_{ve},即:

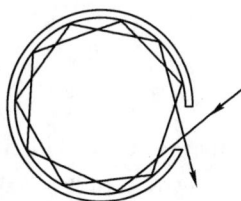

图 4-6-3　黑体模型

$$i_{vb} = K_{ve} \qquad (4-6-6)$$

由此可见,黑体的放射辐射强度 i_{vb} 与被放射的介质的性质无关。

4.6.2　黑体辐射基本定律(Basic radiation laws of black body)

分析黑体辐射相对来说比较简单,前面已经得到了一些描述黑体辐射的分析解。而在工程中,许多实际辐射问题的分析解都是以黑体辐射作为出发点的。因此,了解黑体辐射的性质,对于分析和研究实际的辐射传热问题具有重要的意义。

普朗克根据他著名的量子理论,推导出了黑体真空辐射的重要规律——普朗克定律,给出了黑体的单色辐射强度 $i_{v,b}$ 与绝对温度 T 和频率 v 之间的关系:

$$i_{v,b} = \frac{2hv^3}{c_0^2(e^{\frac{hv}{kT}} - 1)} \qquad (4-6-7)$$

式中,h 为普朗克常数,其值为 6.6256×10^{-34} J·s;k 为玻耳兹曼常数,其值为 1.38054×10^{-24} J/K。

利用 $\lambda v = c_0$,可得到用波长表示的黑体单色辐射强度 $i_{\lambda,b}$:

$$i_{\lambda,b} = \frac{2hc_0^2}{\lambda^5(e^{\frac{hc_0}{k\lambda T}} - 1)} = \frac{2c_1}{\lambda^5(e^{\frac{c_2}{\lambda T}} - 1)} \qquad (4-6-8)$$

不同温度下,黑体的单色辐射强度随波长的变化规律如图 4-6-4 所示。

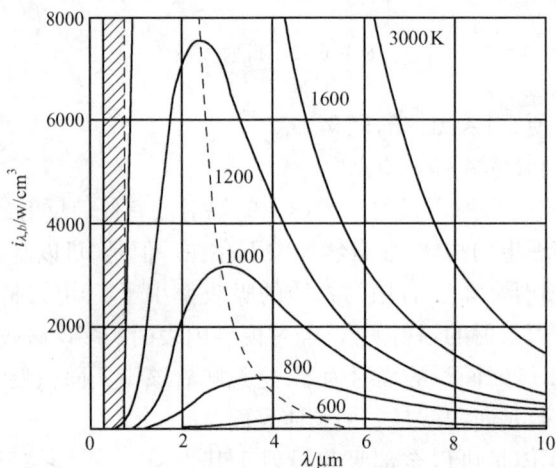

图 4-6-4　黑体单色辐射强度随波长的变化

由图 4-6-4 可以看出,在同一温度下黑体单色辐射强度随波长的增加存在一个极值。随着温度的升高,黑体单色辐射强度最大值 $i_{\lambda,bmax}$ 所对应的波长 λ_{max} 逐渐朝短波方向移动,并且大部分的辐射发生在比可见辐射(图 4-6-4 中阴影部分)的波长更大的范围内。

最大单色辐射强度所对应的波长与绝对温度之间满足下列关系:

$$\begin{cases} \lambda_{max} T = c_3 \\ i_{\lambda,bmax} = c_4 T^5 \end{cases} \qquad (4-6-9)$$

上面第一式称为维恩位移定律。历史上,维恩是在普朗克提出黑体单色辐射强度定律之前就通过实验得出了该位移定律的。

上述公式中的 $c_1 \sim c_4$ 为常数,详见表 4-6-1。

表 4-6-1　黑体辐射常数

c_1	c_2	c_3	c_4
0.59548×10^{-16}	1.43879	0.28978	4.095×10^{-6}
$W \cdot m^2$	$cm \cdot K$	$cm \cdot K$	$W/(m^3 \cdot K^5)$

任一波长范围$(\lambda_1 \sim \lambda_2)$内的黑体辐射强度为

$$i_{b,\lambda_1 \sim \lambda_2} = \int_{\lambda_1}^{\lambda_2} i_{\lambda,b} d\lambda = \int_0^{\lambda_2} i_{\lambda,b} d\lambda - \int_0^{\lambda_1} i_{\lambda,b} d\lambda$$

上式可制成辐射函数表,以方便查询。

总辐射能是单色辐射强度在全部波长范围内的积分:

$$i_b = \int_0^\infty i_{\lambda,b} d\lambda = \frac{\sigma}{\pi} T^4 \tag{4-6-10}$$

进入空间所有方向上的辐射能 e_b 称为辐射力(参见图 4-6-5,在半球空间进行积分):

$$e_b = i_b \int_{\smile} \cos\beta d\omega = i_b \int_0^{2\pi} \int_0^{\frac{\pi}{2}} \cos\beta\sin\beta d\beta d\varphi = \pi i_b$$

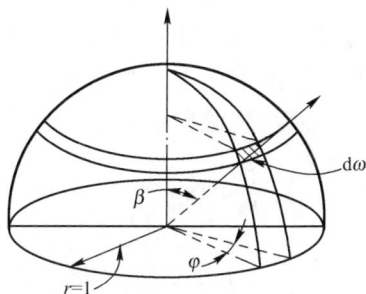

图 4-6-5　辐射热流的方向分布

由式(4-6-10)可得

$$e_b = \sigma T^4 \tag{4-6-11}$$

其中 Stefan – Boltzmann 常数 $\sigma = 5.6697 \times 10^{-8} W/(m^2 \cdot K^4)$。

此即著名的 Stefan – Boltzmann 定律,即四次方定律。历史上,Stefan 通过实验得到了此四次方定律,后来 Boltzmann 对它进行了理论证明。而由式(4-6-10)可知,该四次方定律还可以通过普朗克定律导出。

对于气体,$c \approx c_0$,以上真空中辐射关系是很好的近似。但对于液体和固体,黑体辐射的单色强度由下式给出:

$$i_{\nu,b} = \frac{2h\nu^3 n_0^2}{c_0^2} (e^{\frac{h\nu}{kT}} - 1) \tag{4-6-12}$$

式中：n_0 为折射系数。

通常，投射到介质上的一束射线，可以被分为三个部分，即反射、吸收和透射，如图 4-6-6 所示。并且有

$$\rho_\lambda + \alpha_\lambda + \tau_\lambda = 1 \qquad (4\text{-}6\text{-}13)$$

式中：ρ_λ 为反射率（比）；α_λ 为吸收率（比）；τ_λ 为透射率（比）。

对于强吸收性介质，透射率趋于零，因此有

$$\rho_\lambda + \alpha_\lambda = 1 \qquad (4\text{-}6\text{-}14)$$

故对于强吸收性介质，有

$$\begin{cases} \varepsilon_\lambda = \alpha_\lambda \\ \rho_\lambda + \alpha_\lambda = 1 \end{cases}$$

图 4-6-6　辐射的反射、
吸收和透射

注意：黑体与强吸收性介质的区别，黑度、反射率、吸收率、散射率等概念的异同点。

4.6.3　实际物体的热辐射——基尔霍夫定律（Radiation of real body：Kirchhoff's law）

在上一节中，已经确定了各种辐射性质之间的重要关系，即著名的基尔霍夫定律。该定律的第一种形式给出了介质内部在热力学平衡条件下，放射系数 J_λ、吸收系数 κ_λ 与辐射热流强度 $K_{\nu,e}$ 之间的关系，即

$$\frac{J_\nu}{\kappa_\nu} = K_{\nu,e} = i_{\nu b} \qquad (4\text{-}6\text{-}15)$$

或

$$J_\lambda = \kappa_\lambda i_{\lambda b} \qquad (4\text{-}6\text{-}16)$$

注意参数 J_λ 和 κ_λ 都是介质中局部热力学状态的函数。

4.7　辐射换热的分析方法（Analysis approaches for radiative heat exchange）

4.7.1　形状因子（Angle factor）

形状因子，又称为角系数、角因子、可视因子和交换系数。物体之间（或者物体表面之间）的辐射，不仅取决于上述各种辐射性质，还与表面的几何形状以及它们之间的相对位置有关。这里所引入的形状因子就反映了这些几何特性对辐射的影响。通俗地讲，就是由于两个表面的形状和距离的关系，从表面 1 所放出的辐射，并不能全部到达另一个表面 2，所能到达表面 2 的部分与表面 1 所放

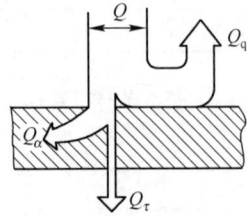

出的总辐射能之比,就称为表面 1 对表面 2 的形状因子。

考虑如图 4-7-1 所示的 dA_1、dA_2 两个微元面之间的辐射换热。单位时间、单位面积,在空间所有方向上,离开 dA_1 表面的辐射热流以 B_1 表示,假定其辐射强度与方向无关,则有

$$B_1 = \pi K_1 \qquad\qquad (4-7-1)$$

式中:K_1 为单位立体角的辐射能量。

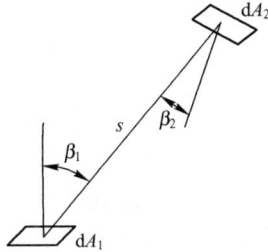

图 4-7-1　两个微元表面之间的辐射换热

离开 dA_1 的辐射热流为

$$d\Phi_1 = B_1 dA_1 \qquad\qquad (4-7-2)$$

投射到 dA_2 上的那一部分是更小一阶的量,可表示为

$$d^2\Phi_{dA_1-dA_2} = K_1 dA_1 \cos\beta_1 d\omega_1$$

式中:$d\omega_1$ 是由 dA_1 所视微元面积 dA_2 所张的立体角,则

$$d^2\Phi_{dA_1-dA_2} = K_1 dA_1 \cos\beta_1 \frac{\cos\beta_2 dA_2}{s^2} \qquad\qquad (4-7-3)$$

式中:s 为 dA_1、dA_2 之间的距离。

故,dA_1 对 dA_2 的形状因子可定义为

$$dF_{dA_1-dA_2} = \frac{d^2\Phi_{dA_1-dA_2}}{d\Phi_1} = \frac{\cos\beta_1\cos\beta_2 dA_2}{\pi s^2} \qquad\qquad (4-7-4)$$

同理,可得 dA_2 对 dA_1 的形状因子为

$$dF_{dA_2-dA_1} = \frac{\cos\beta_2\cos\beta_1 dA_1}{\pi s^2} \qquad\qquad (4-7-5)$$

因此,综合以上两式,有

$$dA_1 dF_{dA_1-dA_2} = dA_2 dF_{dA_2-dA_1} \qquad\qquad (4-7-6)$$

此即两个形状因子间的互换关系(即互换性)。

上面讨论的是微元面之间的辐射换热。对于有限面积的表面 A_1 和 A_2,同样可以通过对微元面的积分得出相应的形状因子定义。

若假定有效辐射在整个表面上均匀,则离开 A_1 表面并达到 A_2 表面上的辐射热流所占的比例为

$$F_{A_1 - A_2} = \frac{\int_{A_1} \mathrm{d}A_1 \int_{A_1} \mathrm{d}^2 \varPhi_{\mathrm{d}A_1 - \mathrm{d}A_2}}{B_1 A_1} = \frac{1}{A_1} \int_{A_1} \mathrm{d}F_{\mathrm{d}A_1 - \mathrm{d}A_2} \mathrm{d}A_1$$

因此可解释为 $\mathrm{d}F_{\mathrm{d}A_1 - \mathrm{d}A_2}$ 在 A_1 上的平均值。

同样,形状因子之间存在如下互换关系:

$$A_1 F_{A_1 - A_2} = A_2 F_{A_2 - A_1} \tag{4-7-7}$$

另外,当一个表面被其他 n 个表面所包围时,显然有

$$\sum_k F_{A_1 - A_k} = 1 \tag{4-7-8}$$

此即形状因子的完整性,如图 4-7-2 所示。

除此以外,形状因子还有一个重要性质——可加性,如下:

$$\sum F_{1,2} = \sum_{i=1}^{n} F_{1,2i} \tag{4-7-9}$$

注意,只对于第二个下标是可加的。

求解形状因子的方法通常有直接积分法、代数分析法、几何分析法以及 Monte - Carlo 法等。

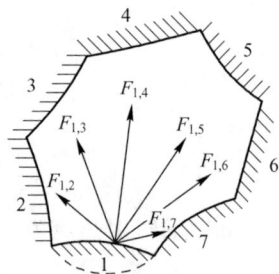

图 4-7-2　形状因子的完整性

4.7.2　包壳内的辐射换热(Radiation heat transfer in a shell)

有了关于辐射性质和形状因子的知识,就可以分析各种辐射换热问题。现在分析包壳内(或者说封闭空间中各表面之间)的辐射换热,并假定包壳里的介质不参与辐射。

1. 由黑体表面构成的包壳

假定每个表面上的温度均匀不变,任意表面之间的形状因子是已知的,表面均为黑体。

考虑包壳内的第 i 个表面,并计算由于辐射能交换所造成的该表面的净能量损失 Q_i。

离开 i 表面的辐射热流为

$$A_i e_{bi} = A_i \sigma T_i^4$$

离开 k 表面而射向 i 表面的辐射热流为

$$A_k F_{k-i} e_{bk} = A_k F_{k-i} \sigma T_k^4$$

因此,i 表面的净能量损失为 $Q_i = A_i e_{bi} - \sum_k A_k F_{k-i} e_{bk} = A_i e_{bi} - \sum_k A_i F_{i-k} e_{bk} =$

$$A_i\left(e_{bi} - \sum_k F_{i-k}e_{bk}\right)$$

根据形状因子的完整性,有
$$\sum_k F_{i-k} = 1$$

所以
$$Q_i = A_i\sum_k F_{i-k}(e_{bi} - e_{bk}) \tag{4-7-10}$$

对于每一个表面,都可以列出这样的方程,故 n 个表面总共有 n 个方程。解这个联立方程组,就可以确定每一个表面的净能量损失。或者反过来,已知每个表面的能量损失,可求出每一表面的温度。

帕施基斯和奥本海姆指出,以上辐射换热系统可以用一个等效电路来表示。

以 5 个表面构成的封闭空腔为例,假定一个辐射系统由 5 个表面构成,其中 2、3、5 表面保持在一定温度,而表面 1、4 的热损失等于零(绝热),见图 4-7-3(a)。

所有节点(表面)之间用辐射的空间热阻 $1/(A_iF_{i-k})$ 和导线相连。对于固定温度的表面,用 e_{bi} 的电势相连(网络模拟)。

画出其电路模拟图,如图 4-7-3(b)所示。

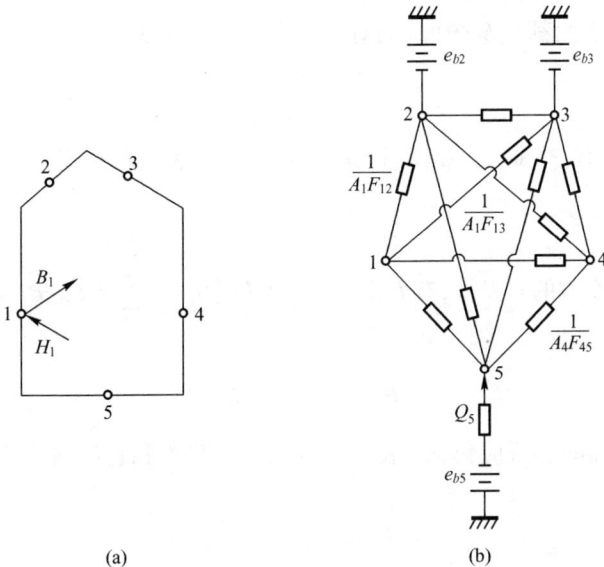

图 4-7-3　由黑体表面构成的包壳

(a) 5 个表面构成的封闭空腔;(b) 辐射热阻的电路模拟图。

2. 由扩散反射壁面构成的包壳

先讲述两个概念。

概念 1:扩散反射与镜面反射。即漫反射和镜面反射。前者是沿空间所有方向均匀反射(见图 4-7-4),后者是沿一个方向反射,反射角与入射角相等(见

图4-7-5）。这是两种极端情形,通常的反射介乎于两种之间,与入射辐射的波长和表面粗糙度之间的相对大小有关。

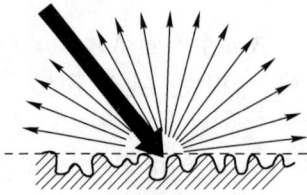

图4-7-4　扩散反射　　　　图4-7-5　镜面反射

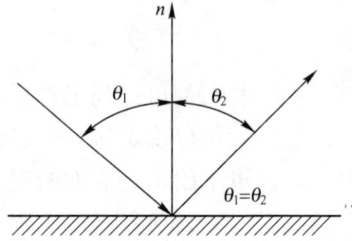

概念2:灰体。

灰体是光谱发射率 ε_λ 与波长无关的物体,即

$$\varepsilon_\lambda = \text{const} = \varepsilon$$

跟黑体一样,灰体也是一种理想的物体。

假定所有表面都是灰表面,则对于表面 i ,有如下关系:

$$\rho_i + \alpha_i = 1$$

$$\alpha_i = \varepsilon_i$$

离开 i 表面的热流(有效辐射)是 A_iB_i ,到达 i 表面的热流(即照度)是 A_iH_i 。故有

$$Q_i = (B_i - H_i)A_i \tag{4-7-11}$$

而利用角系数的互换性,有 $H_iA_i = \sum_k A_k F_{k-i} B_k = \sum_k A_i F_{i-k} B_k = A_i \sum_k F_{i-k} B_k$

所以

$$H_i = \sum_k F_{i-k} B_k \tag{4-7-12}$$

离开 i 表面的热流应包括 i 表面自身放射的热流和它反射的热流之和,即有效辐射为

$$B_i = \varepsilon_i e_{bi} + \rho_i H_i \tag{4-7-13}$$

由式(4-7-11)~式(4-7-13)消去 H_i ,得

$$\begin{cases} Q_i = \sum_k A_i F_{i-k} (B_i - B_k) \\ Q_i = A_i \dfrac{\varepsilon_i}{1 - \varepsilon_i} (e_{bi} - B_i) \end{cases} \tag{4-7-14}$$

对于每一个灰体表面 i ,都可以列出这样两个方程,解这些联立方程,即可求出 Q_i 、 B_i 。

此处,举一个最简单的例子,说明上述方法的具体应用。

156

考虑由两个无限延伸的平行表面所组成的包壳,如图 4-7-6 所示。两表面温度分别为 T_1 和 T_2,黑度分别为 ε_1 和 ε_2。

两表面在对应温度下的黑体辐射力为

$$\begin{cases} e_{b1} = \sigma T_1^4 \\ e_{b2} = \sigma T_2^4 \end{cases}$$

假定两表面为扩散放射和扩散反射,并为灰表面,则有

图 4-7-6 两无限延伸的平行
表面之间的辐射换热

$$\begin{cases} \alpha_1 = \varepsilon_1, \alpha_1 + \rho_1 = 1 \\ \alpha_2 = \varepsilon_2, \alpha_2 + \rho_2 = 1 \end{cases}$$

$$q_1 = B_1 - B_2 \tag{4-7-15}$$

$$q_2 = B_2 - B_1 \tag{4-7-16}$$

所以

$$q_1 = -q_2$$

此外

$$q_1 = \frac{\varepsilon_1}{1 - \varepsilon_1}(e_{b1} - B_1) \tag{4-7-17}$$

$$q_2 = \frac{\varepsilon_2}{1 - \varepsilon_2}(e_{b2} - B_2) \tag{4-7-18}$$

联立式(4-7-16)~式(4-7-18),由此消去 q_2、B_1、B_2,可得

$$q_1 = \frac{1}{\dfrac{1}{\varepsilon_1} + \dfrac{1}{\varepsilon_2} - 1}(e_{b1} - e_{b2}) \tag{4-7-19}$$

此即两个无限延伸的平行表面之间的辐射热流密度。

若对于非灰表面,则有

$$q_1 = \int_0^\infty \frac{e_{\lambda b_1} - e_{\lambda b2}}{\dfrac{1}{\varepsilon_{\lambda 1}} + \dfrac{1}{\varepsilon_{\lambda 2}} - 1} \mathrm{d}\lambda \tag{4-7-20}$$

3. 包含镜面反射壁的包壳

以上已经分析了包壳内具有扩散反射壁的辐射热交换,下面来考虑包壳内有一个或几个镜面反射表面的情况。

考虑如图 4-7-7 所示的系统。表面 1、2、3 是扩散反射表面,而表面 4 是镜面反射。

对表面 1 有

$$q_1 = B_1 - H_1 \tag{4-7-21}$$

$$B_1 = \varepsilon_1 e_{b1} + (1 - \varepsilon_1)H_1 = \varepsilon_1 e_{b1} + \rho_1 H_1$$

$$q_1 = \frac{\varepsilon_1}{1 - \varepsilon_1}(e_{b1} - B_1) \tag{4-7-22}$$

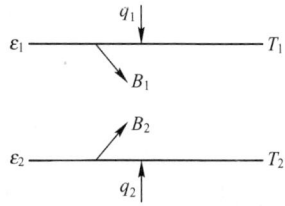

157

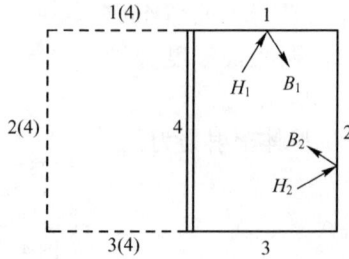

图 4-7-7　具有一个镜面反射壁的包壳

由表面 2 到达表面 1 的辐射分为两部分：直接射达表面 1 的和镜面 4 所反射后到达表面 1 的。即

$$A_2 F_{2-1} B_2 (= A_1 F_{1-2} B_2) \text{ 和 } \rho_4 A_2 F_{2(4)-1} B_2$$

这样，$A_1 H_1 = A_2 F_{2-1} B_2 + \rho_4 A_2 F_{2(4)-1} B_2 + A_3 F_{3-1} B_3 + \rho_4 A_3 F_{3(4)-1} B_3 + \varepsilon_4 A_4 F_{4-1} e_{b4}$

利用互换性关系，可得

$$H_1 = F_{1-2} B_2 + \rho_4 F_{1-2(4)} B_2 + F_{1-3} B_3 + \rho_4 F_{1-3(4)} B_3 + \varepsilon_4 F_{1-4} e_{b4} \quad (4-7-23)$$

代入式(4-7-21)，得

$$q_1 = B_1 - F_{1-2} B_2 - \rho_4 F_{1-2(4)} B_2 - F_{1-3} B_3 - \rho_4 F_{1-3(4)} B_3 - \varepsilon_4 F_{1-4} e_{b4}$$

$$(4-7-24)$$

同样，对于表面 2、3 也可写出类似于式(4-7-23)、式(4-7-24)的两个方程。

而对于镜面表面 4，可通过取壁 4 内并恰好是在其表面下的一个控制表面的热平衡得出：

$$q_4 = \varepsilon_1 e_{b4} - \varepsilon_4 (F_{4-1} B_1 + F_{4-2} B_2 + F_{4-3} B_3) \quad (4-7-25)$$

这样，共有 7 个方程，可求出 $q_1 \sim q_4$ 和 $B_1 \sim B_3$ 共 7 个未知数。

例 4-7-1　用一个裸露的热电偶测烟道内的烟气温度，其指示值为 280℃。已知烟道壁面温度为 250℃，热电偶结点的表面黑度为 0.9，与烟气的对流换热系数为 100W/(m² · K)，求烟气的实际温度。若烟气的实际温度为 317℃，热电偶的指示值为多少？

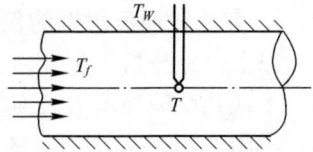

例 4-7-1　图

解

由热电偶结点对壁面的辐射换热与烟气和它之间对流换热的能量平衡得

$$Q = \varepsilon \sigma (T^4 - T_W^4) = h (T_f - T)$$

即　　　　$0.9 \times 5.67 \times 10^{-8} \times (553^4 - 523^4) = 100 \times (T_f - 553)$

解得烟气的实际温度为：$t_f = T_f - 273 = 289.5℃$

当 $t_f = 317℃$ 时，同样由 $Q = \varepsilon\sigma(T^4 - T_w^4) = h(T_f - T)$

即 $\qquad Q = 0.9 \times 5.67 \times 10^{-8} \times (T^4 - 523^4) = 100 \times (590 - T)$

解得热电偶的指示值为：$t = T - 273 = 573.1 - 273 = 300.1℃$

例 4-7-2 半径为 R 的半球形容器，其内表面为绝热面3，温度为 T_3，顶部平面的一半为表面1，温度为 T_1，另一半为表面2，温度为 $T_2(T_1 > T_2)$。试求角系数 $F_{1,2}, F_{2,1}, F_{3,1}, F_{3,2}, F_{3,3}$。

解

$$F_{1,2} = 0, F_{2,1} = 0$$

$$F_{1,3} = 1 \Rightarrow F_{3,1} = \frac{A_1}{A_3}F_{1,3} = \frac{\frac{1}{2}\pi R^2}{2\pi R^2} = \frac{1}{4}$$

例 4-7-2 图

同理，$F_{3,2} = \dfrac{1}{4} \Rightarrow F_{3,3} = 1 - F_{3,1} - F_{3,2} = 1 - \dfrac{1}{4} - \dfrac{1}{4} = \dfrac{1}{2}$

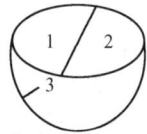

4.8 传热理论在火箭发动机推力室热防护中的应用（Application of heat transfer theory in thrust chamber）

高温高压的火箭发动机推力室内发生着燃气向推力室壁面的传热过程，包括喷注器面板、燃烧室壁面及喷管壁面等。

传热过程会对推力室性能造成一定的性能损失，但是不是很大，一般在 $0.5\% \sim 5\%$。

传热过程会引起推力室壁温升高，从而可能造成推力室破坏，如图 4-8-1 所示。破坏作用可能由以下因素造成：

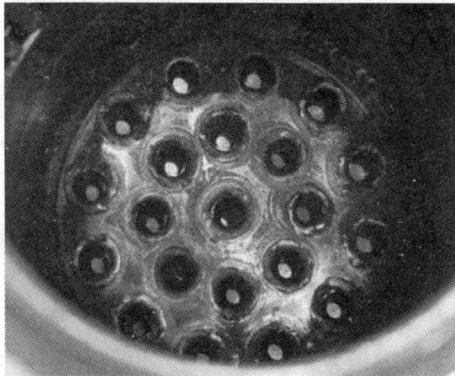

图 4-8-1 不可靠冷却造成的喷注器局部熔化

（1）温度升高造成熔化；

（2）高温条件下，推力室壁面会氧化；

（3）高温条件下，材料强度下降非常明显。高温造成材料强度下降，在高压作用下造成破坏，如表4-8-1所示。

在高温、高压条件下，必须对燃烧室壁的强度及应力进行校核分析，以确定燃烧室在最小尺寸、最小重量的条件下，能够保证需要的强度。因为在高温条件下，材料的许用应力会大大下降。

表4-8-1　0Cr18Ni10Ti不锈钢的强度数据（GB132-96）

温度/℃	20	300	500	550	600	650	700
许用应力/MPa	137	114	103	83	44	25	13

在燃烧室轴向，由于导热所造成的传热量很少，通常可忽略不计。由于辐射造成的传热占5%~35%，传热过程主要通过对流形式完成。

图4-8-2所示为推力室的径向热流密度沿轴线的分布规律，由此可见：沿轴线方向，喉部附近的热流密度最大。

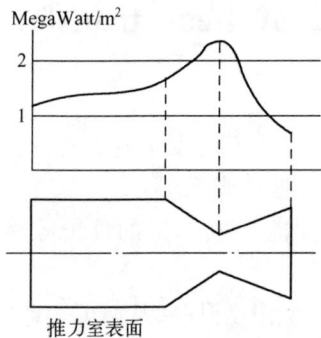

图4-8-2　推力室径向热流密度沿轴线规律

燃烧室的室压越高，则热流密度的数值越大。

为了保证推力室的正常工作条件，防止推力室壁高温氧化、高温熔化或者高温条件下的强度剧烈下降，必须采用一定的冷却措施，使推力室壁处于安全温度以下。

通过分析推力室壁的传热过程，可以从以下几个方面考虑具体的热防护措施以降低推力室壁温：

（1）减小推力室内燃气向壁面的传热量，如降低壁面附近的燃气温度；

（2）增加推力室壁向外散发的热量，如在外壁面设计冷却通道通过冷却剂的流动带走热量；

（3）增加推力室壁的吸热能力，如采用热容大的材料、增加推力室壁厚度等。

由此，人们探索出了不同的热防护方法，也可以简称为冷却方法。这些冷却方式主要区分为外冷却与内冷却两种方式，如图4-8-3所示。

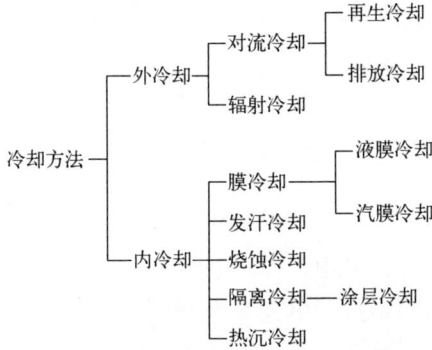

```
                            ┌── 再生冷却
                 ┌─ 对流冷却 ─┤
          ┌ 外冷却 ┤          └── 排放冷却
          │      └─ 辐射冷却
          │
          │                 ┌── 液膜冷却
冷却方法 ─┤      ┌─ 膜冷却 ──┤
          │      │          └── 汽膜冷却
          │      ├─ 发汗冷却
          └ 内冷却 ┤
                 ├─ 烧蚀冷却
                 ├─ 隔离冷却 ── 涂层冷却
                 └─ 热沉冷却
```

图4-8-3　火箭发动机推力室冷却方式分类

（1）外冷却：通过加强壁面向外的传热，达到降低壁面温度的目的，包括对流冷却、辐射冷却等多种方式；

（2）内冷却：通过阻碍高温热气体向壁面传热，达到降低壁面温度的目的，包括膜冷却、发汗冷却、烧蚀冷却、热沉式冷却等多种方式。

上述的冷却方式又可以划分为稳态冷却（热平衡）和非稳态冷却两种形式。

稳态传热适用于长时间工作时，传向推力室壁的热流并不由推力室吸收，而是传向外界。

非稳态冷却利用推力室壁较强的吸热能力，将热量存储，适用于短时间工作的条件。此时，因为推力室壁热容量大，工作时间短，壁温来不及升高至危险值即停止工作，确保了推力室安全。

再生冷却即为稳态冷却，即热流达到稳定值，用在长时间工作的场合。

烧蚀冷却则为非稳态冷却，即在工作过程中，传热过程没有达到平衡。适用在工作时间短、脉冲工作等场合。

4.8.1　各种冷却方式（Various kinds of cooling method for LRE）

再生冷却是指在推力室壁面中间设计夹套，将一定的冷却剂流经此夹套，从而吸收大部分由高温燃气传递给内壁面的热量，如图4-8-4所示。这时采用的冷却剂是推进剂的一种，通常是燃料，流经冷却夹套之后再通过喷注器重新进入燃烧室参与燃烧。由此，燃烧室内热气体所散失的热量并没有损耗而是重新得

161

到了利用,因此称为"再生"冷却。

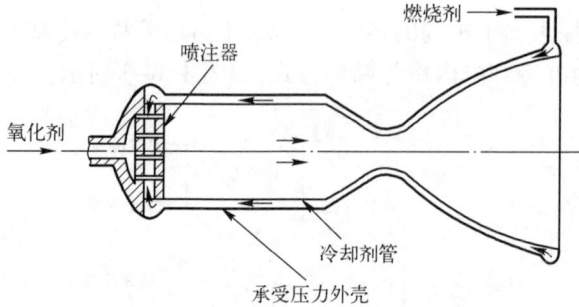

图 4-8-4　再生冷却

与此相似,排放冷却也采用相同的策略进行冷却,但是冷却剂并不重新回到燃烧室进行燃烧做功,而是直接由夹套末端喷出到外界,如图 4-8-5 所示。排放冷却主要在氢作为冷却剂时,或者在地面试验时用水做冷却剂时采用。

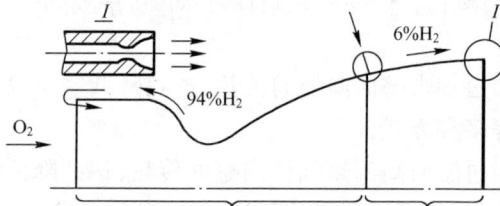

图 4-8-5　排放冷却

再生冷却和排放冷却的优点是冷却效果好,缺点是流阻损失较大,往往只能在采用泵压式供应系统的火箭发动机中采用。

辐射冷却指采用辐射率高的金属材料作推力室壁,通过向外辐射热量散热进行降温,如图 4-8-6 所示。这种冷却方式多在空间发动机上采用,因为空间发动机多采用挤压式供应系统,其推力室尺寸也较小,不适宜组织再生冷却或排除冷却。采用辐射冷却,要求推力室的材料具有较高的熔点和较大的发射率,比如采用铼铱合金、铌合金、C/SiC复合材料等。辐射冷却经常与膜冷却配套使用。

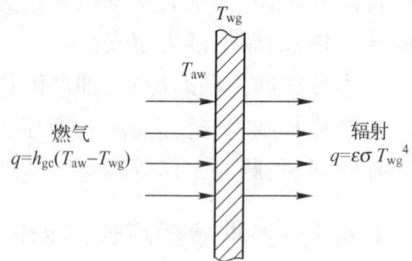

图 4-8-6　辐射冷却效果图

膜冷却指采用气膜或者液膜保护壁面,使得高温燃气不能向壁面有效传热的冷却方式,如图 4-8-7 所示。

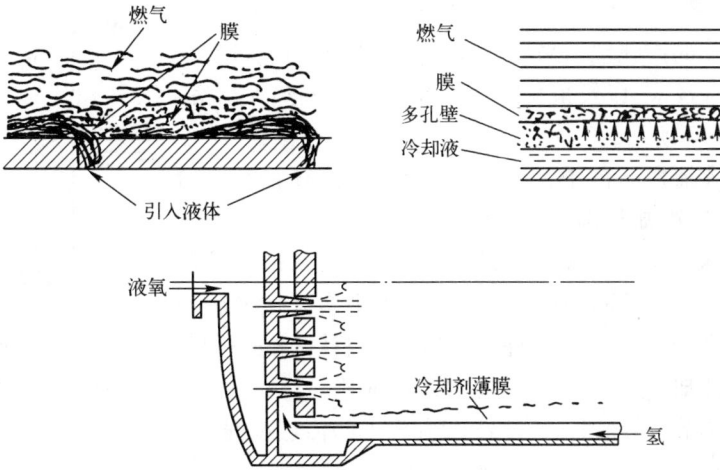

图 4-8-7 膜冷却

发汗冷却方式也采用类似再生冷却的夹套,但内壁面采用多孔材料,夹套内的冷却剂通过小孔向内壁面喷出冷却剂从而阻止热气体向壁面传热,如图 4-8-8 所示。其特点为:效率高、均匀、冷却剂用量少。

烧蚀冷却指在壁面内部采用特殊材料,如图 4-8-9 所示,此材料在高温下吸收潜热升华汽化并分解为较冷的气体,从而能够对壁面起到一定的保护作用。烧蚀冷却多用在固体火箭发动机中(比如其喷管喉部),或者是再入大气层飞行器的头锥部。

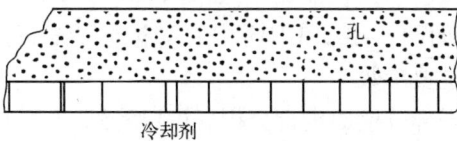

图 4-8-8 发汗冷却示意图

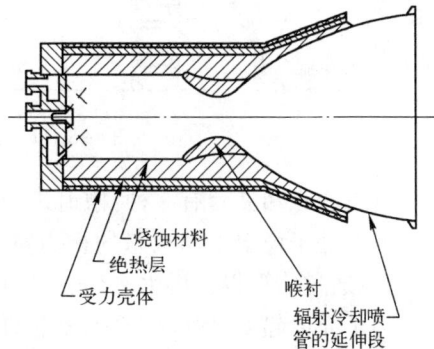

图 4-8-9 烧蚀冷却

热沉式冷却指采用热容很大的材料作为壁面材料,从而能够将热气体的传热充分吸收而保证温度的上升保持在安全范围内,达到热防护的目的。这种冷却型式结构简单、比较经济,适用于工作时间较短的推力室。

热沉式冷却是瞬态传热或非稳态传热,主要依靠其热沉来抵抗温度的持续

163

升高。

防氧化的措施包括采用偏离化学当量比的混合比组织局部燃烧反应,以及采用在壁面喷涂高温隔热涂层等,如图4-8-10所示。

实际火箭发动机中,上述多种冷却方法往往会综合采用,如液膜冷却与再生冷却结合。

在实际的泵压式火箭发动机中,广泛被采用的冷却方式是再生冷却,而挤压式火箭发动机则多采用液膜冷却加辐射冷却的方式。另外,发汗冷却被认为是一种很有前途的冷却方式,特别是层板技术的应用。

图 4-8-10　抗氧化涂层隔离冷却

下一小节,详细讨论再生冷却方式中的传热过程。

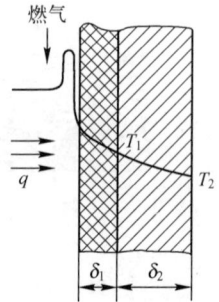

4.8.2　再生冷却的分析(Analysis of regenerative cooling)

再生冷却的实现主要依靠在推力室壁面内设计供冷却剂流通的夹套。

冷却剂一般选择燃烧剂,是因为氧化剂往往容易对推力室壁造成腐蚀。如图4-8-11可以看到,冷却剂由喷管扩张段中部或尾部进入冷却通道,主要部分流向头部对推力室前半段进行冷却,还可能有另一部分对喷管后部进行冷却。最后,通过集合腔再回到喷注器,进入燃烧室进行燃烧。

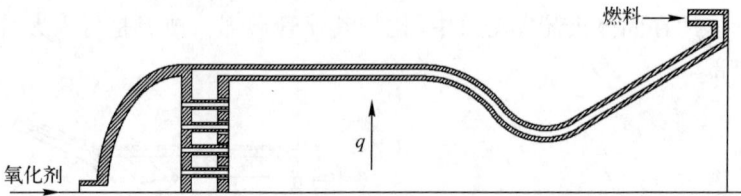

图 4-8-11　再生冷却示意图

常见的冷却夹套有三种:槽道式、波纹板式、管束式等,如图4-8-12所示。

对于处于稳定工作状态的推力室,如图4-8-13所示,在一定的假设条件下,可以通过估算得到再生冷却过程的主要参数。

为了简单起见,取圆筒段燃烧室的一部分壁面进行分析。可以看到,壁面被分为两层,中间是冷却剂通道。内壁直接与高温燃气接触,而外壁则处于外界环境中。

再生冷却的实现可以分为三个环节:

(1)高温传热过程燃气向内壁面传热,对流方式;

(2)热流通过内壁面的传热,热传导方式;

(3)内壁的外壁面向冷却剂传热,对流方式。

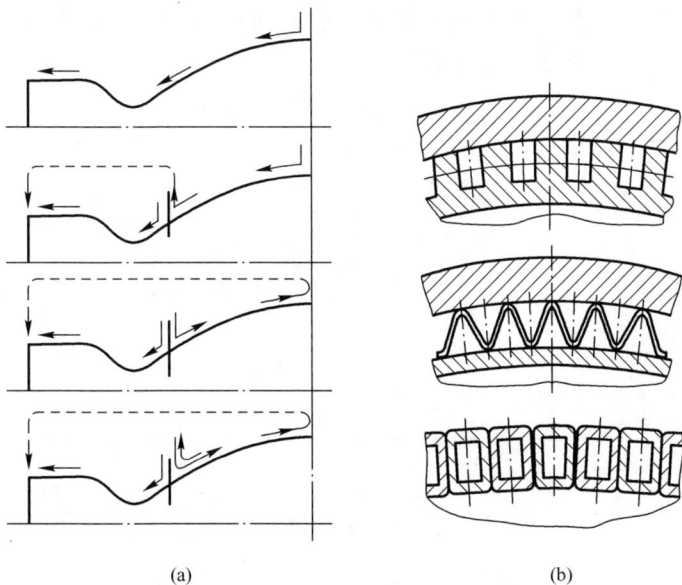

图 4-8-12　冷却剂流向及冷却通道构型

（a）冷却剂的进入方式；（b）冷却通道的不同构型。

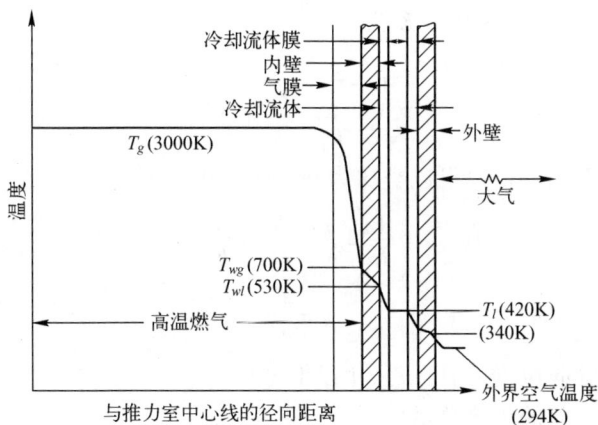

图 4-8-13　推力室壁面的温度分布

冷却剂可能还会向外壁进行传热，外壁内部还有导热，然后热量再通过辐射传向外界环境，但是传热量已经很少了，可不予考虑。

可以看出，由于在冷却通道内有低温冷却剂流动的原因，接近壁面的高温燃气的温度得到了相当大程度的下降。当然，温度下降的定量关系取决于气体流动参数、冷却剂特性及流动参数、室壁材料等多种因素。

假定在室壁某个位置处，高温燃气及冷却剂的状态参数均已知，推力室处于稳定工作状态,则通过该处由高温燃气沿径向传向冷却剂的热流是相同的。表4-8-2为再生冷却分析时的变量列表。

表4-8-2　再生冷却分析时的变量列表

变　量	符　号	变　量	符　号
高温燃气温度	T_g	内壁气体侧温度	T_{wg}
内壁液体侧温度	T_{wl}	冷却剂温度	T_l
气体对流换热系数	h_g	冷却剂对流换热系数	h_l
内壁厚度	δ_w	内壁材料导热系数	k
通过的热流密度	q	通过壁面的总热流量	Q
总的传热面积	A	冷却的综合换热系数	K

则有

$$q = h_g(T_g - T_{wg}) \tag{4-8-1}$$

$$q = \frac{k}{\delta_w}(T_{wg} - T_{wl}) \tag{4-8-2}$$

$$q = h_l(T_{wl} - T_l) \tag{4-8-3}$$

$$q = K(T_g - T_l) \tag{4-8-4}$$

因此,该传热过程的传热系数K为

$$K = \frac{1}{\dfrac{1}{h_g} + \dfrac{\delta_w}{k} + \dfrac{1}{h_l}} \tag{4-8-5}$$

通过推力室内壁面的传热可以类比为一个热阻串联模型。

$$\frac{1}{K} = \frac{1}{h_g} + \frac{\delta_w}{k} + \frac{1}{h_l} \tag{4-8-6}$$

$$q = \frac{Q}{A} \tag{4-8-7}$$

对于不同轴向位置,均可以采用以上分析。

通过燃烧室壁的传热总量可积分求得

$$Q = \int q \mathrm{d}A = \pi \int Dq \mathrm{d}L \tag{4-8-8}$$

式中:D为燃烧室直径。

高温燃气与推力室内壁面的对流换热系数通常采用经验公式——Bartz公式:

$$h_g = \frac{0.026}{D^{0.2}}\left(\frac{c_p \mu^{0.2}}{Pr^{0.6}}\right)(\rho u)^{0.8}\left(\frac{\rho_{am}}{\rho'}\right)\left(\frac{\mu_{am}}{\mu_0}\right)^{0.2} \tag{4-8-9}$$

式中:下标0表示滞止参数;下标am表示静温与壁温算术平均温度下的物性;

166

上标′表示自由流参数;D 为燃气流动通道当量直径;u 为燃气平均流速;c_p、μ、ρ 分别为燃气比定压热容、黏性系数和密度;$Pr = 0.7 \sim 1.0$ 为普朗特数。

类似地,在冷却剂侧,冷却剂与推力室外壁面的内壁面之间的对流换热系数可由下式估算:

$$h_l = 0.023\,\bar{c}\,\frac{\dot{m}}{A}\left(\frac{\rho u D}{\mu}\right)^{-0.2}\left(\frac{\mu\,\bar{c}}{k}\right)^{-2/3} \tag{4-8-10}$$

式中:$\bar{c}$ 为液体介质平均比热容;$\dot{m}$、u 分别为冷却剂流量及流速;A、D 分别为流动通道横截面积及当量直径;ρ、μ、k 分别为冷却剂的密度、黏性系数和导热系数。

思 考 题

4-1　推导内热源强度 $\dot{Q}$ 为常数、导热系数 k 不为常数的大平板一维稳态导热微分方程式。

4-2　定性绘出稳态导热条件下如图所示物体的温度分布并说明理由。设物体导热系数 k 为常数。

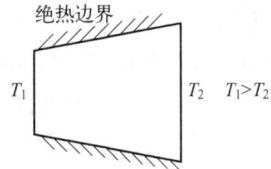

4-3　常物性、无内热源的稳态导热方程 $\nabla^2 t = 0$ 中,不包含任何物性量,这是否说明导热物体中的温度分布与导热物体的物性无关,为什么?

思考题 4-2 图

4-4　对于球层绝缘,有无"临界热绝缘直径"问题? 为什么?

4-5　试指出导热系数与热扩散系数各自从什么地方定义出来? 它们各自的物理意义如何? 能说出它们的区别吗?

4-6　(1)无限长圆筒壁稳态导热过程,导热系数为定值,试画出温度分布曲线图。应用傅里叶导热定律解释曲线图形。(2)导热系数为定值的无内热源无限大平壁的稳态导热过程,若平壁两侧都给定第二类边界条件,能否唯一地确定平壁中的温度分布? 为什么?

4-7　无限大平板壁厚 L,壁两侧的温度分别为 T_1 和 T_2。导热系数 $k = k_0(1 + bT)$,$b > 0$。试问壁中心处的温度 T 与 $(T_1 + T_2)/2$ 是否相同? 为什么? 与导热系数 k 为常数的平壁热阻相比,哪种热阻大? 说明理由。

4-8　问答题:

(1)沿短圆柱肋的导热在什么情况下可以按一维处理,为什么?

(2)在圆管外敷设保温层时,在什么情况下反而会强化传热?

4-9　通过平壁的导热问题可以按一维问题处理的条件是什么? 为什么?

4-10　是非题:

（1）对平壁而言，保温层越厚，保温效果越好。对圆筒壁，情况也是如此。

（2）通用导热微分方程适用于物体的内部和边界。

（3）细电线上包的绝缘层具有帮助散热的作用。

（4）在任何边界条件和物性条件下，大平壁的导热均可按直角坐标系中的一维问题处理。

习　题

4-1　一个厚度 7cm 的无限大平壁，一侧绝热，另一侧暴露于温度为 30℃ 的流体中，内热源强度 $\dot{Q} = 0.3 \times 10^6 W/m^3$。与流体之间的对流换热系数为 450W/$(m^2 \cdot K)$，平壁的导热系数为 18W/$(m \cdot K)$。试确定平壁中的最高温度及其位置。

4-2　一条架空敷设的供热管道长 500m，管道内径为 70mm，管内热水与外部空气的总传热系数为 1.8W/$(m^2 \cdot K)$，流量为 1000kg/h，热水比热容为 4186J/$(kg \cdot K)$。若入口温度为 100℃，空气温度为 -5℃，求出口热水温度。

4-3　在一次对流换热实验中，10℃ 的水以 1.6m/s 的速度注入内径为 28mm、外径为 32mm、长为 1.5m 的圆管。管子外面均匀地缠绕着电阻带作为加热器，其外还包有绝热层。设加热器总功率为 42.05kW，通过绝热层的散热损失为 2%，管材的导热系数为 18W/$(m \cdot K)$。试确定：（1）管子出口处的平均温度；（2）管子外表面的平均壁温。

4-4　一根铂丝长为 10mm，直径为 0.1mm。将此铂丝置于温度为 20℃ 的空气气流中，用它测定空气的流速。此时铂丝通以 1.22A 的电流，温度能稳定在 202℃，若铂丝的电阻为 0.215Ω，问冲刷铂丝的空气流速是多少？

空气：$\nu = 15.06 \times 10^{-6} m^2/s$，$k = 0.0256W/(m \cdot K)$，空气横向冲刷圆柱体的对流换热准则方程：当 $Re_d = 10 \sim 100$ 时，$Nu_d = 0.18Re_d^{0.62}$。

4-5　水流过长为 10m 的直管，入口温度为 20℃，出口温度为 40℃，管内径 $d = 20mm$，水在管内流速为 2m/s，求对流换热系数和平均管壁温度。已知 30℃ 时水的物性参数为 $k = 0.618W/(m \cdot K)$，$\nu = 0.805 \times 10^{-6} m^2/s$，$Pr = 5.42$，$\rho = 995.7kg/m^3$，$c_p = 4.17kJ/(kg \cdot ℃)$，管内湍流强制对流换热的关联式为 $Nu = 0.023Re^{0.8}Pr^{0.4}$。

4-6　室外横放的一根煤气管道，外径 $d = 150mm$，表面黑度和温度分别为 $\varepsilon = 0.8$，$t_w = 60℃$，周围环境和空气的温度 $t_f = 20℃$。试计算每米管长的散热损失。

4-7　大空间自然对流的换热准则关系式 $Nu = C(GrPr)^n$ 中不出现 Re 数，

试问下列四种解释哪一种是正确的?

(1)不需考虑黏性力的影响;(2)不需考虑惯性力的影响;(3)Re 是非定型(待定)准则;(4)此时没有流速分布。

4-8 一名游泳者刚从游泳池上来,其皮肤上有一层水,这时是阴天且有风,请分析其皮肤上所发生的所有传热过程。用传热学知识解释为什么这时会比皮肤完全干时感觉要冷得多? 如果正在这时太阳出来了,发生在他身上的传热过程又会怎么样?

4-9 北方深秋季节的清晨,树叶叶面上常常结霜。试问树叶上、下表面的哪一面会结霜? 为什么?

4-10 试分别计算温度为 2000K 和 5800K 的黑体的最大单色辐射力所对应的波长。

4-11 白天,投射到一大的水平屋顶上的太阳照度 $G_s = 1100 \text{W/m}^2$,室外空气温度 $t_f = 27℃$,有风吹过时空气与屋顶表面传热系数为 $h = 25 \text{W/(m}^2 \cdot \text{K)}$,屋顶下表面绝热,上表面发射率 $\varepsilon = 0.2$,且对太阳辐射的吸收比 $\alpha_s = 0.6$,求稳态时屋顶的温度。

4-12 有两块无限大平板,其发射率分别为 0.3 和 0.8,两者由于温度不同进行辐射换热,若在两平板之间插入一块两面抛光的铝遮挡板,其发射率为 0.04,求由此引起的辐射换热降低的百分率。

4-13 已知两个互相垂直的正方形表面的温度分别为 $T_1 = 1000\text{K}$, $T_2 = 500\text{K}$,如图所示,其黑度分别为 $\varepsilon_1 = 0.6, \varepsilon_2 = 0.8$,该两表面位于一个绝热的房间内,试计算表面 1 与表面 2 之间的角系数 $F_{1,2}$ 及此两表面间的净换热量 Q。

4-14 相距很小、平行放置的两块很大的漫射-灰表面,如果其发射率均是 0.8,为使两块表面的辐射传热速率减少到原来的 1/10,需要放入一个薄的防辐射层(遮热板),其发射率应为多少?

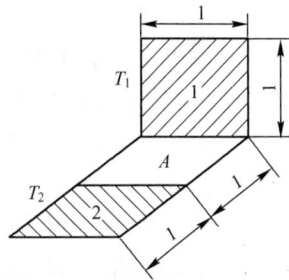

习题 4-13 图

4-15 求下列各表面之间的辐射角系数 $F_{1,2}$ 和 $F_{2,1}$:

(1)半径为 R 的半球内表面与圆底面组成的封闭系统;

(2)两相互垂直的平板,长度分别为 A 和 B,设垂直于纸面的长度为无限长。

第5章 相转变与相平衡

Chapter 5　Phase Transition and Phase Equilibrium

　　内容提要　本章主要讲解单元复相系统、相转变与相平衡条件、单元复相系统的相平衡图、克劳修斯—克拉贝龙方程、汽化与凝结过程、曲界面复相系统的相转变与相平衡等。相转变与相平衡是应用热力学研究有关相的变化方向与限度的规律,它是热力学的一个重要内容。

　　基本要求　在本章学习中,要求学生理解单元复相系统的平衡条件和相转变的条件,掌握克劳修斯·克拉贝龙方程,了解曲界面复相系统的相转变与相平衡条件。

　　物质不同相之间的转变是自然界、科学研究和工程技术中经常发生的热力过程,它在动力、化工、制冷、冶金、材料、低温、环境、气象、生物和热控制等许多工程技术领域中起着重要的作用。相转变与相平衡的自然规律不断地被揭示,逐渐形成一门具有广泛科学内容的独立学科,成为自然科学和技术研究的一个重要领域。但在多数工程问题中,主要涉及的是物质的气相、液相和固相之间的转变,尤其是气—液相变,因此,本章只限于讨论与此三相有关的相转变和相平衡理论。至于其他各种类型的相变问题,可参考有关专著。

5.1　单元复相系统(System of mono – species and multiple phase)

　　单元复相系统实际上是复合系统,其中包括了若干子系统。每个相构成一个子系统。单元复相系统中,各子系统的性质不同,有自己的状态方程,所以单元复相系统没有统一的状态方程。对于单相系统,前面已给出一系列的热力学关系和分析方法,单元复相系统的研究是以子系统热力学分析作为基础的。子系统虽然是单相系统,但多数又是因相变而使质量转化的变质量系统,所以应该用质量转化系统的关系式对子系统进行有关分析。

　　在一定热力学条件(温度、压强)下,单元复相系统内不同相之间发生的相互转变,称为相变过程。本章研究的相变过程主要是指工程实际中常见的汽化与凝结、熔解与凝固和升华与凝华,尤其是气、液两相间的汽化与凝结过程。在这些相变过程中,相的转变伴有物质聚集态(气态、液态和固态)的变化。但这并不是说相的转变一定伴有聚集态的变化,比如用固态石墨作原料生产人造金刚石的过程中,石墨和金刚石构成单元(同一种元素 C)复相(两种性质不同的物质)系,在一定的热力学条件下,发生相变,由石墨转变为金刚石,这里相变时并无聚集态(同为固态)的变化,所以,相与聚集态并不是同义词。

单元复相系统中某种热力学条件下所进行的相变过程,若维持热力学条件不变,和一切过程一样,过程强度将逐渐变弱,最终趋向平衡,相变过程中止。这时不同相之间达到平衡,称相平衡,这种相平衡与给定的热力学条件相对应。若重新改变热力学条件,原有的相平衡即遭到破坏,新的相转变又将开始,因此相转变和相平衡是密切相关的两个方面。若通过分析找出相平衡的条件,事实上也就找到了相转变的条件。以下章节将着重讨论相平衡条件,同时也给出相转变的条件。

5.2 相转变与相平衡条件(Conditions of phase transition and phase equilibrium)

研究相转变和相平衡条件,归根结底是研究相平衡条件,因为不满足平衡条件本身就是相转变条件。另外,当单元复相系统处于平衡状态时,其中一切过程停止,系统内各相之间也应处于平衡状态。因此要研究相转变与相平衡条件,首先要研究单元复相系统的平衡条件。为此,首先回顾一下由热力学第二定律所引出的热力过程进行方向的判据和热力学平衡的判据。

5.2.1 过程方向和系统平衡判据(Process direction and criterions of system equilibrium)

在达到相平衡时,体系中各相的温度、压强是相同的。相平衡的判据是以热力学第二定律为依据,结合其他热力学性质,导出相应的方程进行相平衡的判断。

热力学第二定律指出:孤立系统发生的任何过程总是使体系的熵值增大。其表达式为

$$\mathrm{d}S \geqslant 0$$

该式说明,孤立系统一切实际(非平衡)过程必定朝着熵增大的方向进行,只有在极限情况(可逆过程)下,维持熵不变,熵减小的方向是不可能实现的。根据这个原理可判断过程的方向。

孤立系统处于平衡态时,熵具有极大值,且恒定不变,其表达式为

$$\mathrm{d}S = 0$$

这是判断系统是否处于热平衡的判据,称为熵判据。

在热力学第二定律的基础上,对于某些特定过程可以导出其他的判据。

如果将系统与外界交换的功量写成体积功和有效功之和:$\delta W = pdV + \delta W_e$,则热力学第一定律可表述为

$$\delta Q = dU + pdV + \delta W_e \tag{5-2-1}$$

热力学第二定律可表述为

$$TdS \geqslant \delta Q$$

如果系统对外不做有效功,$\delta W_e = 0$,由式(5-2-1)及热力学第二定律 $TdS \geqslant \delta Q$ 可得

$$dU + pdV - TdS \leqslant 0 \tag{5-2-2}$$

对于等熵定容过程,$dS = 0$,$dV = 0$,由式(5-2-2)得

$$dU \mid_{s,v} \leqslant 0 \tag{5-2-3}$$

对于等熵定压过程,$dS = 0$,$pdV = d(pV)$,$dU + d(pV) = dH$,由式(5-2-2)得

$$dH \mid_{s,p} \leqslant 0 \tag{5-2-4}$$

对于等温定容过程,$TdS = d(TS)$,$dV = 0$,$dU - d(TS) = dF$,由式(5-2-2)得

$$dF \mid_{T,V} \leqslant 0 \tag{5-2-5}$$

对于等温定压过程,$TdS = d(TS)$,$pdV = d(pV)$,$dU + d(pV) = dH$,$dH - d(TS) = dG$,由式(5-2-2)得

$$dG \mid_{T,p} \leqslant 0 \tag{5-2-6}$$

在上述 4 个特定的过程中,函数 U,H,F 和 G 都是特性函数,由式(5-2-3)、式(5-2-4)、式(5-2-5)和式(5-2-6)表明,可以用特性函数对特定过程下的过程方向进行判断。即:

对于一切实际(不可逆)的等熵定容过程,只能朝着内能减小的方向进行,在极限情况(可逆)下,内能维持不变,而内能增大的过程是不可能发生的。

对于一切实际(不可逆)的等熵定压过程,只能朝着焓减小的方向进行,在极限情况(可逆)下,焓维持不变,而焓增大的过程是不可能发生的。

对于一切实际(不可逆)的等温定容过程,只能朝着自由能减小的方向进行,在极限情况(可逆)下,自由能维持不变,而自由能增大的过程是不可能发生的。

对于一功实际(不可逆)的等温定压过程,只能朝着自由焓减小的方向进行,在极限情况(可逆)下,自由焓维持不变,而自由焓增大的过程是不可能发生的。

与熵判据 $dS \geqslant 0$ 类似,在这些特定条件下,系统到达平衡时,系统中相应的特性函数一定达极小值,在无外界影响下将恒定不变。即:

在等熵定容条件下,系统平衡时,定有

$$dU \mid_{S,V} \equiv 0 \qquad (5-2-7)$$

在等熵定压条件下,系统平衡时,定有

$$dH \mid_{S,p} \equiv 0 \qquad (5-2-8)$$

在等温定容条件下,系统平衡时,定有

$$dF \mid_{T,V} \equiv 0 \qquad (5-2-9)$$

在等温定压条件下,系统平衡时,定有

$$dG \mid_{T,p} \equiv 0 \qquad (5-2-10)$$

因此,在各种特定条件下,可以用恒定特性函数恒等式来作为系统平衡的判据。

以上熵判据和特性函数的判据在满足前提条件下可适用于一切系统,因而也适用于单元复相系统。

5.2.2 单元复相系统的平衡条件(Equilibrium condition of Mono – species and multiple phase System)

复相系统的平衡条件与相界面的形状有关,首先介绍平界面单元复相系统的平衡条件,如图 5-2-1 所示的单元二相系中,设 α 为液相,β 为气相,它们的温度分别为 T^{α} 和 T^{β},压强分别为 p^{α} 和 p^{β},物质的化学势分别为 μ^{α} 和 μ^{β}。为了运用熵判据,设系统与外界无任何相互作用,因而构成一个孤立系统。

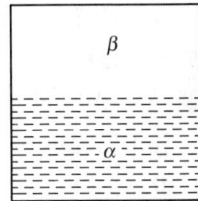

图 5-2-1　单元二相系

这是一个由 α 相和 β 相两个子系统构成的复合系统,其总熵变为两个子系统的熵变之和,即

$$dS = dS^{\alpha} + dS^{\beta} \qquad (5-2-11)$$

每个子系统为质量转化系统,由 $\Delta s = R\ln \dfrac{v_2}{v_1}$,每个子系统可写成

$$dS^{\alpha} = \frac{dU^{\alpha}}{T^{\alpha}} + \frac{p^{\alpha}}{T^{\alpha}}dV^{\alpha} - \frac{\mu^{\alpha}}{T^{\alpha}}dm^{\alpha}$$

$$dS^{\beta} = \frac{dU^{\beta}}{T^{\beta}} + \frac{p^{\beta}}{T^{\beta}}dV^{\beta} - \frac{\mu^{\beta}}{T^{\beta}}dm^{\beta}$$

因此,系统总熵变为

$$dS = \frac{dU^{\alpha}}{T^{\alpha}} + \frac{dU^{\beta}}{T^{\beta}} + \frac{p^{\alpha}}{T^{\alpha}}dV^{\alpha} + \frac{p^{\beta}}{T^{\beta}}dV^{\beta} - \frac{\mu^{\alpha}}{T^{\alpha}}dm^{\alpha} - \frac{\mu^{\beta}}{T^{\beta}}dm^{\beta} \qquad (5-2-12)$$

对于由 α 和 β 子系统构成的孤立系统,有

$$dU = dU^{\alpha} + dU^{\beta} = 0, \qquad 即 \qquad dU^{\beta} = -dU^{\alpha}$$

$$dV = dV^{\alpha} + dV^{\beta} = 0, \qquad 即 \qquad dV^{\beta} = -dV^{\alpha}$$

173

$$dm = dm^\alpha + dm^\beta = 0, \qquad 即 \qquad dm^\beta = -dm^\alpha$$

代入式(5-2-12),可整理成

$$dS = \left(\frac{1}{T^\alpha} - \frac{1}{T^\beta}\right)dU^\alpha + \left(\frac{p^\alpha}{T^\alpha} - \frac{p^\beta}{T^\beta}\right)dV^\alpha - \left(\frac{\mu^\alpha}{T^\alpha} - \frac{\mu^\alpha}{T^\beta}\right)dm^\alpha \qquad (5-2-13)$$

根据孤立系统熵判据,系统处于平衡时,应有 $dS \equiv 0$,即

$$\left(\frac{1}{T^\alpha} - \frac{1}{T^\beta}\right)dU^\alpha + \left(\frac{p^\alpha}{T^\alpha} - \frac{p^\beta}{T^\beta}\right)dV^\alpha - \left(\frac{\mu^\alpha}{T^\alpha} - \frac{\mu^\alpha}{T^\beta}\right)dm^\alpha \equiv 0 \qquad (5-2-14)$$

对于恒等式(5-2-14),各变量的系数一定为0,所以有

$$\frac{1}{T^\alpha} - \frac{1}{T^\beta} = 0, \frac{p^\alpha}{T^\alpha} - \frac{p^\beta}{T^\beta} = 0, \frac{\mu^\alpha}{T^\alpha} - \frac{\mu^\alpha}{T^\beta} = 0$$

由此,如图5-2-1所示的单元二相系平衡的条件为

热平衡条件 $\qquad\qquad T^\alpha = T^\beta$

力学平衡条件 $\qquad\qquad p^\alpha = p^\beta$

相平衡条件 $\qquad\qquad \mu^\alpha = \mu^\beta$

上式表明单元复相系只有在同时达到热平衡(温度相等)、力学平衡(压强相同)和相平衡(化学势相等)时,整个系统才处于平衡状态。在热平衡和力学平衡的前提下,相平衡的条件是各相的化学势相等。

工程上常见的相变过程是在等温定压下进行的,因此,利用自由焓判据式(5-2-10)可直接得相平衡条件。单元复相系的自由焓变化量应为

$$dG = dG^\alpha + dG^\beta$$

在等温定压条件下,各子系统的自由焓变化量分别为

$$dG^\alpha = \mu^\alpha dm^\alpha$$

和 $\qquad\qquad dG^\beta = \mu^\beta dm^\beta$

所以 $\qquad\qquad dG = \mu^\alpha dm^\alpha + \mu^\beta dm^\beta \qquad (5-2-15)$

系统与外界无质量交换,$dm^\beta = -dm^\alpha$,故有

$$dG = (\mu^\alpha - \mu^\beta)dm^\alpha \qquad (5-2-16)$$

若系统处于平衡态时,由式(5-2-10),定有

$$(\mu^\alpha - \mu^\beta)dm^\alpha \equiv 0$$

由此可得相平衡条件为

$$\mu^\alpha = \mu^\beta$$

因此,在等温定压条件下,相平衡条件为各相化学势相等。因为在等温定压条件下,各相间一定处于热平衡和力学平衡状态,所以用自由焓判据和熵判据所得结果完全一致。

每个相为一个单元相系,故有 $\mu = g$,而 g 只是温度 T 与压强 p 的函数,所以相平衡条件可以写成

$$\mu^{\alpha}(T,p) = \mu^{\beta}(T,p) \tag{5-2-17a}$$

或 $\qquad\qquad g^{\alpha}(T,p) = g^{\beta}(T,p) \tag{5-2-17b}$

上面讨论的是只含气、液两相系统的平衡条件和相平衡条件,若系统所含两相为液相(α)和固相(δ),则相平衡条件为

$$\mu^{\alpha}(T,p) = \mu^{\delta}(T,p) \tag{5-2-18a}$$

或 $\qquad\qquad g^{\alpha}(T,p) = g^{\delta}(T,p) \tag{5-2-18b}$

若系统中含有固相(δ)与气相(β),则相平衡条件应为

$$\mu^{\delta}(T,p) = \mu^{\beta}(T,p) \tag{5-2-19a}$$

或

$$g^{\delta}(T,p) = g^{\beta}(T,p) \tag{5-2-19b}$$

若系统中含有 α、β、δ 三相,则相平衡条件应为

$$\mu^{\alpha}(T,p) = \mu^{\beta}(T,p) = \mu^{\delta}(T,p) \tag{5-2-20a}$$

或

$$g^{\alpha}(T,p) = g^{\beta}(T,p) = g^{\delta}(T,p) \tag{5-2-20b}$$

5.2.3 相转变的条件(Condition of phase transition)

如果相平衡遭到破坏,就会产生相变过程。在什么条件下过程才能进行? 向什么方向进行? 应根据 $dS \geqslant 0$ 或由式(5-2-6)来判定。下面根据式(5-2-6)来进行讨论。

在等温定压条件下,过程进行的方向应满足 $dG \leqslant 0$,其中不等号表示非平衡态下进行的过程,等号表示准平衡态下进行的过程。

先讨论非平衡态下进行的过程,由式(5-2-16)得

$$(\mu^{\alpha} - \mu^{\beta})dm^{\alpha} < 0 \tag{5-2-21}$$

若 $\mu^{\alpha} > \mu^{\beta}$,则有 $dm^{\alpha} < 0$,表示相变过程中 α(液)相质量减少,β(气)相质量增加,过程朝着 α 相转向 β 相的方向进行,这就是汽化过程。

若 $\mu^{\alpha} < \mu^{\beta}$,则有 $dm^{\alpha} > 0$,表示相变过程中 β 相减少,而 α 相增加,过程朝 β 相转向 α 相方向进行,这就是凝结过程。

总之,在非平衡相变过程中,质量总是从化学势较高的相转化到化学势较低的相。

这一结论不仅适合于气、液两相的汽化和凝结过程,而且也适合于液、固两相的熔解和凝固过程,适合于气、固两相间的升华和凝华过程。

例 5-2-1 已知水和水蒸气在 $t = 100℃$ 和 $p = 1.0133bar$ 时达到两相平衡,它们的比体积和比熵分别为

$$v^{\alpha} = 1.0427 \times 10^{-3} m^3/kg, \qquad S^{\alpha} = 1.03069 kJ/kg \cdot K$$
$$v^{\beta} = 1.673 m^3/kg \qquad\qquad S^{\beta} = 7.3554 kJ/kg \cdot K$$

试证明当温度降低或压强升高时,相变朝着水增多的方向进行。

证明:当 $T = 373.15\text{K}$ 和 $p = 1.0133\text{bar}$ 时,两相平衡,故有

$$\mu_0^\alpha(T,p) = \mu_0^\beta(T,p)$$

当温度变化 $\mathrm{d}T$ 时,两相化学势分别增至

$$\mu^\alpha = \mu_0^\alpha + \left(\frac{\partial\mu^\alpha}{\partial T}\right)_p \mathrm{d}T$$

$$\mu^\beta = \mu_0^\beta + \left(\frac{\partial\mu^\beta}{\partial T}\right)_p \mathrm{d}T$$

对于单元系统,$\mu = g$,而由参数方程可得 $\left(\dfrac{\partial g^\alpha}{\partial T}\right)_p = -S^\alpha$,$\left(\dfrac{\partial g^\beta}{\partial T}\right)_p = -S^\beta$,所以有

$$\mu^\alpha = \mu_0^\alpha - S^\alpha \mathrm{d}T$$

$$\mu^\beta = \mu_0^\beta - S^\beta \mathrm{d}T$$

因为,$\mathrm{d}T < 0$,且 $S^\beta > S^\alpha$,故有 $\mu^\beta > \mu^\alpha$,进行由水蒸气向水转化的凝结过程,使水增多。

当压强增加 $\mathrm{d}p$ 时,两相化学势分别增至

$$\mu^\alpha = \mu_0^\alpha + \left(\frac{\partial\mu^\alpha}{\partial p}\right)_T \mathrm{d}p$$

$$\mu^\beta = \mu_0^\beta + \left(\frac{\partial\mu^\beta}{\partial p}\right)_T \mathrm{d}p$$

因为

$$\left(\frac{\partial\mu^\alpha}{\partial p}\right)_T = \left(\frac{\partial g^\alpha}{\partial p}\right)_T = v^\alpha$$

$$\left(\frac{\partial\mu^\beta}{\partial p}\right)_T = \left(\frac{\partial g^\beta}{\partial p}\right)_T = v^\beta$$

所以有

$$\mu^\alpha = \mu_0^\alpha + v^\alpha \mathrm{d}p$$

$$\mu^\beta = \mu_0^\beta + v^\beta \mathrm{d}p$$

因为 $\mathrm{d}p > 0$,且 $v^\beta > v^\alpha$,则 $\mu^\beta > \mu^\alpha$,亦产生凝结过程而使水增多。

式(5-2-6)中若只取等号则表示过程在可逆条件下进行,相变是在准平衡态下进行,则称为平衡相变。准平衡态下参数可以当平衡态处理,所以在准平衡态下仍然满足相平衡条件:$\mu^\alpha = \mu^\beta$,且由式(5-2-6)可写出

$$(\mu^\alpha - \mu^\beta)\mathrm{d}m^\alpha = 0 \tag{5-2-22}$$

由于 $(\mu^{\alpha} - \mu^{\beta}) = 0$,所以无论 $\mathrm{d}m^{\alpha} > 0$,还是 $\mathrm{d}m^{\alpha} < 0$,式(5-2-22)都可满足,相变过程都能进行。在两相质量转化过程中,始终保持相平衡状态,这与力学中的"随遇平衡"很相似。

5.3 单元复相系统的相平衡图(Phase equilibrium Figures of mono species and multiple phases)

对于物质的液相 α、气相 β 和固相 δ,任意两相达到平衡时必须满足相平衡条件。例如气、液两相平衡时,必须满足式(5-2-17a):

$$\mu^{\alpha}(T,p) = \mu^{\beta}(T,p)$$

该式说明气液两相平衡的系统中,温度与压强不是独立的,而是有一一对应的关系,若将这种关系在 $p-T$ 图上用曲线表示出来,则得图 5-3-1 中 OC 曲线。

同样,液、固两相平衡时,由式(5-2-18a)可以在 $p-T$ 图上给出曲线 OB。气、固两相平衡时,由式(5-2-19a)可以在 $p-T$ 图上给出曲线 OA。图中 OA、OB、OC,又分别称为升华曲线、熔解曲线和汽化曲线,或统称为两相平衡曲线。处于相平衡状态的系统中物质处于饱和状态,OA、OB、OC 又称为饱和曲线,反映了饱和压强与饱和温度之间的单值关系。所以单凭温度和压强,不能确定相平衡系统的状态。由平衡相变条件式(5-2-22)可知,在平衡相变过程中,压强和温度之间同样存在由饱和曲线规定的单值关系,所以在饱和曲线上,两相的质量可以按任何比例共存。

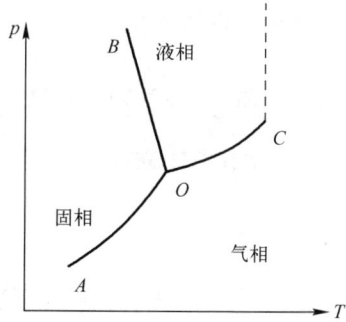

图 5-3-1　单元系统相平衡图

对于气、液、固三相共存的单元复相系统,当系统达到平衡时,一定满足式(5-2-20a)规定的条件,在这个条件下压强和温度也是对应的,但它不是单值函数的关系,因为式(5-2-20a)可写出相关的两式:

$$\mu^{\alpha}(T,p) = \mu^{\beta}(T,p)$$
$$\mu^{\delta}(T,p) = \mu^{\beta}(T,p)$$

联立求解这两个方程,可以得到一组确定的 (T,p) 值,对应于系统的一个状态点。这个状态点既满足 OC 曲线关系 $\mu^{\alpha} = \mu^{\beta}$,又满足 OB 曲线 $\mu^{\alpha} = \mu^{\delta}$,也满足 OA 曲线关系 $\mu^{\delta} = \mu^{\beta}$。所以这个确定状态点在图 5-3-1 上就是三条饱和曲线的共同交点 O,这一点称为三相平衡点,简称三相点。三相点所对应的压强和温度用 p_{tr} 和 T_{tr} 表示。

在图 5-3-1 中,一个三相点 O、三条两相饱和曲线 OA、OB 和 OC,将整个图面分割成三个区域:液相 α 区、气相 β 区和固相 δ 区,这三个区称为单相区。虽然在三条饱和曲线上,系统的压强和温度呈现单值函数关系,并不独立。但如系统处于单相区时,其压强和温度却是独立的,因而也就确定了系统的状态。事实上,这又回到前几章所讨论的单相系统,这个结果是必然的。

综上所述,单元系统的相平衡图的特点是一个点(三相点)、三条线(两相平衡线)和三个区(单相区)。虽然有这个共同的特点,但是对于不同的物质,三相点的位置 (T_{tr}, p_{tr})、三条线的位置和形状、三个区的范围和形状都是不同的。例如纯水的三相点,$T_{tr}=273.16\text{K}$,$p_{tr}=610.748\text{Pa}$,而碘的三相点 $T_{tr}=387.15\text{K}$,$p_{tr}=12000\text{Pa}$,所以碘在常温常压下会直接升华。又如,大多数物质的 OB 线右斜,斜率为正,但水是反常相变,即熔解时体积反而缩小,所以水的 OB 线左斜,斜率为负。

由于三相点有确定的温度,且易于准确测定,所以水的三相点是国际温标中一个最基本的参考点。

5.4 克劳修斯—克拉贝龙方程(Clusius – Clapron equation)

5.4.1 克劳修斯—克拉贝龙方程的建立(Derivation of Clusius – Clapron equation)

对于单元物质系统,当气 (β) 相和液 (α) 相处于平衡时,应满足相平衡条件式(5-2-17a)

$$\mu^{\alpha}(T,p) = \mu^{\beta}(T,p)$$

系统沿饱和曲线即相平衡曲线发生任意微小变化时,有

$$\mathrm{d}\mu^{\alpha} = \mathrm{d}\mu^{\beta} \tag{5-4-1}$$

由于 $\mathrm{d}\mu = \mathrm{d}g = v\mathrm{d}p - s\mathrm{d}T$,于是

$$\frac{\mathrm{d}p}{\mathrm{d}T} = \frac{s^{\beta} - s^{\alpha}}{v^{\beta} - v^{\alpha}} \tag{5-4-2}$$

其中,s^{α}、s^{β} 为相变过程前后各相的比熵。对于汽化过程,汽化潜热设为 γ_v,由 $\Delta s = \pm\frac{\gamma}{T}$ 可知,等温相变过程中比熵的变化量为

$$s^{\beta} - s^{\alpha} = \frac{\gamma_v}{T} \tag{5-4-3}$$

因此,式(5-4-2)可写成

$$\frac{\mathrm{d}p}{\mathrm{d}T} = \frac{\gamma_v}{(v^\beta - v^\alpha)T} \qquad (5\text{-}4\text{-}4a)$$

上式表示了汽化曲线 OC 的斜率与饱和参数之间的关系。

同理,由液固两相平衡条件(5-2-18a)可得

$$\mathrm{d}\mu^\alpha = \mathrm{d}\mu^\delta$$

可以得到熔解曲线 OB 的斜率与饱和参数之间的关系:

$$\frac{\mathrm{d}p}{\mathrm{d}T} = \frac{\gamma_m}{(v^\alpha - v^\delta)T} \qquad (5\text{-}4\text{-}4b)$$

由气固两相平衡条件式(5-2-19a)可得

$$\mathrm{d}\mu^\delta = \mathrm{d}\mu^\beta$$

可以得到升华曲线 OA 的斜率与饱和参数之间的关系:

$$\frac{\mathrm{d}p}{\mathrm{d}T} = \frac{\gamma_s}{(v^\beta - v^\delta)T} \qquad (5\text{-}4\text{-}4c)$$

以上(5-4-4)三式称为克劳修斯—克拉贝龙方程。应用克劳修斯—克拉贝龙方程进行计算时,应当注意使用对象是两相平衡或发生平衡相变的系统;计算时要注意相变潜热 γ 与两相比体积的单位要对应一致,用摩尔潜热则必须用摩尔比体积,用公斤潜热则必须相应采用公斤比体积;在式(5-4-4)中,α、β 和 δ 分别表示液相、气相和固相,γ_v、γ_m 和 γ_s 分别表示汽化潜热、熔解潜热和升华潜热。

应用克劳修斯—克拉贝龙方程可以计算出相图中各平衡曲线的斜率,因而可以定性描绘出相平衡曲线。

(1)汽化线 OC。物质气相的比体积通常大于其液相的比体积$(v^\beta - v^\alpha) > 0$,对于汽化过程,$\gamma_v > 0$,所以汽化线的斜率$\left(\dfrac{\mathrm{d}p}{\mathrm{d}T}\right)_v > 0$,因此,相平衡图上的汽化线 OC 是向右上斜的。

(2)熔解线 OB。自然界中的大部分物质由固相变化到液相比体积增大$(v^\alpha - v^\delta) > 0$,表现为正常相变膨胀,对于熔解过程,$\gamma_m > 0$,这时熔解线的斜率$\left(\dfrac{\mathrm{d}p}{\mathrm{d}T}\right)_m > 0$,因此,相平衡图上的 OB 线是向右上斜的;但也有一些固态物质有反常相变膨胀现象,如水、锑、铋等在熔解时体积缩小$(v^\alpha - v^\delta) < 0$,这时,$\left(\dfrac{\mathrm{d}p}{\mathrm{d}T}\right) < 0$,这时熔解线向左上斜。气、液、固三相的比体积相比较,通常液相和固相的比体积很相近,$v^\alpha \approx v^\delta$,因此不论熔解曲线是向右还是向左倾斜,其斜率的绝对值都是相当大的,在相图上是一条很陡的曲线。

(3)升华线 OA。因为升华过程中 $\gamma_s > 0$,$(v^\beta - v^\delta) > 0$,$\left(\dfrac{\mathrm{d}p}{\mathrm{d}T}\right)_s > 0$,相平衡图

中升华线 OA 同汽化线一样也是向右上斜的。

在三相点处,由式(5-4-2)和式(5-4-3)可知

$$\gamma_v = T_{tr}(s^\beta - s^\alpha)$$

同理

$$\gamma_m = T_{tr}(s^\alpha - s^\delta)$$
$$\gamma_s = T_{tr}(s^\beta - s^\delta)$$

因此有

$$\gamma_s = \gamma_m + \gamma_v$$

比较升华曲线 OA 与汽化曲线 OC:由于 $(v^\beta - v^\alpha) \approx v^\beta$,$(v^\beta - v^\delta) \approx v^\beta$,且 $\gamma_s > \gamma_v$

所以

$$\left(\frac{\mathrm{d}p}{\mathrm{d}T}\right)_s > \left(\frac{\mathrm{d}p}{\mathrm{d}T}\right)_v$$

比较升华线 OA 与熔解线 OB,由于 $v^\alpha \approx v^\delta$,而 γ_m 和 γ_s 具有相同的量级,因此

$$\left|\left(\frac{\mathrm{d}p}{\mathrm{d}T}\right)_m\right| \gg \left(\frac{\mathrm{d}p}{\mathrm{d}T}\right)_v$$

上述关于三相点处的分析可以推广到三条曲线的比较,在一般情况下,有

$$\left|\left(\frac{\mathrm{d}p}{\mathrm{d}T}\right)_m\right| \gg \left(\frac{\mathrm{d}p}{\mathrm{d}T}\right)_s > \left(\frac{\mathrm{d}p}{\mathrm{d}T}\right)_v$$

另外,克劳修斯—克拉贝龙方程是在相平衡条件下建立起来的,方程中参数是饱和状态下的参数,下面应用中,在平相界面的气、液相平衡或气、固相平衡系统中压强称为饱和蒸汽压,用 p_s 表示,其对应的饱和温度用 T_s 表示。其他情况下,仍保持方程中原有的书写形式。

例5-4-1 已知饱和状态下水蒸气在 $t = 10℃,100℃,200℃$ 三种温度的比体积 v^β 分别为 $106.4190\mathrm{m}^3/\mathrm{kg}$,$1.6738\mathrm{m}^3/\mathrm{kg}$,$0.1271\mathrm{m}^3/\mathrm{kg}$,三种温度下水的汽化潜热 γ_v 分别为 $2477.4\mathrm{kJ}/\mathrm{kg}$,$2257.2\mathrm{kJ}/\mathrm{kg}$,$1939.0\mathrm{kJ}/\mathrm{kg}$,而饱和水的比体积 v^α 可视为常数,为 $0.0010\mathrm{m}^3/\mathrm{kg}$,试求在这三种温度下,水汽化曲线的斜率。

解 $T_1 = 283.15\mathrm{K}$,$T_2 = 373.15\mathrm{K}$,$T_3 = 473.15\mathrm{K}$

$$\left(\frac{\mathrm{d}p}{\mathrm{d}T}\right)_1 = \frac{\gamma_{v1}}{T_1(v^\beta - v^\alpha)_1} = \frac{2477.4}{283.15 \times (106.4190 - 0.001)} = 0.0822\,\frac{\mathrm{kPa}}{\mathrm{K}}$$

$$\left(\frac{\mathrm{d}p}{\mathrm{d}T}\right)_2 = \frac{\gamma_{v2}}{T_2(v^\beta - v^\alpha)_2} = \frac{2577.2}{373.15 \times (1.6783 - 0.001)} = 3.616\,\frac{\mathrm{kPa}}{\mathrm{K}}$$

$$\left(\frac{\mathrm{d}p}{\mathrm{d}T}\right)_3 = \frac{\gamma_{v3}}{T_3(v^\beta - v^\alpha)_3} = \frac{1939.0}{473.15 \times (0.1271 - 0.001)} = 32.52\,\frac{\mathrm{kPa}}{\mathrm{K}}$$

计算表明,汽化曲线的斜率随温度的升高而增大。

5.4.2　克劳修斯—克拉贝龙方程的应用举例（Application illustration of Clusius – Clapron Equation）

1. 沸点与压强的关系

沸点即液态物质沸腾时的温度,当液体的温度达到(或略超过)系统压强所对应的饱和温度时,液体就会开始沸腾。系统的压强不同,沸点 T_b 也不同,两者的关系与气液两相平衡压强与温度的关系基本相同。因此,它们之间的关系可以由克劳修斯—克拉贝龙方程颠倒分子分母或者相图中的汽化线 OC 来描述。这就是说物质的沸点随压强的增加而升高,随压强的降低而减小。

由于大气压强是随温度的增加而减小的,所以液体的沸点也随海拔的高度的增加而降低。在高原地区,水的沸点低于100℃,食物不易煮熟,因而一般需要使用压力锅来蒸煮食物。

2. 熔点与压强的关系

熔点即固态物质熔解时的温度,当固态物质的温度达到系统压强所对应的固液平衡温度时,就会开始熔解。在固液相变时,多数物质 $v^\alpha > v^\beta$,$\mathrm{d}p/\mathrm{d}T > 0$;少数物质 $v^\alpha < v^\delta$,$\mathrm{d}p/\mathrm{d}T < 0$。也就是说,如果物质熔解时体积膨胀,熔点随压强的增加而升高;若熔解时体积缩小,则熔点随压强的增加而降低。

例如:冰在 1atm 下的熔点为 $T_m = 273.15\mathrm{K}$,冰和水的比体积分别为 $v^\delta = 1.0908 \times 10^{-3}\mathrm{m^3/kg}$,$v^\alpha = 1.00021 \times 10^{-3}\mathrm{m^3/kg}$,熔解热 $\gamma_m = 333.77\mathrm{kJ/kg}$。

由

$$\frac{\mathrm{d}p}{\mathrm{d}T} = \frac{\gamma_m}{T(v_c - v_s)}$$

即

$$\frac{\mathrm{d}T_m}{\mathrm{d}p} = \frac{T(v_c - v_s)}{\gamma_m} = \frac{-273.15 \times 0.0906 \times 10^{-3}}{333.77} = -0.00741\mathrm{K/atm}$$

冰的熔点随压强增加而降低是造成冰川运动的主要原因。由于冰川的巨大压强,使冰川底部冰的熔点降低而融化,从而使冰川可以流动。与此类似,滑冰时由于冰鞋上冰刀与接触处的压强很大而使冰表层融化,冰刀得到润滑,减小了摩擦。

3. 相变潜热与温度的关系

相变潜热是在等温定压条件下系统发生相变时与外界交换的热量。若以下标 1 表示转变前的相,下标 2 表示转变后的相,潜热等于相变前后的焓差:

$$\gamma = h_2 - h_1$$

$$\frac{\mathrm{d}\gamma}{\mathrm{d}T} = \frac{\mathrm{d}h_2}{\mathrm{d}T} - \frac{\mathrm{d}h_1}{\mathrm{d}T} \tag{5-4-5}$$

由于系统内的每一相都可以视为一个简单可压缩系统,焓 h 是 T、p 的函数,于是由

$$dh = c_p dT - \left[T\left(\frac{\partial v}{\partial T}\right)_p - v \right]dp$$

可得

$$\frac{dh}{dT} = c_p - \left[T\left(\frac{\partial v}{\partial T}\right)_p - v \right]\frac{dp}{dT}$$

代入式(5-4-5),则得

$$\frac{d\gamma}{dT} = c_{p2} - c_{p1} + (v_2 - v_1)\frac{dp}{dT} - T\left[\left(\frac{\partial v_2}{\partial T}\right)_p - \left(\frac{\partial v_1}{\partial T}\right)_p \right]\frac{dp}{dT}$$

因为潜热是平衡相变过程中的热效应,$\dfrac{dp}{dT}$ 应由克劳修斯—克拉贝龙方程取代

$$\frac{d\gamma}{dT} = c_{p2} - c_{p1} + \frac{\gamma}{T} - \left[\left(\frac{\partial v_2}{\partial T}\right)_p - \left(\frac{\partial v_1}{\partial T}\right)_p \right]\frac{\gamma}{(v_2 - v_1)} \tag{5-4-6}$$

式(5-4-6)为相变潜热随温度的变化率。对于不同的相变过程可导出更简便的关系式。

(1) 熔解过程,因为 $v^\alpha \approx v^\beta$,$\left(\dfrac{\partial v^\alpha}{\partial T}\right)_p \approx \left(\dfrac{\partial v^\delta}{\partial T}\right)_p$,所以

$$\frac{d\gamma_m}{dT} = c_P^\alpha - c_P^\delta + \frac{\gamma_m}{T} \tag{5-4-7}$$

(2) 汽化过程,因为 $v^\beta \gg v^\alpha$,$\left(\dfrac{\partial v^\beta}{\partial T}\right)_p \gg \left(\dfrac{\partial v^\alpha}{\partial T}\right)_p$,所以

$$\frac{d\gamma_v}{dT} = c_P^\beta - c_P^\alpha + \frac{\gamma_v}{T} - \left(\frac{\partial v^\beta}{\partial T}\right)_p \frac{\gamma_v}{v^\beta} \tag{5-4-8}$$

(3) 升华过程,同样因为 $v^\beta \gg v^\delta$,所以可以得到

$$\frac{d\gamma_s}{dT} = c_P^\beta - c_P^\delta + \frac{\gamma_s}{T} - \left(\frac{\partial v^\beta}{\partial T}\right)_p \frac{\gamma_s}{v^\beta} \tag{5-4-9}$$

例 5-4-2 已知 $T = 373.15\text{K}$ 时水的汽化潜热为 $\gamma_v = 2.2574 \times 10^6 \text{J/kg}$,水蒸气的比定压热容 $c_P^\beta = 1934\text{J/(kg · K)}$,水的比定压热容 $c_P^\alpha = 4237\text{J/(kg · K)}$,水蒸气的比体积 $v^\beta = 1.673\text{m}^3/\text{kg}$,水蒸气的比体积随温度的变化率 $\left(\dfrac{\partial v^\beta}{\partial T}\right)_p \gg$ $\left(\dfrac{\partial v^\alpha}{\partial T}\right)_p$,$\left(\dfrac{\partial v^\beta}{\partial T}\right)_p = 4.813 \times 10^3 \text{m}^3/\text{(kg · K)}$,试求该温度下的汽化潜热随温度的变化率。

解 将题中数据代入式(5-4-9),可以得到

$$\frac{d\gamma_v}{dT} = c_p^\beta - c_p^\alpha + \frac{\gamma_v}{T} - \left(\frac{\partial v^\beta}{\partial T}\right)_p \frac{\gamma_v}{v^\beta}$$

$$= 1934 - 4237 + \frac{2.2574 \times 10^6}{373.15} - 4.813 \times 10^3 \times \left(\frac{2.2574 \times 10^6}{1.673} \right)$$

$$= -2.7476 \text{J} / (\text{kg} \cdot \text{K})$$

由此例可以看到,汽化潜热随温度的升高而减小。这是因为温度升高时物质分子的平均动能增大,凝聚态的分子更易于跑出来变为气态的缘故。

在实际应用中,若已知正常沸点下汽化潜热时,可以用华生(Watson)公式方便地计算某温度下的汽化潜热:

$$\gamma_v = \gamma_{vb} \left(\frac{1 - T_r}{1 - T_{rb}} \right)^n \tag{5-4-10}$$

式中:$n = 0.38$,$T_r = T/T_c$,$T_{rb} = T_b/T_c$,为对比态温度。

在气相物质可以当作理想气体的情况下,$\frac{1}{v^\beta} \left(\frac{\partial v^\beta}{\partial T} \right)_p = \frac{1}{T}$,所以式(5-4-8)和式(5-4-9)变为

$$\frac{\mathrm{d}\gamma_v}{\mathrm{d}T} = c_P^\beta - c_P^\alpha$$

$$\frac{\mathrm{d}\gamma_s}{\mathrm{d}T} = c_P^\beta - c_P^\delta$$

对于理想气体,c_P^β是温度的函数,而液相和固相的比热容对温度的敏感性很小,所以汽化潜热与温度的关系和比热容与温度的关系相类似,可表达为幂级数关系,即

$$\gamma_v = a + bT + cT^2 + dT^3 + \cdots \tag{5-4-11}$$

4. 饱和蒸汽压方程

在一定温度下,气相与液相或固相处于两相平衡时的蒸汽压强称为该温度下的饱和蒸汽压。能够把气相与液相或固相达到平衡时的蒸汽压强和温度的关系 $p_s = p_s(T_s)$ 表示出来的方程称为饱和蒸汽压方程。

在液气两相平衡和固气两相平衡的系统中,蒸汽的比体积 v^β 比凝聚相的比体积大得多,因而凝聚相的比体积可以忽略,在压强不太高的情况下,蒸汽可以近似看作理想气体,即有 $v^\beta = \frac{RT_s}{p_s}$。对于气液两相平衡,由式(5-4-4a)可得

$$\frac{\mathrm{d}p_s}{\mathrm{d}T_s} = \frac{\gamma_v}{\dfrac{RT_s}{p_s} T_s}$$

或

$$\frac{\mathrm{d}p_s}{p_s} = \frac{\gamma_v}{R} \cdot \left(\frac{\mathrm{d}T_s}{T_s^2} \right) \tag{5-4-12}$$

如果所讨论的温度变化范围不大时,可以将潜热当作常数,积分上式可以得

$$\ln\left(\frac{p_{s2}}{p_{s1}}\right) = -\frac{\gamma_v}{R} \cdot \left(\frac{1}{T_{s2}} - \frac{1}{T_{s1}}\right) \tag{5-4-13a}$$

同理,对于气、固两相平衡,由式(5-4-4c)可得

$$\ln\left(\frac{p_{s2}}{p_{s1}}\right) = -\frac{\gamma_s}{R} \cdot \left(\frac{1}{T_{s2}} - \frac{1}{T_{s1}}\right) \tag{5-4-13b}$$

这是形式较简单的饱和蒸汽压方程。按此方程,可以根据某一饱和状态的参考点(p_{s1}, T_{s1})来确定任意温度T_{s2}所对应的饱和蒸汽压p_{s2}。

例5-4-3 已知冰的三相点温度$T_{tr} = 273.16K$,压强$p_{tr} = 610.748Pa$,升华潜热为$\gamma_s = 2833.47kJ/kg$。如果忽略三相点以下冰至蒸汽的升华潜热的变化,按饱和蒸汽压方程计算当$T_{s2} = 233.15K$时的饱和蒸汽压p_{s2}。水蒸气的气体常数$R_{H_2O} = 0.461kJ/(kg \cdot K)$。

解 依题意γ_s为常数,且有$v^\beta \gg v^\alpha$,应用式(5-4-13b)

$$\ln\frac{p_{s2}}{p_{s1}} = -\frac{\gamma_s}{R_{H_2O}}\left(\frac{1}{T_{s2}} - \frac{1}{T_{tr}}\right)$$

$$= -\frac{2833.47}{0.461}\left(\frac{1}{233.15} - \frac{1}{273.16}\right) = -3.86$$

$$\frac{p_{s2}}{p_{tr}} = 0.211$$

$$p_{s2} = 0.211 \times p_{tr} = 12.9Pa$$

从水蒸气的数据表上可以查出由实验得出的p_2为13.094Pa,可见式(5-4-13a)的计算在低压情况下有较好的准确性。

对式(5-4-12)进行积分,其积分式也可写成

$$\ln p_s = A - \frac{B}{T_s} \tag{5-4-13c}$$

式中:A为积分常数;$B = \gamma_v/R$。

Antoine对上式作了简单修正,写成

$$\ln p_s = A - \frac{B}{T_s + C} \tag{5-4-14}$$

式中:A、B、C为Antoine常数。

由于作了理想气体和潜热为常数的假定,上述饱和蒸汽压方程的使用范围很窄,就式(5-4-14)而言,对于大多数情况,可使用压强范围为10~1800mmHg。而在不同的温度区间内,A、B、C是不同的。

如果在理想气体假设下,考虑汽化潜热与温度的关系:

$$\gamma_v = a + bT + cT^2$$

积分式(5-4-12),即可获得如下形式的饱和蒸汽压方程:

$$\ln p_s = A - \frac{B}{T} + CT + D\ln T \qquad (5-4-15)$$

这种形式的饱和蒸汽压方程使用的温度范围则要宽得多。

对于偏离理想气体较远的实际气体,由克劳修斯—克拉贝龙方程还可导出另一种对比态参数形式的饱和蒸汽压方程。物质在它的凝聚相加热变化为蒸汽状态时,$p - v_M - T$ 关系可由压缩因子的形式来表示,若摩尔比容和摩尔潜热仍用 v、γ 表示,即有

$$p_s v_g = Z_g R_M T_s$$

$$p_s v_{st} = Z_{st} R_M T_s$$

所以

$$(v_g - v_{st}) = \frac{R_M T_s}{p_s} \Delta Z \qquad (5-4-16)$$

将式(5-4-16)代入克劳修斯—克拉贝龙方程

$$\frac{\mathrm{d}p_s}{\mathrm{d}T_s} = \frac{\gamma}{\left(\dfrac{R_M T_s^2}{p_s}\right)\Delta Z} \qquad (5-4-17)$$

即

$$\frac{\mathrm{d}\ln p_s}{\mathrm{d}\left(\dfrac{1}{T_s}\right)} = -\frac{\gamma}{R_M \Delta Z} \qquad (5-4-18)$$

对以上两式引入对比态参数 $p_{sr} = \dfrac{p_s}{p_c}$ 和 $T_{sr} = \dfrac{T_s}{T_c}$ 可得

$$\frac{\mathrm{d}p_{sr}}{p_{sr}} \bigg/ \frac{\mathrm{d}T_s}{T_c} = \frac{\gamma}{R_M T_s^2 \Delta Z / T_c}$$

即

$$\frac{\mathrm{d}p_{sr}}{p_{sr}} \bigg/ \mathrm{d}T_{sr} = \frac{\gamma}{R_M T_{sr}^2 T_c \Delta Z} \qquad (5-4-19)$$

或

$$\frac{\mathrm{d}\ln p_{sr}}{\mathrm{d}T_{sr}} = \frac{\gamma}{R_M T_{sr}^2 T_c \Delta Z} \qquad (5-4-20)$$

对于平衡相变系统来说,相变潜热是饱和温度或者饱和压强的函数。通常这种 $\gamma = \gamma(T_s)$ 的关系可由实验数据整理给出,最一般的形式是将 γ 与 T_s 表示成幂级数的关系。设:

$$\gamma = a + b T_{sr} + c T_{sr}^2 + d T_{sr}^3 \qquad (5-4-21)$$

式(5-4-20)中,ΔZ 为气相与凝聚相的压缩因子之差,当温度范围变化不大时可

以假定 ΔZ 为常数,对式(5-4-20)进行积分,可得

$$\ln p_{sr} = A + B\frac{1}{T_{sr}} + C\ln T_{sr} + DT_{sr} + ET_{sr}^2 \qquad (5\text{-}4\text{-}22a)$$

这就是用对比态参数表示的饱和蒸汽压方程,式中 A、B、C、D、E 是方程的系数,对于每一种物质都可以由饱和蒸汽压的实验数据来确定。实际上,对于给定的物质来说,临界点的参数是一定的,所以它也可以写成

$$\ln p_s = A_1 + B_1\frac{1}{T_s} + C_1\ln T_s + D_1 T_s + E_1 T_s^2 \qquad (5\text{-}4\text{-}22b)$$

式(5-4-22a)或式(5-4-22b)可在较大压强温度范围内计算饱和蒸汽压与饱和温度的关系。在潜热为常数的前提下,也可以用式(5-4-13c)形式的饱和蒸汽压方程计算在某温度范围的潜热。

例5-4-4 在 $700 \sim 739K$ 的温度范围内,1mol 固态镁的蒸汽压 p 与温度 T 的关系由经验公式

$$\lg p = -\frac{7527}{T} + 13.48$$

给出,式中 p 的单位为 Pa。试求镁的升华潜热 γ_s。

解 设镁的升华潜热为 γ_s,因为 $\ln p_s = 2.303\lg p_s$,所以,$\ln p_s = 13.48 \times 2.303$
$-\dfrac{7527 \times 2.303}{T}$

对照式(5-4-13c)可知:

$$B = 7527 \times 2.303 = \frac{\gamma_s}{R} = \frac{\gamma_s M}{R_M}$$

式中:M 为摩尔质量(其位等于相对分子质量),镁的相对分子质量为24.3,有

$$\gamma_s = \frac{B \times R_M}{M} = \frac{7527 \times 2.303 \times 8.314}{24.3} = 5.93 \times 10^3 \text{kJ/kg}$$

5.5 汽化与凝结过程(Process of vaporization and condensation)

无论是在工程上、生活中还是在大自然中,人们经常遇到汽化与凝结的现象。例如蒸汽动力装置中工质的汽化、燃气动力装置中燃料的汽化、冷凝器中蒸汽的凝结等,都涉及到汽化和凝结过程。汽化和凝结是方向相反的相变过程,特点相同。所以下面重点讨论汽化过程。工程中汽化过程常在等温或定压条件下进行。因此,下面分等温与定压两种情况进行讨论。

5.5.1 等温汽化与凝结过程(Isothermal process of vaporization and condensation)

在等温条件下,欲使液体汽化,必须降低压强。在 $p-T$ 图上作三条等温线 (1)、(2)和(3)自液相区降压垂直穿过汽化线 OC,并相交于 a、b、c 三点,如图 5-5-1(a)所示。以(1)线为例,处于液相区的初态 (p, T_1),在等温 T_1 条件下降压,达 a 点时,呈饱和状态的液体,试图进一步降压时,压强并无明显变化,在 a 点处饱和液体汽化,比体积增大,直到全部汽化。在 a 点处具有确定的化学势,汽化过程是在 $\mu^\alpha = \mu^\beta$ 条件下进行的,称为平衡相变。平衡相变过程在 $p-v$ 图 5-5-1(b)上,自由饱和状态 a' 开始变化到饱和气态 a'' 的水平直线表示。在 a 点处完全转化为饱和蒸汽后,随着压强继续下降,过程进入气相 (β) 区。在单相区 $(\alpha$ 或 $\beta)$,等温条件下,随着压强下降,物质比体积增大,而在平衡相变过程 $a'a''$ 中,压强、温度不变,比体积也增大,所以,$p-T$ 图上第(1)条等温线对应 $p-v$ 图上有 $a°a'a''$ 等温线,称为等温线 T_1。

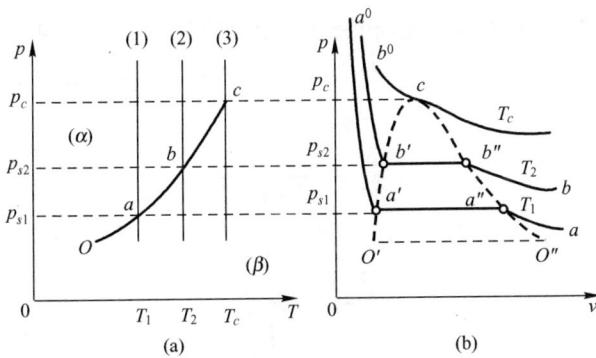

图 5-5-1 $p-T$ 和 $p-v$ 图

同样,$p-T$ 图上的第(2)条等温线,对应 $p-v$ 图上有 $b°b'b''$ 等温线,或等温线 T_2。因为 c 为临界点,$p-T$ 图上过 c 点的等温线对应 $p-v$ 图上临界等温线 cT_c,或称为临界等温线。

在 $p-v$ 图上,o'、a'、b' 为饱和液相,连线 $o'a'b'c$ 称为饱和液相线。由临界等温线、p 轴与饱和液相线所围的区域称为未饱和液相区。同样,o''、a''、b'' 为饱和气相,连线 $o''a''b''c$ 称为饱和气相线。临界等温线以上和饱和气相线之右,均为未饱和气相或气体,称为未饱和气相区。c 点为临界点,在临界点处,饱和液相与饱和气相具有确定的临界参数 p_c,T_c 和 v_c,因此两相差别消失,这时物质的潜热为零,液体表面张力为零。

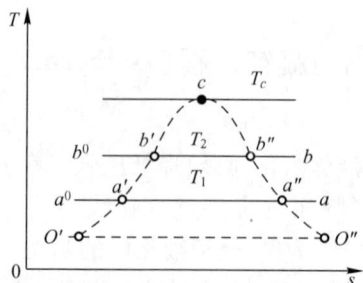

图 5-5-2　$T-s$ 图

由 $o'a'b'cb''a''o''o'$ 连线所围成的区域内,饱和液相和饱和气相两相共存,故称为气液共存区。共存区内压强和温度相互不独立,而是由饱和蒸汽压方程关联起来。

若将 $p-v$ 图上各状态画在 $T-s$ 图上的共存区,共存区内饱和液体与饱和蒸汽共存。由 $T-s$ 图可见,在等温条件下,随着压强降低及相变过程的进行,物质的熵将会增大。

$p-v$ 图上的 a' 所对应的饱和液相比体积 v' 即为式(5-4-4a)中的 v^a,饱和气相的 a'' 所对应的比体积 v'' 即为式(5-4-4a)中的 v^β,所以式(5-4-4a)亦可写成

$$\frac{\mathrm{d}p}{\mathrm{d}T} = \frac{\gamma_v}{(v''-v')T}$$

或

$$v''-v' = \frac{\gamma_v}{T\left(\dfrac{\mathrm{d}p}{\mathrm{d}T}\right)} \tag{5-5-1}$$

由例 5-2 计算结果可知,当温度升高时,$\left(\dfrac{\mathrm{d}p}{\mathrm{d}T}\right)$ 增大,而汽化潜热 γ_v 随温度升高而减小,所以,$(v''-v')$ 随着温度升高而缩短,即 $\overline{a'a''} > \overline{b'b''}$,直到临界点 c 处,缩成一个点,$\gamma_v = 0$,$vc'' = vc'$。

如果过程反向进行,即在等温条件下,自气相区压缩升压,蒸汽压到 a'' 或 b'' 时,即开始凝结,且在压强不变的情况下全部转化饱和液体 a' 或 b',机械增压时,进入液相区,比体积减少较小,压强迅速升高。同样,过程沿着 $p-v$ 图上的等温线进行。

5.5.2　定压汽化与凝结过程(Isobaric process of vaporization and condensation)

在定压条件下,液体的汽化则须升温,蒸汽的凝结则须降温。现以汽化为例

进行讨论,在图5-5-3中,对定压过程自液相区 M 点温度升至气相区 N 点时,与汽化线 OC 相交于 b 点。在 b 点处先达饱和液相 b',在共存区内经过平衡相变过程全部转化饱和气相 b'',在 b 点,具有与过程压强相对应的饱和温度 T_s。N 点的温度大于 T_s,称为过热状态,这时的蒸汽称为过热蒸汽,在 $b'b''$ 间为饱和液体和饱和蒸汽共存的状态,与饱和液体共存的饱和蒸汽称为湿饱和蒸汽,而在 b'' 处无液体的饱和蒸汽称为干饱和蒸汽,所以当液体自 M 点定压地升温至 N 的过程中,液体经历未饱和液体、饱和液体、湿饱和蒸汽、干饱和蒸汽和过热蒸汽五种状态。

若将定压升温的 MN 过程,画与 $T-s$ 图上,则如图5-5-3(c)所示,曲线在共存区内的 $b'b''$ 段仍维持温度不变。

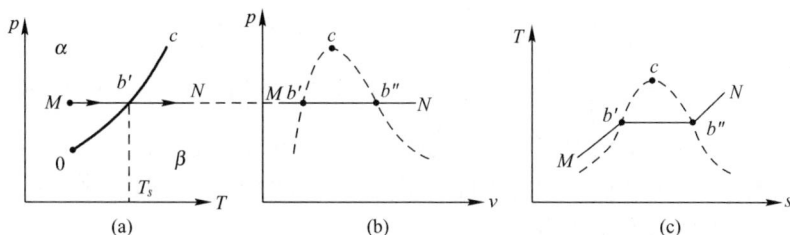

图5-5-3　液体的定压汽化和蒸汽的凝结过程

综合以上讨论,可将纯物质的 $p-v$ 图归纳为一个点(临界点)、两条线(液相线和气相线)、三个区(液相区、气相区和共存区)、五种状态(过冷液体、饱和液体、湿饱和蒸汽、干饱和蒸汽和过热蒸汽)。液体在定压汽化过程中要经历三个区、五种状态。蒸汽在凝结过程中,同样经历这三个区、五种状态。例如,在图5-5-3中,自 N 点降温至 M 点,蒸汽在 b'' 点开始凝结,经过共存区,在 b' 点全部凝结成饱和液体,而到 M 点即为过冷液体。

5.5.3　气液共存时的性质计算(Property calculation while vapor and liquid coexistence)

1. 干度的概念

由前面的内容可知,系统达到气液两相平衡时,系统的压强 p 和系统的温度 T 相互不独立,它们受相平衡条件的约束。然而,气液两相总质量一定的平衡系统构成简单可压缩系统,在第三章曾指出简单可压缩系统必须有两个独立参数才能确定其状态。因此,对于一定质量的湿蒸汽,若要确定系统的状态,需要引入系统含饱和水与干饱和蒸汽分量的参数,最常用的参数是干度 x。它是湿蒸汽特有的重要参数,用以表示湿饱和蒸汽中所含蒸汽的百分率,其定义式为

$$x = \frac{m''}{m' + m''} \tag{5-5-2}$$

式中：m'、m''分别表示湿饱和蒸汽中所含的液体和饱和蒸汽的质量。干度的数值范围是$0 \sim 1$。$x = 0$代表饱和液体，$x = 1$代表干饱和蒸汽。可见，x越大，湿蒸汽的含水量越小，"干度"的名称很形象地说明了它的含义。

2. 气液共存区性质计算

若系统的状态处于气液两相共存区内，如图5-5-4所示A点，饱和液体比体积为v'，干饱和蒸汽比体积为v''，系统处于A点时的比体积为v^x、干度为x。那么，比体积v^x为

$$v^x = v'(1-x) + v''x \qquad (5\text{-}5\text{-}3)$$

因此，干度也可以写成

$$x = \frac{v^x - v'}{v'' - v'} = \frac{\overline{a'A}}{\overline{a'a''}} \qquad (5\text{-}5\text{-}4)$$

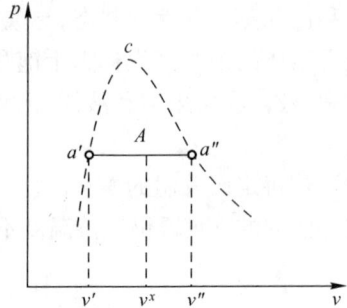

图5-5-4 气液共存区

即共存区内某点的干度等于共存区内该点所在等温定压线上到饱和液相线的距离与等温定压线总长之比。利用这个关系由等温定压线上A的位置可以确定湿蒸汽系统的干度。同理，可以很方便地确定系统其他的状态参数为

$$u^x = u'(1-x) + u''x \qquad (5\text{-}5\text{-}5)$$

$$h^x = h'(1-x) + h''x \qquad (5\text{-}5\text{-}6)$$

$$s^x = s'(1-x) + s''x \qquad (5\text{-}5\text{-}7)$$

式(5-5-3)~式(5-5-7)中，上标'和"是指饱和液态与饱和汽态的状态参数。

例5-5-1 已知饱和状态$t = -10℃$时，$F-12$液体和干蒸汽的比焓与比熵分别为

$$h' = 409.469\text{kJ/kg}, \quad h'' = 568.860\text{kJ/kg}$$

$$s' = 4.15280\text{kJ/(kg} \cdot \text{K)}, \qquad s'' = 4.75859\text{kJ/(kg} \cdot \text{K)}$$

试求$x = 0.1$和0.9时的比焓与比熵。

解： $\quad h^x = h'(1-x) + h''x, s^x = s'(1-x) + s''x$

当$x = 0.1$时

$$h^x = 409.469 \times (1 - 0.1) + 568.860 \times 0.1 = 425.41\text{kJ/kg}$$

$$s^x = 4.1528 \times (1 - 0.1) + 4.75859 \times 0.1 = 4.21331\text{kJ/kg}$$

当$x = 0.9$时

$$h^x = 409.469 \times (1 - 0.9) + 568.860 \times 0.9 = 552.92\text{kJ/kg}$$

$$s^x = 4.1528 \times (1 - 0.9) + 4.75859 \times 0.9 = 4.6980\text{kJ/kg}$$

如果在共存区内从状态1经历一过程到状态2，只要计算出1、2两点的参数，其能量转换用热力学第一定律和第二定律所给出的方程进行计算。例如在例5-6中，若设$x = 0.1$为状态1，$x = 0.9$为状态2，则工质$F-12$在定压过程中

汽化时所吸收的热量为
$$q = h_2^x - h_1^x = 552.91 - 425.41 = 127.5 \text{kJ/kg}$$
或者
$$q = T_s (s_2^x - s_1^x) = 263.15 \times (4.6980 - 4.2133) = 127.5 \text{kJ/kg}$$
可见,两种计算的结果是一致的。

5.6　曲界面复相系统的相转变与相平衡(Phase transition and phase equilibrium of curly interface multi – phases system)

前面讨论的气、液相变,基于两相间界面为平界面或曲率半径较大的相界面。我们所说的饱和蒸汽压强 p_s,是指平界面下气液两相平衡时的蒸汽压强。但有些气液两相系统中,气液两相间并非是平界面,而是曲界面,例如蒸汽中的液滴、液体中的气泡、毛细管中的液面都是曲界面。这种曲界面的气液平衡系统中,表面张力的影响必须加以考虑。

曲界面系统中,两相平衡时的蒸汽压强与前面所说饱和蒸汽压是不同的,其物理原因就在于曲界面上分子的逸出功与平界面上的分子不同。如图5-6-1(a)所示,在凹液面的情况下,分子跑出液面时,要多克服图中斜线部分液体分子的引力,所以需要比平液面跑出时的能力更大。因此,在温度相同的条件下单位时间内跑出液面的分子比平界面要少,此时两相平衡时的蒸汽压强比平界面的饱和蒸汽压强要小。反过来,在凸液面的情况下,分子跑出液体界面时克服液体分子的引力比平界面要小,如图5-6-1(b)所示,使得分子容易跑出,达到平衡时蒸汽压强比平界面饱和蒸汽压强要大。但必须指出,由于液体分子的引力作用范围很小,其数量级为 10^{-8}m,所以在一般曲面的情况下,其饱和蒸汽压与平界面的值的差别可以忽略不计,只是在微小液滴或微小气泡的情况下,这种差别就变得显著而不能忽略了。

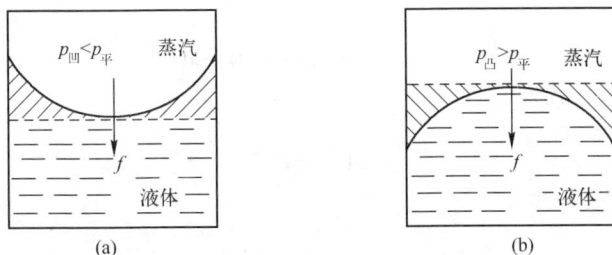

图5-6-1　曲界面

5.6.1　曲界面相平衡条件（Condition of phase equilibrium of curly interface）

1. 平衡条件

如图 5-6-2 所示，以 r 为半径的球形界面将某种物质分为 α 相和 β 相。在两相的分界面上，由于存在表面张力，界面与系统中其他部位的物理性质都不同，因此表面液膜构成一个表面相 γ。因为表面液膜极薄，可以认为它所占体积为零，即 $V^\gamma = 0$。假如系统在一定的条件下达到了平衡，那么整个系统必须满足热平衡条件、力学平衡条件和相平衡条件。

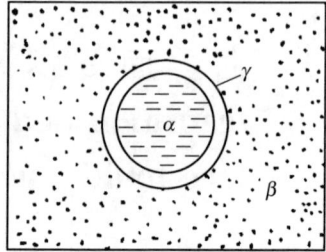

图 5-6-2　球形界面

系统内部达到热平衡时系统内部各部分的温度应一致，即

$$T^\alpha = T^\beta = T^\gamma = T$$

在等温条件下，设整个系统的体积不变，那么由质量转化系统关系式，将各相的自由能可以写成

$$dF^\alpha = -p^\alpha dV^\alpha + \mu^\alpha dm^\alpha$$

$$dF^\beta = -p^\beta dV^\beta + \mu^\beta dm^\beta$$

对于 γ 相，由于表面张力 σ 只是温度 T 的函数，在等温条件下，由式（5-6-1）得

$$dF^\gamma = \sigma dA$$

当 α 相、β 相和 γ 相达到平衡时，在等温定容条件下，由自由能判据式（5-2-9），系统总自由能为

$$dF = dF^\alpha + dF^\beta + dF^\gamma \equiv 0$$

即

$$-p^\alpha dV^\alpha - p^\beta dV^\beta + \sigma dA + \mu^\alpha dm^\alpha + \mu^\beta dm^\beta \equiv 0$$

由于

$$dm^\beta = -dm^\alpha \text{和} dV^\beta = -dV^\alpha$$

设曲界面为球面，则有

$$dA = \frac{2}{r}dV^\alpha$$

所以

$$dF = -\left(p^\alpha - p^\beta - \frac{2\sigma}{r}\right)dV^\alpha a + (\mu^\alpha - \mu^\beta)dm^\alpha \equiv 0 \qquad (5-6-1)$$

由式（5-6-1）得到了气液两相平衡的力学平衡条件和相平衡条件：

$$p^\alpha = p^\beta + \frac{2\sigma}{r} \qquad (5-6-2)$$

和

$$\mu^\alpha(T, p^\alpha) = \mu^\beta(T, p^\beta) \qquad (5-6-3)$$

曲界面的两相平衡同样要满足热平衡条件、力学平衡条件和相平衡条件。由力学平衡条件式(5-6-2)可以看出,以 r 为半径的球形界面上两相达到平衡时,界面内部的压强要比界面外部的压强大,而且 r 越小表面张力越大,两者的差值越大。物质的表面张力和界面的几何形状决定了这一平衡状态下的特征。一般地,如果两相的界面不是球形界面,可以证明两相达到平衡的力学平衡条件为

$$p^\alpha - p^\beta = \left(\frac{1}{r_1} + \frac{1}{r_2}\right)\sigma$$

其中,r_1、r_2 为非球形界面的两个主曲率半径。

2. 曲界面的克劳修斯—卡拉贝龙方程

由分析已经知道,平界面的气液两相平衡,系统内一定的温度对应着一定的饱和压强,而曲界面的气液两相平衡共存时,界面内外两相的压强 p^α、p^β 与温度之间的关系可由相平衡条件式(5-6-3)导出,由于 $\mu^\alpha = g^\alpha$ 和 $\mu^\beta = g^\beta$,代入相平衡条件关系式为

$$v^\alpha \mathrm{d}p^\alpha - s^\alpha \mathrm{d}T = v^\beta \mathrm{d}p^\beta - s^\beta \mathrm{d}T$$

由式(5-6-2)可得:$\mathrm{d}p^\alpha = \mathrm{d}p^\beta - \frac{2\sigma}{r^2}\mathrm{d}r$,代入上式可得

$$(s^\beta - s^\alpha)\mathrm{d}T = (v^\beta - v^\alpha)\mathrm{d}p^\beta + \frac{2\sigma v^\alpha}{r^2}\mathrm{d}r \qquad (5-6-4)$$

式(5-6-4)为曲界面的克劳修斯—克拉贝龙方程,它们表征了曲界面两相达到平衡时各相的压强与平衡温度的关系。将式(5-6-4)与平界面的克劳修斯—克拉贝龙方程式(5-4-4)比较可知,式(5-4-4)为式(5-6-4)在 r 趋于无穷大时的特例。

5.6.2 液滴与气泡生成和增长的条件(Condition for droplet and bubble generation and growth)

液滴与气泡的生成,应满足曲界面气液两相平衡的条件,因此可由式(5-6-4)给出。液滴和气泡增长是非平衡相变过程,其增长条件由从高化学势向低化学势转变的原则来确定。

1. 液滴存在和增长的条件

在图5-6-2中,α 相是液相,β 相是气相。若假设蒸汽是理想气体,并且有

$v^\beta \gg v^\alpha$，$v^\beta = \dfrac{RT}{p^\beta}$。在等温条件下，由式（5-6-4）可得

$$\frac{\mathrm{d}p^\beta}{p^\beta} = -\frac{2\sigma v^\alpha}{RT}\frac{\mathrm{d}r}{r^2} \tag{5-6-5}$$

从平界面积分到曲界面，即压强从 p_s 到 p^β，半径从 r 到 ∞ 之间积分式（5-6-5），则有

$$p^\beta = p_s \mathrm{e}^{\frac{2\sigma v\alpha}{RTr}} \tag{5-6-6}$$

$$p^\alpha = p_s \mathrm{e}^{\frac{2\sigma v\alpha}{RTr}} + \frac{2\sigma}{r} \tag{5-6-7}$$

$\dfrac{2\sigma}{r}$ 为由表面张力形成的指向液滴的附加压强。如果将式（5-6-6）和式（5-6-7）所示的 p^α、p^β 与 r 的关系表示在 $p - \dfrac{1}{r}$ 图上，可以得到如图 5-6-3 所示的曲线。因为在等温条件下恒有

$$\mathrm{e}^{\frac{2\sigma v\alpha}{RTr}} > 1$$

对于一定温度条件下液滴与周围的蒸汽处于平衡时，正如图 5-6-1（b）所描绘的那样，蒸汽的压强总是高于饱和蒸汽压，而液滴内部的压强 p^α 则更高，即 $p^\alpha > p^\beta > p^s$。这就说明蒸汽在凝结时必须处于过冷状态，式（5-6-6）可以写成

$$\ln\frac{p^\beta}{p_s} = \frac{2\sigma v^\alpha}{RT_r} \tag{5-6-8}$$

上式体现了蒸汽压强偏离饱和蒸汽压的大小，可将它作为蒸汽过冷程度的度量。液滴以较小的尺寸存在于蒸汽中时，则要求有较大的过冷度才能达到平衡，所以，蒸汽的过冷是液滴存在的条件之一。

式（5-6-8）表明，当 $r \to 0$ 时，则要求 $\dfrac{p^\beta}{p_s} \to \infty$，这是不可能的。所以，对于一定过冷度的蒸汽，液滴的初始尺寸有一个最低限度，这个最低限度的半径用 r_0 表示，由式（5-6-6）可得

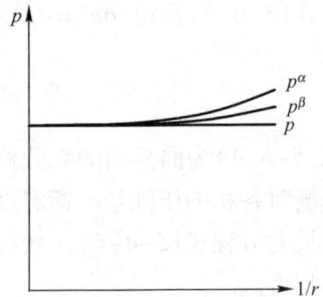

图 5-6-3　液滴存在和增长的 $p - 1/r$ 关系图

$$r_0 = \frac{2\sigma v^\alpha}{RT \ln\left(\dfrac{p^\beta}{p_s}\right)} \tag{5-6-9}$$

所得的 r_0 是蒸汽与液滴达到两相平衡时液滴的半径，也是液滴存在的最小半径，称作平衡半径。

实际的凝结过程是不平衡过程。要使凝结发生，液滴不断增大，气相的化学

势必大于液相的化学势 $\mu^\beta > \mu^\alpha$。由此容易推出液滴增长的条件为

$$r > r_0 = \frac{2\sigma v^\alpha}{RT \ln\left(\dfrac{p^\beta}{p^\alpha}\right)} \tag{5-6-10}$$

上式说明在一定的温度和蒸汽压强下,只有那些半径大于平衡半径的液滴才能凝结长大,那些半径小于平衡半径的液滴必然在 $\mu^\beta \leqslant \mu^\alpha$ 的条件下,不断蒸发而缩小直至完全消失。纯净的蒸汽中,蒸汽开始凝结时的半径总是很小的,要使蒸汽发生凝结就必须使蒸汽具有相当大的过冷度。如果蒸汽中含有灰尘等杂质情况就不一样了,当这些杂质的表面吸附一层液膜以后,液膜的曲率半径较大,会起着凝结核心的作用,在凝结时对蒸汽的过冷度的要求就会大大减小,这时蒸汽发生凝结所需的压强常常只须超过饱和蒸汽压的一个微小量。

综上所述,在蒸汽中形成液滴并使之增长的条件为:

(1)蒸汽必须处于过冷状态。

(2)蒸汽中必须存在半径大于平衡半径 r_0 的凝结核心。

2. 气泡的形成与增长的条件

液体中产生气泡是另一类曲界面气液两相系统,但界面内为气相、界面外为液相,表面张力形成的附加压强由外部液相指向内部气相。因此有

$$p^\beta = p^\alpha + \frac{2\sigma}{r} \tag{5-6-11a}$$

或

$$p^\alpha = p^\beta + \frac{2\sigma}{-r} \tag{5-6-11b}$$

将式(5-6-11b)与式(5-6-2)相比可知,若以 $-r$ 取代液滴公式(5-6-5),即可以得到气泡和液体相平衡公式

$$p^\beta = p_s e^{-\frac{2\sigma v\alpha}{RTr_0}} \tag{5-6-12}$$

$$p^\alpha = p_s e^{-\frac{2\sigma v\alpha}{RTr}} - \frac{2\sigma}{r} \tag{5-6-13}$$

$$r_{b0} = \frac{2\sigma v^\alpha}{RT \ln\left(\dfrac{p_s}{p^\beta}\right)} \tag{5-6-14}$$

式中:r_0 为液体中产生球形气泡的平衡半径。

如果将式(5-6-12)和式(5-6-13)所示的 p^α、p^β 与 r_b 的关系表示在 $p \sim \dfrac{1}{r_b}$ 图上,可以得到如图 5-6-4 所示的曲线。因为在等温条件下恒有:

$$e^{-\frac{2\sigma v\beta}{RTr_0}} < 1$$

所以对于一定温度条件下气泡与周围的液体处于平衡时,气泡的压强总是

小于饱和蒸汽压,而液体的压强 p^α 则更小。即 $p^\alpha < p^\beta < p_s$,液体必须处于过热状态。

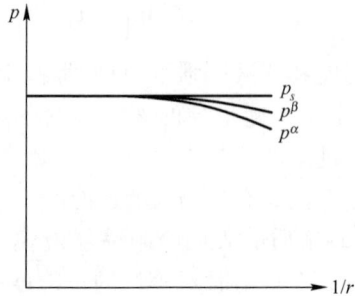

图 5-6-4 汽泡形成与增长的 $p-1/r$ 关系图

在一定温度的条件下,压强不变的液体要形成气泡,其初始尺寸有一个最低限度,高于这个限度的气泡能够存在,而低于这个限度的气泡就不能存在。

与凝结过程一样,实际的气泡增长过程是不平衡过程。要使气泡不断增大,气相的化学势必小于液相的化学势 $\mu^\beta < \mu^\alpha$。同样可以推出气泡增长的条件为:

$$r > r_0 = \frac{2\sigma v^\alpha}{RT \ln\left(\dfrac{p_s}{p^\beta}\right)} \tag{5-6-15}$$

一定的温度和压强下,只有那些半径大于平衡半径的气泡才能增大,那些半径小于平衡半径的气泡会缩小直至完全消失。液体中往往含有不凝结气体(如水中的空气),容器表面总有些凹坑,它们起着汽化核心的作用。

综上所述,在气泡形成或增长的条件是:

(1)液体必须处于过热状态。

(2)液体中必须存在半径大于平衡半径的汽化核心。

例 5-6-1 在常温 $T = 291\text{K}$ 时,水的表面张力 $\sigma = 0.073\text{N/m}$,比体积 $v^\alpha = 0.001\text{m}^3/\text{kg}$。试确定在此温度下水蒸汽分别凝结为 $r = 10^{-7}$、10^{-8}、10^{-9}m 的水滴时,水蒸汽的压强 p^β 至少超过饱和蒸汽压的多少倍。

解

水的摩尔质量为 18.016kg/kmol

通用气体常数 R_M 为 8.314kJ/(kmol·K)

由式(5-6-8)得:

$$\ln\left(\frac{p^\beta}{p_s}\right) = \frac{2\sigma v^\alpha}{RTr_0}$$

代入数据

$$\ln\left(\frac{p^\beta}{p_s}\right) = \frac{2 \times 0.073 \times 0.001 \times 18.016}{8.314 \times 10^3 \times 291 \times r_0} = 1.088 \times 10^9 \frac{1}{r_0}$$

$r_0 = 10^{-7}$m 时，$\dfrac{p^\beta}{p_s} = 1.011$

$r_0 = 10^{-8}$m 时，$\dfrac{p^\beta}{p_s} = 1.115$

$r_0 = 10^{-9}$m 时，$\dfrac{p^\beta}{p_s} = 2.968$

计算结果表明，凝结时形成的水滴越小，要求蒸汽压强超过饱和压强越大。

5.6.3　液体的过热度(Superheat degree of liquid)

沸腾是液体内部汽化过程，也是气泡生成与长大的过程。由气泡生成和长大的条件可知，在纯净的液体达到的沸点 T_b，即液体的饱和蒸汽压为 $p_s(T_b) = p^\alpha$ 时，并不能真正沸腾。只有在液体温度达到沸点以后，继续升高温度至 $T = T_b + \Delta T$，使得此时液体的饱和蒸汽压 $p_s(T_b + \Delta T)$：

$$p^\alpha < p^\beta < p_s(T_b + \Delta T) \tag{5-6-16}$$

成立，沸腾才会发生。液体所达到温度与沸点的差值 $\Delta T = T - T_b$ 称作液体的过热度。

由气泡生成的第二个条件知道，汽化核心的最小尺寸，应由式(5-6-14)所示的平衡半径 r_{b0} 确定，而 r_{b0} 与 $\left(\dfrac{p_s}{p^\beta}\right)$ 有关，若过热度 ΔT 大，则比值 $\dfrac{p_s(T_b + \Delta T)}{p^\beta}$ 就大，气泡生成所需要的 r_{b0} 也就小。反过来说，若液体中含有较大的汽化核心，对液体的过热度要求就小，含有较小的汽化核心，则要求较大的过热度。因此，过热度一定与液体中汽化核心的半径有关。下面将导出它们之间的关系。

因为 $e^{-\frac{2\sigma v^\alpha}{RTr_b}} < 1$，在液体通常拥有的汽化核心条件下，$\dfrac{2\sigma v^\alpha}{RTr_b}$ 数值很小，所以式(5-6-12)可写成

$$p^\beta = p_s\left(1 - \frac{2\sigma v^\alpha}{RTr_b}\right) \tag{5-6-17}$$

在相同的温度下，p^β 与 p_s 相关甚微，即 $p^\beta \approx p_s$。

设泡内蒸汽可视为理想气体，$RT = p^\beta v^\beta \approx p_s v^\beta$，式(5-6-17)又可写成：

$$p^\beta = p_s\left(1 - \frac{2\sigma v^\beta}{p_s r_b v^\beta}\right) \tag{5-6-18}$$

同理，式(5-6-13)可写成

$$p_s - p^\alpha = \frac{2\sigma}{r_b}\left(1 + \frac{v^\alpha}{v^\beta}\right) \tag{5-6-19}$$

系统压强不变,液体压强也不变,且 $p^\alpha = p_s(T_b)$,所以式(5-6-19)相当于温度从 T_b 变到 $T = T_b + \Delta T$ 时,饱和蒸汽压沿汽化曲线的改变量。由饱和蒸汽压方程,可得

$$\ln \frac{p_s}{p^\alpha} = \frac{\gamma_v}{R}\left(\frac{1}{T_b} - \frac{1}{T}\right) = \frac{\gamma_v \Delta T}{R T_b T}$$

因为 ΔT 一般很小,$T = T_b + \Delta T \approx T_b$,所以

$$\Delta T = \frac{R T_b^2}{\gamma_v} \ln \frac{p_s}{p^\alpha} \tag{5-6-20}$$

由式(5-6-19)和式(5-6-20),可得

$$\Delta T = \frac{R T_b^2}{\gamma_v} \ln\left[1 + \frac{2\sigma}{p^\alpha r_b}\left(1 + \frac{v^\alpha}{v^\beta}\right)\right] \tag{5-6-21}$$

式(5-6-21)说明,若系统中具有的汽化核心较大,则过热度较大,反之亦然。同时过热度与物质种类(r_v)和系统压强(p^α, T_b, v^β)亦有关。

当 $v^\beta \gg v^\alpha$,且 $\dfrac{2\sigma}{p^\alpha r_b} \ll 1$ 时,方程(5-6-20)可简化为

$$\Delta T = \frac{R T_b^2}{p^\alpha \gamma_v} \frac{2\sigma}{r_b} \tag{5-6-22}$$

式(5-6-22)可在对比态压强 $0.01 < p_r < 1$ 范围内使用而无明显误差。

若液体中溶解有非凝结气体,如空气、气泡内亦会含有空气,且空气的分压为 p_a。力平衡方程应写为

$$p^\beta + p_a - p^\alpha = \frac{2\sigma}{r_b} \tag{5-6-23}$$

这时式(5-6-21)相应地写成

$$\Delta T = \frac{R T_b^2}{\gamma_v} \ln\left[1 + \left(\frac{2\sigma}{p^\alpha r_v} - \frac{p_a}{p^\alpha}\right)\left(1 + \frac{v^\alpha}{v^\beta}\right)\right] \tag{5-6-24}$$

与(5-6-22)相对应的公式有

$$\Delta T = \frac{R T_b^2}{p^\alpha \gamma_v}\left(\frac{2\sigma}{r_b} - p_a\right) \tag{5-6-25}$$

所以溶解气体的存在降低了给定半径下气泡长大所需要的过热度。

曲界面相变理论在工程上有着广泛的应用。例如,人工降雨的机理就是大量的凝结核心飞洒在过冷水蒸汽的云层中,使之凝结成雨滴,成为人工造雨。

长时间反复煮沸的水因溶解气体减少,汽化核心也越来越少,因而液体在内部相气泡汽化的量越来越少,这时对液体加入的热量不能全部带走,液体的温度将上升。此时即使液体的温度超过液面所对应的沸点温度很高,也不发生沸腾,形成很高的过热度。由于涨落,某些地方的液体分子会有足够大的能量而彼此

推开形成极小的气泡。虽然这种气泡的尺度一般只有分子间距的几倍,但由于液体已经处于极度过热状态,液体分子的动能较大,能迅速向气泡蒸发,气泡内的蒸汽压强迅速大于大气压,随机气泡迅速膨胀,甚至发生爆炸,这种现象称为爆沸。为了避免这种现象的发生,常常在对锅炉等蒸汽发生设备加热之前,加入一些吸附空气的物质,并在加热过程中不断加入新鲜水,以保证汽化过程稳定地进行。

思 考 题

5-1 对于单元复相系统,若相间温度不同时,是否能达到力学平衡和相平衡?

5-2 单元物质的化学势(即比自由焓)只是温度 T 与压强 p 的函数,而相变过程一般是在等温定压下进行,那么相变过程中两相化学势是否必然相等?

5-3 克劳修斯—克拉贝龙方程用于汽化时,由于 γ_v 为正值,所以 $\dfrac{\mathrm{d}p}{\mathrm{d}T}>0$。那么,该方程用凝结时,过程热效应取负值,这时 $\dfrac{\mathrm{d}p}{\mathrm{d}T}$ 仍然大于零吗?为什么?

5-4 在三相点处,物质潜热间存在 $\gamma_s=\gamma_v+\gamma_m$ 关系,在相图上其他地方是否也能找到这种关系?

5-5 有人说"一个密封的容器内,若处于两相平衡的液体和气体为同一种物质,那么气相所占的相对体积越大则饱和蒸汽压越大"。这种说法对吗?为什么?

5-6 体积不变的容器中存有液相和气相共存的物质,总质量为 1kg,在某温度和压强下处于相平衡状态。对容器加热升温,试据 $p-v$ 图中共存区特点来分析,升温时在什么条件下气相增加,在什么条件下液相增加?

5-7 什么是过热蒸汽、过冷液体、过冷蒸汽与过热液体?试在 $p-v$ 图上以某条等温线为基准,定性地找出它们相应的状态点位置。

5-8 在研究曲界面气液共存的复相系统的平衡时要考虑三相(气相、液相和表面相)之间的平衡,但在平界面气相复相系统中,也有表面相—气液界面,为什么只考虑两相平衡?

5-9 式(5-6-19)是指相同温度下的压差: $p_s(T)-p^\alpha(T)$,而式(5-6-20)蒸汽压方程中压强比是指不同温度下的 $\left[\dfrac{p_S(T)}{p^\alpha(T_b)}\right]$,为什么可以联立求解而得到式(5-6-21)?

习　题

5-1　在饱和 NH_3 和饱和 F – 12 蒸汽表（见附表 14、15）上各选取 $t = -30℃$ 和 $t = -10℃$ 时的有关数据，计算它们的液相化学势和气相化学势，并判断气液两相是否处于平衡状态。

5-2　根据上题中所指定的温度和蒸汽表中的有关数据，计算这两个温度下 NH_3 和 F – 12 汽化曲线的斜率。

5-3　二氧化碳的三相点上，$T = 216.55K$，$p = 5.18bar$，固态比体积 $v^\delta = 0.661 \times 10^{-3} m^3/kg$，液态比体积 $v^\alpha = 0.849 \times 10^{-3} m^3/kg$，气态比体积 $v^\beta = 72.2 \times 10^{-3} m^3/kg$，升华潜热 $\gamma_s = 542.76kJ/kg$，汽化潜热 $\gamma_v = 347.85kJ/kg$。试计算三相点处升华线、熔解线和汽化线的斜率各为多少？

5-4　根据上题所列条件，假定潜热不随温度而改变，液相比体积与气相比体积相比可略，且蒸汽可视为理想气体，试计算 CO_2 在 $t = -80℃$ 和 $t = -40℃$ 时的饱和蒸汽压（查表数据分别为 0.602bar 和 10.05bar）。

5-5　接近 100℃ 时，每当压强增大 400Pa 时水的沸点升高 0.11℃，水蒸气的比体积 $v^\beta = 1.671 m^3/kg$。试求水的汽化潜热。

5-6　固态氨的蒸汽压方程和液态氨的蒸汽压方程分别为：

$$\ln p = 27.93 - \frac{3754}{T}$$

及

$$\ln p = 24.38 - \frac{3063}{T}$$

其中 p 的单位为 Pa。试求：

（1）三相点的压强和温度；

（2）三相点处的汽化热、熔解热和升华热；

（3）在 $p – T$ 图上画出饱和曲线示意图。

5-7　1 个大气压下，5kg 的水在 100℃（正常沸点）条件下全部汽化，设水的正常沸点下的汽化潜热 $\gamma_v = 2257.2kJ/kg$，水的比体积为 $v^\alpha = 0.00104 m^3/kg$，水蒸汽比体积 $v^\beta = 1.6738 m^3/kg$，试计算过程中系统吸收的热量、对外作的功、内能的变化、焓的变化和熵的变化。

5-8　试证明物质由 α 相平衡变至 β 相平衡时，其比内能变化为

$$\mu^\beta - \mu^\alpha = \gamma\left(1 - \frac{d\ln T}{d\ln p}\right)$$

其中，γ 为相变潜热。

200

5-9 质量 $m = 0.027\text{kg}$ 的气体，占有体积 $V = 1.0 \times 10^{-2}\text{m}^3$，温度为 300K。在此温度下液体的密度 $\rho_c = 1.3 \times 10^3\text{kg/m}^3$，饱和蒸汽的比体积为 $0.25\text{m}^3/\text{kg}$，设用等温压缩的方法将此气体全部压缩成液体，试问：

（1）在什么体积气体开始液化？

（2）在什么体积气体液化结束？

（3）当体积为 $1.0 \times 10^{-3}\text{m}$ 时，液、气各占多少体积？

5-10 参数为 $p = 0.04\text{bar}$，$x = 0.9$ 的水饱和湿蒸汽流入冷凝器，并在其中定压地冷凝成饱和水，求冷凝 1kg 水饱和湿蒸汽需排放多少热量。（计算所需有关数据查阅饱和水和饱和蒸汽表。）

5-11 食堂用蒸汽烧开水，其方法是将压强 $p = 1.0133\text{bar}$，干度 $x = 0.9$ 的水蒸气与同压强下温度为 20℃ 的水进行绝热混合。若要供应 4 吨开水（100℃），水和水蒸气各需多少？（计算所需有关数据查阅饱和水和饱和蒸汽表。）

5-12 在 $T = 291\text{K}$ 时，水的表面张力 $\sigma = 73 \times 10^{-3}\text{N/m}$，比体积 $v = 0.001\text{m}^3/\text{kg}$，水的气体常数 $R = 0.461\text{kJ/(kg·K)}$。试确定在此温度下若水中气泡分别为 $r = 10^{-7}$、10^{-8}、10^{-9}m 时，气泡内的压强分别要超过饱和蒸汽压 p_s 的多少倍？

5-13 已知在水中的某个位置离水面是 1m，这个位置的温度为 373K，对应的饱和蒸汽压是 1atm。问水面上的气压为多少时才能使该位置的 1 个 0.1mm 大小的气泡增长？已知水在 373K 时表面张力系数 $\sigma = 59 \times 10^{-3}\text{N/m}$，水蒸气的比体积 $v^\beta = 1.64\text{m}^3/\text{kg}$。

5-14 对水加热时，如果水中无足够大的气泡，则水温达到当地压强下沸点时并不沸腾。设在 1atm 下对水加热，水中的气泡内全是蒸汽。若要水在沸腾时的过热度不超过 0.1K，则初始气泡的半径 r_{b0} 最小应为多大？已知水在 1atm 下的饱和温度 $T_s = 373\text{K}$，汽化热 $r_v = 2.26 \times 10^5\text{J/kg}$，表面张力系数 $\sigma = 59 \times 10^{-3}\text{N/m}$。

5-15 已知某物质发生气液相变时的饱和蒸汽压方程

$$\ln p = A + B\frac{1}{T} + C\ln T + DT + ET^2$$

其中，A、B、C、D、E 为已知常数。编制计算机程序求解以下问题：

（1）已知饱和温度 T_s，求饱和压强 p_s；

（2）已知饱和压强 p_s，求饱和温度 T_s。

第6章　化学热力学基础

Chapter 6　Elements of Chemical Thermodynamics

内容提要　本章讨论化学反应过程的热力学基本定律,包括燃烧过程、反应系统的能量守恒、绝热火焰温度、绝对熵和热力学第三定律、化学平衡等。应用热力学第一定律讨论了化学反应过程生成焓的概念与计算方法,应用热力学第三定律讨论了化学反应过程绝对熵的概念与计算方法,应用化学势讨论了化学反应过程平衡常数的概念与计算方法。

基本要求　在本章学习中,要求学生理解化学反应过程生成焓、绝热火焰温度、绝对熵和化学势的概念,掌握任意状态下焓的计算式,掌握理想气体绝对熵的计算式,掌握平衡常数的计算式。

化学反应系统的热力分析是对热力学定律的有力补充。虽然基本原则没有变化,包括质量守恒、能量守恒和熵平衡,但是需要修正比焓、内能和熵的计算方法。

6.1　燃烧过程(Combustion process)

当化学反应发生时,反应物的分子键被打破了,核外电子重新分布,正负离子重新组合,形成新的反应产物,并且伴随着快速的氧化反应过程释放大量的能量。工业生产中三种主要的易燃化学元素是碳、氢和硫,其中硫不是释放能量的重要贡献者,但它是引起污染和侵蚀的始作俑者。

在空气环境中,完全燃烧是指燃料中的碳全部燃烧成二氧化碳,氢全部燃烧成水,硫全部燃烧成二氧化硫,如果这些情况不能全部满足就是不完全燃烧。

燃烧反应的化学方程表示为

$$\text{fuel} + \text{oxidizer} \rightarrow \text{products}$$

比如氢气和氧气完全燃烧的化学方程为

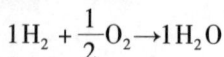

$$1H_2 + \frac{1}{2}O_2 \rightarrow 1H_2O$$

用摩尔数表示为

$$1\mathrm{kmolH_2} + \frac{1}{2}\mathrm{kmolO_2} \rightarrow 1\mathrm{kmolH_2O}$$

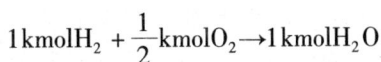

或质量大小表示为

$$2\mathrm{kgH_2} + 16\mathrm{kgO_2} \rightarrow 18\mathrm{kgH_2O}$$

1. 燃料(Fuel)

燃料是一类易燃的物质,主要是指碳氢化合物,其存在形式可能是液体、气体或固体。

液态碳氢化合物主要来自原油的蒸馏和裂化过程,包括汽油(Petrol,C_8H_{18})、柴油(Diesel Fuel,$C_{12}H_{26}$)和煤油(Kerosene)等。

气态碳氢化合物主要来自天然气井或者产生于化学过程,其主要成分是甲烷(CH_4)。

煤是主要的固态燃料,它的成分随产地而变。

2. 空气(Air)

空气的成分简化为21%(以摩尔为计量单位)的氧气和79%的氮气,也就是说,氮气与氧气的摩尔比是0.79/0.21 = 3.76。当氧气用于燃烧反应时,1mol的氧气伴随着3.76mol的氮气。

燃烧时空气量与燃料量的比值称为空燃比,若以质量计量,称为质量空燃比,表示为

$$AF = \frac{\text{mass of air}}{\text{mass of fuel}} = \frac{\text{moles of air}}{\text{moles of fuel}} \frac{M_{\text{air}}}{M_{\text{fuel}}} = \overline{AF}\left(\frac{M_{\text{air}}}{M_{\text{fuel}}}\right)$$

式中:$\overline{AF}$为摩尔空燃比。

包含燃料完全燃烧所需氧气的最少空气量称为理论空气量。在理论空气量下完全燃烧的化学反应方程称为该燃料的当量方程。以甲烷在空气中燃烧为例,根据当量方程的定义,不难写出

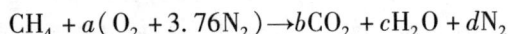

$$CH_4 + a(O_2 + 3.76N_2) \rightarrow bCO_2 + cH_2O + dN_2$$

根据反应前后每一种元素的摩尔数相等可得

$$C: b = 1$$
$$H: 2c = 4$$
$$O: 2b + c = 2a$$
$$N: 2d = 2 \times 3.76a$$

求解方程组,当量方程为

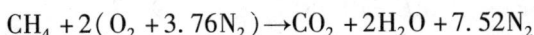

$$CH_4 + 2(O_2 + 3.76N_2) \rightarrow CO_2 + 2H_2O + 7.52N_2$$

空气与燃料的质量比为

$$AF = \overline{AF}\left(\frac{M_{\text{air}}}{M_{\text{fuel}}}\right) = \frac{2 + 3.76 \times 2}{1} \frac{28.97}{16.04} = 17.19$$

如果实际空气量低于理论空气量,如 80% 理论空气量,或称 20% 不足空气量,由于缺氧,不可能完全燃烧,燃烧产物中必定有多余的燃料。为了尽可能使燃烧完全,实际空气量总是大于理论空气量,如 150% 理论空气量,或称 50% 过量空气量。当甲烷以 150% 理论空气量燃烧时,其化学反应方程变为

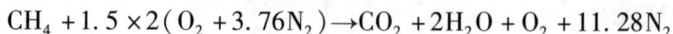

$$CH_4 + 1.5 \times 2(O_2 + 3.76N_2) \rightarrow CO_2 + 2H_2O + O_2 + 11.28N_2$$

3. 产物(Products)

燃烧是一系列复杂的和快速的化学反应的结果,其产物的形成依赖于许多因素。当燃料在内燃机的汽缸中燃烧时,产物随汽缸中的压强和温度而变。另外,即使在实际燃烧过程中有足够的氧气供应,在燃烧产物中还是会出现一定量的一氧化碳和氧气,因为混合不充分和燃烧时间不够长同样会引起不完全燃烧。

一个实际燃烧过程的燃烧产物及其相对值可以通过仪器来实验测定,如气体分析仪、气体色谱仪、红外线分析仪和火焰电离探测器等。

由于产物中包含水蒸气,在压强保持不变的情况下,产物温度下降到露点(某个压强下对应的水蒸气饱和温度)时,水蒸气开始凝结。

例 6-1-1 CH_4 在干空气中燃烧,其燃烧产物的摩尔成分分别为:CO_2,9.7%;CO,0.5%;O_2,2.95%;N_2,86.85%。试求:(1)摩尔空燃比和质量空燃比;(2)在大气压强为 1atm 时燃烧产物的露点温度。

解

(1) 取 100kmol 的燃烧产物,化学方程为

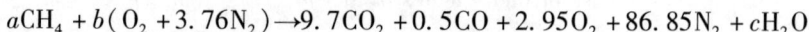

$$aCH_4 + b(O_2 + 3.76N_2) \rightarrow 9.7CO_2 + 0.5CO + 2.95O_2 + 86.85N_2 + cH_2O$$

由碳元素、氢元素、氧元素的质量守恒可得

$$C: 9.7 + 0.5 = a$$
$$H: 2c = 4a$$
$$O: (9.7)2 + 0.5 + (2.95)2 + c = 2b$$

解方程求得 $a = 10.2$,$b = 23.1$,$c = 20.4$。因此,化学方程可写为

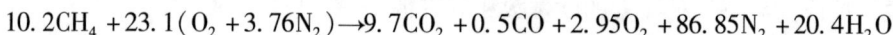

$$10.2CH_4 + 23.1(O_2 + 3.76N_2) \rightarrow 9.7CO_2 + 0.5CO + 2.95O_2 + 86.85N_2 + 20.4H_2O$$

摩尔空燃比为

$$\overline{AF} = \frac{23.1 \times 4.76}{10.2} = 10.78$$

质量空燃比为

$$AF = 10.78 \left(\frac{28.97}{16.04} \right) = 19.47$$

(2) 水蒸气的摩尔分数为

$$y_v = \frac{20.4}{100 + 20.4} = 0.169$$

水蒸气的分压为

$$p_v = y_v p = 0.169 \times 1 = 0.169 \text{atm} = 0.1712 \text{bar}$$

由附表 2 可查,可得露点温度 $T_d = 57℃$。

6.2 反应系统的能量守恒(Conservation of energy for reacting systems)

热力学第一定律对于有化学反应的热力学系统同样是适用的,只是应注意两个关键性问题:化学反应过程是"旧质消失、新质产生"的过程,结合各种化合物的化学键发生了变化,因此必须考虑化学能对焓及内能变化的影响;在化学反应过程中,不同的化合物出现在同一化学反应方程中,因此在能量分析中必须采用统一的基准。

1. 生成焓(Enthalpy of formation)

在标准参考状态($T_{ref} = 298.15\text{K}, p_{ref} = 1\text{atm}$)下,从稳定元素化合成 1 kmol 化合物的过程中所交换的热量,称为该物质的生成焓。化合过程中若放热,生成焓为负,吸热则生成焓为正。

在标准参考状态($T_{ref} = 298.15\text{K}, p_{ref} = 1\text{atm}$)下,所有稳定的化学元素或稳定的单质分子,其焓值都统一定义为零,这就是化学反应过程中对焓基准的定义。

因为各种化合物都是由确定的单质元素化合而成;在化学反应过程中,任何元素的数量是守恒的;同种元素出现在各种不同的化合物时,其焓基准是相同的。所以有了上述焓基准之后,就把各种物质的焓值都统一到相同的焓基准上来了,这样为计算不同的化合物的焓值提供了相同的数值基础。

下面以氧气与碳化合成二氧化碳为例说明生成焓的定义(见图 6-2-1),其化学方程为

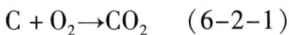

$$C + O_2 \rightarrow CO_2 \quad (6-2-1)$$

对于稳态过程,其能量方程为

$$0 = \dot{Q}_{CV} + \dot{n}_C \bar{h}_C + \dot{n}_{O_2} \bar{h}_{O_2} - \dot{n}_{CO_2} \bar{h}_{CO_2} \quad (6-2-2)$$

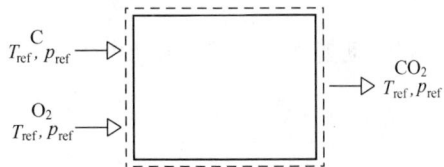

图 6-2-1 生成焓概念的引入示例

二氧化碳的生成焓为

$$\bar{h}_{CO_2} = \frac{\dot{Q}_{CV}}{\dot{n}_{CO_2}} + \frac{\dot{n}_C}{\dot{n}_{CO_2}} \bar{h}_C + \frac{\dot{n}_{O_2}}{\dot{n}_{CO_2}} \bar{h}_{O_2} = \frac{\dot{Q}_{CV}}{\dot{n}_{CO_2}} + \bar{h}_C + \bar{h}_{O_2} \quad (6-2-3)$$

由于在标准参考状态下,碳和氧气是稳定元素,所以$\overline{h}_C = h_{O_2} = 0$,式(6-2-3)变为

$$\overline{h}_{CO_2} = \frac{\dot{Q}_{CV}}{\dot{n}_{CO_2}} \qquad (6-2-4)$$

这就是标准参考状态下二氧化碳的生成焓,经过精密仪器的测量,它等于 $-393520kJ/kmol$,见附表30。

对于任意状态下物质的比焓为

$$\overline{h}(T,p) = \overline{h}_f^0 + [\overline{h}(T,p) - \overline{h}(T_{ref}, p_{ref})] = \overline{h}_f^0 + \Delta \overline{h}(T,p) \qquad (6-2-5)$$

式中:$\overline{h}_f^0$ 为标准参考状态下的生成焓;$\Delta \overline{h}$ 为同种物质的任意状态与标准状态之间的焓差,也称为物理焓。

2. 反应系统的能量平衡(Energy balance for reacting systems)

如图 6-2-2 所示,碳氢燃料 C_aH_b 在空气中完全燃烧的化学方程为

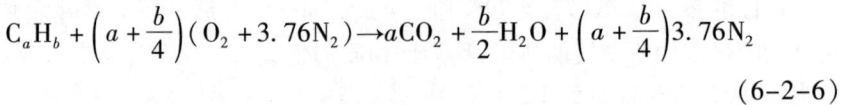

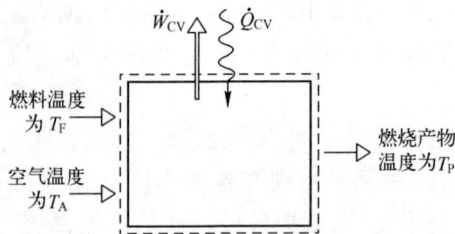

$$C_aH_b + \left(a + \frac{b}{4}\right)(O_2 + 3.76N_2) \rightarrow aCO_2 + \frac{b}{2}H_2O + \left(a + \frac{b}{4}\right)3.76N_2 \qquad (6-2-6)$$

图 6-2-2　稳态燃烧过程

忽略动能和势能的变化,由控制体积系统的能量方程有

$$0 = \dot{Q}_{CV} - \dot{W}_{CV} + \dot{n}_F \left[\overline{h}_F + \left(a + \frac{b}{4}\right)\overline{h}_{O_2} + \left(a + \frac{b}{4}\right)3.76\,\overline{h}_{N_2} \right]$$

$$- \dot{n}_F \left[a\,\overline{h}_{CO_2} + \frac{b}{2}\overline{h}_{H_2O} + \left(a + \frac{b}{4}\right)3.76\,\overline{h}_{N_2} \right]$$

或

$$\frac{\dot{Q}_{CV}}{\dot{n}_F} - \frac{\dot{W}_{CV}}{\dot{n}_F} = \left[a\,\overline{h}_{CO_2} + \frac{b}{2}\overline{h}_{H_2O} + \left(a + \frac{b}{4}\right)3.76\,\overline{h}_{N_2} \right]$$

$$- \left[\overline{h}_F + \left(a + \frac{b}{4}\right)\overline{h}_{O_2} + \left(a + \frac{b}{4}\right)3.76\,\overline{h}_{N_2} \right]$$

$$= \overline{h}_P - \overline{h}_R \qquad (6-2-7)$$

式中：$\bar{h}_P$和$\bar{h}_R$分别是1mol 燃料下的生成物和反应物的焓。式(6-2-7)也可写成

$$\frac{\dot{Q}_{CV}}{\dot{n}_F} - \frac{\dot{W}_{CV}}{\dot{n}_F} = \sum_P n_e(\bar{h}_f^0 + \Delta\bar{h})_e - \sum_R n_i(\bar{h}_f^0 + \Delta\bar{h})_i \qquad (6-2-8)$$

式中：n_e和n_i分别为化学方程中反应物和生成物前对应的系数。

3. 燃烧焓(Enthalpy of combustion)

燃烧焓定义为完全燃烧时在给定温度和压强下生成物的焓与反应物的焓之差,表示为

$$\bar{h}_{RP} = \sum_P n_e\bar{h}_e - \sum_R n_i\bar{h}_i \qquad (6-2-9)$$

式(6-2-8)可以改写为

$$\frac{\dot{Q}_{CV}}{\dot{n}_F} - \frac{\dot{W}_{CV}}{\dot{n}_F} = \underline{\sum_P n_e(\bar{h}_f^0)_e - \sum_R n_i(\bar{h}_f^0)_i} + \sum_P n_e(\Delta\bar{h})_e - \sum_R n_i(\Delta\bar{h})_i$$

即

$$\frac{\dot{Q}_{CV}}{\dot{n}_F} - \frac{\dot{W}_{CV}}{\dot{n}_F} = \bar{h}_{RP}^0 + \sum_P n_e(\Delta\bar{h})_e - \sum_R n_i(\Delta\bar{h})_i \qquad (6-2-10)$$

式中：$\bar{h}_{RP}^0$为标准参考状态下的燃烧焓。

6.3 绝热火焰温度(Adiabatic flame temperature)

假设一个燃烧反应系统处于稳定状态,系统与外界没有功量交换,忽略动能和势能的变化,这样燃烧反应释放的能量一方面用于加热燃烧产物,另一方面释放能量用于向外进行热交换。如果热交换程度越小,则释放能量对燃烧产物加热的温度越高,在绝热情况下,燃烧产物的温度达到最大值,此时这个温度称为绝热火焰温度。由式(6-2-8)可得

$$\sum_P n_e(\bar{h}_f^0 + \Delta\bar{h})_e = \sum_R n_i(\bar{h}_f^0 + \Delta\bar{h})_i \qquad (6-3-1)$$

例6-3-1 25℃、1atm 的液态辛烷与同温同压的空气进入某一绝热反应器进行燃烧。在稳态工作以及忽略宏观动能和重力位能变化的情况下,在(1)理论空气量;(2)400% 理论空气量条件下,试求辛烷完全燃烧时的绝热火焰温度。

解

在稳态燃烧时,控制体积系统的能量方程为

$$0 = \underset{0}{\frac{\dot{Q}_{CV}}{\dot{n}_F}} - \underset{0}{\frac{\dot{W}_{CV}}{\dot{n}_F}} + \sum_R n_i(\bar{h}_f^0 + \Delta\bar{h})_i - \sum_P n_e(\bar{h}_f^0 + \Delta\bar{h})_e$$

整理为

$$\sum_P n_e(\Delta\bar{h})_e = \sum_R n_i(\bar{h}_f^0)_i + \sum_R n_i(\Delta\bar{h})_i - \sum_P n_e(\bar{h}_f^0)_e$$

由于反应物处于标准参考状态,上式可简化为

$$\sum_P n_e(\Delta\bar{h})_e = \sum_R n_i(\bar{h}_f^0)_i - \sum_P n_e(\bar{h}_f^0)_e$$

(1) 对于理论空气量,其化学方程为

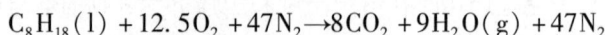

$$C_8H_{18}(l) + 12.5O_2 + 47N_2 \rightarrow 8CO_2 + 9H_2O(g) + 47N_2$$

引入化学方程的系数,能量方程变为

$$8(\Delta\bar{h})_{CO_2} + 9(\Delta\bar{h})_{H_2O(g)} + 47(\Delta\bar{h})_{N_2} = (\bar{h}_f^0)_{C_8H_{18}(l)} - 8(\bar{h}_f^0)_{CO_2} - 9(\bar{h}_f^0)_{H_2O(g)}$$

上式右边的焓值由附表 30 可得

$$8(\Delta\bar{h})_{CO_2} + 9(\Delta\bar{h})_{H_2O(g)} + 47(\Delta\bar{h})_{N_2} = (\bar{h}_f^0)_{C_8H_{18}(l)} - 8(\bar{h}_f^0)_{CO_2} - 9(\bar{h}_f^0)_{H_2O(g)}$$
$$= 5074630kJ/kmol$$

针对不同的绝热火焰温度,计算出燃烧产物的焓值见表 6-3-1,通过插值可得绝热火焰温度 $T_P = 2395K$。

表 6-3-1　燃烧产物的焓值

	2500K	2400K	2350K
$8(\Delta\bar{h})_{CO_2}$	975408	926304	901816
$9(\Delta\bar{h})_{H_2O(g)}$	890676	842436	818478
$47(\Delta\bar{h})_{N_2}$	3492664	3320597	3234869
$\sum_P n_e(\Delta\bar{h})_e$	5358748	5089337	4955163

(2) 对于400% 理论空气量,其化学方程为

$$C_8H_{18}(l) + 50O_2 + 188N_2 \rightarrow 8CO_2 + 9H_2O(g) + 37.5O_2 + 188N_2$$

引入化学方程的系数,能量方程变为

$$8(\Delta\bar{h})_{CO_2} + 9(\Delta\bar{h})_{H_2O(g)} + 37.5(\Delta\bar{h})_{O_2} + 188(\Delta\bar{h})_{N_2} =$$
$$(\bar{h}_f^0)_{C_8H_{18}(l)} - 8(\bar{h}_f^0)_{CO_2} - 9(\bar{h}_f^0)_{H_2O(g)}$$

即能量方程可简化为

$$8(\Delta\bar{h})_{CO_2} + 9(\Delta\bar{h})_{H_2O(g)} + 37.5(\Delta\bar{h})_{O_2} + 188(\Delta\bar{h})_{N_2} = 5074630kJ/kmol$$

采用(1)中同样的方法可得绝热火焰温度 $T_P = 962K$。

6.4　绝对熵和热力学第三定律(Absolute entropy and the third law of thermodynamics)

1. 反应系统熵的计算(Evaluation of entropy for reacting systems)

热力学第三定律描述为:在 1atm、$T = 0K$ 时,任何元素及化合物的熵值为

零。根据这个熵基准,任何状态下的熵值都可称为绝对熵。

任意状态下的熵为

$$\bar{s}(T,p) = \bar{s}(T,p_{\text{ref}}) + [\bar{s}(T,p) - \bar{s}(T,p_{\text{ref}})]$$

如果是理想气体,则熵为

$$\bar{s}(T,p) = \bar{s}^{\,0}(T) - \bar{R}\ln\frac{p}{p_{\text{ref}}} \qquad (6\text{-}4\text{-}1)$$

对于理想气体混合物中第 i 种成分的熵为

$$\bar{s}_i(T,p_i) = \bar{s}_i^{\,0}(T) - \bar{R}\ln\frac{y_i p}{p_{\text{ref}}} \qquad (6\text{-}4\text{-}2)$$

2. 反应系统的熵平衡(Entropy balance for reacting systems)

对于图 6-2-2 所示的碳氢燃料燃烧反应,其稳态过程的熵平衡方程为

$$0 = \sum_j \frac{\dot{Q}_j / \dot{n}_F}{T_j} + \left[\bar{s}_F + \left(a + \frac{b}{4}\right)\bar{s}_{O_2} + \left(a + \frac{b}{4}\right)3.76\,\bar{s}_{N_2}\right]$$

$$- \left[a\,\bar{s}_{CO_2} + \frac{b}{2}\,\bar{s}_{H_2O} + \left(a + \frac{b}{4}\right)3.76\,\bar{s}_{N_2}\right] + \frac{\dot{\sigma}_{CV}}{\dot{n}_F} \qquad (6\text{-}4\text{-}3)$$

例 6-4-1 25℃、1atm 的液态 C_8H_{18} 与同温同压的空气进入某一绝热反应器进行燃烧,燃烧产物出口处压强为 1atm。在稳态工作以及忽略宏观动能和重力位能变化的情况下,试求辛烷完全燃烧时的熵产率:(1)理论空气量;(2)400% 理论空气量。

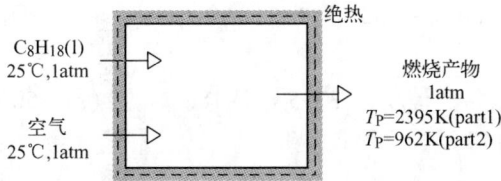

例 6-4-1 图

解

(1)对于理论空气量,其化学方程为

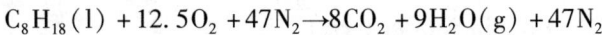

$$C_8H_{18}(l) + 12.5O_2 + 47N_2 \rightarrow 8CO_2 + 9H_2O(g) + 47N_2$$

对于稳态过程,其熵方程为

$$0 = \underbrace{\sum_j \frac{\dot{Q}_j / \dot{n}_F}{T_j}}_{0} + [\bar{s}_F + 12.5\,\bar{s}_{O_2} + 47\,\bar{s}_{N_2}] - [8\,\bar{s}_{CO_2} + 9\,\bar{s}_{H_2O(g)} + 47\,\bar{s}_{N_2}] + \frac{\dot{\sigma}_{CV}}{\dot{n}_F}$$

整理为

$$\frac{\dot{\sigma}_{CV}}{\dot{n}_F} = (8\,\bar{s}_{CO_2} + 9\,\bar{s}_{H_2O(g)} + 47\,\bar{s}_{N_2}) - (\bar{s}_F + 12.5\,\bar{s}_{O_2} + 47\,\bar{s}_{N_2})$$

对于标准参考状态,由附表 30 查得液态辛烷的绝对熵为

$$\bar{s}_F = 360.79 \text{kJ}/(\text{kmol} \cdot \text{K})$$

氧气和氮气的绝对熵分别为

$$\bar{s}_{O_2} = \bar{s}^0_{O_2}(T_{ref}) - \bar{R}\ln\frac{y_{O_2}p_{ref}}{p_{ref}} = 205.03 - 8.314\ln0.21 = 218.01 \text{kJ}/(\text{kmol} \cdot \text{K})$$

$$\bar{s}_{N_2} = \bar{s}^0_{N_2}(T_{ref}) - \bar{R}\ln\frac{y_{N_2}p_{ref}}{p_{ref}} = 191.5 - 8.314\ln0.79 = 193.46 \text{kJ}/(\text{kmol} \cdot \text{K})$$

在 1atm、2395K 状态下燃烧产物的摩尔分数分别是:$y_{CO_2} = 8/64 = 0.125$,$y_{H_2O(g)} = 9/64 = 0.1406$,$y_{N_2} = 0.7344$。由附表 23、附表 25 和附表 27,可得

$$\bar{s}_{CO_2} = \bar{s}^0_{CO_2}(T_p) - \bar{R}\ln y_{CO_2} = 320.173 - 8.314\ln0.125 = 337.46 \text{kJ}/(\text{kmol} \cdot \text{K})$$

$$\bar{s}_{H_2O} = 273.986 - 8.314\ln0.1406 = 290.30 \text{kJ}/(\text{kmol} \cdot \text{K})$$

$$\bar{s}_{N_2} = 258.503 - 8.314\ln0.7344 = 261.07 \text{kJ}/(\text{kmol} \cdot \text{K})$$

代入以上比熵值,熵产率为

$$\frac{\dot{\sigma}_{CV}}{\dot{n}_F} = (8 \times 337.46 + 9 \times 290.30 + 47 \times 261.07)$$
$$- (360.79 + 12.5 \times 218.01 + 47 \times 193.46)$$
$$= 5404 \text{kJ}/(\text{kmol} \cdot \text{K})$$

(2) 对于 400% 理论空气量,其化学方程为

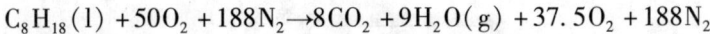

$$C_8H_{18}(1) + 50O_2 + 188N_2 \rightarrow 8CO_2 + 9H_2O(g) + 37.5O_2 + 188N_2$$

熵方程可写为

$$\dot{\sigma}_{CV}/\dot{n}_F = (8\bar{s}_{CO_2} + 9\bar{s}_{H_2O(g)} + 37.5\bar{s}_{O_2} + 188\bar{s}_{N_2}) - (\bar{s}_F + 50\bar{s}_{O_2} + 188\bar{s}_{N_2})$$

代入比熵值,可得

$$\dot{\sigma}_{CV}/\dot{n}_F = 9754 \text{kJ}/(\text{kmol} \cdot \text{K})$$

6.5 化学平衡(Chemical equilibrium)

1. 平衡标准(Equilibrium criteria)

如果一个系统与其环境隔离并且没有宏观上可观测的温度变化,那么这个系统被认为是处于热平衡状态。

下面分析一个简单可压缩系统,其温度和压强随空间分布是均匀的。若不考虑系统的运动和重力的影响,其能量方程的微分形式为

$$dU = \delta Q - \delta W$$

或写成

$$\delta Q = dU + pdV$$

若简单可压缩系统的温度是均匀的,其熵方程的微分形式为

$$dS = \frac{\delta Q}{T} + \delta \sigma$$

以上两式消除 δQ 可得

$$TdS - dU - pdV = T\delta\sigma \qquad (6-5-1)$$

由热力学第二定律可知,对于任何实际过程,熵产总是存在的,所以

$$TdS - dU - pdV \geqslant 0 \qquad (6-5-2)$$

对于 $dU = 0, dV = 0$ 的过程满足

$$dS \mid_{U,V} \geqslant 0 \qquad (6-5-3)$$

式(6-5-3)说明对于定容定内能过程,其系统状态只能沿熵增加方向变化,当系统达到平衡时,其熵最大。

另外,前面定义的吉布斯函数(Gibbs Function)为

$$G = H - TS = U + pV - TS$$

两边取微分并整理为

$$dG - Vdp + SdT = -(TdS - dU - pdV)$$

由式(6-5-2)可得

$$dG - Vdp + SdT \leqslant 0 \qquad (6-5-4)$$

对于等温和定压过程

$$dG \mid_{T,p} \leqslant 0 \qquad (6-5-5)$$

此不等式说明:对于等温定压不可逆过程,系统的吉布斯函数总是变小的;当系统达到平衡时,吉布斯函数为最小值,即

$$dG \mid_{T,p} = 0 \qquad (6-5-6)$$

这是系统达到平衡的充要条件。

2. 化学势(Chemical potential)

吉布斯函数是广延量,对于多成分系统,它是温度、压强和各成分摩尔数的函数,表示为

$$G = G(T, p, n_1, n_2, \cdots, n_j) = \sum_{i=1}^{j} G_i(T, p, n_i)$$

两边同时乘以一个常量 α,有

$$\alpha G(T, p, n_1, n_2, \cdots, n_j) = \alpha \sum_{i=1}^{j} G_i(T, p, n_i)$$

$$= \sum_{i=1}^{j} \alpha G_i(T, p, n_i)$$

$$= \sum_{i=1}^{j} G_i(T, p, \alpha n_i)$$

$$= G(T, p, \alpha n_1, \alpha n_2, \cdots, \alpha n_j)$$

两边对 α 取微分可得

$$G = \frac{\partial G}{\partial(\alpha n_1)}n_1 + \frac{\partial G}{\partial(\alpha n_2)}n_2 + \cdots + \frac{\partial G}{\partial(\alpha n_j)}n_j$$

令 $\alpha = 1$，有

$$G = \sum_{i=1}^{j} n_i \left(\frac{\partial G}{\partial n_i} \right)_{T,p,n_l} \tag{6-5-7}$$

式中：下标 n_l 表示微分时 $n_{i'}$ $(i' = 1, \cdots, j, i' \neq i)$ 保持不变。成分 i 的化学势（Chemical Potential）定义为

$$\mu_i = \left(\frac{\partial G}{\partial n_i} \right)_{T,p,n_l} \tag{6-5-8}$$

化学势是一个强度特性参数，由式（6-5-7）可得

$$G = \sum_{i=1}^{j} n_i \mu_i \tag{6-5-9}$$

在定压等温过程，对吉布斯函数 $G(T,p,n_1,n_2,\cdots,n_j)$ 取全微分，有

$$\mathrm{d}G \big|_{T,p} = \sum_{i=1}^{j} \left(\frac{\partial G}{\partial n_i} \right)_{T,p,n_l} \mathrm{d}n_i$$

表示成化学势的形式

$$\mathrm{d}G \big|_{T,p} = \sum_{i=1}^{j} \mu_i \mathrm{d}n_i \tag{6-5-10}$$

根据平衡标准 $\mathrm{d}G \big|_{T,p} = 0$ 推出

$$\sum_{i=1}^{j} \mu_i \mathrm{d}n_i = 0 \tag{6-5-11}$$

对于单相纯物质，式（6-5-9）变为

$$G = n\mu$$

或

$$\mu = \frac{G}{n} = \bar{g} \tag{6-5-12}$$

对于理想气体混合物，焓和熵可表示为

$$H = \sum_{i=1}^{j} n_i \bar{h}_i(T), S = \sum_{i=1}^{j} n_i \bar{s}_i(T,p_i)$$

式中：$p_i = y_i p$ 为成分 i 的分压。

理想气体混合物的吉布斯函数表示为

$$G = H - TS = \sum_{i=1}^{j} n_i \bar{h}_i(T) - T \sum_{i=1}^{j} n_i \bar{s}_i(T,p_i)$$

$$= \sum_{i=1}^{j} n_i [\bar{h}_i(T) - T\bar{s}_i(T,p_i)] \tag{6-5-13}$$

引入成分 i 的摩尔吉布斯函数(Molar Gibbs Function)

$$\bar{g}_i(T,p_i) = \bar{h}_i(T) - T\bar{s}_i(T,p_i) \tag{6-5-14}$$

式(6-5-13)可重写为

$$G = \sum_{i=1}^{j} n_i \bar{g}_i(T,p_i) \tag{6-5-15}$$

对于式(6-5-15)和式(6-5-9)可得

$$\mu_i = \bar{g}_i(T,p_i) \tag{6-5-16}$$

展开为

$$\begin{aligned}
\mu_i &= \bar{h}_i(T) - T\bar{s}_i(T,p_i) \\
&= \bar{h}_i(T) - T\left(\bar{s}_i^0(T) - \bar{R}\ln\frac{y_i p}{p_{\text{ref}}}\right) \\
&= \bar{h}_i(T) - T\bar{s}_i^0(T) + \bar{R}T\ln\frac{y_i p}{p_{\text{ref}}} \\
&\triangleq \bar{g}_i^0(T) + \bar{R}T\ln\frac{y_i p}{p_{\text{ref}}}
\end{aligned} \tag{6-5-17}$$

式中:$\bar{g}_i^0(T)$ 为成分 i 在温度为 T 和压强为 1atm 下的摩尔吉布斯函数。

3. 反应平衡方程(Equation of reaction equilibrium)

考虑一个闭口系统,它由 A、B、C、D 和 E 五种成分组成。只有 A、B、C 和 D 参加反应,E 是惰性气体,不参加化学反应。它们的化学平衡方程表示为

$$\nu_A A + \nu_B B \leftrightarrow \nu_C C + \nu_D D \tag{6-5-18}$$

例如对于反应 $1H_2 + \dfrac{1}{2}O_2 \leftrightarrow 1H_2O$,若令 $A = H_2$,$B = O_2$,$C = H_2O$,则 $\nu_A = 1$,$\nu_B = \dfrac{1}{2}$,$\nu_C = 1$。对于化学反应系统,每一种成分的摩尔数的微分与其分子式前系数 $\nu_i(i = A,B,C,D)$ 成正比,即满足关系

$$\frac{-\mathrm{d}n_A}{\nu_A} = \frac{-\mathrm{d}n_B}{\nu_B} = \frac{\mathrm{d}n_C}{\nu_C} = \frac{\mathrm{d}n_D}{\nu_D} \tag{6-5-19}$$

既然 E 是惰性气体,那么该成分的摩尔数保持不变,因此 $\mathrm{d}n_E = 0$。引入一个比例因子 $\mathrm{d}\varepsilon$,使式(6-5-19)可以表示为

$$\mathrm{d}n_A = -\nu_A \mathrm{d}\varepsilon, \mathrm{d}n_B = -\nu_B \mathrm{d}\varepsilon, \mathrm{d}n_C = \nu_C \mathrm{d}\varepsilon, \mathrm{d}n_D = \nu_D \mathrm{d}\varepsilon \tag{6-5-20}$$

由式(6-5-10)可写出

$$\mathrm{d}G\big|_{T,p} = \mu_A \mathrm{d}n_A + \mu_B \mathrm{d}n_B + \mu_C \mathrm{d}n_C + \mu_D \mathrm{d}n_D + \mu_E \mathrm{d}n_E$$

代入式(6-5-20),并注意到 $\mathrm{d}n_E = 0$,上式变为

$$\mathrm{d}G\big|_{T,p} = (-\nu_A\mu_A - \nu_B\mu_B + \nu_C\mu_C + \nu_D\mu_D)\mathrm{d}\varepsilon$$

在平衡时 $\mathrm{d}G\big|_{T,p} = 0$,所以有

$$\nu_A \mu_A + \nu_B \mu_B = \nu_C \mu_C + \nu_D \mu_D \qquad (6-5-21)$$

这就是反应平衡方程。

4. 平衡常数(Equilibrium constant)

对于理想气体混合物,式(6-5-21)可重写为

$$\nu_A \left(\overline{g}_A^0(T) + \overline{R}T\ln\frac{y_A p}{p_{ref}} \right) + \nu_B \left(\overline{g}_B^0(T) + \overline{R}T\ln\frac{y_B p}{p_{ref}} \right)$$

$$= \nu_C \left(\overline{g}_C^0(T) + \overline{R}T\ln\frac{y_C p}{p_{ref}} \right) + \nu_D \left(\overline{g}_D^0(T) + \overline{R}T\ln\frac{y_D p}{p_{ref}} \right)$$

整理为

$$\left[\nu_C \overline{g}_C^0(T) + \nu_D \overline{g}_D^0(T) - \nu_A \overline{g}_A^0(T) - \nu_B \overline{g}_B^0(T) \right]$$

$$= -\overline{R}T \left(\nu_C\ln\frac{y_C p}{p_{ref}} + \nu_D\ln\frac{y_D p}{p_{ref}} - \nu_A\ln\frac{y_A p}{p_{ref}} - \nu_B\ln\frac{y_B p}{p_{ref}} \right)$$

令

$$\Delta G^0(T) = \nu_C \overline{g}_C^0(T) + \nu_D \overline{g}_D^0(T) - \nu_A \overline{g}_A^0(T) - \nu_B \overline{g}_B^0(T) \qquad (6-5-22)$$

式中:$\Delta G^0(T)$ 为化学反应的吉布斯函数的变化。所以有

$$-\frac{\Delta G^0(T)}{\overline{R}T} = \ln\left[\frac{y_C^{\nu_C} y_D^{\nu_D}}{y_A^{\nu_A} y_B^{\nu_B}} \left(\frac{p}{p_{ref}} \right)^{\nu_C + \nu_D - \nu_A - \nu_B} \right] \qquad (6-5-23)$$

若定义反应平衡常数为

$$K(T) = \frac{y_C^{\nu_C} y_D^{\nu_D}}{y_A^{\nu_A} y_B^{\nu_B}} \left(\frac{p}{p_{ref}} \right)^{\nu_C + \nu_D - \nu_A - \nu_B} \qquad (6-5-24)$$

则式(6-5-23)变为

$$-\frac{\Delta G^0(T)}{\overline{R}T} = \ln K(T) \qquad (6-5-25)$$

对于式(6-5-18)的反过程表示为

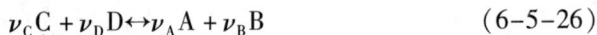

$$\nu_C C + \nu_D D \leftrightarrow \nu_A A + \nu_B B \qquad (6-5-26)$$

其平衡常数为

$$K^*(T) = \frac{y_A^{\nu_A} y_B^{\nu_B}}{y_C^{\nu_C} y_D^{\nu_D}} \left(\frac{p}{p_{ref}} \right)^{\nu_A + \nu_B - \nu_C - \nu_D} \qquad (6-5-27)$$

由式(6-5-24)和式(6-5-27)推出

$$K^*(T) = \frac{1}{K(T)}$$

即

$$\lg K^*(T) = -\lg K(T) \qquad (6-5-28)$$

此外,式(6-5-24)也可表示成摩尔数形式

$$K(T) = \frac{n_C^{\nu_C} n_D^{\nu_D}}{n_A^{\nu_A} n_B^{\nu_B}} \left(\frac{p}{n p_{ref}} \right)^{\nu_C + \nu_D - \nu_A - \nu_B} \tag{6-5-29}$$

一些反应平衡常数的对数值 $\lg K(T)$ 在附表 32 中可查。

例 6-5-1 1kmol 一氧化碳与 0.5kmol 氧气反应形成 CO_2、CO 和 O_2 的平衡混合物,其平衡温度为 2500K,压强分别为:(1) 1atm;(2) 10atm。试分别求平衡混合物的摩尔分数。

解

(1) 根据题意,化学方程不妨写为

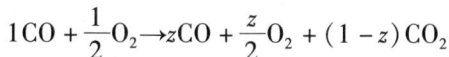

$$1CO + \frac{1}{2}O_2 \rightarrow zCO + \frac{z}{2}O_2 + (1-z)CO_2$$

式中:z 为平衡混合物的摩尔数。

总的摩尔数 n 可表示为

$$n = z + z/2 + (1-z) = (2+z)/2$$

于是,平衡混合物的摩尔分数分别表示为

$$y_{CO} = \frac{2z}{2+z}, \quad y_{O_2} = \frac{z}{2+z}, \quad y_{CO_2} = \frac{2(1-z)}{2+z}$$

对于化学平衡,可写出反应平衡方程 $CO_2 \leftrightarrow CO + \frac{1}{2}O_2$。于是,平衡常数可写为

$$K = \frac{\left(\frac{2z}{2+z}\right)\left(\frac{z}{2+z}\right)^{1/2}}{\left[\frac{2(1-z)}{2+z}\right]} \left(\frac{p}{p_{ref}}\right)^{1+(1/2)-1} = \frac{z}{1-z}\left(\frac{z}{2+z}\right)^{1/2}\left(\frac{p}{p_{ref}}\right)^{1/2}$$

对于温度 2500K,由附表 32 查得 $\lg K = -1.44$,因此 $K = 0.0363$。上式可变为

$$0.0363 = \frac{z}{1-z}\left(\frac{z}{2+z}\right)^{1/2}\left(\frac{p}{p_{ref}}\right)^{1/2}$$

(2) 当 $p = 1$atm 时,平衡常数表达式为

$$0.0363 = \frac{z}{1-z}\left(\frac{z}{2+z}\right)^{1/2}$$

解方程可得 $z = 0.129$,于是平衡混合物的摩尔分数分别为

$$y_{CO} = \frac{2 \times 0.129}{2+0.129} = 0.121, \quad y_{O_2} = \frac{0.129}{2.129} = 0.061, \quad y_{CO_2} = \frac{2(1-0.129)}{2.129} = 0.818$$

(3) 当 $p = 10$atm 时,平衡常数表达式为

$$0.0363 = \frac{z}{1-z}\left(\frac{z}{2+z}\right)^{1/2}10^{1/2}$$

解方程可得 $z = 0.062$,于是平衡混合物的摩尔分数分别为

$$y_{CO} = 0.06, y_{O_2} = 0.03, y_{CO_2} = 0.91$$

5. 范托雷夫方程(Van't Hoff equation)

方程 $-\Delta G^0(T) = \bar{R}T\ln K(T)$ 可展开为

$$\bar{R}T\ln K(T) = -\left[(\nu_C \bar{h}_C + \nu_D \bar{h}_D - \nu_A \bar{h}_A - \nu_B \bar{h}_B) - T(\nu_C \bar{s}_C^0 + \nu_D \bar{s}_D^0 - \nu_A \bar{s}_A^0 - \nu_B \bar{s}_B^0)\right]$$

$$(6-5-30)$$

对温度取微分有

$$\bar{R}T\frac{d\ln K(T)}{dT} + \bar{R}\ln K(T) = -\left[\nu_C\left(\frac{d\bar{h}_C}{dT} - T\frac{d\bar{s}_C^0}{dT}\right) + \nu_D\left(\frac{d\bar{h}_D}{dT} - T\frac{d\bar{s}_D^0}{dT}\right)\right.$$

$$- \nu_A\left(\frac{d\bar{h}_A}{dT} - T\frac{d\bar{s}_A^0}{dT}\right) - \nu_B\left(\frac{d\bar{h}_B}{dT} - T\frac{d\bar{s}_B^0}{dT}\right)\bigg]$$

$$+ (\nu_C \bar{s}_C^0 + \nu_D \bar{s}_D^0 - \nu_A \bar{s}_A^0 - \nu_B \bar{s}_B^0)$$

又因为 $s^0(T) - 0 = \int_0^T c_p(T)\frac{dT}{T} - R\ln\frac{1}{1} = \int_0^T c_p(T)\frac{dT}{T}$(以 kg 为计量单位),于

是 $\dfrac{d\bar{s}^0}{dT} = \dfrac{\bar{c}_p}{T}$(以 mol 为计量单位),另外 $d\bar{h}/dT = \bar{c}_p$,所以有:

$$\bar{R}T\frac{d\ln K(T)}{dT} + \bar{R}\ln K(T) = (\nu_C \bar{s}_C^0 + \nu_D \bar{s}_D^0 - \nu_A \bar{s}_A^0 - \nu_B \bar{s}_B^0) \quad (6-5-31)$$

式(6-5-31)两边同时乘以 T 并代入式(6-5-30)可得

$$\bar{R}T^2\frac{d\ln K(T)}{dT} = (\nu_C \bar{h}_C + \nu_D \bar{h}_D - \nu_A \bar{h}_A - \nu_B \bar{h}_B) \quad (6-5-32)$$

或表示为

$$\frac{d\ln K(T)}{dT} = \frac{\Delta H(T)}{\bar{R}T^2} \quad (6-5-33)$$

这就是范托雷夫方程,$\Delta H(T)$ 是反应焓(Enthalpy of Reaction)。

对式(6-5-33)积分可得

$$\ln\frac{K_2}{K_1} = \frac{\Delta H(T)}{\bar{R}}\left(\frac{1}{T_2} - \frac{1}{T_1}\right) \quad (6-5-34)$$

由于反应焓 $\Delta H(T)$ 在一个比较大的温度范围内几乎不变,于是 $\ln K$ 与 $1/T$ 基本保持线性关系,因此在实验中上述方程可以用于计算反应焓 $\Delta H(T)$。

思 考 题

6-1 什么是化学反应过程的生成焓?

6-2 什么是化学势和平衡常数?

6-3 熵、自由能和自由焓的变化,都可用来作为化学反应进行方向的判据,试说明它们各适用于什么情况?

6-4 什么是碳氢燃料的完全燃烧?

6-5 什么是空燃比、氧燃比和组元比?

6-6 化学反应过程中系统的焓与无化学反应的物理过程中的焓的含义有何不同?化学反应过程中的焓变化能否直接利用各物质的热物性质表计算?

习　题

6-1 基于(1)质量分数或(2)摩尔分数,一个容器装有 34% O_2 和 66% CO 的混合物。试分别确定是否有足够的 O_2 支持 CO 完全燃烧。

6-2 煤炭的质量分数为 88% C,6% H,4% O,1% N,1% S。煤炭在空气中完全燃烧,试求:

(1) 每公斤煤炭燃烧产生的 SO_2;

(2) 质量空燃比。

6-3 下面各种燃料按 200% 理论空气量在空气中燃烧。反应物入口参数为 25℃和 1atm,试求稳定燃烧的绝热火焰温度:

(1) 碳;

(2) 氢气;

(3) 液态辛烷(C_8H_{18})。

6-4 由附表 32 查得数据后,计算 2500K 的 lg$K$:

(1) $H_2O \leftrightarrow H_2 + \frac{1}{2}O_2$;

(2) $H_2 + \frac{1}{2}O_2 \leftrightarrow H_2O$;

(3) $2H_2O \leftrightarrow 2H_2 + O_2$。

6-5 考虑如下反应:

1. $CO_2 + H_2 \leftrightarrow CO + H_2O$;

2. $CO_2 \leftrightarrow CO + \frac{1}{2}O_2$;

3. $H_2O \leftrightarrow H_2 + \frac{1}{2}O_2$。

（1）证明 $K_1 = K_2/K_3$；

（2）基于(1)中公式，计算 298K 和 1atm 的 $\lg K_1$。

6-6　一个容器初始装有 1kmol 的 CO 和 4.76kmol 的干空气，经过燃烧形成的平衡混合物包含 CO_2、CO、O_2、N_2，平衡混合物的温度为 3000K，压强为 1atm，试求平衡混合物中各成分的摩尔分数。

第 7 章　循环过程的热力学分析

Chapter 7　Analysis of Thermodynamic Cycles

内容提要　热能与其他形式能量之间的相互转换是通过热力循环来实现的。将航天工程中的各种实际热力循环抽象为相应的理想热力循环,并利用热力学第一和第二定律分析能量的转换效率是航天热能工程学的重要内容之一。本章讨论循环过程的热力学分析,主要包括热力学分析方法、内燃机循环、燃气轮机循环、喷气式发动机循环、火箭发动机循环、制冷循环与热泵循环等。

基本要求　在本章学习中,要求学生了解热力循环的分类,理解热力学第一和第二定律分析法,掌握火箭发动机循环和喷气式发动机循环的推进效率概念及计算方法,熟悉内燃机循环和燃气轮机循环的效率计算方法。

在连续工作的热力学装置中,热与功的转换及能量的转移都是通过工质的循环过程实现的。在第 2 章中通过热力学基础知识的介绍,已经建立了热力循环的基本概念:热力循环是实现连续的热功转换的基本条件和手段。本章将应用热力学分析法研究发动机循环、制冷与热泵循环过程中能量损失的原因及大小,讨论如何合理地将各种发动机或动力装置的实际工作过程简化成理想气体的动力循环,进行热力学计算分析,并探讨提高循环效率的途径。

7.1　热力学分析方法(Analysis method of thermodynamics)

分析循环过程的理论工具有两个,也就是在第 2 章中介绍的热力学第一定律和第二定律。因此,分析循环过程的方法主要有两种:即热力学第一定律分析法和第二定律分析法。下面先介绍这两种分析方法,然后再进行循环过程中的热力学分析。

7.1.1　热力学第一定律分析法(Analysis method by the first law of thermodynamics)

运用热力学第一定律,对循环过程中能量传递与转换进行分析,这种方法称为热力学第一定律分析法。

在第 2 章,已经详细介绍了热力学第一定律的实质及表达式,讨论了热力学第一定律在理想气体的基本热力过程中的应用,并运用热力学第一定律对一些常见热工设备和部件中的热力过程进行了分析。以上这些内容都是循环过程中热力学第一定律分析法的基础。

1. 分析步骤

热力学第一定律分析法,从能量传递和转换量的关系出发,分析和计算循环过程中输入、损失和转换的能量,其分析步骤如下:

(1) 首先,根据具体循环过程的特点,考虑主要系统特征,将循环过程用一系列基本热力过程来表征,从而将实际循环简化为理想循环,并在 $p-v$ 图或 $T-s$ 图上表示出该循环过程和各特征状态点;

(2) 然后,也是最重要的是运用热力学第一定律表达式,分析该循环的各基本热力过程,并进行功和热量的计算,这种能量传递和转换在数量上的平衡计算,称为能量平衡计算;

(3) 最后,根据能量平衡计算的结果,评价该循环过程的工作效果,分析投入该循环的能量有多少损失。

能量平衡计算,能够了解循环过程中能量在数量上的损失。以投入循环的能量作为 100%,将能量平衡计算结果,按照流程和各项能量损失的大小,按比例绘成图,称为能流图。做能流图能形象地表示循环中能量损失和利用的情况,这对于循环的热力学第一定律分析是很有用的。

2. 热力学第一定律效率

循环的工作效果用效率来衡量。在热力学第一定律分析方法中,循环的效率称为热力学第一定律效率,用 η_1 表示,其定义为:

$$\eta_1 = \frac{\text{有效利用的能量(收益)}}{\text{投入系统的能量(代价)}} \tag{7-1-1}$$

对于动力循环而言,是力求将更多的热量转换为有用功。因此,动力循环的热力学第一定律效率是指循环对外输出的功量 W_0 与投入循环的总热量 Q_1 之比值,又称为热效率,即

$$\eta_1 = \frac{W_0}{Q_1} \tag{7-1-2}$$

对于制冷循环而言,付出的代价是消耗投入循环的净功量,得到的收益是制冷量。因此,制冷循环的热力学第一定律效率是指循环从低温物体吸入的热量(又称为制冷量)Q_1 与投入循环的功量 W_0 之比,又称为制冷系数,用 β 表示,即

$$\beta = \frac{Q_1}{W_0} \tag{7-1-3}$$

而对于热泵循环而言,付出的代价是消耗投入循环的功量,得到的收益是供热量。因此,热泵循环的热力学第一定律效率是指循环传递给高温物体的热量(又称为供热量)Q 与投入循环的功量 W_0 之比,又称为供暖系数,用 γ 表示,即

$$\gamma = \frac{Q_1}{W_0} \tag{7-1-4}$$

从以上讨论不难看出,对于不同的循环,热力学第一定律效率具有不同的表达式,反映了不同循环的工作目的和能量的利用情况。

3. 热力学第一定律分析法的特点

热力学第一定律分析法是根据能量守恒的原则,讨论循环过程中能量传递和转换的数量关系。因此,通过能量平衡计算,就可以求出循环的热力学第一定律效率。计算过程简单,这是热力学第一定律分析法的特点之一。

由能量可用性的概念可知,一切能量都分为㶲和㶲组成,其中㶲是不可能转换成有用功的能量。因此,能量在传递和转换过程中还存在可用性。热力学第一定律分析法,仅讨论了循环过程中能量之间的数量关系,没有涉及能量的可用性。这是热力学第一定律分析法的特点之二,也是其缺点。

在热力学第一定律效率公式中,分子分母的能量具有不同的可用性,做功能力存在差异,但公式中并未反映出来。因此,仅采用热力学第一定律分析法,来研究循环过程是不全面的,还需要采用下面将要介绍的热力学第二定律分析法。

7.1.2 热力学第二定律分析法(Analysis method by the second law of thermodynamics)

运用热力学第二定律,从能量可用性的角度,对循环过程中能量的传递与转换进行分析,这种方法称为热力学第二定律分析法。在前面的章节已经给出了能量可用性的概念,讨论了不可逆因素对能量可用性的影响,并进行了㶲损失分析。以上这些内容,都是循环过程热力学第二定律分析法的基础。

1. 分析步骤

实际上,能量的"品位"体现为在一定环境中的做功能力,即㶲的大小。热力学第二定律分析法,就是通过研究循环过程中㶲的损失和分布情况,来评价该循环过程的热经济性和完善程度,其分析步骤如下:

(1)与热力学第一定律分析法的步骤(1)一样,根据具体循环过程的特点,将实际循环过程用一系列基本热力过程来表征,这样实际循环简化为理想循环,并在 $p-v$ 图或 $T-s$ 图上表示;

(2)运用第 3 章有关㶲的概念、计算式和结论,分析各基本热力过程,并进行能量㶲值及㶲损失的计算,这种计算义称为㶲平衡计算;

(3)根据㶲平衡计算的结果,评论该循环过程的工作效果,分析投入系统的

㶲有多少被有效利用。

循环的效果用热力学第二定律效率 η_2 来衡量,其定义为:

$$\eta_2 = \frac{\text{有效利用的可用能量(收益)}}{\text{投入系统的可用能量(代价)}} \qquad (7-1-5)$$

热力学第二定律效率,也就是前面介绍过的㶲效率。

㶲平衡计算能使我们了解循环过程中㶲的有效利用和损失的大小和位置。以投入循环的㶲为 100%,将㶲平衡计算得到的各种㶲损失和有效利用的㶲,根据流程和大小按比例画出,称为㶲流图。从㶲流图上可以一目了然地看出㶲的有效利用和损失的分布情况。

根据第 2 章能量可用性的讨论,㶲平衡计算方程的一般形式为:

$$\text{供入循环系统的㶲} = \text{有效利用的㶲} + \text{㶲损失} \qquad (7-1-6)$$

即

$$A_{in} = A_e + \Delta A_{all} \qquad (7-1-7)$$

由定义式(7-1-5),循环的热力学第二定律效率(即㶲效率)为

$$\eta_e = \frac{A_e}{A_{in}} = \frac{A_{in} - \Delta A_{all}}{A_{in}} \qquad (7-1-8)$$

2. 㶲损失的计算

热力循环是由几个热力过程组成的,在循环中,工质经历全部过程后发生了一系列状态变化后,又重新回复到原来状态。因此,循环系统总㶲损失可通过组成该循环各过程的㶲损失而得到。

对于任意过程,㶲损失的计算有两种方法,即熵方法和㶲方法。

㶲方法是计算过程输入和输出的㶲,然后通过两项之差来得到㶲损失,即

$$\Delta A = A_{in} - A_{out}$$

式中,输出的㶲包含有效利用的㶲 A 和流失的㶲 ΔA。流失㶲是过程不能达到极限深度而伴随工质从设备排出到环境,这部分工质所具有的㶲没有被有效利用而流失掉了。若该过程没有工质排出到环境中,则损失㶲为零,上式为

$$\Delta A = A_{in} - A_e \qquad (7-1-9)$$

熵方法是通过计算不可逆过程的熵产,然后根据第 2 章得到的结论,由环境温度与熵产相乘得到㶲损失,即

$$\Delta A_I = T_0 \sigma \qquad (7-1-10)$$

在分析中,采用㶲方法还是熵方法,应视具体过程的特点和所给已知条件灵活运用,二者在本质上是一致的。

循环系统总㶲损失,等于组成该循环的各过程㶲损失之和,即

$$\Delta A_{all} = \sum (A_{in} - A_{out}) \qquad (7-1-11)$$

或

$$\Delta A_{all} = \sum T_0 \sigma \qquad (7-1-12)$$

3. 热力学第一、第二定律分析法的关系

热力学第一、第二定律分析法,是从不同的角度来分析循环过程中能量的传递和转换。热力学第一定律分析法着眼于能量的数量分析,说明投入循环的总能量有多少被利用,有多少损失。热力学第二定律分析法着眼于能量的"品位"分析,说明循环中㶲损失的大小,原因和分布情况,以投入循环的㶲为基数,分析有多少被有效利用,有多少损失,从而判断循环的完善程度和节能潜力。

两种分析方法是从不同侧面研究同一对象,必然有内在的联系。由式(7-1-2)和式(7-1-8),得

$$\eta_1 = \frac{W_0}{Q_1} = \frac{W_0}{A_{in}} \cdot \frac{A_{in}}{Q_1} = \eta_e \frac{A_{in}}{Q_1} \qquad (7-1-13)$$

若供入循环的㶲是温度为 T 的热源提供的热量 Q_1 的㶲值,则;

$$A_{in} = A_{Q_1} = \eta_c Q_1$$

代入式(7-1-13),得

$$\eta_1 = \frac{\eta_e \eta_c Q_1}{Q_1} = \eta_e \eta_c \qquad (7-1-14)$$

式中:η_c 为环境温度为 T_0、热源温度为 T 时的卡诺循环的热效率。上式反映了热力学第一定律效率和热力学第二定律效率之间的相互关系。

7.2 内燃机循环(Cycle of internal combustion engine)

内燃机指燃料直接在发动机内燃烧的动力装置,如图 7-2-1 所示。广义上的内燃机不仅包括往复活塞式发动机、旋转活塞式发动机和自由活塞式发动机,也包括旋转叶轮式燃气轮机、喷气式发动机等,但通常所说的内燃机是指活塞式内燃机。活塞式内燃机以其热效率高、

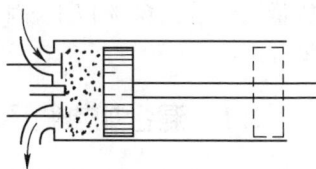

图 7-2-1 内燃机示意图

结构紧凑、机动性强、运行维护简便的优点著称于世,目前世界上内燃机的拥有量大大超越了任何其他的热力发动机,在国民经济中占有相当重要的地位。它是汽车、火车、舰船的主要动力装置,甚至也作为一些小型飞机如体育运动飞机、无人机的发动机。功率更大一些的内燃机还能作为汽车、火车的发动机。它还可作为农林机械、建筑机械、地质钻探机械、矿山及石油开发机械等的动力机。

活塞式内燃机有一个汽缸,利用活塞在汽缸中的移动将空气和燃料吸入到汽缸内(吸气冲程),然后利用活塞的反向移动将气体压缩成高压气体(压缩冲

程),点火后通过燃烧把燃料的化学能转变为产物气体的热能(吸热冲程),具有高温和高压的燃气在汽缸中膨胀(膨胀冲程),推动活塞做功,将热能变成了活塞直线运动的机械能。即通过内燃机的一个完整的循环过程,将燃料的化学能通过热能转变成了机械能。

活塞式内燃机按其使用的燃料分为汽油机、柴油机和煤气机等。按点燃燃料的方式可分为点燃式和压燃式。汽油机和煤气机通常是点燃式,即空气和燃料的混合物在汽缸内被压缩后,用电子火花塞点火燃烧;柴油机通常是压燃式,即空气在汽缸内被压缩后,喷入燃料,利用被压缩的高温空气的温度直接将燃料点着燃烧。按工质每完成一次循环,活塞在汽缸内来回运动的次数,分为四冲程和二冲程。四冲程内燃机包括吸气、压缩、燃烧及膨胀、排气等四个冲程,发动机轴旋转两周完成一个循环。在二冲程内燃机中,吸气和排气两个冲程是借助汽缸外的泵进行的,只占用膨胀过程终了的很短时间,这样轴旋转一周即可完成一个循环,理论上,在发动机具有相同体积的情况下功率可增大 1 倍,但从工质的角度看,进行的仍是四个冲程。因而,从热力学的角度看,四冲程与二冲程并无本质区别。从热力学的角度看,内燃机循环分为定容加热循环、定压加热循环和混合加热循环。

内燃机的主要缺点是对燃料要求高,不能直接燃用劣质燃料和固体燃料,而且由于要间歇换气,以及活塞往复运动速度的限制和制造上的困难,转速不能太高,限制了其单机功率的提高。内燃机低速运转时,输出扭矩下降较多,往往不能适应被带负荷的扭矩特性,而且不能反转,故在许多场合下,须设置离合器和变速机构,使系统复杂化。一般热力发动机都存在排气污染,而内燃机的噪声和废气中有害成分对环境的污染尤其突出。在城市的大气污染中,内燃机的有害排放量已经占到60%以上,因此,内燃机排放目前已成为城市大气环境的主要污染源之一。

7.2.1　混合加热循环(Cycle of hybrid calefaction)

混合加热循环(包括定容和定压加热过程)是由等熵压缩过程 1→2、定容加热过程 2→3、定压加热过程 3→4、等熵膨胀过程 4→5 和定容冷却过程 5→1 组成,如图 7-2-2 所示。它的特性由三个特性参数来说明:

压缩比

$$\varepsilon = \frac{v_1}{v_2} \tag{7-2-1}$$

定容增压比

$$\lambda = \frac{p_3}{p_2} \tag{7-2-2}$$

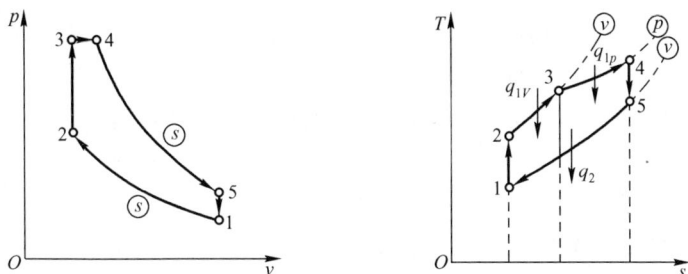

图 7-2-2　混合加热循环示意图

预胀比

$$\rho = \frac{v_4}{v_3} \qquad (7-2-3)$$

混合加热循环的热效率为

$$\eta_{t,pV} = 1 - \frac{q_2}{q_1} = 1 - \frac{q_2}{q_{1V} + q_{1p}} \qquad (7-2-4)$$

假定工质是定比热容理想气体,则

$$q_2 = c_v (T_5 - T_1) \qquad (7-2-5)$$
$$q_{1V} = c_v (T_3 - T_2) \qquad (7-2-6)$$
$$q_{1p} = c_p (T_4 - T_3) \qquad (7-2-7)$$

将式(7-2-5)、式(7-2-6)、式(7-2-7)三式代入式(7-2-4)可得

$$\eta_{t,pV} = 1 - \frac{T_5 - T_1}{(T_3 - T_2) + k(T_4 - T_3)} \qquad (7-2-8)$$

7.2.2　定容加热循环(Cycle of isochoric calefaction)

仅有定容加热过程的内燃机循环称为定容加热循环,如图 7-2-3 所示。此时 $T_4 = T_3$,则定容加热循环的热效率为:

$$\eta_{t,V} = 1 - \frac{T_5 - T_1}{T_3 - T_2} \qquad (7-2-9)$$

该循环是德国人奥托(Nikolaus August Otto,1832—1891)于 1876 年制成的第一台可供实用的四冲程内燃机所采用的循环,故又称为奥托循环。该内燃机最早烧的是煤气,考虑到液体燃油的能量密度较大,在解决了液体燃油的"汽化"问题及点火问题后,于 1886 年研制出作为汽车动力的快速、轻型的汽油机。汽油机、煤气机与柴油机的不同之处在于:汽缸内吸入的是汽油(或煤气)与空气的混合物,经压缩后用电火花点燃,油气混合物的燃烧非常剧烈,以致燃烧过程中活塞移动很小,几乎可视为定容燃烧。当活塞从上死点开始向右移动时燃烧已经结束,紧接着就是绝热膨胀过程。虽然理论上由于没有定压燃烧过程

$(\rho = 1)$，使得该循环的热效率很高，但这种燃烧方式又造成了所谓"爆震"问题。即当压缩比 ε 较高时，油气混合物的温升过大，以致温度会超过汽油的自燃温度，此时活塞尚未到位，火花塞也未点火，油气混合物已开始剧烈燃烧，产生的爆炸波向四面冲击，使发动机的活塞、连杆、曲轴等发生强烈的震动，产生极大的如敲缸般的噪声，并由于非正常燃烧在汽缸内留下积炭，从而对内燃机造成损害。正常运转的发动机不允许有爆震现象，爆震燃烧使发动机动力下降，油耗增加。长时间严重爆震将导致发动机汽缸及各部分零件剧烈磨损，使用寿命缩短，如损坏汽缸衬垫、连杆轴承及活塞等，甚至迅速报废发动机。正是这个"爆震"问题限制了奥托循环的压缩比不能太高，早期的汽油机压缩比 ε 甚至不能超过4，这是汽油机热效率比较低的主要原因。

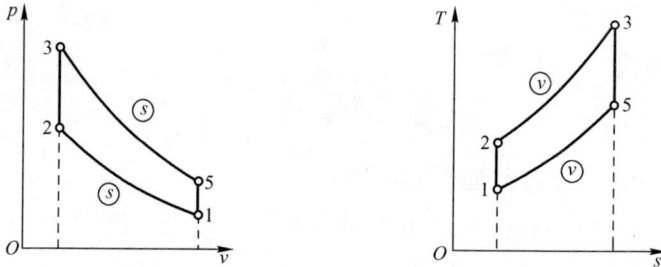

图7-2-3　定容加热循环示意图

7.2.3　定压加热循环(Cycle of isobaric calefaction)

仅有定压加热过程的内燃机循环称为定压加热循环，如图7-2-4所示。实际上就是混合加热循环在 $\lambda = 1$ 时的特例。此时 $T_3 = T_2$，故其热效率为：

$$\eta_{t,p} = 1 - \frac{T_5 - T_1}{k(T_4 - T_2)} \tag{7-2-10}$$

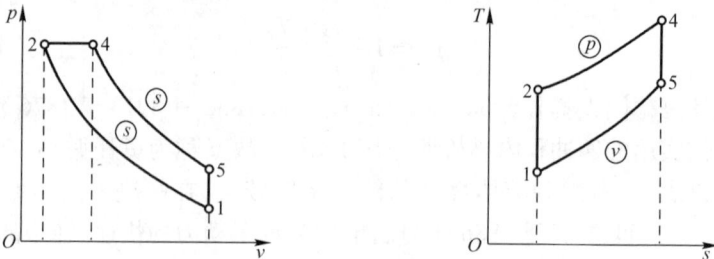

图7-2-4　定压加热循环示意图

该循环是德国工程师狄塞尔(Rudolf Diesel,1858—1913)于1892年设计制造的第一台四冲程柴油机所采用的循环，故又称为狄塞尔循环，柴油机也就称为狄塞尔机。这种柴油机由于转速低,活塞移动速度慢,活塞到达上死点开始向右移动时才喷入燃油,边喷边燃烧,因此只有定压燃烧过程。显然,这种柴油机功率越大,吸热量越大,定压燃烧过程就越长。即预胀比 ρ 的增大,会使热效率下降。图7-2-5 示出了热效率 $\eta_{t,p}$ 随压缩比 ε、预胀比 ρ 和等熵指数 k 变化的情况。

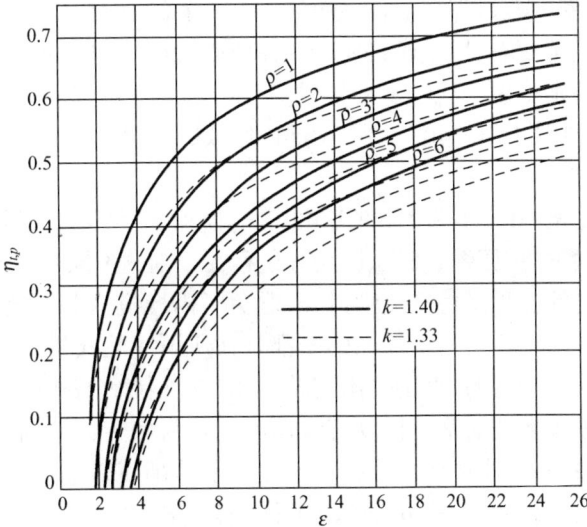

图7-2-5　定压加热循环热效率随 ε、ρ、k 的变化

柴油机的发明一开始是为了解决汽油机的"爆震"问题而将燃料与空气分开,使吸气过程与压缩过程都是空气,这样就没有汽油机中的爆震问题,从而可以大大提高压缩比,其典型的 ε 值可达 12～24,实际热效率可达 35%～50%。

7.3　燃气轮机循环(Cycle of gas turbine)

燃气轮机是一种利用燃气(汽油、柴油、煤油等燃烧产生的高温气体混合物)直接推动燃气涡轮产生旋转运动的动力机械。它主要由压气机、燃烧室、涡轮(Turbine)三部分组成,如图 7-3-1 所示。从大气环境中吸入的空气先经过叶轮式压气机(由同轴涡轮带动)被压缩后进入

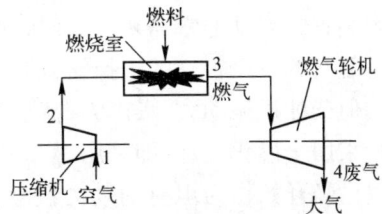

图 7-3-1　开式燃气轮机装置

燃烧室与燃料混合燃烧,产生高温高压的燃气进入涡轮膨胀做功,所做轴功除了带动压气机做功外,另外一部分对外输出,从而带动工作机(如带动发电机发

电,或推动飞机、舰船前进),把热能转换成了机械能。从涡轮中排出的废气一般直接排入大气环境。可见,燃气轮机系统与活塞式内燃机是完全不同的,具体表现在以下几方面:

(1)燃气轮机的压缩、燃烧和膨胀做功、排气都是在不同的部件中进行的,因此燃气轮机指的是一个由多个部件组成的装置或系统,不像活塞式内燃机只是一个设备,但像内燃机那样气体经历的 4 个环节(冲程)一个都不少。

(2)从涡轮角度看,燃气轮机属于一种外燃式热机,但从整个系统看仍属于内燃式热机。特别是用于航空发动机时,其压气机、燃烧室、涡轮被设计成一个紧凑的整体,从外观上看不出是由多个部件组成的。因此,一般也把燃气轮机归属于内燃式热机。

(3)燃气轮机系统的各个部件各司其职,压缩、燃烧、膨胀等热力过程连续进行,不像内燃机中将压缩、燃烧、膨胀等过程在分割的不同时间段上进行,因此燃气轮机系统内的过程是稳定流动过程,避免了内燃机内非稳定状态带来的工作脉动的弊端。燃气轮机的压缩和膨胀都是在所谓叶轮式机械,即叶轮式压气机和叶轮式涡轮中进行的,直接输出旋转运动,而不像活塞式内燃机需要连杆、曲轴和飞轮等机械来把活塞的往复直线运动转化为旋转运动,后者由于受到不平衡惯性力的限制,转速往往不能很高。这些条件都使得燃气轮机可以比内燃机高得多的转速(可达 10^4 r/min 量级)工作,其功率比内燃机大很多,可用于火力发电厂发电和航空推进。

目前世界上最大的燃气轮机单机功率已达 280MW。使用氦气的闭式循环燃气轮机还可以作为核电站发电机组。特别是燃气轮机单位重量所发出的功率(称功重比)或单位重量所发出的推力(称推重比)是所有发动机中最大的,因此它自然成为所有既需功率大,又需体积小、重量轻的移动设备(如飞机、导弹、舰船等)最为青睐的发动机。在航空领域,目前它几乎成了航空发动机唯一的机型。航空发动机的发展也大大推进了燃气轮机技术的进步,与蒸汽动力和柴油机相比,燃气轮机具有启动速度快、可靠性高、寿命长、操作方便的优点。如蒸汽动力装置的启动通常需要 4 小时,而燃气轮机仅需 2 分钟。柴—燃联合动力装置是舰艇的一个很好的选择,柴油机用于低速巡航,燃气轮机用于高速大功率航行。但柴油机振动大、噪声大,甚至会影响声纳反潜作战,因此大型水面舰艇都尽量采用全燃化设计,即采用燃—燃联合动力装置已经成为一种趋势。燃气轮机也已经开始作为坦克的动力装置得到应用,如俄罗斯的 T – 80 和美国的 M1 系列是世界上首先采用燃气轮机作为动力的坦克。

燃气轮机与内燃机最大的区别是在热力循环上。采用与简化内燃机实际循环类似的假设,具体情况如下:

(1)忽略燃料和燃烧对工质物理性质的影响,认为工质自始至终都是空气,

且空气为定比热容理想气体;

（2）以外部热源向空气的加热过程代替实际的燃烧过程,并忽略燃烧室中气体流动的阻力,视过程 2－3 为定压加热过程;以向外界的放热过程代替实际的涡轮排气过程,由于涡轮没有像内燃机那样的排气阀,气体在涡轮中一直要膨胀到与大气压相等的压强直接排出,因此视过程 4－1 为定压放热过程,这是与内燃机循环最大的不同;

（3）忽略进排气过程,认为进气得到的流动功和排气所耗的流动功大小相等,相互抵消,循环中不用考虑进排气的影响,这样就把图 7-3-1 中的开式燃气轮机循环简化为一个闭式燃气轮机循环,循环的工质的质量和成分自始至终都保持不变;

（4）由于在叶轮式压气机和涡轮中没有冷却,因此 1－2 压缩过程和 3－4膨胀过程散热量几乎为零,即认为 1－2 和 3－4 分别为绝热压缩过程和绝热膨胀过程;

（5）组成循环的所有过程均为可逆过程,这样过程 1－2 和过程 3－4 就分别为等熵压缩过程和等熵膨胀过程。

实际中,真正的闭式燃气轮机循环也是存在的,如图 7-3-2 所示。它以氦气为工质,氦气先在叶轮式压气机中进行压缩后进入加热器,被外面的高温燃气进行加热。高温燃气可以由燃料燃烧产生,也可以由气体自核反应堆中取热产生。这样产生的高温高压的氦气再进入涡轮膨胀做功,所做轴功除了带动压气机做功外,另外一部分对外输出,膨胀做功后的低压氦气进入冷却器向外放热,使氦气返回初始状态,从而完成整个循环。可见,上面简化得到的物理模型既适用于开式燃气轮机循环,也适用于闭式燃气轮机循环,是燃气轮机的理想循环。它也是一个气体标准循环,称为定压加热燃气轮机理想循环。

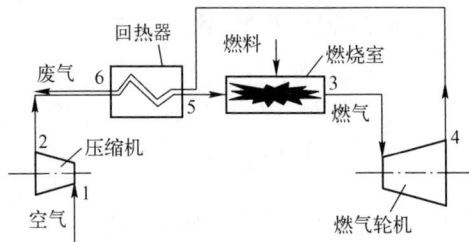

图 7-3-2　闭式燃气轮机装置

7.3.1　定压加热燃气轮机理想循环(Ideal cycle of isobaric calefaction gas turbine)

该循环是在 1872 年左右由美国工程师布莱顿(George Brayton,1830—

1892）首先提出来的,故也称为布莱顿循环。如图7-3-3所示,循环由1-2等熵压缩过程、2-3定压加热过程、3-4等熵膨胀过程、4-1定压放热过程组成一个封闭的循环。点3为燃烧室出口、涡轮进口的气体,温度最高,通常称为燃气;点4为涡轮出口做完功的气体,通常称为"乏气"。

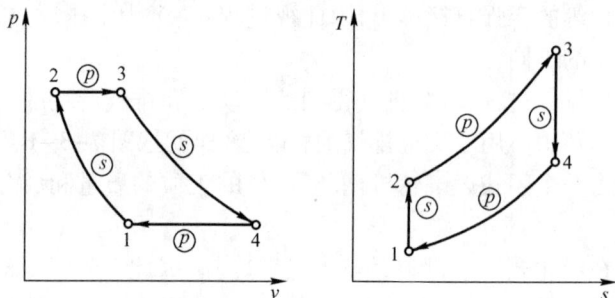

图7-3-3 布莱顿循环示意图

1-2为等熵压缩过程,则由等熵过程关系式得

$$T_2 = T_1 \left(\frac{p_2}{p_1} \right)^{\frac{k-1}{k}} = T_1 \pi^{\frac{k-1}{k}}$$

$$\frac{T_2}{T_1} = \pi^{\frac{k-1}{k}} \qquad (7-3-1)$$

3-4为等熵膨胀过程,则有

$$T_4 = T_3 \left(\frac{p_4}{p_3} \right)^{\frac{k-1}{k}} = T_3 \frac{1}{\pi^{\frac{k-1}{k}}}$$

$$\frac{T_3}{T_4} = \pi^{\frac{k-1}{k}} \qquad (7-3-2)$$

式中,$\pi = p_2/p_1 = p_3/p_4$,称为压强比或增压比。由式(7-3-1),可得

$$\frac{T_2}{T_1} = \frac{T_3}{T_4} = \pi^{\frac{k-1}{k}}$$

则有

$$\frac{T_4}{T_1} = \frac{T_3}{T_2}$$

由热效率公式并利用上述关系,得布莱顿循环的热效率为

$$\eta_t = 1 - \frac{q_2}{q_1} = 1 - \frac{c_p(T_4 - T_1)}{c_p(T_3 - T_2)} = 1 - \frac{T_4 - T_1}{T_3 - T_2} = 1 - \frac{T_1 \left(\frac{T_4}{T_1} - 1 \right)}{T_2 \left(\frac{T_3}{T_2} - 1 \right)}$$

$$= 1 - \frac{T_1}{T_2} = 1 - \frac{1}{\pi^{\frac{k-1}{k}}} \qquad (7-3-3)$$

230

式(7-3-3)说明:布莱顿循环的热效率主要取决于压气机增压比 π, π 越大,热效率越高。此外,随等熵指数 k 增大,η_t 亦增大。由式(7-3-3)还可知,一旦循环各转折点的温度定了,循环热效率也就确定了,这与内燃机循环热效率只取决于温度,以及第二定律或卡诺定理得到的"循环热效率的本质是温度"的结论都是一致的。实际上,在布莱顿循环中,由于在 $T-s$ 图上两条定压线 2-3 和 4-1 相互平行,因此 T_1/T_2 恰好代表了平均放热温度和平均吸热温度之比,而循环热效率只取决于平均放热温度和平均吸热温度之比,所以热效率就只取决于 T_1/T_2。而 π 正反映了 T_1/T_2,在放热过程 4-1 不变的条件下,π 增大使气体的平均吸热温度增大(见图 7-3-4)从而使热效率增加。

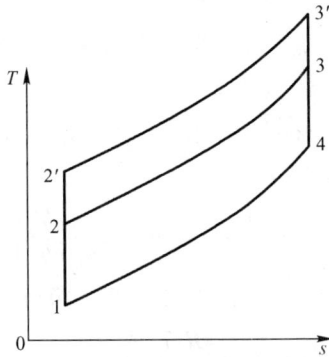

图 7-3-4 增大 π 对布莱顿循环的影响

增压比 π 的增大可以通过增加叶轮式压气机的级数来实现,但这会增加燃气轮机的体积和重量,除非是固定设备,一般是不可取的。因此,π 的增大最根本的途径是提高压气机的性能,即不断提高压气机每一级的增压比。这主要是通过设计先进的叶片型面和气体流路实现的,由此可见,压气机技术的进步对燃气轮机具有举足轻重的作用。增压比在 20 世纪 60—70 年代约为 $15\sim25$,目前先进的压气机已达到 40 以上。

但 π 增加会使得循环的最高温度 $T_{max}=T_3=T_4\pi^{\frac{k-1}{k}}$ 增加(见图 7-3-4),因此最终还是会受到涡轮叶片材料耐热极限的限制,增加材料的耐热极限或者加强对涡轮叶片的冷却保护是提高燃气轮机热效率最根本的措施。

布莱顿循环的循环功为

$$w_0 = q_1 - q_2 = c_p(T_3 - T_2) - c_p(T_4 - T_1) = c_p(T_3 - T_4) - c_p(T_2 - T_1)$$

$$= w_{t,34} + w_{t,12} = w_T - |w_C| = \frac{kR_gT_3}{k-1}\left[1 - \left(\frac{p_4}{p_3}\right)^{\frac{k-1}{k}}\right] - \frac{kR_gT_1}{k-1}\left[\left(\frac{p_2}{p_1}\right)^{\frac{k-1}{k}} - 1\right]$$

$$= \frac{kR_gT_1}{k-1}\left[\tau\left(1-\frac{1}{\pi^{\frac{k-1}{k}}}\right)-(\pi^{\frac{k-1}{k}}-1)\right] = \frac{kR_gT_1}{k-1}\left[\tau+1-\left(\frac{\tau}{\pi^{\frac{k-1}{k}}}+\pi^{\frac{k-1}{k}}\right)\right] \quad (7\text{-}3\text{-}4)$$

式中：$\tau = T_3/T_1$，为循环的最高温度（燃气温度）T_3 与最低温度（大气环境温度）T_1 之比，称为温度比。

可见，燃气轮机的循环功是各过程技术功的代数和，由于两个定压过程的技术功为零，所以，具体来说燃气轮机的循环功就是涡轮做的功减去压气机消耗的功。由式（7-3-4）可见，循环功实际上就等于涡轮功 w_T 与压气机耗功 w_C 之差。τ 越高，涡轮功增大，循环功就增大，但 τ 也同样受限于涡轮叶片材料耐热极限。此外，增压比 π 对循环功的影响具有双重性，π 增加一方面使涡轮功 w_T 增加，另一方面也使压气机耗功 w_C 增大，因此存在一个最佳增压比 π_{opt}，使得循环功 w_0 最大。由式（7-3-4）在 $\frac{\tau}{\pi^{\frac{k-1}{k}}}\pi^{\frac{k-1}{k}} = \tau$ 为定值的条件下，使 $\frac{\tau}{\pi^{\frac{k-1}{k}}}+\pi^{\frac{k-1}{k}}$ 为最小，即循环功 w_0 最大的条件是 $\frac{\tau}{\pi^{\frac{k-1}{k}}} = \pi^{\frac{k-1}{k}}$，由此可得最佳增压比 π_{opt} 为

$$\pi_{opt} = \tau^{\frac{k}{2(k-1)}} = \sqrt{\tau^{\frac{k}{k-1}}} = \sqrt{\left(\frac{T_3}{T_1}\right)^{\frac{k}{k-1}}} \quad (7\text{-}3\text{-}5)$$

将式（7-3-5）代入式（7-3-4），得最大循环功为

$$w_{0,\max} = \frac{kR_gT_1}{k-1}(\sqrt{\tau}-1)^2 \quad (7\text{-}3\text{-}6)$$

由图 7-3-5 也可以看出，在温度比 τ 为定值的条件下，压比太小和太大都会使循环曲线所包围的面积为零。只有在最佳增压比下，循环功可以取得最大值。而且，在温度比 τ 为定值的条件下，增压比 π 的增加不仅使平均吸热温度升高，也使平均放热温度下降，循环热效率随增压比 π 单调增加，如循环 $1-2''-3''-4''$ 的热效率已趋近于相同温度极限范围的卡诺循环热效率，但在最高温度的限制下，其循环功也趋近于零，没有实际意义，因此实际循环中 π 还是不能太高。实际上，这仍然是受到涡轮叶片材料耐热极限限制的结果。

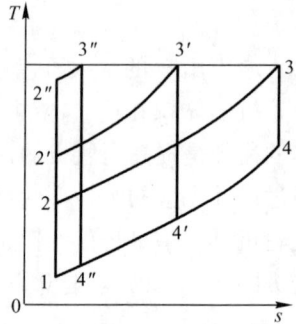

图 7-3-5　相同温度极限范围内增压比 π 对循环功的影响

7.3.2　考虑不可逆损失的实际燃气轮机循环（Real cycle of gas turbine considering the irreversible loss）

上述燃气轮机的理想循环中，压缩过程和膨胀过程均视为可逆过程，但由于燃气轮机的压气机和涡轮机往往都是"冲击式"的叶轮机械（如离心式或轴

流式压气机和涡轮），气流速度大，摩擦大，在压缩和膨胀过程中会产生不可逆的熵增。这个不可逆损失通常用绝热过程的等熵效率或称为压气机效率的 η_c 和涡轮效率的 η_T 来考虑，如图 7-3-6 所示，虚线 1-2′ 和 3-4′ 分别表示实际不可逆压缩和膨胀过程，则实际燃气轮机循环为 1-2′-3-4′-1 而不是理想循环 1-2-3-4-1。

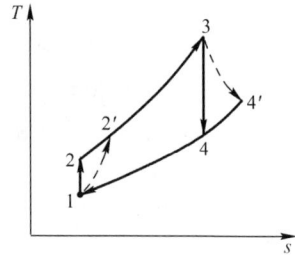

图 7-3-6　实际燃气轮机循环

实际压气机功 w_C' 和实际涡轮功 w_T' 分别为

$$|w_C'| = h_{2'} - h_1 = \frac{w_C}{\eta_c} = \frac{h_2 - h_1}{\eta_c} = \frac{c_p(T_2 - T_1)}{\eta_c}$$

$$= \frac{kR_gT_1}{\eta_c(k-1)}\left[\left(\frac{p_2}{p_1}\right)^{\frac{k-1}{k}} - 1\right] \tag{7-3-7}$$

$$w_T' = h_3 - h_{4'} = w_T\eta_T = (h_3 - h_4)\eta_T = \eta_T c_p(T_3 - T_4)$$

$$= \frac{\eta_T kR_gT_3}{k-1}\left[1 - \left(\frac{p_4}{p_3}\right)^{\frac{k-1}{k}}\right] \tag{7-3-8}$$

则实际循环功为

$$w_0' = w_T' - |w_C'| = (h_3 - h_{4'}) - (h_{2'} - h_1) = w_T\eta_T - \frac{w_C}{\eta_c}$$

$$= (h_3 - h_4)\eta_T - \frac{h_2 - h_1}{\eta_c} = \eta_T c_p(T_3 - T_4) - \frac{c_p(T_2 - T_1)}{\eta_c}$$

$$= \frac{\eta_T kR_gT_3}{k-1}\left[1 - \left(\frac{p_4}{p_3}\right)^{\frac{k-1}{k}}\right] - \frac{kR_gT_1}{\eta_c(k-1)}\left[\left(\frac{p_2}{p_1}\right)^{\frac{k-1}{k}} - 1\right]$$

$$= \frac{kR_gT_1}{k-1}\left[\eta_T\tau\left(1 - \frac{1}{\pi^{\frac{k-1}{k}}}\right) - \frac{1}{\eta_c}\left(\pi^{\frac{k-1}{k}} - 1\right)\right]$$

$$= \frac{kR_gT_1}{k-1}\left[\eta_T\tau + \frac{1}{\eta_c} - \left(\frac{\eta_T\tau}{\pi^{\frac{k-1}{k}}} + \frac{\pi^{\frac{k-1}{k}}}{\eta_c}\right)\right] \tag{7-3-9}$$

显然，实际循环功除了与 τ 和 π 有关系外，η_T 和 η_c 越大，循环功也越大，当 $\eta_T = \eta_c = 1$ 时，即为理想循环功，因此一般情况下实际循环功肯定小于理想循环功。同理，与理想循环类似，在 $\dfrac{\eta_T\tau}{\pi^{\frac{k-1}{k}}} \dfrac{\pi^{\frac{k-1}{k}}}{\eta_c} = \dfrac{\eta_T\tau}{\eta_c}$ 为定值的条件下，当 $\dfrac{\eta_T\tau}{\pi^{\frac{k-1}{k}}} = \dfrac{\pi^{\frac{k-1}{k}}}{\eta_c}$ 时，实际循环也存在着使循环功 w_0' 最大的最佳增压比 π_{opt}'，其计算式为

$$\pi_{opt}' = (\eta_T\eta_c\tau)^{\frac{k}{2(k-1)}} = \sqrt{(\eta_T\eta_c\tau)^{\frac{k}{k-1}}} \tag{7-3-10}$$

将式（7-3-10）代入式（7-3-9），得实际最大循环功为

$$w'_{0,\max} = \frac{kR_gT_1}{\eta_c(k-1)}(\sqrt{\eta_T\eta_c\tau} - 1)^2 \qquad (7-3-11)$$

实际循环的吸热过程为 $2'-3$，与燃气轮机理想循环相比，吸热量 $q'_1 < q_1$，而循环功 $w'_0 < w_0$，因此，实际燃气轮机循环热效率是否减小需要仔细分析。在定比热容条件下，得

$$\eta_c = \frac{h_2 - h_1}{h_{2'} - h_1} = \frac{T_2 - T_1}{T_{2'} - T_1}$$

即

$$T_{2'} = T_1 + \frac{T_2 - T_1}{\eta_c}$$

则实际循环吸热量为

$$q'_1 = h_3 - h_{2'} = c_p(T_3 - T_{2'}) = \frac{kR_gT_1}{k-1}\left[T_3 + \frac{T_2 - T_1}{\eta_c}\right]$$

代入热效率定义式得

$$\eta'_t = \frac{w'_0}{q'_0} = \frac{(T_3 - T_{4'}) - (T_{2'} - T_1)}{T_3 - T_{2'}} = \frac{(T_3 - T_{4'}) - (T_{2'} - T_1)}{(T_3 - T_1) - (T_{2'} - T_1)}$$

$$= \frac{\eta_T(T_3 - T_4) - \dfrac{T_2 - T_1}{\eta_c}}{(T_3 - T_1) - \dfrac{T_2 - T_1}{\eta_c}} = \frac{\dfrac{\eta_T\tau}{\pi^{\frac{k-1}{k}}} - \dfrac{1}{\eta_c}}{\dfrac{\tau-1}{\pi^{\frac{k-1}{k}}} - 1} = \frac{\dfrac{\eta_T\eta_c\tau}{\pi^{\frac{k-1}{k}}} - 1}{(\tau-1)\eta_c + 1}\left(1 - \dfrac{1}{\pi^{\frac{k-1}{k}}}\right) \qquad (7-3-12)$$

由式（7-3-12）可见，实际燃气轮机循环的热效率仍取决于循环各转折点的温度，再次说明热效率决定于平均吸热温度和放热温度的实质。此外，式（7-3-12）的最后的表达式中，括号中的 $\left(1 - \dfrac{1}{\pi^{\frac{k-1}{k}}}\right)$ 就是理想燃气轮机循环的热效率，见式（7-3-3），其前面的系数为燃气轮机循环的实际与理想热效率之比。可以证明：

$$\frac{(\tau-1)\eta_c + 1}{\pi^{\frac{k-1}{k}}} - 1 > \frac{\eta_T\eta_c\tau}{\pi^{\frac{k-1}{k}}} - 1 > 0$$

说明

$$0 < \frac{\dfrac{\eta_T\eta_c\tau}{\pi^{\frac{k-1}{k}}} - 1}{\dfrac{(\tau-1)\eta_c + 1}{\pi^{\frac{k-1}{k}}} - 1} < 1$$

即实际循环的热效率 η'_t 一定小于理想循环的热效率 η_t。实际上，用热量法可以很容易地比较 η'_t 与 η_t 的大小。由于放热过程为 $4'-1$，放热量 $q'_2 = h_{2'} - h_1 > q_2 = h_2 - h_1$，而吸热量 $q'_1 < q_1$，有 $\eta'_t < \eta_t$。

图 7-3-7 示出了实际循环热效率随温度比 τ 和增压比 π 的变化规律。由

图 7-3-7 可见，η_T 和 η_c 不仅引起热效率比理想循环数量上的下降，而且改变了热效率的变化规律，热效率不再随 π 单调递增，而在 τ 一定的情况下呈现随 π 先增后降的现象，随 π 的变化存在极值。这个对应热效率最大的最佳增压比与前述对应循环功最大的最佳增压比是不同的，记为 π_{opt,η_t}，而把式（7-3-5）和式（7-3-10）中的最佳增压比记为 π_{opt,w_0}。由图 7-3-7 可知，π_{opt,w_0} 会随 τ 的增大向增大的方向（右侧）移动，且对应的最大热效率 $\eta_{t,\max}$ 也越来越大，当 $\tau >$ 5.53 后，最佳增压比 π_{opt,η_t} 已超过 40。因此，这时的 π_{opt,η_t} 基本没有意义，热效率就好像随 π 单调递增一样。当 $\tau \to \infty$ 时，由式（7-3-12）可知，由于

$$\frac{\dfrac{\eta_T\tau}{\pi^{\frac{k-1}{k}}}-1}{\dfrac{(\tau-1)\eta_c+1}{\pi^{\frac{k-1}{k}}}-1}=\frac{\dfrac{\eta_T\eta_c}{\pi^{\frac{k-1}{k}}}-\dfrac{1}{\tau}}{\dfrac{\left(1-\dfrac{1}{\tau}\right)\eta_c+\dfrac{1}{\tau}}{\pi^{\frac{k-1}{k}}}-\dfrac{1}{\tau}}\to\eta_T$$

则
$$\eta_t'\to\eta_T\left(1-\frac{1}{\pi^{\frac{k-1}{k}}}\right)$$

图 7-3-7 中也画出了 $\tau \to \infty$ 时的曲线，它是一条接近理想循环热效率的曲线，两者相差一个系数 η_T。说明即使在温度比 τ 很大的情况下，也无法完全抵消 η_T 的影响。实际上，由式（7-3-12）可知：当 $\pi \geqslant (\eta_T\eta_c\tau)^{\frac{k}{k-1}}$ 时，$\eta_t' \leqslant 0$，意味着这时燃气轮机根本无法运行。在 η_T 和 η_c 较小时，这并不是一个很大的数字。上述分析表明：部件效率 η_T 和 η_c 对燃气轮机实际循环的影响是很大的，实际上，布莱顿制造的第一台应用布莱顿循环的机器就由于部件效率太低而根本无法开动。因此，努力提高部件效率，减少压气机和涡轮中的不可逆损失是改善燃气轮机实际循环的重要途径。η_T 和 η_c 主要取决于压气机和涡轮中的扩压管、喷嘴，以及动叶或静叶间气流通道设计的完善程度和加工工艺精度。其中，压气机效率 η_c 的下降除了使输出功减少（η_t 减小）外，还使点 2' 温度升高（见图 7-3-6），从而使加热量减少（η_t 增大），部分抵消了使 η_t 减小的趋势；而涡轮效率 η_T 下降的唯一效果就是使输出功减少（η_t 减小）。因此，相比之下，压气机的影响没有涡轮影响那么直接。因此，为了提高 η_t，应更多地设法提高涡轮的效率。

从上面的分析还可以看出：无论从哪方面来说，燃气轮机的性能最终都受限于温度比 τ。首先，虽然 τ 对燃气轮机的理想循环热效率没有直接影响，但增压比 π 会受到最高温度 T_3 的限制，不能无限制升高；如果 T_3 保持不变，则只增加 π 有可能使循环功 w_0 减少为零，这时热效率 η_t 的增加也就失去了意义。因此，实际循环中 π 仍然不能太高，最好按式（7-3-5）取为最佳增压比。其次，温度比 τ 对实际燃气轮机循环的影响很大，这从式（7-3-9）～式（7-3-12）及图 7-3-7 中可以很清楚地看到。随着 τ 增大，循环越来越向理想循环靠拢，使 η_T 和 η_c 的

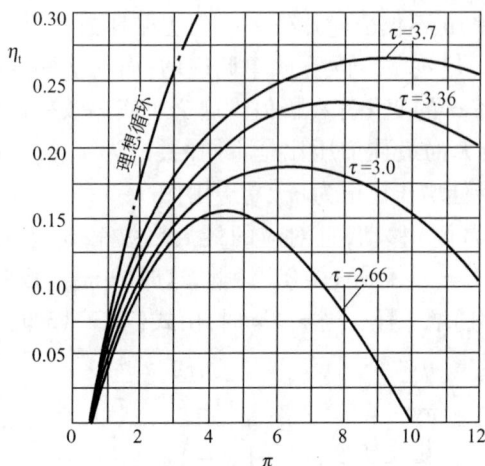

图 7-3-7　实际燃气轮机循环热效率随 τ 和 π 的变化

影响减弱。因此提高温度比 τ 也是提高循环性能参数、减少 η_T 和 η_c 影响的根本途径。由热力学第二定律或卡诺定理的结论知道,热机(内燃机和燃气轮机等)的燃烧温度对其性能(包括热效率和循环功)有着重要的影响,因此热机效率的提高一直都伴随着燃烧温度或燃气温度的提高。特别是对燃气轮机来说,由于其乏气的温度偏高,燃气高温对于提高燃气轮机的性能具有更加特别重要的影响,是提高燃气轮机性能的主要措施。这主要通过采用性能更好的耐高温材料和强化对涡轮叶片的冷却两方面的措施来进一步提高。目前 T_3 已由 20 世纪 40 年代燃气轮机初期的约 800K 提升到现在的近 2000K,其中材料的贡献和冷却技术的贡献各占一半。

7.4　喷气式发动机循环(Cycle of jet engine)

作为单位体积或单位重量下输出功率最大的发动机,燃气轮机在航空推进领域得到了最广泛的应用。如用涡轮驱动螺旋桨的涡轮螺桨发动机、用涡轮驱动直升机的涡轮轴发动机都是直接应用燃气轮机的例子,它们输出的是轴功。与一般燃气轮机循环不同的是,喷气发动机循环输出的循环功是燃气的宏观动能,而不是轴功,因此喷气发动机循环就是燃气轮机循环应用的一个特例。

7.4.1　涡轮喷气发动机的理想循环(Ideal cycle of turbine jet engine)

图 7-4-1(a)所示为涡轮喷气发动机示意图,对应的 $p-v$ 图和 $T-s$ 图如图 7-4-1(b)和图 7-4-1(c)所示。由于喷气发动机是装在飞行器上的,来流具

有较高的流速,在进入压气机前需要把速度降到正常范围内,因此在压气机前需要有一个扩压管起减速增压的作用,这就是进气道。进气道依靠对来流的减速进行增压,通常把这一过程称为冲压,其冲压压缩造成的增压比与冲压前后气流的马赫数有关。这样,对涡轮喷气发动机的理想循环来说,其等熵压缩过程 0-2 除了有压气机内的压缩过程 1-2 外,还有在进气道内进行的 0-1 冲压压缩过程。压气机、燃烧室、涡轮这三大部件与燃气轮机是一样的。与燃气轮机不同的是,喷气发动机需要利用燃气的宏观动能来推动飞机前进,因此,燃气在涡轮中膨胀完毕后还要进入一个喷管继续膨胀,把热能转换为燃气的宏观动能向后喷出,推动飞机前进,这个喷管称为尾喷管,如果再通过一个矢量喷管,燃气还可以向其他方向喷射,增强飞行器的机动能力,甚至可以垂直起降。进气道和喷管内的流动过程将在第 8 章详细介绍,本章只针对喷气式发动机的循环过程进行介绍。

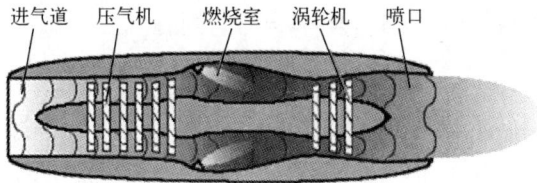

(a) 涡轮喷气发动机

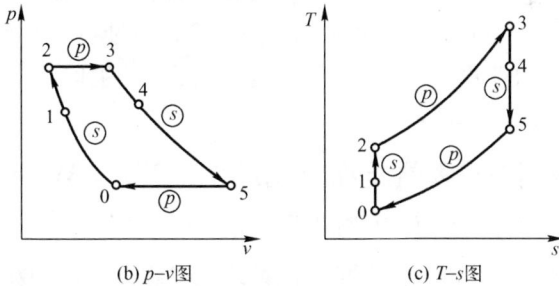

(b) p–v图   (c) T–s图

图 7-4-1　涡轮喷气发动机循环示意图

对涡轮喷气发动机的理想循环来说,其等熵膨胀过程 3-5 除了有涡轮内的膨胀过程 3-4 外,还有在尾喷管或矢量喷管内的 4-5 膨胀过程。无论是在扩压管内的压缩过程,还是在压气机内的压缩过程,无论是在尾喷管内的膨胀过程,还是在涡轮内的膨胀过程,其热力学本质都是相同的,因此,如图 7-4-1 所示的涡轮喷气发动机理想循环的 $p-v$ 图和 $T-s$ 图与燃气轮机理想循环图 7-3-3 是完全一样的,只是发生热力过程的具体部件不同。循环热效率和循环功仍可分别用式(7-3-3)和式(7-3-4)表示。提高增压比 π 和温度比 τ 仍是提高热效率和循环功的主要方法。但循环功的输出形式是动能,而不是轴功。即

$$w_0 = w_{t,35} + w_{t,02} = w_{t,35} - |w_{t,02}| = (h_3 - h_5) - (h_2 - h_0)$$
$$= (h_3 - h_4 + h_4 - h_5) - (h_2 - h_1 + h_1 - h_0)$$
$$= (h_3 - h_4) - (h_2 - h_1) + (h_4 - h_5) - (h_1 - h_0)$$
$$= w_T - |w_C| + (h_4 - h_5) - (h_1 - h_0)$$

在涡轮喷气发动机中,涡轮的作用就是为了带动压气机,因此涡轮所做功 w_T 与压气机所耗功 w_C 恰好相等,相互抵消,没有净轴功输出,$w_T - |w_C| = 0$,而在进气道和尾喷管内进行的是绝能流动,由绝能流动能量方程可知

$$h_4 - h_5 = \frac{1}{2}(V_{f,5}^2 - V_{f,4}^2), \quad h_1 - h_0 = \frac{1}{2}(V_{f,0}^2 - V_{f,1}^2)$$

代入上式得

$$w_0 = \frac{1}{2}(V_{f,5}^2 - V_{f,4}^2) - \frac{1}{2}(V_{f,0}^2 - V_{f,1}^2)$$

若忽略压气机、燃烧室和涡轮进出口气体速度的变化,即认为在发动机内部各截面速度基本相等,$V_{f,1} = V_{f,2} = V_{f,3} = V_{f,4}$,则有

$$w_0 = \frac{1}{2}(V_{f,5}^2 - V_{f,0}^2) \tag{7-4-1}$$

式中:$V_{f,0}$ 为发动机进口气流的速度,也基本上就等于飞机的速度。由式(7-4-1)可知喷气发动机的循环功是通过气体流过发动机的动能增加实现的,只有当发动机喷射的气流速度大于飞机的速度时,发动机才能推动飞机做功。喷气式发动机的作用就是将空气以一定速度吸收进来,然后通过喷入燃料燃烧给它们加入能量,再以更高的速度向相同的方向喷射出去,产生的反作用力推动飞机前进。

7.4.2 提高涡轮喷气发动机循环功的方法(Method for improving turbine jet engine's circulating work)

对于飞行器的发动机来说,尽量提高循环功是提高功率、减轻重量的有效方法。采用最佳增压比 π_{opt} [见式(7-3-5)或式(7-3-10)]和提高温度比 τ [见式(7-3-4)],虽然可以提高循环功,但仍然会受到材料耐热极限的限制。

1. 复燃加力的方法

在涡轮和尾喷管之间,安装一个加力燃烧室,注入燃料,利用从涡轮出来的燃气中剩余的氧气,再进行一次定压燃烧,以增加燃气焓,把温度由涡轮出口的 T_4 提高到 $T_{4'}$。然后再进入尾喷管膨胀到点 $5'$。其 $p-v$ 图和 $T-s$ 图如图 7-4-2 所示。与原来未加力燃烧循环相比多了面积 $A_{44'5'54}$,因而循环功增加。由于尾喷管中没有像涡轮那样复杂而又旋转的零件,因而 $T_{4'}$ 可以比涡轮进口温度 T_3 更高些,比如 T_3 为 1600K 时,$T_{4'}$ 可达到 2000K 左右。平均吸热温度的提高可以增大循环功,从而增加发动机的推力和功率,但总的来说,热效率仍是下降的。

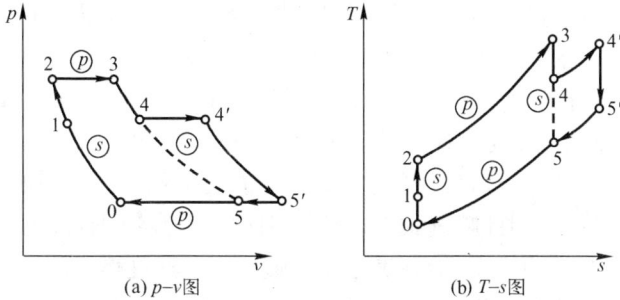

(a) p-v图　　　　　　　　(b) T-s图

图 7-4-2　涡轮喷气发动机复燃加力循环

　　涡轮喷气发动机能够采用复燃加力方法的关键是因为它并不需要增加很多的设备,发动机重量增加不多却能使推力增加很大,大大增加了发动机的推重比,收益明显。但由于热效率有所降低,飞机巡航时一般不打开加力燃烧,只在作战追击时使用,增加了战斗时飞机的机动性,起飞时打开加力也可以减少滑跑距离。因此,复燃加力是战斗机经常使用的方法。

2. 喷射液体的方法

　　如果能够减少压气机消耗的功,也可以间接增大燃气轮机循环功。因为压气机功耗大的原因之一是压缩过程中气体温度升高,如果能降低气体温度,就可以降低压气机功耗。通常可以在压气机进口喷射容易蒸发的液体(水、酒精或两者的混合液),利用液体的汽化焓(潜热)降温。在飞机起飞时使用该方法可以有效缩短起飞滑跑距离,在某些情况下(如在航空母舰或一些跑道较短的野战机场起飞时),这是非常重要的。

7.4.3　提高涡轮喷气发动机推进效率的方法(Method of improving turbine jet engine's propel efficiency)

　　并不是所有的循环功都能用于推动飞机前进,由功的定义可知,只有飞机受到的推力与飞机的速度之积才是飞机所获得的功率。根据牛顿第二定律,飞机受到的推力等于空气经过发动机前后动量的变化。因此通过发动机的单位质量流量空气对飞机所做的推动功为

$$w_P = fV_{f,0} = (V_{f,5} - V_{f,0})V_{f,0} \tag{7-4-2}$$

式中:f 为单位质量流量空气对飞机的推力。在此,把飞机得到的推动功与发动机输出的循环功之比称为推进效率,则由式(7-4-2)和式(7-4-1)得推进效率 η_P 为

$$\eta_P = \frac{w_P}{w_0} = \frac{(V_{f,5} - V_{f,0})V_{f,0}}{\frac{1}{2}(V_{f,5}^2 - V_{f,0}^2)} = \frac{2V_{f,0}}{V_{f,5} + V_{f,0}} = \frac{2}{\dfrac{V_{f,5}}{V_{f,0}} + 1} \tag{7-4-3}$$

由式$(7-4-3)$可知,喷气发动机的推进效率η_P只与发动机的喷射速度与飞机飞行速度之比$V_{f,5}/V_{f,0}$有关,$V_{f,5}/V_{f,0}$越大,η_P就越小,由于$V_{f,5}/V_{f,0}>1$,所以必有$\eta_P<1$。只有当$V_{f,5}/V_{f,0}=1$时,$\eta_P=1$为最大值,但由式$(7-4-1)$知,此时循环功$w_0=0$,推力为零,故没有实际意义。在实际应用中,会出现以下两种现象:第一,飞机飞行速度$V_{f,0}$越大,喷气发动机推进效率就越高,再加上冲压效应增强,循环热效率提高,因此喷气式发动机特别适合于高速飞行,随飞行速度的增大,飞机得到的有效功增大,恰好满足了高速飞行随速度增加阻力急剧增加的需要。实际上,喷气式发动机正是在突破声速的飞行的过程中脱颖而出的。正因为有了喷气式发动机,现代飞机速度达到3000km/h已完全没有障碍。第二,在低速飞行时,喷气推进效率下降,故喷气推进不适合于低速飞行。要提高喷气推进的效率,就要降低发动机排气速度$V_{f,5}$,按式$(7-4-1)$,就要降低循环功,同时为保持发动机的功率,需要提高空气流量。也就是说,对低速飞行需要采用大流量、低排速的方法来提高推进效率。

但不能让这么大流量的空气全部通过压气机和涡轮,否则压气机、涡轮的体积、重量急剧增大,得不偿失。因此,必须将空气流量分成两股:一股气流通过一个低压压气机(通常称为风扇,由低压涡轮驱动)沿发动机外的一个旁通通道(通常称为外涵道)流至发动机尾部排出(见图$7-4-3$);另一股气流通过压气机、燃烧室、涡轮和尾喷管(通常称为内涵道),两股气流可以混合排出或不混合分别排出。这种涡轮喷气发动机称为涡轮风扇发动机,它大大提高了在低速下的推进效率,从而减少了发动机的耗油率,适合于高亚声速巡航。因此,一般大中型民航飞机、运输机以及战斗机都采用这种形式的发动机。

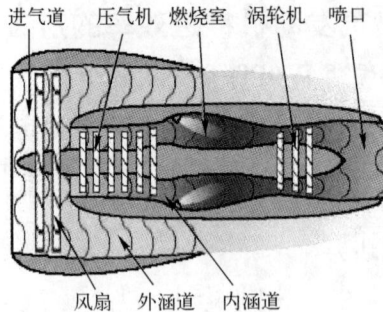

图 7-4-3 涡轮风扇发动机

通常把流过外涵道和内涵道的空气流量之比称为涵道比。飞机的飞行速度$V_{f,0}$越低,发动机排气速度$V_{f,5}$(实际上取决于T_3)越大,需要的涵道比就越大。因此一般做超声速飞行的军用战斗机等均采用较小的涵道比,而民航机、运输机等采用较大的涵道比。当飞行速度很低时(如500km/h),涵道比将是一个很大的数值,约为 50~100,这时外涵道风扇直径很大。现在很难想象这样一种风扇发动机,实际上这时就可以螺桨取代风扇,外涵道相当于发动机的整个外部空间,因此,涡轮螺桨发动机也可以看做是涡轮风扇发动机的一个特例。

涡轮风扇发动机由于排气速度降低,降低了噪声。外涵空气的混入也使发动机排气温度和尾焰长度降低,减少了排气的红外辐射,降低被红外导弹击中的概率,当涵道比为 0.5 时,一般可使平均温度下降 200~250℃。噪声和红外辐射的下降都有利于飞机的隐身,这是涡轮风扇发动机带来的另一个好处。

喷气式发动机的总效率为

$$\eta_{tot} = \frac{\text{飞机得到的推功}}{\text{燃料放出的热量}} = \frac{w_P}{q_1} = \frac{w_0}{q_1}\frac{w_P}{w_0} = \eta_t\eta_P \qquad (7-4-4)$$

涡轮喷气发动机的推进效率一般仅为 40% 左右,而涡轮风扇发动机热量转化为气流动能的效率根据涵道比的不同一般为 50%~70%,因此,总效率一般在 20%~40%。

7.4.4　冲压式喷气发动机的理想循环(Ideal cycle of athodyd)

随飞机飞行马赫数的提高,在进气道中冲压作用越来越大,以致不需要压气机也能达到循环所需的增压比,这时 0-2 压缩过程就可以完全取代整个压缩过程 0-1-2(见图 7-4-1)。由于没有了压气机功耗,涡轮也就不需要了,膨胀完全在尾喷管中进行,3-5 膨胀过程就可以完全取代整个膨胀过程 3-4-5(见图 7-4-1)。这样,整个发动机只由进气道、燃烧室、尾喷管三部件组成,称为冲压式喷气发动机。其结构和循环分别如图 7-4-4 和图 7-4-5 所示。由于循环的热力学本质与燃气轮机完全相同,冲压式喷气发动机理想循环的循环热效率和循环功仍分别用式(7-3-3)和式(7-3-4)表示。提高增压比 π 和温度比 τ 仍是提高热效率和循环功的主要方法。所不同的是增压比 $\pi = p_2/p_0$ 完全由进气道的扩压效应决定,称为冲压比,表达式为:

$$\pi = \frac{p_2}{p_0}\left(\frac{1 + \dfrac{k-1}{2}M_0^2}{1 + \dfrac{k-1}{2}M_2^2}\right)^{\frac{k}{k-1}} \qquad (7-4-5)$$

可见,进气道进口气流的马赫数即飞机飞行马赫数 M_0 越大,进气道出口或燃烧室进口气流马赫数 M_2 越小,增压比 π 就越大,代入式(7-3-3)知,循环热效率就越大。即

$$\eta_t = 1 - \frac{1}{\pi^{\frac{k-1}{k}}} = 1 - \frac{1 + \dfrac{k-1}{2}M_2^2}{1 + \dfrac{k-1}{2}M_0^2} = \frac{(k-1)(M_0^2 - M_2^2)}{2 + (k-1)M_0^2} \qquad (7-4-6)$$

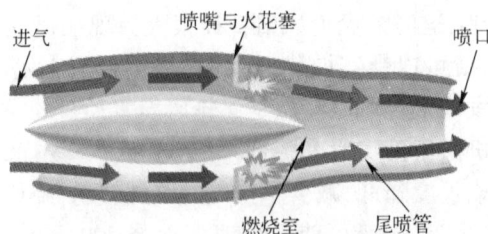

图 7-4-4　冲压式喷气发动机

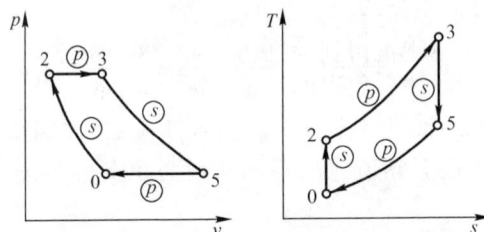

图 7-4-5　冲压式喷气发动机理想循环

一般冲压发动机 M_2 很小,可以忽略,当 $M_0 \geqslant 3$ 时, $\eta_t \geqslant 64\%$;当 $M_0 \leqslant 1$ 时, $\eta_t \leqslant 16.7\%$,所以,冲压发动机要在高马赫数飞行时才适用。在低速飞行时,由于冲压比小,不仅热效率低,推力也小。若飞行速度为零,则根本不能产生推力,所以要让冲压发动机启动,必须先赋予其一定的初始速度。因此,冲压发动机经常作为靶机、无人机和导弹的发动机,这样可以借助火箭助推或飞机挂载给予一定的速度进行启动放飞。

早在 1913 年,法国工程师雷恩·洛兰(René Lorin,1877—1933)就得到了冲压式喷气发动机的专利,比涡轮喷气发动机还早。只是在当时的低速下根本无法工作,而且也缺乏所需的高温耐热材料而一直没有在实际中实现。第二次世界大战时,德国的 V-1 飞弹就使用这种发动机。由于无旋转部件,结构简单,被誉为"会飞的烟囱"。此外,该发动机还具备体积小、重量轻、推重比大、成本低廉等优点。冲压式发动机后来一直是地空导弹、反舰导弹的主要发动机,做一次性使用。近十几年来,由于飞航式巡航导弹的发展,作为主要动力装置的冲压式发动机也得到了飞速发展。与火箭发动机相比,冲压式发动机属于吸气式(airbreath)发动机,即以大气中的空气为助燃剂,不需随机携带氧化剂,因此导弹射程更远,或在相同射程的情况下携带更多的弹药,加大了杀伤力。目前,一些先进的中程空空导弹、空地导弹,甚至远程战略性核武器也都有采用冲压发动机。如俄罗斯的 Kh-31 系列导弹装有 4 个冲压式发动机,能以 3 马赫作超声速巡航,在靠近目标时能作负载 $10g$ 的高速蛇形机动,可有效躲避敌方导弹与近防炮的拦截,还特别适合于反雷达作战。Kh-31P 导弹是高速反辐射导弹的典型代表,据报道,新型 Kh - 31P 反辐射导弹甚至可攻击数百公里外的预警机。在现代战争中,远程巡航导弹的威力不亚于带有核弹头的弹道导弹,它们可以在数千公里之外发射,紧贴地面飞行,在不被防空设施发现的情况下,隐蔽地攻击地球上的任何目标。

实际上,与其他形式的发动机相比,冲压发动机更适合于作为高速飞行器的动力。速度越高,冲压比越高,不仅循环热效率越高,而且由于飞行器速度 $V_{f,0}$ 的提高,推进效率 η_P 也提高,见式(7-4-3)。以往由于燃烧技术的限制,燃烧室内气流速度不能太高,一般都采用 $M_2 < 1$ 的所谓亚声速燃烧冲压技术,简称亚燃冲压(Ramjet)。一般认为,在飞行器 M 为 3~5 的范围内,亚燃冲压具有较好的性能。但随着飞行器马赫数的进一步提高,当达到 $M > 5$ 的高超声速范围后,由于冲压比太高,气体温度太高,还未进燃烧室,气体温度就已超过材料的耐热极限,这时要继续让冲压发动机正常工作,必须减小冲压比,以降低进入燃烧室气体的温度。按式(7-4-5)只能增大 M_2,即增大进入燃烧室气流的速度。因此,当飞行马赫数很大时,只能在燃烧室进行超声速燃烧,这就是超燃冲压发动机(Scramjet)的由来。这时,超燃冲压发动机包括燃烧室在内的整个通道都是超声速流动。在超声速下,燃料在燃烧室中的停留时间不足 1.5ms。在这样短的时间内,燃料的燃烧效率低下,所以燃烧技术(如混合增强及火焰稳定)是此类发动机的关键。一般来说,当 $M > 6$ 时,采用超燃冲压发动机比较适合。它采用液体碳氢或液氢燃料,适用于高超声速巡航导弹、高超声速航空器、跨大气层飞行器、可重复使用的空间发射器和单级入轨空天飞机的动力。因此,自 20 世纪 90 年代以来,超燃冲压发动机引起了世界各主要工业国家的极大兴趣,纷纷投入巨资开展了以 M 为 4~15,甚至更高速度的推进为目标的研究,并相继取得了一些重大进展,如美国航空航天局(NASA)采用超燃冲压发动机的 X - 43A 高超声速技术验证机,于 2004 年 11 月 16 日创造了 M 为 9.8(11300km/h)的吸气式飞机飞行速度的最高纪录。

当然,这种超燃冲压发动机在低速下是不能工作的。因此,采用联合循环的混合式或组合式发动机技术成为不二的选择。如在 NASA 的 X - 43 计划中,X - 43B 与 X - 43A 不同的就是它将采用涡扇发动机和吸气超声速燃烧冲压发动机的组合动力,这种组合动力可以自动调整使用哪种动力循环方式以使发动机处于最佳状态。当飞机的速度只有 M 为 2 左右时,飞机借助涡扇喷气发动机前进,这同普通飞机是一样的;当飞机在以高超声速飞行时(M 为 5~15),它就开始利用吸气超声速燃烧冲压发动机推进。X - 32C 将用来验证装有超声速燃烧冲压发动机的飞行器从 M 为 5 加速到 M 为 7 时的自由飞行性能和超声速燃烧冲压负荷的性能,采用的发动机具有普通冲压发动机和超声速冲压发动机的两种工作模式。X - 43D 则将装备一种冷却氢气燃料的双模式超声速冲压喷气发动机,可将速度增加至 M 为 15。可以预计,超燃冲压发动机的研制和使用将会在航空航天领域引起一场革命。

7.5　火箭发动机循环(Cycle of rocket engine)

像空气喷气发动机一样,火箭发动机也是依靠喷气推进产生推力的动力装置,所不同的是它自身既带燃料,又带氧化剂,不需要从周围的大气层中吸取氧气,所以它不但能在大气层内,而且也可在大气层之外的宇宙真空中工作,飞行高度没有限制,这是任何空气喷气发动机都做不到的。因此,火箭发动机是不依赖外界空气的、可在大气层以外空间工作的发动机之一,可以作为人造卫星、月球飞船以及各种宇宙飞行器所用的推进装置,同时也是各型战术和战略导弹的发动机。

按照所用能源的不同,火箭发动机可分为化学火箭发动机、冷气火箭发动机、电火箭发动机、核火箭发动机和太阳能火箭发动机等。化学火箭发动机就是利用燃料化学燃烧产生的高温高压气体经喷管膨胀加速,将热能转化为气流动能,高速地从喷管排出,产生推力。按照推进剂(燃料和氧化剂的合称)形态的不同,又分为液体火箭发动机、固体火箭发动机和混合推进剂火箭发动机。液体火箭发动机使用常温液态的可储存推进剂和低温下呈液态的低温推进剂,常用的液体氧化剂有低沸点无毒的液态氧和高沸点有毒的硝基氧化剂(HNO_3,N_2O_4)等;常用的燃烧剂有低沸点无毒的液氢、液化天然气 LNG、无毒或毒性较小的酒精或煤油,以及高沸点有毒的肼类(MMH、UDMH)等。氧化剂和燃烧剂必须存储在不同的储箱中。它具有比冲(发动机推力与推进剂质量流量的比值,单位为 N·s/kg)高(2500~5000N·s/kg)、推力范围大、能反复启动、能控制推力大小、工作时间较长等优点,主要用于航天器发射、姿态修正与控制、轨道转移等。固体火箭发动机的推进剂采用分子中含有燃料和氧化剂的有机物胶状态固熔体(双基推进剂)或几种推进剂组元的混合物(复合推进剂),直接预装在燃烧室内,结构简单、紧凑、使用方便、可靠性高、推进剂密度大,能长期存储,可随时处于待发射状态,适用于各种机动布防的战略和战术导弹。其缺点是比冲小(2200~3000N·s/kg)、工作时间短、推力不易控制、点火后很难关机等,因而不利于载人飞行,主要用做火箭弹、导弹和探空火箭的发动机以及航天器发射和飞机起飞的助推发动机。常用的固体推进剂有聚氨酯、聚丁二烯、端羟基聚丁二烯、硝酸酯增塑聚醚等。混合推进剂火箭发动机兼有液、固发动机的优缺点,目前技术尚不成熟,但具备一定的发展潜力。液体火箭发动机和固体火箭发动机的工作原理和主要部件基本相同,因此这里主要介绍液体火箭发动机的理想循环。

7.5.1　液体火箭发动机循环（Cycle of liquid rocket engine）

液体火箭发动机一般由推力室和推进剂供应系统组成,如图7-5-1所示。推进剂供应系统的作用是按要求的流量和压强向燃烧室输送推进剂。按输送方式不同,有挤压式和泵压式两类供应系统。挤压式供应系统是利用高压气体经减压器减压后(氧化剂、燃烧剂的流量是靠减压器调定的压强控制)进入氧化剂、燃烧剂储箱,将其分别挤压到燃烧室中。挤压式供应系统只用于小推力发动机,大推力发动机则往往采用泵压式供应系统,即用液压泵输送推进剂。推力室是将液体推进剂的化学能转变成推力的重要组件。它由推进剂喷注器、燃烧室、喷管等组件组成。推进剂通过喷注器注入燃烧室,经雾化、蒸发、混合和燃烧等过程生成燃烧产物,以高速(2500~5000m/s)从喷管中冲出而产生推力。燃烧室内压强可达20多兆帕,温度可达3000K以上,故必须对推力室壁面进行冷却(参见第4章)。

图7-5-1　液体火箭发动机

液体火箭发动机的循环如图7-5-2所示。其中0-2为推进剂在泵内的压缩过程,由于推进剂为液体,在压缩过程中,比体积变化很小,几乎为定容过程,所消耗的泵功 $w_{t,02} = -\int_{p_0}^{p_2} v\mathrm{d}p$ 与气体膨胀过程3-5所做的技术功相比很小,可以忽略不计,即0-2与 p 轴重合。2-3为燃烧室内定压燃烧过程,简化为定压加热过程。3-5为燃气在喷管内的绝热膨胀过程,膨胀所做功全部转化为气体的宏观动能,而燃气在喷管进口的动能几乎为零。由绝能流动能量方程式得

$$w_{t,35} = -\int_{p_3}^{p_5} v\mathrm{d}p = h_3 - h_5 = \frac{1}{2}(V_{f,5}^2 - V_{f,3}^2) \approx \frac{1}{2}V_{f,5}^2$$

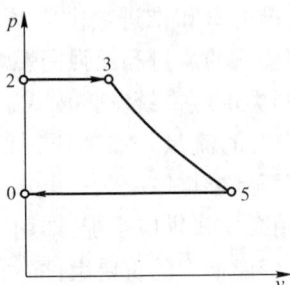

图 7-5-2　液体火箭发动机循环

燃气降压后被排入大气,经历在大气中向环境的放热过程 5-0,构成一个封闭的循环。由于 2-3 和 5-0 过程均不做技术功,因此,整个循环过程的循环功为

$$w_0 = w_{t,02} + w_{t,23} + w_{t,35} + w_{t,50}$$

$$= -\int_{p_0}^{p_2} v\mathrm{d}p - \int_{p_3}^{p_5} v\mathrm{d}p \approx h_3 - h_5 = \frac{1}{2}(V_{f,5}^2 - V_{f,3}^2) \approx \frac{1}{2}V_{f,5}^2 \qquad (7\text{-}5\text{-}1)$$

加热量为

$$q_1 = h_3 - h_2 \approx h_3 \qquad (7\text{-}5\text{-}2)$$

在式(7-5-2)推导中,应用了 $w_{t,02} = -\int_{p_0}^{p_2} v\mathrm{d}p = h_2 - h_0 \approx 0$,且取 $h_2 \approx h_0 \approx 0$ 的假设,则由热效率及定比热容假设,得热效率为

$$\eta_t = \frac{w_0}{q_1} \approx \frac{h_3 - h_5}{h_3} = 1 - \frac{h_5}{h_3} = 1 - \frac{T_5}{T_3} = 1 - \frac{1}{\left(\dfrac{p_3}{p_5}\right)^{\frac{k-1}{k}}} = 1 - \frac{1}{\pi_N^{\frac{k-1}{k}}} \qquad (7\text{-}5\text{-}3)$$

式中,喷管的压强比或降压比为

$$\pi_N = \frac{p_3}{p_5} \qquad (7\text{-}5\text{-}4)$$

可见,火箭发动机的热效率随喷管内降压比的增加而增大。式(7-5-3)与燃气轮机理想循环热效率式(7-3-3)的形式完全相同,表明它们随循环参数的变化规律是相同的。但注意这里的 π_N 取决于火箭喷管的设计与制造,而燃气轮机中增压比 π 则取决于压气机的设计与制造,对冲压发动机则取决于进口马赫数和扩压管的设计与制造,见式(7-4-4),各个压比所对应的部件是不同的。

目前,对化学火箭发动机的改进主要集中在研制和选取能量密度更高、低毒或无毒、环保的推进剂上。如美国已合成分子中不含氯的推进剂,密度达

$2.08g/cm^3$;液体推进剂则倾向于采用价格便宜的液(气)氧/煤油(酒精)、LNG。低成本、高可靠、无污染已成为火箭发动机发展的基本要求和趋势。据报道,我国新一代大型运载火箭的"120 吨级液氧/燃油发动机"于 2006 年 7 月在西安首次整机试车获得圆满成功,其各项技术指标远高于中国现有长征系列运载火箭的发动机,能将火箭现有的运载能力提高 3 倍左右,可使我国近地轨道的运载能力从现在的 9.2t 提高到 25t,为我国载人航天二期工程、月球探测工程、深空探测等奠定了坚实的基础,满足未来 20 ~ 30 年内的航天发展需求。

7.5.2　固体火箭发动机循环(Cycle of solid rocket engine)

固体火箭发动机结构简单,主要由固体推进剂、燃烧室和喷管组成,如图 7-5-3 所示。固体推进剂制成柱状,直接存放于燃烧室中。

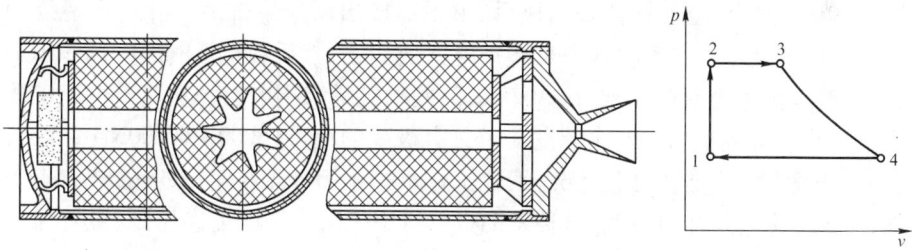

图 7-5-3　固体火箭发动机结构与循环

与涡轮喷气发动机理想循环分析一样,为使分析简化,根据固体火箭发动机工作过程的特点,将实际过程简化为可逆过程。为构成闭合循环,不考虑燃烧前工质和喷管出口处工质之间物理、化学性质的差异,仅考虑二者之间热力学状态的不同,由于燃烧前工质的压强与喷管出口处工质的压强基本相同,认为排向大气的工质经历了一个定压放热过程冷却后进入燃烧室,开始下一次循环。

固体火箭发动机理想循环如图 7-5-3 所示。1 - 2 为燃烧开始前工质在燃烧室中的定容压缩过程,2 - 3 为燃烧室中工质的定压加热过程,3 - 4 为喷管中工质的等熵膨胀过程,4 - 1 为工质的定压放热过程。

固体火箭发动机循环和涡轮喷气发动机循环相比,相同之处有以下两点:一是工质都要在燃烧室中进行燃烧,产生高温高压燃气,在理想循环中用定压加热过程表示;二是工质都要在喷管中膨胀产生功(表现为气流的动能),在理想循环中用等熵膨胀过程表示。其主要不同点表现在固体火箭发动机循环不需要涡轮来实现工质的膨胀过程,也不需要进气道和压气机来实现工质的压缩过程。在固体火箭发动机中,固体推进剂在燃烧室中燃烧形成高压,从而使得未燃烧的工质经历了一个定容压缩过程,随后工质开始燃烧。在涡轮喷气发动机循环中,工质分别在进气道和压气机中经历了等熵压缩,分别在涡轮和喷管中经历了等熵膨胀。因此,固体火箭发动机循环更为简单,可以看成是简化的涡轮喷气发动机循环,对该循环进行热力学第一、第二定律分析的方法和步骤与前面介绍的相同。

7.5.3　其他火箭发动机(Cycle of the other rocket engines)

电火箭发动机是利用电能加速工质,形成高速射流而产生推力的火箭发动机。电能由飞行器提供,一般由太阳能、核能、化学能经转换装置得到。工质包括氢、氮、氩、氙、汞、氨等气体。工质供应系统储存工质和输送工质,电推力器将电能转换成工质的动能,使其产生高速喷气流从而产生推力。按加速工质的方式不同,电火箭发动机有电热火箭发动机、静电火箭发动机和电磁火箭发动机的三种类型。电热火箭发动机利用电能加热(电阻加热或电弧加热)工质(氢、胺、肼等),使其汽化;经喷管膨胀加速后,由喷口排出而产生推力。静电火箭发动机的工质(氙等)从储箱输入电离室被电离成离子,然后在电极的静电场作用下加速成高速离子流而产生推力。电磁火箭发动机是利用电磁场加速被电离工质而产生射流,形成推力。电火箭发动机具有极高的比冲(3000 ~ 60000N · s/kg)、极长的寿命(可重复启动上万次、累计工作可达上万小时),但产生的推力小于100N,有的甚至只有几 mN。这种发动机仅适用于航天器的姿态控制、位置保持等,随电火箭技术的不断进步和航天器上可提供电源功率的增加,其用途必将不断扩大。

核火箭发动机用核燃料作能源,用液氢、液氮、液氨等作为工质。核火箭发动机由装在推力室中的核反应堆、冷却喷管、工质输送系统和控制系统等组成。在核反应堆中,核能转变成热能以加热工质,被加热的工质经喷管膨胀加速后从喷口高速排出而产生推力。核火箭发动机的比冲高(2500 ~ 10000N · s/kg),寿命长,但技术复杂,只适用于长期工作的航天器。这种发动机由于核辐射防护、排气污染、反应堆控制以及高效热能交换器的设计等问题未能解决,至今仍处于试验中。

太阳加热式火箭发动机利用太阳能电池产生的电能或利用太阳能聚集器产生的热能加热推进剂,系统简单,适用性强,与一般火箭相比,可缩短有效载荷入轨时间90%以上,适宜于航天器由低轨道到高轨道的转移以及星际航行。

此外,还有光子火箭发动机、反物质发动机等尚处于概念性探索阶段。

7.6　制冷循环与热泵循环(Refrigeration cycle and heat pump cycle)

制冷是使系统的温度保持在低于周围环境的温度。由于环境与系统之间存在温差,热量将通过非绝热壁自发地从环境转移到系统中。因此,要保持系统低的温度就必须把相应的热量排出,这是通过制冷装置中工质的循环过程实现的。本章第一节介绍了循环的热力学第一定律分析法,这些方法同样适用于制冷循环。本节进行制冷循环热力学第二定律分析,然后介绍几种工程上应用广泛的典型制冷装置。

7.6.1　制冷循环的㶲效率(Exergy efficiency of refrigeration cycle)

一切能量形式都是由㶲和㶲组成的,不同形式能量的㶲和㶲有其不同的表达式。制冷过程的任务是将热量从系统转移到环境中。因此,其㶲分析主要涉及的能量形式为热量。热量的㶲和㶲在第3章中进行了详细介绍,这里简要回顾一下。

从温度为 T 的热源输出的热量 Q,在温度为 T_0 的环境条件下能够转换的最大有用功,称为热量 Q 的㶲值,用 A_Q 表示,热量 Q 中不能转换为有用功的那部分能量称为热㶲,用 A_{NQ} 表示,并且有

$$Q = A_Q + A_{NQ} \tag{7-6-1}$$

$$A_Q = Q\left(1 - \frac{T_0}{T}\right) \tag{7-6-2}$$

$$A_{NQ} = Q\frac{T_0}{T} \tag{7-6-3}$$

在图 7-6-1 所示的制冷循环中,系统温度为 T_2,制冷装置将热量 Q_2(制冷量)从低温系统转移到较高温度的环境中。根据热力学第二定律,热量不能从低温物体自发地转移到高温物体,因此制冷装置必须消耗外界提供的功 W_0。

制冷装置的制冷量为 Q_2,它由热㶲和热㶲组成,其具体表达式由式(7-6-1)~式(7-6-3)可得

$$Q_2 = E_{Q_2} + A_{Q_2}$$

$$A_{Q_2} = Q_2\left(1 - \frac{T_0}{T_2}\right)$$

$$A_{NQ_2} = Q_2\frac{T_0}{T_2}$$

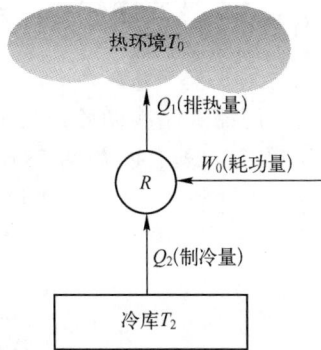

图 7-6-1　制冷循环示意图

在制冷循环中,系统温度 T_2 低于环境温度 T_0,$T_0/T_2 > 1$。因此,有 $A_{Q_2} < 0$,这说明从温度为 T_2 的系统输出热量 Q_2,在环境温度下不仅不能转换为有用功,

而且还要消耗外界提供的㶲值才能从低温系统转移到较高温度的环境。热㶲 A_{Q_2} 反映了热量 Q_2 在能量转换过程中的方向性(不能自发地从低温系统转移到高温环境)和可用性(在环境条件下不能转移为有用功)。

对于制冷循环,投入循环的㶲为外界提供的功,即 $A_{in} = W_0$,得到的收益是制冷量 Q_2 的热㶲,即 $A_e = A_{Q_2}$,则制冷循环的㶲效率为

$$\eta_e = \frac{A_e}{A_{in}} = \frac{|A_{Q_2}|}{|W_0|}$$

在可逆制冷循环中,$|W_0| = |A_{Q_2}|$,有 $\eta_e = 1$。在实际制冷循环中,由于制冷装置总存在不可逆因素,所以必须要增加外界提供的功量 W_0 以克服不可逆因素造成的能量损失,必有 $|W_0| > |A_{Q_2}|$,$\eta_e < 1$。因此,㶲效率常被用来评价制冷装置的热力学完善程度。

㶲效率 η_e 与制冷系数之间的关系为

$$\beta = \frac{Q_2}{W_0} = \frac{Q_2}{A_{Q_2}} \cdot \frac{A_{Q_2}}{W_0} = \frac{T_2}{T_0 - T_2} \cdot \eta_e = \beta_c \eta_e \qquad (7\text{-}6\text{-}4)$$

式(7-6-4)为式(7-1-14)在制冷循环中的应用。式中 β_c 为给定温度 T_0 和 T_2 下制冷系数的最大值,即相当于 $\eta_e = 1$ 时可逆制冷装置的制冷系数。由此式可以得出结论:评价制冷装置的品质不能用制冷系数,而应该用比值 β/β_c,即㶲效率。

7.6.2　蒸汽压缩式制冷装置(Vapour – compression refrigeration cycle)

蒸汽压缩式制冷循环是大多数制冷系统的典型循环,由压缩机、冷凝器、节流阀和蒸发器组成,如图 7-6-2 所示。制冷剂采用低沸点物质作为工质,利用它们在等温定压下的液化和其汽化,以实现制冷循环中的吸热和放热过程。

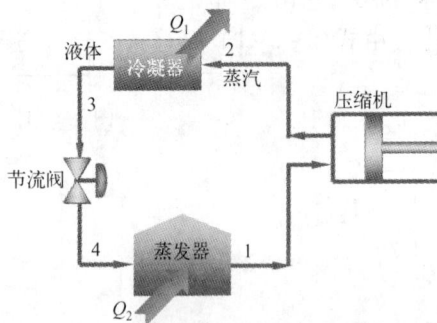

图 7-6-2　蒸汽压缩式制冷循环

制冷装置工作时,高干度的工质湿蒸汽吸入压缩机,绝热压缩成较高温度下的饱和蒸汽(过程 1 - 2),随后饱和蒸汽进入冷凝器中,经定压放热而凝结成饱和液体,将热量 Q_1 排放到环境中(液化过程 2 - 3),饱和液体具有较高的温度和压强,经节流阀绝热节流降压后成为低干度的湿蒸汽(过程 3 - 4),节流后的湿蒸汽进入蒸发器中,吸入热量 Q_2 后成为高干度的湿蒸汽(过程 4 - 1),从而完成一个循环。工质在蒸发器中的饱和压强对应于较低的沸点,在冷凝器中的饱和压强对应于较高的沸点。由此可见,蒸汽压缩式制冷装置充分利用了工质沸点随压强变化的性质,通过两个相变过程,完成了制冷循环中的吸热和放热过程。

为什么要采用工质的相变过程来实现制冷循环中的加热和放热过程呢?由上节的分析结论可知,加热和放热过程存在温差时产生较大的㶲损失,且温差越大,㶲损失也越大。在制冷循环中,既要实现加热和放热达到制冷目的,又要减少㶲损失,采用等温下工质的相变过程无疑是最佳选择。它可以显著提高蒸汽压缩式制冷装置的㶲效率。另外,由于汽化潜热较大,提高了制冷能力。因为这些优点,蒸汽压缩式制冷装置在工程上获得广泛应用。

制冷循环工质(又称制冷剂)的性质,对制冷装置的性能影响较大。为实现蒸汽压缩式制冷循环,理想的制冷剂要求具有以下特性:

(1)临界点温度高于制冷循环的上限温度,三相点温度低于制冷循环的下限温度,这样吸热和放热过程可在两相区以等温过程进行。

(2)对应于液体蒸发的饱和压强不宜过低,以免采用高真空设备,产生空气渗入蒸发器,从而降低制冷能力。对应于蒸汽凝结的饱和压强不宜过高,以免引起制冷剂外漏和压缩机耗功增大。

(3)汽化潜热大,液体比热容小,这样可减小所需的制冷剂量,增大单位制冷率。

(4)蒸汽的比体积要小(密度要大),以减小压缩机尺寸。

(5)制冷剂具有价格低廉、性能稳定、安全无毒、不易爆易燃、不腐蚀金属、不污染环境等优点。

目前已采用的制冷剂有多种。在工业制冷中,氨被广泛用作制冷剂,但氨有毒,且对铜有腐蚀性,因此不常用在家用空调设备中。应用广泛的另一种制冷剂是氟利昂,其性能稳定、无毒,多用于空调设备、冰箱和冰柜中,但含氯氟利昂气体破坏臭氧层,对地球生态平衡有损害,目前正逐步受到限制或禁止使用,并将为新型"绿色"环保制冷剂所代替。

7.6.3　吸收式制冷装置(Absorption refrigeration equipment)

前面讨论的蒸汽压缩式制冷装置以消耗外界提供的功量(通常消耗大量电能)来实现制冷,这里将要讨论的吸收式制冷装置则是以消耗外界提供的热能来实现制冷。

在吸收式制冷装置中采用沸点较高的物质作为吸收剂、沸点较低的物质作制冷剂,两种物质组成工质对,以代替单一制冷剂。在工质对组成的二元溶液中,制冷剂作为溶质,其溶解度与温度有关,温度较低时,溶解度较大;温度较高时,溶解度较小。吸收式制冷装置正是利用了溶液的这种特性,来取代蒸汽压缩式制冷装置中对蒸汽的压缩过程,常用的工质对有氨—水(氨为制冷剂、水为吸收剂)和水—溴化锂(水为制冷剂、溴化锂为吸收剂)。

图7-6-3所示为吸收式制冷装置的示意图,该装置由蒸汽发生器、冷凝器、节流阀、蒸发器、吸收器、泵和节流阀组成。工作原理为(以氨-水工质对为例):吸收器中的浓氨水溶液由泵输送到蒸汽发生器中(过程5-6),由外界提供Q_1加热,使低沸点的氨汽化;产生氨蒸汽(过程6-2),此后氨蒸汽作为通常的制冷剂进行循环,先进入冷凝器中凝结成饱和氨液体并放出热量Q(过程2-3),饱和氨液体经过节流阀膨胀降压(过程3-4),形成低干度的湿蒸汽,湿蒸汽进入蒸发器中吸收热量Q_2,汽化成饱和氨蒸汽(过程(4-1),随后氨蒸汽进入吸收器中。至此氨蒸汽所经历的过程与蒸汽压缩式制冷装置中制冷剂从冷凝器到蒸发器的过程一样。与此同时,蒸汽发生器中由于外界提供热量Q_1,溶液温度升高积溶解度减小,加上氨的蒸发,使浓的氨水溶液变成为稀的氨水溶液,稀溶液经节流阀膨胀降压(过程7-8),随后流入吸收器。在吸收器中,稀氨水溶液吸收来自蒸发器的饱和氨蒸汽,形成浓稀氨水溶液。此后,浓氨水溶液经泵增压后输送到蒸汽发生器中(过程5-6),完成一个循环。氨蒸汽凝结时放出热量Q_4由冷却水带走,以保持吸收器中的溶液具有较低的温度,从而具有较大的溶解度,能够吸收较多的氨蒸汽。

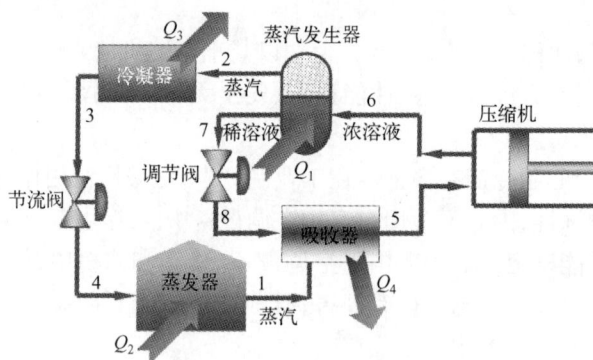

图7-6-3 吸收式制冷装置示意图

在上述循环中,泵的增压过程是对液体(浓溶液)而不是对气体(氨蒸汽)。由于液体的可压缩性远小于气体,因此泵消耗的功远小于蒸汽压缩制冷装置中的压缩机,从而可节省大量电能。但是,吸收式制冷装置与蒸汽压缩式制冷装置相比,显然需要更多的排热设备,因为它必须在吸收器中排放热量 Q_4,还要在冷凝器中排放附加的热量 Q_3。

吸收式制冷循环的热力学第一定律效率,称为热能利用系数,用 ξ 表示,由效率定义式可得

$$\eta = \xi = \frac{Q_2}{Q_1} \tag{7-6-5}$$

式中:Q_1 为外界输入蒸汽发生器中的热量;Q_2 为工质在蒸发器中吸收的热量,又称为制冷量。热能利用系数如同制冷系数一样,可以小于 1 或大于 1。

吸收式制冷循环的热力学第二定律效率,即㶲效率,由㶲效率定义式有

$$\eta_e = \frac{|A_{Q_2}|}{A_{Q_1}} \tag{7-6-6}$$

式中:A_{Q_2} 为制冷量 Q_2 的热㶲;A_{Q_1} 为投入循环的㶲。在吸收式制冷循环中,由于泵消耗的功与蒸汽发生器消耗的热量 Q_1 相比小得多,因此可以忽略,则投入循环的㶲为热量 Q_1 的热㶲。本节一开始介绍了热㶲的计算,若已知蒸发器的温度 T_D、蒸汽发生器的温度 T_A 和环境温度 T_0,则由式(7-6-2)有

$$A_{Q_2} = Q_2\left(1 - \frac{T_0}{T_D}\right), \quad A_{Q_1} = Q_1\left(1 - \frac{T_0}{T_A}\right) \tag{7-6-7}$$

热能利用系数 ξ 与㶲效率的关系为

$$\xi = \frac{Q_2}{Q_1} = \frac{Q_2}{A_{Q_2}} \cdot \frac{A_{Q_1}}{Q_1} \cdot \frac{A_{Q_2}}{A_{Q_1}} = \frac{T_D}{T_0 - T_D} \cdot \frac{T_A - T_0}{T_A} \cdot \eta_e = \xi_c \eta_e \tag{7-6-8}$$

式中,ξ_c 对应于 ξ 在可逆情况($\eta_e = 1$)下的最大值。

由于吸收式制冷装置消耗的主要能源为外界提供的热能,在许多工厂和建筑物中,可以从某些过程的剩余产物得到废气,把这些热量加以利用无疑在经济上具有很大的吸引力。因此,吸收式制冷装置为废热利用提供了途径,在建筑物中央空调和低温储藏等方面获得广泛应用。

7.6.4 热泵循环(Heat pump cycle)

在制冷循环中,热量从低温物体转移到高温物体,不仅使放出热量的低温物体被冷却,而且使吸收热量的高温物体被加热。因此,利用这个原理可以实现由低温环境向高温系统的供热(如室内供暖)。这种用于加热的装置称为热泵。

从循环的实质来说,热泵与制冷装置完全一样,都是通过消耗外界提供的功,实现热量从低温物体向高温物体的转移,只是两者工作的温度范围不同。制冷装置工作的热源温度为环境温度,目的是从系统(如冷藏室)吸热,以维持系统的低温恒冷,其上限温度为环境温度,下限温度为系统温度。热泵工作的热源

温度为系统(如暖室)温度,目的是向被加热系统放热,以保持它(如暖室)的恒暖,其上限温度为系统温度,下限温度为环境温度。因此,制冷和供热的不同目的,决定了制冷循环和热泵循环工作在不同的温度范围。

图7-6-4所示为热泵装置示意图,主要由压缩机、蒸发器、冷凝器和节流阀组成。与图7-6-4所示蒸汽压缩式制冷装置相似。热泵工作过程如下:蒸发器中的工质在温度 T_0 和压强 p_0 下,从外界环境吸收热量 Q_2 而蒸发,压缩机消耗外界提供的驱动功 W_0,提高工质蒸汽的压强,使它在温度 T 和压强 p 下的冷凝器中放出热量 Q_1 而凝结,供给被加热系统的热量为 $Q_1 = Q_2 + W_0$,重新凝结的工质,经节流阀流向蒸发器,由此开始下一次循环。

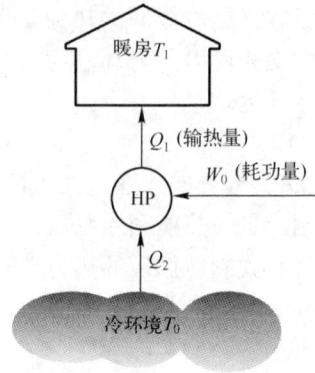

图7-6-4 热泵装置及循环示意图

7.6.5 热泵的效率与节能作用(Heat pump efficiency and energy conservation effect)

对于热泵来说,从冷凝器输出的热量 Q_1 与压缩机消耗的驱动功 W_0 之比是一个重要的性能参数,称为供热系数 γ,它反映了热泵供热的工作效果。由定义,供热系数 γ 为

$$\gamma = \frac{Q_1}{W_0} \tag{7-6-9}$$

上式即为热泵的热力学第一定律效率。

又制冷系数 $\beta = Q_2/W_0$,故有

$$\gamma = \frac{Q_1}{W_0} = \frac{Q_2 + W_0}{W_0} = \frac{Q_2}{W_0} + 1 = \beta + 1 \tag{7-6-10}$$

由上式可见,制冷与供热属同一循环下不同工作目的,当循环的制冷系数越高,供热系数也越高。

热泵循环的㶲效率与蒸汽压缩式制冷循环相似,有

$$\eta_e = \frac{A_{Q_1}}{W_0} \tag{7-6-11}$$

式中:A_{Q_1} 为热泵输出热量 Q_1 的热㶲;W_0 为循环消耗的驱动功。热泵循环的供热系数与㶲效率的关系为

$$\gamma = \frac{Q_1}{W_0} = \frac{Q_1}{A_{Q_1}} \cdot \frac{A_{Q_1}}{W_0} = \frac{T}{T - T_0} \cdot \eta_e = \gamma_c \eta_e \tag{7-6-12}$$

式中：$\gamma_c = T/(T - T_0)$，为工作在 T 和 T_0 之间的可逆热泵循环的供热系数。实际热泵循环的㶲效率 η_e 一般约为 0.45。

热泵循环从环境吸热为 Q_2，消耗功为 W_0，供热量为 Q_1，由热力学第一定律有

$$Q_1 = Q_2 + W_0$$

由热力学第二定律可知，从环境吸收的热量 Q_2 仅由㶲组成，即 $A_{NQ_2} = Q_2$，因此有

$$Q_1 = A_{NQ_2} + W_0$$

可见，热泵循环供热量 Q_1 是由两部分组成：一是以驱动功形式加入的全㶲；二是以热能形式从环境取出的全㶲，这部分能量是取之不尽的，也是无代价的。因此，从热力学第二定律角度来看，采用热泵循环加热具有很好的节能效果。

利用电加热器进行加热时，供热量 Q_1 全部由以电能形式的全㶲转变而来。直接用火焰进行加热时，燃烧过程产生的热能，全部由以化学能形式的燃烧㶲转变而来。这些加热方法从节能的角度来看都是不利的，因为需要多少供热量就需消耗多少㶲（电能或化学能）。

无论从供热系数、耗电功率还是㶲效率来看，热泵供热方式都明显优于电加热器方式。这是因为热泵供热量中的大部分是从环境中取出的大量无代价的㶲，而电加热器供热量的 100% 为高品位的电能（全㶲）。从耗电功率的角度来看，在工作温度和供热量不变的情况下，热泵的耗电功率远小于电加热器的耗电功率。因此，采用热泵循环是解决供热问题最节能的方式。

能源短缺长期影响我国国民经济发展和生活水平提高，具有显著节能效果的热泵技术在我国也越来越引起重视。由于热泵具有节能、不污染环境，可同时利用冷、热量等突出优点，因此随着我国电力工业的发展，热泵将会在工业、农业、商业尤其是建筑业得到广泛应用。

思　考　题

7-1　对于同一过程（或设备），热力学第一、二定律分析指出的各项损失之间是否可以相互加减？为什么？

7-2　理想热力循环与实际热力循环有何联系和区别？

7-3　㶲方法和熵方法各有何特点？

7-4　燃气轮机装置循环的热效率低于对应温度范围内可逆循环的热效率，为什么？提高热效率的措施有哪些？

7-5　使用制冷装置可以产生低温，利用所产生的低温作为冷源可以扩大

热动力循环所能利用的温差。从而提高动力循环的热效率,这种方法是否有利?为什么?

7-6 在制冷循环中用什么来衡量循环的经济性?

7-7 热泵供热循环与制冷循环有何异同?

7-8 为什么说热泵是供热最节能的装置?

习　题

7-1 某燃气轮机装置在87℃和30℃之间进行理想循环,工质为空气,$c_p = 1.004kJ/(kg \cdot K)$,$k = 1.4$。试计算增压比为2、4、6、8、10、12时的循环效率,并画出循环效率对增压比的曲线。

7-2 一台理想的燃气轮机在100kPa和26℃下吸收空气,增压比为6,给每千克空气提供的热量为780kJ,求每千克空气的(1)涡轮机产生的功;(2)压气机消耗的功;(3)燃气轮机的输出功;(4)循环的热效率和㶲效率。

7-3 对于一台实际燃气轮机重做7.2题:假设压气机的绝热效率为0.85。涡轮机的相对内效率为0.90,假设最高温度相同,忽略比热变化。

7-4 某燃气轮机装置增压比为5,压气机入口压强和温度分别为1.06bar和27℃,燃气涡轮入口温度为87℃,工质为空气,定压比热容$c_p = 1.004kJ/(kg \cdot K)$,试计算下列情况下循环的热效率和㶲效率。设压气机绝热效率和燃气涡轮相对内效率分别为(1)1.0,1.0;(2)0.9,0.8;(3)0.8,0.9。

7-5 某制冷装置冷藏室温度为-20℃,环境温度为5℃,制冷量为250×10^3kJ/h。试计算该制冷装置的制冷系数、消耗的最小功率和排放到环境的热量。

7-6 氨蒸汽压缩式制冷装置蒸发器中温度为-20℃,冷凝器内压强为1.0027MPa,离开冷凝器时为饱和液氨。如每小时制冷量为2×10^5kJ/h。试计算氨的质量流率、制冷系数和㶲效率。

7-7 某制冷装置设计的制冷量为3.5kW,制冷系数为4,试计算输入功率。若用相同的装置来加热(热泵),那么热泵的性能系数是多少?

7-8 某热泵在20℃下输出1.0×10^5kJ/h的热量,可供热泵利用的冷源温度为-7℃,试求热泵的最小消耗功率和㶲效率。

第8章 流动过程的热力学分析

Chapter 8 Thermodynamics Analysis of Flow

内容提要 应用热力学基本定律分析工质流动过程是热力学的重要内容之一,在航天热能工程应用中也具有非常现实的意义。本章讨论流动过程的热力学分析,主要包括流动过程的基本方程、滞止参数与临界参数、气体管道中的等熵流动、喷管与扩压管、绝热节流等。

基本要求 在本章学习中,要求学生理解工质流动过程的基本方程,理解气体管道等熵流动的条件,理解声速、马赫数、滞止状态的概念,掌握滞止参数、临界参数的计算式,了解喷管工作原理。

热力装置的工质通常是流体,因此流动过程是热力装置中的常见过程。如火箭发动机中燃气流经喷管其流速增加的过程,压气机中气流经过扩压管其减速增压的过程等。由于流体在流动过程中伴随有工质热力学状态的变化,有热力学能参与能量转换,因此,对这种热流体流动过程的研究也属于工程热力学的研究范畴,特别是在热能工程领域具有重要的实际意义。

8.1 流动过程的基本方程(Basic equations of flow)

8.1.1 定常流动基本解法(Basic solutions of steady flow)

在开口系统能量方程中,可以看到进出系统的工质的能量除了焓以外还有宏观动能和宏观位能。在稳定流动情况下,后两项又可归并到技术功 w_t 中,但并未详细展开,而且在前面所讨论的情况下基本上都忽略了工质宏观动能和宏观位能的变化,这样 w_t 就是轴功 w_s。但作为技术功一部分的工质流动所具有的宏观动能在工程上占有非常重要的地位。如航空喷气发动机、火箭发动机等热机就是利用喷管产生的强大动能推动飞机和火箭运动的,又如在叶轮式压气机中,外界输入的功先使工质动能提高,然后再依靠扩压管的作用把动能转变为压强,即所谓的速度式压气机。

本章就是研究以速度为主要状态参数的喷管和扩压管中流体流动的能量转换规律。研究的基本方法是,首先找出流动过程遵循的基本方程,探讨流体流动的一般特性和规律,然后结合不同流动过程的外部条件,得到工程上常见的流动过程的特殊规律。

1. 两个基本假设——建立物理模型

本章讨论的流动首先假定是稳定流动,即气体在经过开口系统(控制体积)内的任何指定点时,其所有参数都有确定的数值,不随时间变化。如图 8-1-1 所示,在截面 1-1 和截面 4-4 之间的控制体积内,任一截面 2-2,3-3 上的压强、温度、比体积、速度等都不随时间变化,当然不同截面上的参数值会有不同。其次是假定流体作一维流动,即工质的各参数只沿流动方向才有变化,而在垂直于流动方向的横截面上各参数都是均匀分布的,没有变化,因而用一个数值就可以代表整个截面的参数。

一维稳定流动的假设大大降低了流动问题的复杂性,便于进行研究,而且,许多工程设备在正常运行时的情况的确可以近似按一维稳定流动的假设进行处理。

2. 一维稳定流动的基本方程——建立数学模型

1)质量守恒——连续方程式

在前面已导出稳定流动的连续方程式,对如图 8-1-1 所示的任意截面,可以写为

$$\dot{m}_1 = \dot{m}_2 = \dot{m}_3 = \cdots = \dot{m} = 常数$$

$$(8-1-1)$$

式中:$\dot{m}$ 为任意截面上的质量流量。对一维稳定流动,沿流动方向任一截面上质量流量的计算式为

图 8-1-1 一维稳定流动

$$\dot{m} = A\rho V_f = \frac{A V_f}{v} = 常数 \qquad (8-1-2)$$

式中:V_f 为截面上的流速。对于任意两个截面,写出上述的连续方程为

$$A_1\rho_1 V_{f,1} = A_2\rho_2 V_{f,2} \qquad (8-1-3)$$

或写为

$$\frac{A_1 V_{f,1}}{v_1} = \frac{A_2 V_{f,2}}{v_2} \qquad (8-1-4)$$

式(8-1-1)~式(8-1-4)都是稳定流动连续方程式的表达式。若对式(8-1-2)微分,可得微分形式的连续方程:

$$\frac{\mathrm{d}A}{A} + \frac{\mathrm{d}V_f}{V_f} + \frac{\mathrm{d}\rho}{\rho} = 0 \qquad (8-1-5)$$

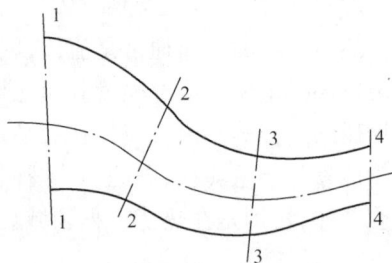

258

或写为

$$\frac{\mathrm{d}A}{A} + \frac{\mathrm{d}V_f}{V_f} - \frac{\mathrm{d}v}{v} = 0 \qquad (8-1-6)$$

稳定流动微分连续方程式(8-1-5)和式(8-1-6)表明:一维稳定流动沿流动方向各截面的面积、速度和密度的相对变化率之和为零,或者说一维稳定流动沿流动方向各截面面积与速度的相对变化率之和等于比体积的相对变化率。

连续方程式(8-1-1)~式(8-1-6)是质量守恒原理在一维稳定流动开口系统的具体表现形式,它说明了流速 V_f、流道截面积 A 与比体积 v(或密度 ρ)之间的相互制约关系,而且由推导过程知,该方程与流体种类和流动过程的性质均无关系,只要是一维稳定流动都适用。

2)能量守恒——一维稳定流动能量方程式

对微元过程,一维稳定流动能量方程式为

$$\delta q = \mathrm{d}h + \mathrm{d}\frac{V_f^2}{2} + g\mathrm{d}z + \delta w_s \qquad (8-1-7)$$

对积分过程,则有

$$q = \Delta h + \frac{1}{2}\Delta V_f^2 + g\Delta z + w_s \qquad (8-1-8)$$

或将右端后三项归并为技术功 w_t,可改写如下:

对微元过程,则有

$$\delta q = \mathrm{d}h + \delta w_t \qquad (8-1-9)$$

对积分过程,则有

$$q = \Delta h + w_t \qquad (8-1-10)$$

也称为热力学第一定律的第二表达式。

3)机械能守恒——伯努利方程

可逆一维稳定流动的伯努利方程如下:

$$-v\mathrm{d}p = \mathrm{d}\frac{V_f^2}{2} + g\mathrm{d}z + \delta w_s \qquad (8-1-11)$$

或写为动量方程或牛顿第二定律的形式,即

$$-\mathrm{d}p - \rho g\mathrm{d}z = \rho V_f \mathrm{d}V_f + \rho\delta w_s \qquad (8-1-12)$$

伯努利方程反映了工质流动过程中机械能之间的守恒关系,也就是动量方程或牛顿第二定律,其应用条件是一维稳定流动和可逆过程。由于流动的三个方程式(8-1-7)、式(8-1-9)、式(8-1-11)中只有两个是独立的,应用时最多只能同时使用其中两个方程。

4)热力学第二定律——熵方程

热力学第二定律对流体的流动过程也有很大影响。这里再将前面章节的重

要方程式进行一下回顾。如前所述,热力学第二定律的说法多样,表述众多,其中最通用的就是孤立系统熵增原理,即

$$\mathrm{d}s_{\mathrm{iso}} \geq 0 \tag{8-1-13}$$

或写为稳定流动的开口系统熵方程,即

$$\mathrm{d}s = \frac{\delta q}{T} + \mathrm{d}\sigma \tag{8-1-14}$$

5) 物性方程

参与流动工质的特性对流动有很大影响,物性包括密度、黏度、热导率、比热容、热力学能和焓、熵以及状态方程等。前面章节已推出了理想气体的所有物性方程,这里再列出如下:

状态方程为

$$pv = R_g T \tag{8-1-15}$$

热力学能的表达式为

$$\Delta u = \int_1^2 c_v \mathrm{d}T \tag{8-1-16}$$

焓的表达式为

$$\Delta h = \int_1^2 c_p \mathrm{d}T \tag{8-1-17}$$

熵的表达式为

$$\mathrm{d}s = c_v \frac{\mathrm{d}T}{T} + R_g \frac{\mathrm{d}v}{v} \tag{8-1-18}$$

$$\mathrm{d}s = c_p \frac{\mathrm{d}T}{T} - R_g \frac{\mathrm{d}p}{p} \tag{8-1-19}$$

$$\mathrm{d}s = c_v \frac{\mathrm{d}p}{p} - c_p \frac{\mathrm{d}v}{v} \tag{8-1-20}$$

若比热容为常数,则比热容的表达式为

$$c_p = \frac{k}{k-1} R_g \tag{8-1-21}$$

$$c_v = \frac{1}{k-1} R_g \tag{8-1-22}$$

若为变比热容,则也可以按真实定比热容、焓温表或平均比热容来处理。

上面仅列出了理想气体的物性方程,若不是理想气体,则只要用相对应的真实气体的方程(或图、表)替代即可。

6) 过程方程

过程方程即反映具体流动过程特征的方程。本章的流动都是既绝功又绝热的所谓绝能流动,再加上可逆的假设,按式(8-1-14)的流动过程即为等熵过程,其特征方程为

$$ds = 0 \quad \text{或} \quad \Delta s = 0 \tag{8-1-23}$$

对理想气体,将式(8-1-20)代入式(8-1-23),得

$$\frac{\mathrm{d}p}{p} + k\frac{\mathrm{d}v}{v} = 0 \tag{8-1-24}$$

上式可整理为

$$pv^k = c_1 \tag{8-1-25}$$

求解上述 6 个方程,就可以确定流动初、终态的状态参数,如 p、v、T、u、h、s、V_f 以及过程量功和热等。实际上,上述方程就包含了前面章节的全部知识,本章用它们来解决流动问题。其实,这与前面介绍的研究热力过程的方法是完全一样的,只是方程由 3 个变为 6 个,其中,多出的 3 个方程中,连续方程和伯努利方程直接与流动有关(方程中有变量 V_f)。总之,这种由物理模型(机理或定律)来建立数学模型(方程),进而求解的方法是热力学采用的基本方法。

8.1.2　声速和马赫数(Velocity of sound and Mach number)

1. 声速

对于弹性物质(包括流体和固体)在介质中某一位置引起微小的压强(或应力)增量,称为小扰动。这种小扰动会以波的形式向四周传播,使其周围的压强(或应力)也发生变化。声速就是这种小扰动在连续介质(气体、液体、固体)中传播的速度。如图 8-1-2 所示可以用一个简化模型来形象地表示小扰动波在弹性介质中传播的物理过程:一串小球并排悬挂着,小球之间用弹簧相连,假定小球是刚体,且弹簧本身没有质量,这样就把质量和弹性作用分别表示出来,构成了弹性介质的简化模型。如果轻轻碰一下左边的小球,也就是说,对这个系统施加一个小扰动,则通过弹簧的弹性作用,很快会把这一扰动传到右边,各个小球会依次动一下。外加的小扰动在这些小球之间的传播速度就是小扰动在介质中传播的声速。要注意的是,声速与介质本身的运动速度(在本例中即小球的速度)是完全不同的两个概念。

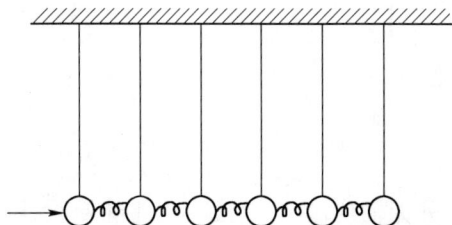

图 8-1-2　声音传播的机理

在气体介质中,压强波的传播,实质上就是在气体中交替发生的膨胀和压缩过程。由于此膨胀和压缩过程进行得如此迅速,以致于气体中发生压强波的部

分与其他部分来不及发生热交换,故压强波通过气体时的状态变化过程可视为绝热过程。又由于压强波通过气体时,其状态变化微弱,内摩擦可以忽略,所以压强波的传播过程可视为可逆绝热过程,即等熵过程。

　　求解声速的过程可以视做一个典型的流体流动问题,只要列出其相应的方程就可以进行求解。如图8-1-3所示为一个充满气体的等截面管道,其截面积为A,在管的一端由于活塞突然运动而产生了微小扰动。活塞运动速度为V,而扰动则以速度c向管道的另一端传播,这就是由于活塞运动而产生的压强波,其波峰为AB。在压强波波前(即AB右侧)的气体由于尚未受到扰动,速度为零,状态参数为p_1、ρ_1。而被压强波扫过的波后气体,其速度与活塞速度相同,状态参数为p_2、ρ_2。其相应的速度和压强分布如图8-1-3所示。但大家观察到的空间某一点上的速度是不断变化的,因此这个流动是瞬态流动,不能应用稳定流动方程。如果把坐标建立到波峰AB上,在这个运动的坐标系中,波峰AB是静止的,原来静止的波前气体则以速度c从右边流过来,再以速度$c-V$向左边流去。显然,在以速度c移动的坐标系中,流动变为稳定流动了,这样就可以应用前面的稳定流动方程了。取波前波后两个截面之间的气体为热力学系统,对这个开口系统,有连续方程

$$\rho_1 cA = \rho_2 (c-V) A \tag{8-1-26}$$

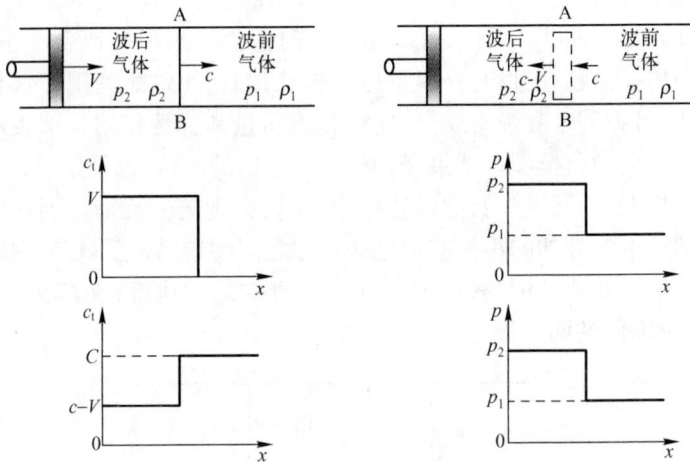

图8-1-3　声速公式推导

该热力学系统对外无轴功输出,也没有位能的变化,则其动量方程(见伯努利方程式)为

$$-(p_2 - p_1) = \rho_1 c[(c-V)-c] = -\rho_1 cV \tag{8-1-27}$$

将式(8-1-26)和式(8-1-27)联立,消去活塞运动速度V,可得

262

$$c = \sqrt{\frac{\rho_2}{\rho_1} \frac{p_2 - p_1}{\rho_2 - \rho_1}} \qquad (8\text{-}1\text{-}28)$$

式(8-1-28)实际上是一个有限扰动的传播速度表达式,若扰动很微弱,即

$$\rho_2 - \rho_1 \rightarrow d\rho, \quad p_2 - p_1 \rightarrow dp, \quad \rho_1 \rightarrow \rho_2$$

则声速为

$$c = \sqrt{\frac{\partial p}{\partial \rho}} \qquad (8\text{-}1\text{-}29)$$

如前所述,声波传播过程是一个等熵过程,可得声速公式的一般形式为

$$c = \sqrt{\left(\frac{\partial p}{\partial \rho}\right)_s} = \sqrt{(-v^2) \Big/ \left(\frac{\partial v}{\partial p}\right)_s} \qquad (8\text{-}1\text{-}30)$$

式中:$(\partial p/\partial \rho)_s$或$(\partial v/\partial p)_s$都反映了工质的可压缩性,其绝对值越大,说明工质越容易压缩,而可压缩性越强,声音在工质中的传播速度就越小。在固体、液体和气体三种形态中,以固体的可压缩性最小,气体最大,因此,声音在固体中的传播速度最大,在气体中最小。比如在25℃海水中声速可达1531m/s,在钢铁中声速可达5200m/s,而在常温(25℃)的空气中声速仅为346.1m/s。

除了受物性影响外,式(8-1-30)还说明,声速是其传播介质(工质)状态的函数,因而也是一个状态参数,会随介质状态的变化而变化。如果流场中各点状态参数不同,其声速也会不同。把流场内某一点的声速称为当地声速。显然,当地声速的大小是与当地工质的状态密切相关的。

对于理想气体,由过程方程式(8-1-24)、式(8-1-25),可得

$$\left(\frac{\partial v}{\partial p}\right)_s = -\frac{v}{kp} \qquad (8\text{-}1\text{-}31)$$

将式(8-1-31)和式(8-1-15)代入式(8-1-30)有

$$c = \sqrt{kpv} = \sqrt{kR_g T} \qquad (8\text{-}1\text{-}32)$$

可见理想气体中声速不仅是气体的状态参数,而且还仅仅是温度的单值函数。因此,理想气体的声速可以视为气体内热能或焓的度量。在海平面上,若大气温度为288K,则声速为340m/s,在离地11000m以内的对流层内,每升高1km,温度下降6.5K,声速也就相应减小。而在11000~25000m/s的高空,大气温度降为恒定的216.5K,这就是所谓的同温层,在这里,声速恒为295m/s。

2. 马赫数

前面已经提到,气流中任一指定点的速度与当地声速之比称为该点气流的马赫数,即

$$M = \frac{V_f}{c} \qquad (8\text{-}1\text{-}33)$$

马赫数是一个非常重要的无量纲量,是以奥地利物理学家马赫(E. Mach,

1838—1916)的名字命名的。按 M 的大小可以把气流分为特性完全不同的几种类型的流动。若 $M < 1$，称为亚声速流动；$M = 1$，称为声速流动或临界流动；$M \approx 1$，称为跨声速流动；$M > 1$，称为超声速流动；$M \gg 1$，称为高超声速流动。

例 8-1-1 某飞机在海平面和在 11000m 高空均以速度 1150km/h 飞行，问这架飞机在海平面和在 11000m 高空的飞行马赫数是否相同？

解 物理模型：该飞机虽然在海平面和在 11000m 高空均以同样的速度飞行，但由于不同高度大气的状态不同，当地声速也不同，因此按式(8-1-33)计算得到的马赫数也是不同的。

数学模型及求解：

飞机的飞行速度为

$$V_f = 1150 \times \frac{1000}{3600} = 319.4 \, \text{m/s}$$

在海平面上的飞行马赫数为

$$M = \frac{319.4}{340} = 0.9395$$

即为亚声速飞行。

在 11000m 高空的飞行马赫数为

$$M = \frac{319.4}{295} = 1.0829$$

即为超声速飞行。

讨论及结论：由本例可见，同样的速度，M 却不同，这完全是由于不同的当地声速引起的。

8.2 滞止参数和临界参数（Stagnation parameters and critical parameters）

8.2.1 滞止参数（Stagnation parameters）

气体在管内流动时，如果与外界既无热量交换，又无轴功交换，这种流动称为绝能流动。对于绝能流动，若再忽略重力位能的变化，则能量方程式(8-1-7)可重新写为

$$\mathrm{d}h + \mathrm{d}\frac{V_f^2}{2} = 0 \tag{8-2-1}$$

设管道进口压强为 p_1、温度为 T_1、速度为 $V_{f,1}$，管道出口压强为 p_2、温度为 T_2、速度为 $V_{f,2}$，则式(8-2-1)在积分之后可写为

264

$$h_1 + \frac{V_{f,1}^2}{2} = h_2 + \frac{V_{f,2}^2}{2} = 常数 \qquad (8-2-2)$$

式(8-2-2)表明:在绝能流动中,沿流动方向任意截面上的焓与动能之和保持为一个常数。因此,若流动中气流速度增加则焓减小,若流动中气流速度减小则焓增加,实际上这正是绝能流动中气体的热力学能(内热能)与宏观动能之间相互转换的关系。当气流速度减小到零时,焓会达到最大值。

把气体可逆绝能阻滞到速度为零时的状态称为等熵滞止状态,简称滞止状态,如图8-2-1所示的"1*"状态就是状态1的滞止状态。滞止状态的参数称为滞止参数或总参数,如滞止状态的焓、温度和压强分别称为滞止焓或总焓、滞止温度或总温、滞止压强或总压强(简称总压),用右上标带"*"的参数表示,如 h^*、T^* 和 p^* 等。这样,式(8-2-2)又可表示为

$$h_1^* = h_1 + \frac{V_{f,1}^2}{2} = h_2 + \frac{V_{f,2}^2}{2} = h_2^* = 常数 \qquad (8-2-3)$$

或写为

$$h^* = h + \frac{V_f^2}{2} = 常数 \qquad (8-2-4)$$

即在绝能流动中,沿流动方向任意截面上的总焓不变。显然,总焓的概念使能量方程得到了简化。有时也把 $V_f^2/2$ 称为动焓,相应地 h 则称为静焓。由式(8-2-4)可知,总焓等于静焓和动焓之和,代表了气流的总能量。对于绝能流动,总能量当然会保持不变。

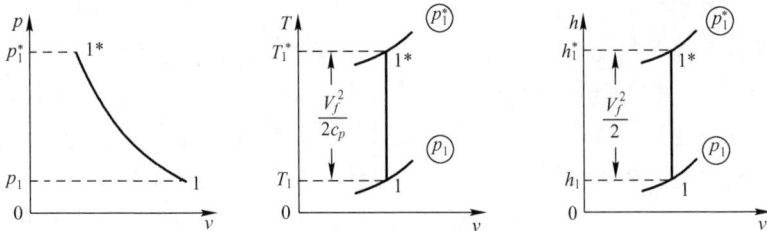

图8-2-1 滞止状态与其他状态的关系

对于理想气体,且为定比热容,将式(8-1-17)代入式(8-2-4)得

$$c_p T^* = c_p T + \frac{V_f^2}{2} \qquad (8-2-5)$$

滞止温度或总温为

$$T^* = T + \frac{V_f^2}{2c_p} \qquad (8-2-6)$$

注意式(8-2-6)中 $V_f^2/2c_p$ 也具有温度的量纲,称为动温,相应地 T 称为静

温。实际上,静温才是气体的真实温度,代表了气体的焓或内热能,动温则代表了气体动能的大小,是可以转化为工质焓的部分。式(8-2-6)表明:在绝能流动中,定比热容理想气体的总温等于静温与动温之和,这实际上就是能量方程的另外一种表达方式。

将式(8-1-21)、式(8-1-32)和式(8-1-33)依次代入式(8-2-6),可得

$$T^* = T + \frac{V_f^2}{2\frac{kR_g}{k-1}} = T\left[1 + \frac{(k-1)V_f^2}{2kR_gT}\right] = T\left[1 + \frac{(k-1)}{2}\frac{V_f^2}{c^2}\right] = T\left[1 + \frac{k-1}{2}M^2\right]$$

即

$$\frac{T^*}{T} = 1 + \frac{k-1}{2}M^2 \qquad (8-2-7)$$

对可逆等熵流动,利用等熵过程方程式(8-1-24),可得

$$\frac{p^*}{p} = \left(\frac{T^*}{T}\right)^{\frac{k}{k-1}} = \left[1 + \frac{k-1}{2}M^2\right]^{\frac{k}{k-1}} \qquad (8-2-8)$$

$$\frac{v^*}{v} = \left(\frac{T^*}{T}\right)^{-\frac{k}{k-1}} = \left[1 + \frac{k-1}{2}M^2\right]^{-\frac{k}{k-1}} \qquad (8-2-9)$$

利用声速公式(8-1-32),可得

$$\frac{c^*}{c} = \left(\frac{T^*}{T}\right)^{\frac{1}{2}} = \left[1 + \frac{k-1}{2}M^2\right]^{\frac{1}{2}} \qquad (8-2-10)$$

上述方程均表明:气体绝能流动中的滞止状态参数或总参数与其真实状态参数(称为静参数)的比值是当地马赫数 M 和气体等熵指数 k 的函数。且 M 越大,总参数与静参数比值就越大,总参数与静参数之差的动参数就越大;反之,当 M 很小时,总参数与静参数差别很小,即动参数很小。

值得注意的是,式(8-2-7)～式(8-2-10)是在理想气体定比热容的条件下导出的,如果马赫数太大,导致总温 T^* 相差太大,定比热容假定不成立,或者说当温度太高导致气体物性发生变化时,比如在 $M \gg 1$ 的高超声速状态下空气被电离,式(8-2-7)～式(8-2-10)就不适用了。因此,一般认为式(8-2-7)～式(8-2-10)并不适用于高超声速流动。

滞止状态在工程上具有现实意义。首先,滞止状态是工程上常见的一种真实状态。如图8-2-2(a)所示,当气体绕流钝体表面时,在钝体表面迎风面正对气流的点上,气流速度将阻滞为零,该点称为驻点或滞止点,该点的状态参数即为滞止参数。在大气中飞行的飞行器的头部、机翼的迎风面上就属于这种情况。特别是当航天飞行器返回大气层时,由于马赫数很高,其迎风面上将承受很高的温度,能达到数千乃至上万摄氏度的高温。因此,如果要使航天器成功地返回地球的话(如返回式卫星、载人飞船返回舱、航天飞机等)就必须进行有效的热防

护。一般航天飞机采用的是可重复使用的隔热瓦,而返回式卫星和载人飞船返回舱多采用一次性的烧蚀防热结构。图8-2-2为我国"神州"飞船返回时的情形。此外,当气体由管道进入很大的容器时(充气),在大容器内速度将阻滞为零,见图8-2-3(a),因此大容器内参数即为滞止参数。大容器放气时则进行一个与滞止过程正相反的膨胀过程,见图8-2-3(b),气体由大容器内的滞止参数转变为管道内的静参数,一部分总焓转变为气体的动能(动焓)。在气流参数测量时,由于气流速度在测量仪表的传感器表面阻滞为零,用温度计测出的实际上是滞止温度,为了获得气流的真实温度即静温,需要用式(8-2-7)进行计算,所需的马赫数则通过皮托管测量气流的总压和静压后由式(8-2-8)算出。

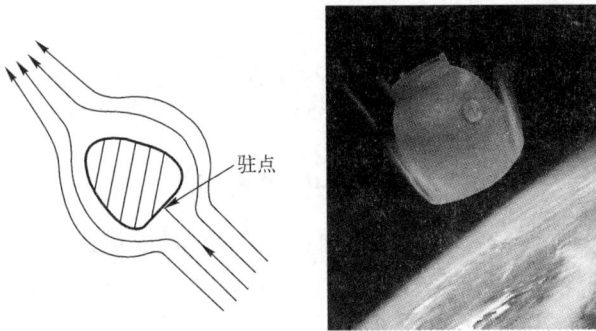

图8-2-2 滞止现象

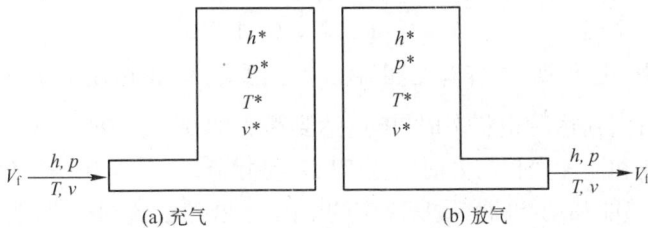

图8-2-3 大容器充放气过程

例8-2-1 燃气在管道内流动,若管道截面积为0.04m^2,测得某截面处的总压$p^*=1.5\text{MPa}$,总温$T^*=1500\text{K}$,静压$p=0.5\text{MPa}$,试求燃气在该截面的温度、流速和质量流量。已知燃气$k=1.33$,$R_g=287\text{J}/(\text{kg}\cdot\text{K})$。

解 由式(8-2-8)解得该截面处马赫数为

$$M=\sqrt{\frac{2}{k-1}\left[\left(\frac{p^*}{p}\right)^{\frac{k-1}{k}}-1\right]}=\sqrt{\frac{2}{1.33-1}\times\left[\left(\frac{1.5}{0.5}\right)^{\frac{1.33-1}{1.33}}-1\right]}=1.378$$

代入式(8-2-7),得该截面处燃气静温为

$$T = \frac{T^*}{1 + \frac{k-1}{2}M^2} = \frac{1500}{1 + \frac{1.33-1}{2} \times 1.378^2} = 1142.1\text{K}$$

由式(8-1-32),得截面处声速为

$$c = \sqrt{kR_g T} = \sqrt{1.33 \times 287 \times 1142.1} = 660.3\text{m/s}$$

该截面处流速为

$$V_f = Mc = 1.378 \times 660.3 = 909.9\text{m/s}$$

由理想气体状态方程式,得该截面处的气体比体积为

$$v = \frac{R_g T}{p} = \frac{287 \times 1142.1}{0.5 \times 10^6} = 0.6556\text{m}^3/\text{kg}$$

故质量流量为

$$\dot{m} = \frac{AV_f}{v} = \frac{0.04 \times 909.9}{0.6556} = 55.52\text{kg/s}$$

8.2.2 临界参数(Critical parameters)

将定比热容式(8-1-21)代入定比热容绝能流动能量方程式(8-2-5),得

$$\frac{kR_g T}{k-1} + \frac{V_f^2}{2} = \frac{kR_g T^*}{k-1}$$

并将理想气体声速(8-1-32)代入上式,得

$$\frac{c^2}{k-1} + \frac{V_f^2}{2} = \frac{c^{*2}}{k-1} \tag{8-2-11}$$

式(8-2-11)说明:气体在绝能流动中,速度增大,则声速将减小;速度减小,声速将增大;当到达滞止状态时,声速达到最大的滞止声速 $c^* = \sqrt{kR_g T^*}$。也就是说,声速和流速变化的方向完全相反。实际上,这是由于声速和流速分别代表了工质的热能和动能的实质所决定的。因此,在绝能流动中,只能在一个截面处达到声速 c 或 $M=1$ 的状态,这个状态称为临界状态,这个截面称为临界截面,其状态参数相应地称为临界参数,如临界压强 p_{cr}、临界温度 T_{cr}、临界比体积 v_{cr}、临界声速 c_{cr} 等。

在临界截面处 $V_{f,cr} = c_{cr}$,代入式(8-2-11),可求得临界声速为

$$V_{f,cr} = c_{cr} = \sqrt{\frac{2kR_g T^*}{k+1}} \tag{8-2-12}$$

可见,气流的临界速度决定于气流的总温。总温越高,临界速度也越大。换句话说,理想气体的临界声速是气体总能量(焓与机械能之和)的度量。

考虑到 $c^* = \sqrt{kR_g T^*}$,由式(8-2-12)得

$$\frac{c_{cr}}{c^*} = \sqrt{\frac{2}{k+1}} \qquad (8-2-13)$$

式(8-2-13)也可根据式(8-2-10)并令 $M=1$ 得到。同理,将 $M=1$ 代入式(8-2-7)~式(8-2-9)可分别得

$$\frac{T_{cr}}{T^*} = \frac{2}{k+1} \qquad (8-2-14)$$

$$\frac{p_{cr}}{p^*} = \left(\frac{2}{k+1}\right)^{\frac{k}{k-1}} \qquad (8-2-15)$$

$$\frac{v_{cr}}{v^*} = \left(\frac{k+1}{2}\right)^{\frac{1}{k-1}} \qquad (8-2-16)$$

由上述三式可见,绝能流动中气流的临界参数与总参数成正比,其比值分别称为临界温度比、临界压强比、临界比体积比,它们仅与气体的等熵指数 k 有关。

对空气 $k=1.40$,则

$$\frac{T_{cr}}{T^*} = \frac{2}{k+1} = 0.8333, \quad \frac{p_{cr}}{p^*} = \left(\frac{2}{k+1}\right)^{\frac{k}{k+1}} = 0.5283, \quad \frac{v_{cr}}{v^*} = \left(\frac{k+1}{2}\right)^{\frac{1}{k-1}} = 1.58$$

对燃气 $k=1.33$,则

$$\frac{T_{cr}}{T^*} = 0.8584, \quad \frac{p_{cr}}{p^*} = 0.5404, \quad \frac{v_{cr}}{v^*} = 1.59$$

这些临界参数比常常用来判断流动是否达到或超过临界状态。当压强比、温度比小于或比体积比大于它们相应的临界比时,就表明达到了临界状态。

8.3　气体管道中的等熵流动(Isentropic flow in gas pipe line)

8.3.1　能量方程的制约

如前所述,气体在管道中绝能流动时流速的变化实质上就是代表气体热能的焓与宏观动能之间的转换引起的,因此气流的速度首先取决于能量方程。由式(8-2-3),可得

$$V_{f,2} = \sqrt{2(h_1 - h_2) + V_{f,1}^2} = \sqrt{2(h_1^* - h_2)} \qquad (8-3-1)$$

对于定比热容理想气体,可得

$$V_{f,2} = \sqrt{2c_p(T_1 - T_2) + V_{f,1}^2} = \sqrt{2c_p(T_1^* - T_2)} = \sqrt{\frac{2kR_g T_1^*}{k-1}\left(1 - \frac{T_2}{T_1^*}\right)} \qquad (8-3-2)$$

对于等熵流动,得

$$V_{f,2} = \sqrt{\frac{2kR_gT_1^*}{k-1}\left[1-\left(\frac{p_2}{p_1^*}\right)^{\frac{k-1}{k}}\right]} = \sqrt{\frac{2kp_1^*v_1^*}{k-1}\left[1-\left(\frac{p_2}{p_1^*}\right)^{\frac{k-1}{k}}\right]} \qquad (8-3-3)$$

在绝能流动中,由于没有轴功,并忽略了位能的变化,因此全部的技术功就转化为气体的动能。

上述公式是用总参数表示的。对上述流动,也可按静参数写为

$$V_{f,2} = \sqrt{2(h_1-h_2)+V_{f,1}^2} = \sqrt{\frac{2kR_gT_1}{k-1}\left[1-\left(\frac{p_2}{p_1}\right)^{\frac{k-1}{k}}\right]+V_{f,1}^2} \qquad (8-3-4)$$

由式(8-3-1)~式(8-3-3)可知,气体在管道中绝能流动时的出口流速决定于焓降 $h_1^*-h_2$。$h_1^*-h_2$ 称为"绝热焓降"或"可用焓降",该焓降越大,气体的出口速度就越大。若是理想气体,则焓降具体表现为温降 $T_1^*-T_2$,则流速决定于温降 $T_1^*-T_2$。具体到等熵过程,温降又由总温 T_1^* 或 p_1^*,v_1^* 和压强比 p_2/p_1^* 决定,总温 T_1^* 或 $p_1^*v_1^*$ 越高,表明气体的总能量越高,流速就越快。而压强比 p_2/p_1^* 越小,则温降越大,流速也越快。压强比 p_2/p_1^* 对流速的影响示于图 8-3-1 中。当 $p_2/p_1^*=1$ 时,表明没有压降,进口和出口压强相等,也就没有温降和焓降,因而气体不会流动,$V_{f,2}=0$;随 p_2/p_1^* 减小,压差增大,温降和焓降增大,$V_{f,2}$ 也逐渐增加;若出口截面上压强 p_2 减为零,即 p_2/p_1^* 时,气体在出口截面的温度和焓都将降为零,意味着气体全部的内热能都转化为宏观动能,温降和焓降达到最大,这时出口流速也将趋于最大值,即

$$V_{f,2,\max} = \sqrt{\frac{2kR_gT^*}{k-1}} = \sqrt{\frac{2kp_1^*v_1^*}{k-1}} \qquad (8-3-5)$$

但这个最大速度实际上不可能达到。首先,气体出口温度和焓不可能降为零,因为分子停止热运动、没有热力学能的工质是不可能存在的;其次,当压强 $p_2\to0$ 时,比体积 $v_2\to\infty$,这需要流道出口截面积 $A_2\to\infty$,而这是不可能的。

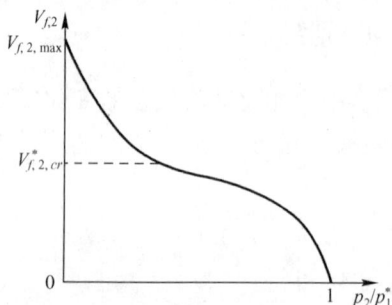

图 8-3-1　压强比对流速的影响

270

式(8-3-5)满足了能量方程,但却不能实现,这说明仅仅满足能量方程是不够的。实际上,在前面的章节中就曾经得到过这个结论:仅仅满足热力学第一定律的过程是不一定能够发生的。因此,能否用式(8-3-1)~式(8-3-3)来计算流速还需要其他定律来判断,这就是伯努利(D, Bernoulli,1700—1782)方程、过程方程和连续方程。

8.3.2 伯努利方程的制约

对没有轴功的绝能流动,当忽略重力位能时,式(8-1-11)可写为

$$- vdp = d\frac{V_f^2}{2} = V_f dV_f \tag{8-3-6}$$

由式(8-3-6)可见,气体在管道中绝能流动时,压强下降($dp < 0$),则速度上升($dV_f > 0$);反之,压强上升($dp > 0$),则速度下降($dV_f < 0$)。实际上,正是压强差的作用导致气体的速度发生变化,这是速度变化必须满足的力学条件,也是经典的牛顿力学告诉我们的(力是物体运动发生变化的原因)。不满足这个力学条件,热能和机械能就不会发生转换。通常把气流速度增大和压强下降的管道称为喷管,而把气流速度减小和压强增加的管道称为扩压管。显然,喷管和扩压管是两种作用完全相反的管道。要想成为喷管,就必须创造压强下降的条件,要想成为扩压管,就必须创造速度不断下降的条件。

8.3.3 等熵过程方程的制约

由等熵过程方程式(8-1-24),可得

$$- vdp = kpdv \tag{8-3-7}$$

代入伯努利方程式(8-3-6),可得

$$kpdv = V_f dV_f$$

上式除以理想气体状态方程式(8-1-15),并依次代入理想气体声速式(8-1-32)和马赫数表达式(8-1-33),可得

$$\frac{dv}{v} = \frac{V_f dV_f}{kpv} = \frac{V_f^2}{kR_g T}\frac{dV_f}{V_f} = \frac{V_f^2}{c^2}\frac{dV_f}{V_f} = M^2\frac{dV_f}{V_f} \tag{8-3-8}$$

式(8-3-8)说明:理想气体在等熵流动中,其比体积的相对变化率与速度的相对变化率之比等于马赫数的平方。因此,流动中速度增加的比例越大,气体膨胀的比例就越大,且马赫数越大,气体膨胀的比例也越大;反之,流动中速度减小的比例越大,气体被压缩的比例就越大,且马赫数越大,气体被压缩的比例也越大。

8.3.4 连续方程的制约

气体在管道中流动,还必须受到质量守恒原理,即连续方程的制约。由

式(8-1-6)可知

$$\frac{\mathrm{d}A}{A} = \frac{\mathrm{d}v}{v} - \frac{\mathrm{d}V_f}{V_f} \tag{8-3-9}$$

式(8-3-9)说明:气体进行一维稳定流动时,沿流动方向管道截面面积的相对变化率必须与速度和比体积的相对变化率相适应。速度相对变化率 $\mathrm{d}V_f/V_f$ 的增加使流量增大,因此为了保持流量不变,截面积相对变化率 $\mathrm{d}A/A$ 就必须减小,而比体积相对变化率 $\mathrm{d}v/v$ 的增大意味着气体体积增加,需要截面积相对变化率 $\mathrm{d}A/A$ 增加来匹配。这样,$\mathrm{d}A/A$ 的变化就取决于 $\mathrm{d}v/v$ 和 $\mathrm{d}V_f/V_f$ 的相对大小。按式(8-3-8),$\mathrm{d}v/v = M^2(\mathrm{d}V_f/V_f)$,这样,二者之差就取决于马赫数 M^2 是大于1,还是小于1。将式(8-3-8)代入式(8-3-9),可得

$$\frac{\mathrm{d}A}{A} = (M^2 - 1)\frac{\mathrm{d}V_f}{V_f} \tag{8-3-10}$$

式(8-3-10)反映了管道截面随速度变化的关系,通常称为速度变化的几何条件。

对于喷管内流动,$\mathrm{d}V_f > 0$ 的情况:

当 $M < 1$,为亚声速流动时,$\mathrm{d}A < 0$,即为截面积不断缩小的喷管,称为收敛形或收缩形喷管;

当 $M > 1$,即超声速流动时,$\mathrm{d}A > 0$,即为截面积不断扩大的喷管,称为扩张形或扩散形喷管;

当 $M = 1$,即临界流动时,$\mathrm{d}A = 0$,即为截面积不变的喷管,通常是喷管的最小截面处,也称为喉部,只有在管道的最小截面,即喉部处才能达到临界流动。

根据上述流动规律,如果希望加速,亚声速气流必须使用收敛形喷管,见图8-3-2(a),超声速气流则必须使用扩张形喷管,见图8-3-2(b)。要让气流从亚声速加速到超声速就必须先通过一个收敛形喷管,再通过一个扩张形喷管,这种组合型收敛–扩张喷管是由瑞典工程师拉瓦尔(Laval Carl Gustaf Patrik de,1845—1913)于1889年发明的,称为拉瓦尔喷管,见图8-3-2(c)。在拉瓦尔喷管中间由收缩向扩张过渡的部分就是喷管的喉部,它具有喷管最小的截面,只有在喉部才能达到临界流动。

对于扩压管内流动,一切过程都正好相反,$\mathrm{d}V_f < 0$ 的情况如下:

当 $M < 1$,为亚声速流动时,$\mathrm{d}A > 0$,为截面积不断扩大的扩压管,称为扩张形或扩散形扩压管;

当 $M > 1$,为超声速流动时,$\mathrm{d}A < 0$,为截面积不断缩小的扩压管,称为收敛形或收缩形扩压管;

当 $M = 1$,为临界流动时,$\mathrm{d}A = 0$,为截面积不变的扩压管,也是扩压管的最小截面处,也只有在扩压管的最小截面处才能达到临界流动。

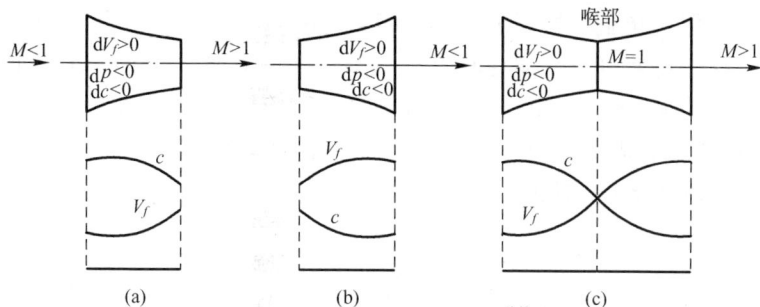

图 8-3-2　喷管内流动

（a）收敛形喷管；（b）扩张形喷管；（c）拉瓦尔喷管。

根据上述流动规律,若希望减速增压,亚声速气流必须使用扩张形扩压管,见图 8-3-3（a）,超声速气流则必须使用收敛形扩压管,见图 8-3-3（b）。要让气流从超声速减速增压到亚声速就必须先通过一个收敛形扩压管,再通过一个扩张形扩压管。但实际上,如果在扩压管的进口处 $M > 1$,将会在进口处引起激波,这样等熵流动的假设不复存在,这种情况超出了式（8-3-10）的使用范围,有关激波的问题将在气体动力学中加以研究。本课程内容只限于亚声速扩压管。

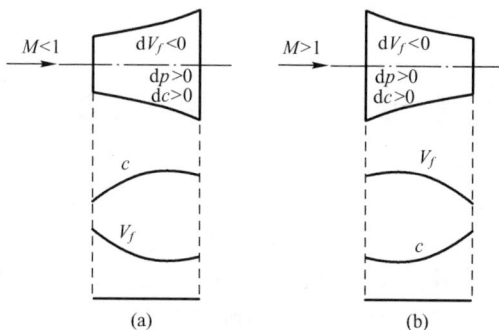

图 8-3-3　扩压管内流动

（a）扩张形扩压管；（b）收敛形扩压管。

综上所述,气体在管道中进行绝能流动时,速度的变化要同时受到能量方程、伯努利方程、连续方程和过程方程的制约。特别是伯努利方程的力学条件和连续方程的几何条件,是需要特意的设计和操作才能完成的。因此,在用能量方程式（8-3-1）～式（8-3-4）计算流速的时候,首先要判断是否满足这些条件,具体来说就是:①在不同的来流条件下,管道的形状是否能够满足喷管或扩压管的要求;②管道出口外界环境的压强 p_b（称为背压或反压）是否能够达到要求的压强。比如,对于收缩形管道,对于亚声速来流和超声速来流,它分别会起到加速（降压）和减速（升压）的作用。出口背压 p_b 不同,工质膨胀到管道出口所

273

能达到的压强 p_2 也就不同,用式(8-3-1)~式(8-3-4)计算得到的速度当然就不同。即使对亚声速来流在收缩形管道中的加速流动,随出口压强 p_2 的下降,按式(8-3-4)计算的出口速度会越来越大,但收缩喷管的出口速度最大只能达到 $M=1$ 的临界速度,几何条件不满足继续加速的条件。按式(8-2-12)可得收缩喷管的最大出口速度为

$$V_{f,\max} = V_{f,cr} = \sqrt{\frac{2kR_g T^*}{k+1}} \qquad (8-3-11)$$

此时的出口压强,即为临界压强,是气体在收缩喷管中膨胀所能达到的最小压强,即

$$p_{\min} = \left(\frac{2}{k+1}\right)^{\frac{k}{k-1}} p^* \qquad (8-3-12)$$

此时,即使管道出口环境的背压 p_b 低于 p_{cr},气体出口压强 p_2 也不会再随之下降了。可见,只有增加了气体在管道流动中压强变化的力学条件[见式(8-3-6)]和管道截面变化的几何条件[见式(8-3-10)],才能由式(8-3-1)~式(8-3-4)正确地计算速度。需要注意的是这些力学条件和几何条件不是用数学公式来表达的,而只是作为式(8-3-1)~式(8-3-4)的约束条件使用的。具体来说,就体现在对管道工作状态的判断上。

8.4 喷管与扩压管(Nozzles and diffusers)

8.4.1 喷管(Nozzles)

喷管在工程上主要用于需要增速或需要降压的场合,如航空涡轮喷气发动机的尾喷管、火箭发动机的喷管就是利用收缩或收缩扩张喷管将进口的高温高压燃气降温降压以获得出口高速气流;火力发电厂为维持凝汽器的真空度,需要用蒸汽通过射汽引射器,喷射降压将空气从凝汽器中抽出。

如图8-4-1所示为一个收缩喷管,设喷管进口总压 p_1^* 和进口总温 T_1^* 不变,喷管出口参数为 p_2、T_2、$V_{f,2}$,则喷管出口速度 $V_{f,2}$ 可以用能量方程式(8-3-1)~式(8-3-4)求出。但此时出口背压 p_b 起着重要的作用。当 $p_b = p_1^*$ 时,相当于整个喷管都处于滞止状态,压强均布,$p_1 = p_2 = p_b = p_1^*$,喷管进出口速度均为零,即 $V_{f,2,2} = V_{f,1} = 0$,喷管中压强沿轴向距离 x 的分布如图8-4-1中水平线1所示;然后随 p_b 减小,出口截面压强 p_2 也随之减小,保持 $p_2 = p_b$,则按式(8-3-3),$V_{f,1}$ 和 $V_{f,2}$ 均增加,称喷管处于亚临界工作状态,喷管中压强分布如图8-4-1中曲线2所示;当 p_b 降到 $p_b = p_{cr}$ 时,出口达到临界速度,即 $V_{f,2} = V_{f,cr} =$

$\sqrt{2kR_gT^*/(k+1)}$，压强也为临界压强，$p_2 = p_b = p_{cr} = \left[2/(k+1)\right]^{k/(k-1)}p^*$，这时整个出口截面处于临界状态，称喷管处于临界工作状态，喷管中压强沿轴向长度的分布如图 8-4-1 中曲线 3 所示；此时若继续使 p_b 下降，按式(8-3-3)，若 p_2 也跟随 p_b 继续减小的话，则气体会继续膨胀加速。但由于收缩喷管没有扩张段，不满足使气体继续膨胀加速的截面积变化条件，见式(8-3-10)几何条件，故此时出口截面压强 p_2 不再跟随 p_b 下降，而保持 $p_2 = p_{cr} > p_b$ 不变，喷管中压强分布如图 8-4-1 中曲线 4 所示，实际上，这时喷管内整个流动与出口背压 p_b 无关，出口截面一直保持在临界状态，称喷管处于超临界工作状态；即使背压 p_b 降为零，气体向真空膨胀，出口截面上的状态仍维持不变，这时喷管中压强分布如图 8-4-1 中曲线 5 所示。

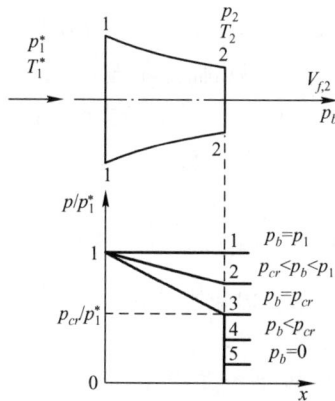

图 8-4-1　喷管的不同工作状态

显然，收缩喷管出口外部环境背压 p_b 对喷管内部流场的影响只限于亚临界工作状态，当喷管处于临界和超临界工作状态时，p_b 对喷管内部流场没有任何影响。因此，在使用式(8-3-1)～式(8-3-4)计算喷管出口速度前，首先应判断喷管处于何种工作状态，实际上就是确定 p_2 是大于还是等于 p_b，或者大于还是等于 p_{cr}。只有 p_2 正确了，才能利用式(8-3-1)～式(8-3-4)正确地计算喷管出口的速度。

在得到喷管出口截面上的所有参数后，利用连续方程式(8-1-1)～(8-1-6)求得喷管内气体流量为

$$\dot{m} = A_2\rho_2 V_{f,2} = \frac{A_2 V_{f,2}}{v_2} = \frac{A_2}{v_2}\sqrt{\frac{2kp_1^* v_1^*}{k-1}\left[1 - \left(\frac{p_2}{p_1^*}\right)^{\frac{k-1}{k}}\right]}$$

再利用等熵过程方程式(8-1-25)得

$$v_2 = v_1\left(\frac{p_1^*}{p_2}\right)^{\frac{1}{k}}$$

代入上式并整理得

$$\dot{m} = A_2 \sqrt{\frac{2k}{k-1} \frac{p_1^*}{v_1^*} \left[\left(\frac{p_2}{p_1^*} \right)^{\frac{2}{k}} - \left(\frac{p_2}{p_1^*} \right)^{\frac{k+1}{k}} \right]} \qquad (8\text{-}4\text{-}1)$$

与 p_2 降低必然引起速度增加不同,式(8-4-1)表明,p_2 对喷管流量的影响是双重的:随 p_2 减小,$(p_2/p_1^*)^{2/k}$ 使流量减小,而 $(p_2/p_1^*)^{(k+1)/k}$ 使流量增大。综合效果如何,取决于 $\mathrm{d}\dot{m}/\mathrm{d}p_2$ 是大于、等于还是小于零。将式(8-4-1)对 p_2 求导并令其为零后求得:当 $p_2 = [2/(k+1)]^{k/(k-1)} p_1^*$ 时,流量取得最大值。对比式(8-2-15),此值正是喷管的临界压强 p_{cr},则有

当 $p_2 > p_{cr}$ 时,$\mathrm{d}\dot{m}/\mathrm{d}p_2 < 0$,即随 p_2 减小,喷管流量增大;

当 $p_2 = p_{cr}$ 时,$\mathrm{d}\dot{m}/\mathrm{d}p_2 = 0$,即随 p_2 减小,喷管流量不变,流量达到最大值;

当 $p_2 < p_{cr}$ 时,$\mathrm{d}\dot{m}/\mathrm{d}p_2 > 0$,即随 p_2 减小,喷管流量减小。

但是,收缩喷管 p_2 不可能减小到临界压强 p_{cr} 以下,因此,即使在背压 p_b 小于 p_{cr} 的超临界工况下,p_2 会一直保持 p_{cr} 不变,喷管流量也就一直保持在最大值不变。将 $p_2 = p_{cr} = [2/(k+1)]^{k/(k-1)} p_1^*$ 代入式(8-4-1),得喷管的最大流量为

$$\dot{m}_{\max} = A_2 \sqrt{\frac{2k}{k+1} \left(\frac{2}{k+1} \right)^{\frac{2}{k-1}} \frac{p_1^*}{v_1^*}} \qquad (8\text{-}4\text{-}2)$$

如图 8-4-2 所示为收缩喷管流量随背压与总压之比 p_b/p_1^* 的变化曲线。当 $p_b/p_1^* = 0$ 时,流量为 0,随 p_b/p_1^* 减小,流量逐渐增大,并且按式(8-4-1),当 $p_b/p_1^* = p_{cr}/p_1^*$ 时,流量达到最大,此后随 p_b/p_1^* 的减小而减至 0,如图 8-4-2 中虚线所示。但图中虚线这一段在实际中不会出现。不仅在收缩喷管中不会出现,即使在拉瓦尔喷管中也不会出

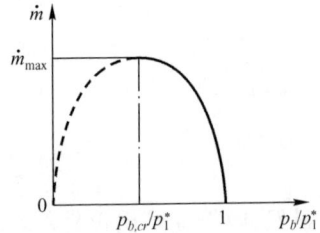

图 8-4-2　收缩喷管流量随背压
与总压之比的变化曲线

现。因为即使 $p_b > p_{cr}$,在喷管喉部已经达到临界状态,根据式(8-3-10),在 $\mathrm{d}A/A = 0$ 的几何条件下,喷管喉部只能保持 $M = 1$ 的临界状态,不会改变。因此流量沿水平线保持最大流量不变。所以,如果把截面 2 视为喷管的最小截面即喉部截面的话,式(8-4-1)不仅可以用来计算收缩喷管的流量,也可以用来计算拉瓦尔喷管的流量,因为它们喉部的流量是一样的。这样,图 8-4-2 所示的喷管流量随 p_b/p_1^* 的变化曲线也同样可用于拉瓦尔喷管。若拉瓦尔喷管设计得合适,气体能够在其中充分膨胀使得出口截面压强 $p_e = p_b < p_{cr}$ 的话,令 $p_2 = p_e$,代入式(8-3-3)、式(8-3-4)可以得到拉瓦尔喷管出口速度 $V_{f,e}$,而且显然 $V_{f,e} > V_{cr}$,即出口达到超声速状态,$M_e > 1$。速度的增加或者说压强的下降却并不能使流量增加,可见,在总温总压一定的超临界状态下,喷管的流量被喷管的最小截

面即喉部限制了,有一个最大值,不能再继续增加,这种现象称为壅塞。

当 $p_b \leqslant p_{cr}$,即喷管处于临界和超临界状态时,喷管出口的背压 p_b 不再对其上游喷管内的流动(包括速度和压强)造成影响的物理机理是:p_b 下降造成的扰动是以声速传播的,而在收缩喷管的出口,或者拉瓦尔喷管的扩张段,工质是以声速或者超声速向下游流动的,因此 p_b 下降造成的扰动不可能逆流向上,越过已经是超声速流动的扩张段和声速区的喉部传播到喷管的上游,即 p_b 对上游流场不能产生任何影响,而稳定流动中各个截面上流量是相等的,见式(8-1-1)~式(8-1-6),因而这时 p_b 也就不可能对喷管流量产生任何影响。

例 8-4-1 喷管进口燃气压强为 1.0MPa,温度为 1000℃,速度为 5m/s,流量 $\dot{m} = 1.5$kg/s,由喷管喷射进入压强为 0.1MPa 的空间。已知燃气气体常数 $R_g = 0.2874$kJ/(kg·K),绝热指数 $k = 1.33$。试求:喷管分别为收缩形和收缩扩张形两种情况下出口气流的速度,以及喷管进口、出口及喉部的面积。

解 物理模型:这是一个在进出口压强(力学条件)给定的情况下,为了保证气体充分膨胀对管道几何条件进行设计计算的问题。取喷管及进出口包围的空间为热力学系统,这是一个开口系统。

数学模型及求解:由状态方程式(8-1-15),得进口截面上气体的比体积为

$$v_1 = \frac{R_g T_1}{p_1} = \frac{287.4 \times 1273.15}{1 \times 10^6} = 0.3659 \text{m}^3/\text{kg}$$

由连续方程式(8-1-2),得喷管进口面积为

$$A_1 = \frac{\dot{m} v_1}{V_{f,1}} = \frac{1.5 \times 0.3659}{5} = 0.10977 \text{m}^2 = 1097.7 \text{cm}^2$$

由能量方程式(8-2-6),得进口总温为

$$T_1^* = T_1 + \frac{V_{f,1}^2}{2c_p} = 1000 + 273.15 + \frac{(1.33-1) \times 5^2}{2 \times 1.33 \times 287.4} = 1273.16 \text{K}$$

由等熵过程方程式(8-2-8),得进口总压为

$$p_1^* = \left(\frac{T^*}{T} \right)^{\frac{k}{k-1}} p_1 \approx p_1 = 1.0 \text{MPa}$$

可见,由于进口速度很低,动温仅 0.01K,可忽略静参数与总参数的差别。

因为

$$\frac{p_b}{p_1^*} = \frac{0.1}{1.0} = 0.1 < \frac{p_{cr}}{p_1^*} = 0.5404$$

所以喷管(无论是收缩形和收缩扩张形)处于超临界工作状态。

(1)收缩形喷管:对于收缩形喷管,在超临界工作状态下,其出口截面为临界截面,由等熵过程方程式(8-2-15),得出口压强为

$$p_2 = p_{cr} = \left(\frac{2}{k+1} \right)^{\frac{k}{k-1}} p_1^* = 0.5404 p_1^* = 0.5404 \text{MPa}$$

由能量方程式(8-2-14),得出口温度为

$$T_2 = T_{cr} = \frac{2}{k+1}T_1^* = 0.8584T_1^* = 0.8584 \times 1273.16 = 1092.88K$$

因而其出口截面为临界截面,将 p_2 代入能量方程式(8-3-3)得

$$V_{f,2} = \sqrt{\frac{2kR_gT_1^*}{k-1}\Big[1-\Big(\frac{p_2}{p_1^*}\Big)^{\frac{k-1}{k}}\Big]}$$

$$= \sqrt{\frac{2 \times 1.33 \times 287.4 \times 1273.16}{1.33-1} \times (1-0.5404^{\frac{1.33-1}{1.33}})} = 646.32\text{m/s}$$

也可以直接由能量方程式(8-2-12)得

$$V_{f,2} = V_{cr} = \sqrt{\frac{2kR_gT_1^*}{k+1}} = \sqrt{\frac{2 \times 1.33 \times 287.4 \times 1273.16}{1.33+1}} = 646.32\text{m/s}$$

或直接由理想气体声速式(8-1-32)得

$$V_{f,2} = \sqrt{kR_gT_2} = \sqrt{1.33 \times 287.4 \times 1092.88} = 646.33 \text{ m/s}$$

由状态方程式(8-1-15),得出口截面比体积为

$$v_2 = \frac{R_gT_2}{p_2} = \frac{287.4 \times 1092.88}{0.5404 \times 10^6} = 0.581.2\text{m}^3/\text{kg}$$

由连续方程式(8-1-2),得收缩喷管出口,即喉部面积为

$$A_2 = A_{cr} = \frac{q_mv_2}{V_{f,2}} = \frac{1.5 \times 0.5812}{646.32} = 0.001349\text{m}^2 = 13.49\text{cm}^2$$

也可以直接将 p_2 代入流量式(8-4-1)得

$$A_2 = \frac{\dot{m}}{\sqrt{\frac{2k}{k-1}\frac{p_1^*}{v_1^*}\Big[\Big(\frac{p_2}{p_1^*}\Big)^{\frac{2}{k}}-\Big(\frac{p_2}{p_1^*}\Big)^{\frac{k+1}{k}}\Big]}}$$

$$= \frac{1.5}{\sqrt{\frac{2 \times 1.33}{1.33-1} \times \frac{1 \times 10^6}{0.3659} \times (0.5404^{\frac{2}{1.33}}-0.5404^{\frac{1.33+1}{1.33}})}}$$

$$= 0.001349\text{m}^2 = 13.49\text{cm}^2$$

超临界工况下流量为最大流量,故也可以直接用最大流量公式(8-4-2)求得

$$A_2 = \frac{\dot{m}}{\sqrt{\frac{2k}{k+1}\Big(\frac{2}{k+1}\Big)^{\frac{2}{k-1}}\frac{p_1^*}{v_1^*}}}$$

$$= \frac{1.5}{\sqrt{\frac{2 \times 1.33}{1.33+1} \times \Big(\frac{2}{1.33+1}\Big)^{\frac{2}{1.33-1}} \times \frac{1 \times 10^6}{0.3659}}} = 0.001349\text{m}^2 = 13.49\text{cm}^2$$

（2）收缩扩张形喷管：对拉瓦尔喷管，由于处于超临界工况下，故喉部以上流动状况与收缩喷管完全相同，所不同的只是出口截面。

当气体在拉瓦尔喷管内充分膨胀时，其出口压强与背压相等：$p_e = p_b = 0.1\text{MPa}$，由过程方程式（8-1-24）得

$$v_e = \left(\frac{p_1}{p_e}\right)^{\frac{1}{k}} v_1 = 10^{\frac{1}{1.33}} \times 0.3659 = 2.067\,\text{m}^3/\text{kg}$$

$$T_e = \left(\frac{p_e}{p_1}\right)^{\frac{k-1}{k}} T_1 = \left(\frac{1}{10}\right)^{\frac{1.33-1}{1.33}} \times 1273.15 = 719.05\,\text{K}$$

由能量方程式（8-3-2），得出口速度为

$$V_{f,e} = \sqrt{2c_p(T_1^* - T_e)} = \sqrt{\frac{2kR_g}{k-1}(T_1^* - T_e)}$$

$$= \sqrt{\frac{2 \times 1.33 \times 287.4}{1.33-1} \times (1273.16 - 719.05)} = 1133.0\,\text{m/s}$$

或者，由能量方程的变形式（8-2-7），得出口马赫数为

$$M = \sqrt{\frac{2}{k-1}\left(\frac{T^*}{T_e} - 1\right)} = \sqrt{\frac{2}{1.33-1} \times \left(\frac{1273.16}{719.05} - 1\right)} = 2.1611$$

由马赫数定义式（8-1-33），得出口速度为

$$V_{f,e} = M_e V_{f,e} = M_e \sqrt{kR_g T_e} = 2.1611 \times \sqrt{1.33 \times 287.4 \times 719.05} = 1133.0\,\text{m/s}$$

也可以直接将 p_e 代入能量方程式（8-3-3）得

$$V_{f,e} = \sqrt{\frac{2kR_g T_1^*}{k-1}\left[1 - \left(\frac{p_e}{p_1^*}\right)^{\frac{k-1}{k}}\right]}$$

$$= \sqrt{\frac{2 \times 1.33 \times 287.4 \times 1273.16}{1.33-1} \times (1 - 0.1^{\frac{1.33-1}{1.33}})} = 1133.0\,\text{m/s}$$

由连续方程式（8-1-2），得拉瓦尔喷管的出口面积为

$$A_e = \frac{\dot{m}}{\sqrt{\frac{2k}{k-1}\frac{p_1^*}{v_1^*}\left[\left(\frac{p_e}{p_1^*}\right)^{\frac{2}{k}} - \left(\frac{p_e}{p_1^*}\right)^{\frac{k+1}{k}}\right]}}$$

$$= \frac{1.5}{\sqrt{\frac{2 \times 1.33}{1.33-1} \times \frac{1 \times 10^6}{0.3659} \times (0.1^{\frac{2}{1.33}} - 0.1^{\frac{1.33+1}{1.33}})}} = 0.002736\,\text{m}^2 = 27.36\,\text{cm}^2$$

讨论及结论：由本例题可得到如下结论。

（1）计算中首先要判断喷管的工作状态，这样才能判断喷管出口截面的压强是多少，才能进行下一步的计算。由于通常给定喷管的进口总压和出口背压，因此常用临界压强比判断喷管的工作状态。

（2）在超临界状态下，喷管扩张段的计算与收缩段无关，充分反映了超临界状态下下游流场并不影响上游流场的特性。

（3）计算气流的速度和流量可以有多种方法，既可以直接套用速度和流量的最终公式进行计算，也可以根据基本概念和基本方程一步步计算。前者简单、直接，一步到位，但公式复杂，记忆困难，且公式限制性条件多，容易出错，概念、思路也不清晰；而后者虽然计算步骤多一些，但所依赖的公式是更接近原始状态的基本公式，限制性条件少，物理意义清晰，且公式简单。因此，第一种方法适合于有大量重复性的计算如设计、计算机编程计算的场合，第二种方法则适合于更复杂的情况，适应性、灵活性更强。特别是在学习过程中，宜采用第二种方程。

（4）计算气流出口速度或温度使用了很多公式，如式(8-2-6)、式(8-2-7)、式(8-2-12)、式(8-2-14)、式(8-3-2)、式(8-3-3)等，虽然形式各异，但实质都是能量方程，主要由能量方程推演而来；其他公式如式(8-1-24)、式(8-1-25)、式(8-2-8)、式(8-2-15)等主要由等熵过程方程推演而来；流量公式如式(8-3-1)、式(8-4-2)等则由连续方程、能量方程和等熵过程方程综合推演而来；理想气体声速公式(8-1-32)由连续方程、伯努利方程、等熵过程方程和理想气体状态方程综合推演而来。其实所有的公式都来自于8.1节所列6个基本方程，只是在不同的场合以不同的面目出现罢了，所谓"万变不离其宗"。一般来说，求速度和温度离不开能量方程，求压强或比体积离不开过程方程和状态方程，求流量或截面积离不开连续方程等。这是由它们各自的本质所决定的（如气流出口速度或温度代表能量，流量或截面积代表质量守恒等）。搞清楚这一点，对于深入掌握工程热力学的基本原理，在众多的公式中找出最适合的公式进行计算具有很大的价值。

在实际绝能流动中，由于喷管内的摩擦损失会造成熵增，使实际过程偏离理想的等熵过程，这一偏离是用等熵效率 η_N 来衡量的。由绝能流动的能量方程式(8-2-3)，则有

$$h_1^* - h_2 = \frac{V_{f,2}^2}{2}$$

将上式代入等熵效率公式得

$$\eta_N = \eta_S = \frac{h_1^* - h_{2'}}{h_1^* - h_2} = \frac{\dfrac{V_{f,2}'^2}{2}}{\dfrac{V_{f,2}^2}{2}} = \frac{V_{f,2}'^2}{V_{f,2}^2} \tag{8-4-3}$$

显然，在这里，等熵效率具体表现为在进出口压强条件不变的条件下喷管出口气体的实际动能与等熵情况下的理想动能之比，故等熵效率在这里也称为喷管效率，反映了喷管内部不可逆性的大小。有时也用喷管出口气体的实际速度

与等熵情况下的理想速度之比(称为速度因数)φ表示这一不可逆损失,即

$$\varphi = \frac{V'_{f,2}}{V_{f,2}} = \sqrt{\eta_N} \tag{8-4-4}$$

这说明速度因数φ与喷管效率η_N是相互关联的,知道任何一个量都可以说明喷管内的不可逆损失大小。根据实验,速度因数一般在$0.92 \sim 0.98$之间,与喷管的设计与制造有关。有了速度因数φ后,将理想速度按式(8-3-3)代入,得实际速度为

$$
\begin{aligned}
V'_{f,2} = \varphi V_{f,2} &= \varphi \sqrt{\frac{2kR_g T_1^*}{k-1}\Big[1 - \Big(\frac{p_2}{p_1^*}\Big)^{\frac{k-1}{k}}\Big]} \\
&= \varphi \sqrt{\frac{2kp_1^* v_1^*}{k-1}\Big[1 - \Big(\frac{p_2}{p_1^*}\Big)^{\frac{k-1}{k}}\Big]}
\end{aligned} \tag{8-4-5}
$$

实际上,式(8-3-1)并不限于理想的等熵流动,对实际流动,可直接用式(8-3-1)计算实际速度,即

$$V'_{f,2} = \sqrt{2(h_1 - h_{2'}) + V_{f,1}^2} = \sqrt{2(h_1^* - h_{2'})} \tag{8-4-6}$$

在式(8-4-6)中,$h_{2'}$可由式(8-4-3)中的η_N确定,即

$$h_{2'} = h_1^* - \eta_N(h_1^* - h_2) \tag{8-4-7}$$

对定比热容理想气体,代入焓表达式(8-1-16)和定比热容计算式(8-1-22)得

$$T_{2'} = T_1^* - \eta_N(T_1^* - T_2) \tag{8-4-8}$$

由于$T_{2'} \geqslant T_2, p_{2'} = p_2$,故$v_{2'} \geqslant v_2$,且速度因数$\varphi \leqslant 1$,因此由式(8-1-2)可知,喷管的实际流量小于其相同进出口条件下的理想流量,即

$$\dot{m}' = \frac{AV'_{f,2}}{v_{2'}} \leqslant \dot{m} = \frac{AV_{f,2}}{v_2}$$

定义喷管进出口压强不变条件下的实际流量与其相同进出口条件下的理想流量之比为流量因数c_D,即

$$c_D = \frac{\dot{m}'}{\dot{m}} = \frac{A'V'_f v_2}{AV_f v_2} = \varphi \frac{v_2}{v_{2'}} \frac{A'}{A} \tag{8-4-9}$$

在出口压强不变条件下,若喷管几何参数不变,即$A'/A = 1$,对定比热容理想气体,代入理想气体状态方程式(8-1-15)和式(8-2-7),可得

$$c_D = \varphi \frac{T_2}{T_{2'}} = \frac{\varphi\Big(T_1^* - \dfrac{T_1^* - T_{2'}}{\eta_N}\Big)}{T_{2'}} = \varphi\Big[\Big(1 - \frac{1}{\varphi^2}\Big)(k-1)\frac{M_{2'}^2}{2} + 1\Big] \tag{8-4-10}$$

可见,流量因数不仅与速度因数或喷管效率有关,还与实际出口马赫数有关。

需要注意的是,由于式(8-2-15)、式(8-2-16)只适用于等熵的情况,因此,在有不可逆损失的情况下,临界压强的计算不能采用式(8-2-15),这时可以利用不受等熵条件影响的式(8-2-13)和式(8-2-14),通过确定临界速度或临界温度来确定临界状态,具体见例8-4-2。

例8-4-2 若例8-4-1喷管的速度因数为0.95,求喷管分别为收缩形和收缩扩张形两种情况下出口气流的速度以及喷管进口、出口及喉部的面积。

解 物理模型:与例8-4-1基本相同,只是增加一个内部不可逆性,导致一部分动能耗散为热能,温度升高,流量减小,过程如图8-4-3所示。

数学模型及求解:

(1)收缩形喷管:喷管内不可逆性会影响临界压强。

在总温一定的情况下,无论是等熵还是实际流动,临界温度都不会变化,则由能量方程式(8-2-14),得出口温度为

$$T'_{cr} = T_{cr} = \frac{2}{k+1}T_1^* = 0.8584T_1^* = 0.8584 \times 1273.16 = 1092.88\,\text{K}$$

由式(8-4-8)得

$$T_2 = T_{2s} = T_1^* - \frac{T_1^* - T_{cr}}{\eta_N} = 1273.16 - \frac{1273.16 - 1092.88}{0.95^2} = 1073.40\,\text{K}$$

则由过程方程式(8-1-24)、式(8-1-25)得

$$p'_{cr} = p_{2s} = \left(\frac{T_{2s}}{T_2^*}\right)^{\frac{k}{k-1}}p_1^* = \left(\frac{1073.40}{1273.16}\right)^{\frac{1.33}{1.33-1}} \times 1 = 0.50266\,\text{MPa}$$

因为 $p_b < p'_{cr}$,所以收缩形喷管处于超临界工作状态下,其出口压强为临界压强,但临界压强比等熵流动时的临界压强大,即 $p'_{cr} < p_{cr}$。则收缩喷管实际出口参数为

$$T_{2'} = T_{cr} = 1092.88\,\text{K}$$

$$p_{2'} = p_{2s} = 0.50266\,\text{MPa}$$

因而,其出口截面为临界截面,将 $p_{2'}$ 代入式(8-3-3)得

$$V_{f,2} = \sqrt{\frac{2kR_gT_1^*}{k-1}\left[1 - \left(\frac{p_{2'}}{p_1^*}\right)^{\frac{k-1}{k}}\right]}$$

$$= \sqrt{\frac{2 \times 1.33 \times 287.4 \times 1273.16}{1.33-1} \times (1 - 0.50266^{\frac{1.33-1}{1.33}})} = 680.26\,\text{m/s}$$

由式(8-4-6),实际速度为

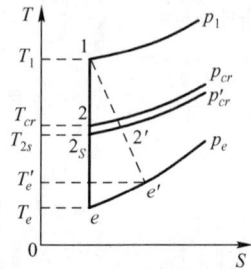

$$V'_{f,2} = \varphi V_{f,2} = 0.95 \times 680.26 = 646.25 \text{m/s}$$

也可以直接由式(8-2-12)得

$$V_{f,2'} = V_{cr} = \sqrt{\frac{2kR_g T_1^*}{k+1}} = \sqrt{\frac{2 \times 1.33 \times 287.4 \times 1273.16}{1.33+1}} = 646.32 \text{m/s}$$

或直接由理想气体声速式(8-1-32)得

$$V'_{f,2} = \sqrt{kR_g T_{2'}} = \sqrt{1.33 \times 287.4 \times 1092.88} = 646.33 \text{m/s}$$

由状态方程式(8-1-15),得出口截面上气体的比体积为

$$v_{2'} = \frac{R_g T_{2'}}{p_{2'}} = \frac{R_g T_{2'}}{p_{2'}} = \frac{287.4 \times 1092.88}{0.50266 \times 10^6} = 0.62486 \text{m}^3/\text{kg}$$

由连续方程式(8-1-2),得收缩喷管出口,即喉部面积为

$$A'_2 = A_{cr} = \frac{\dot{m} v_{2'}}{V'_{f,2}} = \frac{1.5 \times 0.62486}{646.32} = 0.001450 \text{m}^2 = 14.50 \text{cm}^2$$

可见,由于不可逆损失,在超临界工况下,虽然流速不变,流量不变,但为通过同样的流量需要喷管有更大的临界截面。

(2) 收缩扩张形喷管:对拉瓦尔喷管,由于处于超临界工况下,故喉部以上流动状况与收缩喷管完全相同,所不同的只是出口截面。

当气体在拉瓦尔喷管内充分膨胀时,其出口压强 $p'_e = p_e = 0.1 \text{MPa}$,由等熵过程方程,得出口参数为

$$v_e = \left(\frac{p_1}{p_e}\right)^{\frac{1}{k}} v_1 = 10^{\frac{1}{1.33}} \times 0.3659 = 2.067 \text{m}^3/\text{kg}$$

$$T_e = \left(\frac{p_e}{p_1}\right)^{\frac{k-1}{k}} T_1 = \left(\frac{1}{10}\right)^{\frac{1.33-1}{1.33}} \times 1273.15 = 719.05 \text{K}$$

由能量方程式(8-3-2),得理想等熵出口速度为

$$V_{f,e} = \sqrt{2c_p(T_1^* - T_e)} = \sqrt{\frac{2kR_g}{k-1}(T_1^* - T_e)}$$

$$= \sqrt{\frac{2 \times 1.33 \times 287.4}{1.33-1} \times (1273.16 - 719.05)} = 1133.0 \text{m/s}$$

由式(8-4-4)得

$$V'_{f,e} = \varphi V_{f,e} = 0.95 \times 1133.0 = 1076.35 \text{m/s}$$

或由式(8-4-7)得

$$T'_e = T_1^* - \eta_N(T_1^* - T_e) = 1273.16 - 0.95^2 \times (1273.16 - 719.05) = 773.08 \text{K}$$

由状态方程式(8-1-15),得实际出口比体积为

$$v'_e = \frac{R_g T'_e}{p'_e} = \frac{287.4 \times 773.08}{0.1 \times 10^6} = 2.22183 \text{m}^3/\text{kg}$$

由能量方程式(8-4-6),直接得实际出口速度为

$$V'_{f,2} = \sqrt{2(h_1^* - h_{2'})} = \sqrt{2c_p(T_1^* - T_{2'})} = \sqrt{\frac{2kR_g}{k-1}(T_1^* - T_{2'})}$$

$$= \sqrt{\frac{2 \times 1.33 \times 287.4}{1.33 - 1}(1273.16 - 773.08)} = 1076.34 \text{m/s}$$

或者,由能量方程的变形式(8-2-7),得实际出口马赫数为

$$M'_e = \sqrt{\frac{2}{k-1}\left(\frac{T_1^*}{T'_e} - 1\right)} = \sqrt{\frac{2}{1.33 - 1} \times \left(\frac{1273.16}{773.08} - 1\right)} = 1.9800$$

由马赫数定义式(8-1-33),得出口速度为

$$V'_{f,e} = M'_c V'_e = M'_e \sqrt{kR_g T'_e} = 1.9800 \times \sqrt{1.33 \times 287.4 \times 773.38} = 1076.34 \text{m/s}$$

也可以直接将 p'_e 代入式(8-4-4)得

$$V'_{f,e} = \varphi \sqrt{\frac{2kR_g T_1^*}{k-1}\left[1 - \left(\frac{p'_e}{p_1^*}\right)^{\frac{k-1}{k}}\right]}$$

$$= 0.95 \times \sqrt{\frac{2 \times 1.33 \times 287.4 \times 1273.16}{1.33 - 1} \times (1 - 0.1^{\frac{1.33-1}{1.33}})} = 1076.35 \text{m/s}$$

由连续方程式(8-1-2),得拉瓦尔喷管出口面积为

$$A'_e = A_{cr} = \frac{\dot{m}v'_e}{V'_{f,e}} = \frac{1.5 \times 2.22183}{1076.34} = 0.003096 \text{m}^2 = 30.96 \text{cm}^2$$

也可以按式(8-4-10)先求流量系数,即

$$C_D = \varphi\left[\left(1 - \frac{1}{\varphi^2}\right)(k-1)\frac{M_{2'}^2}{2} + 1\right]$$

$$= 0.95\left[\left(1 - \frac{1}{0.95^2}\right) \times (1.33 - 1) \times \frac{1.98^2}{2} + 1\right] = 0.8836$$

应用式(8-4-9),并直接将 p_e 代入流量式(8-4-1)得

$$A'_e = \frac{\dot{m}}{C_D \sqrt{\frac{2k}{k-1}\frac{p_1^*}{v_1^*}\left[\left(\frac{p_e}{p_1^*}\right)^{\frac{2}{k}} - \left(\frac{p_e}{p_1^*}\right)^{\frac{k+1}{k}}\right]}}$$

$$= \frac{1.5}{0.8836\sqrt{\frac{2 \times 1.33}{1.33 - 1} \times \frac{1 \times 10^6}{0.3659} \times (0.1^{\frac{2}{1.33}} - 0.1^{\frac{1.33+1}{1.33}})}} = 0.003096 \text{m}^2 = 30.96 \text{cm}^2$$

讨论及结论:

(1) 喷管内不可逆性会导致临界压强减小,因此计算中判断喷管的工作状态不能直接使用式(8-2-15),可以利用临界温度不变的特性计算出新的临界压强进行判断,见式(8-2-14)。

284

（2）一般情况下喷管内不可逆性会导致喷管出口速度、流量减少,但如果仍处在超临界状态,则收缩喷管出口或者收缩扩张喷管喉部速度会保持不变。若喷管截面积不变,则喷管流量会减小。为保持流量不变就需要扩大喷管截面面积,包括喷管喉部和出口的面积。此时,流量因数的意义就演变为等熵流动截面面积与实际不可逆流动截面面积之比。可见,喷管内不可逆性对于超临界状态下喷管内的流动是有影响的。

（3）与理想的等熵流动一样,喷管内实际不可逆流动的计算也可以有多种方法,可以直接套用速度和流量的最终公式进行计算,或根据基本概念和基本方程一步步计算。由于实际不可逆流动的计算更复杂一些,直接套用速度和流量的最终公式计算应更加慎重。而根据基本概念和基本方程一步步计算,则显得更加清晰,不易出错。因此,建议对实际不可逆流动的计算,尽量采用第二种方法。

火箭发动机的喷管和航空发动机的尾喷管作用相同,都是通过膨胀把高温高压燃气的内热能转变为气体的宏观动能,燃气以很大的宏观速度向后喷出,从而推动火箭和飞机前进。喷气推进技术已成为现代航空航天的关键技术之一。带有反推力装置的尾喷管,还可以通过向飞机前进的相反方向喷射来缩短飞机着陆时的滑行距离或在飞行中迅速减小飞机的速度。现代矢量喷管技术更使得喷射方向调节范围大大增加,使得飞机垂直起降能力和机动能力大幅提高,火箭、导弹、卫星的变轨机动飞行也成为可能。

8.4.2 扩压管(Diffusers)

扩压管的作用与喷管正好相反。当亚声速气流流入扩张形管道时,气流速度沿流程不断下降,同时压强不断升高,温度也相应升高,见图8-3-3(a)。涡轮喷气发动机所采用的扩张形进气道就是很典型的扩压管。设扩压管进、出口分别为截面0-0和1-1,由绝能流动能量方程式(8-2-2)得

$$h_0 + \frac{V_{f,0}^2}{2} = h_1 + \frac{V_{f,1}^2}{2} = 常数$$

上述方程经式(8-2-5)~式(8-2-7)的变换,对定比热容理想气体,有

$$T_0\left(1 + \frac{k-1}{2}M_0^2\right) = T_1\left(1 + \frac{k-1}{2}M_1^2\right) \tag{8-4-11}$$

$$\frac{T_1}{T_0} = \frac{1 + \dfrac{k-1}{2}M_0^2}{1 + \dfrac{k-1}{2}M_1^2} \tag{8-4-12}$$

对可逆等熵流动,利用等熵过程方程式(8-1-24)、式(8-1-25),可得扩压管的压强比(扩压比或增压比)为

$$\frac{p_1}{p_0} = \left(\frac{T_1}{T_0}\right)^{\frac{k}{k-1}} = \left(\frac{1 + \dfrac{k-1}{2}M_0^2}{1 + \dfrac{k-1}{2}M_1^2}\right)^{\frac{k}{k-1}} \tag{8-4-13}$$

可见,亚声速气流经过扩张形管道的扩压比 p_1/p_0 取决于气体进、出口的马赫数 M_0 和 M_1。M_0 越大或 M_1 越小,则扩压比越大。当出口速度降为零,即 $M_1 = 0$ 时,式(8-4-13)将退化为式(8-2-14),即最大出口压强将达到最大的滞止压强,$p_{1\max} = p_1^*$,如图 8-4-4 所示 $0 - 1^*$ 过程。显然,扩压管中理想的可逆绝能流动过程就是一个等熵阻滞过程。

如果在流动中考虑不可逆因素,则由于熵增,即使温度阻滞到最大的滞止温度,所能达到的最大压强 $p_{1'\max} < p_1^*$。这个不可逆损失也用等熵效率 η_S 来衡量,称为扩压管效率 η_D。由式等熵效率公式得 η_D,即

$$\eta_D = \frac{h_{1s} - h_0}{h_{1'} - h_0} = \frac{h_{1s} - h_0}{h_1^* - h_0} = \frac{\dfrac{V_{f,0}^2 - V_{f,1s}^2}{2}}{\dfrac{V_{f,0}^2}{2}} = \frac{V_{f,0}^2 - V_{f,1s}^2}{V_{f,0}^2} \tag{8-4-14}$$

在这里,等熵效率具体表现为扩压管效率,即在达到最大可能的增压比的条件($T_{1'} = T_{1'}^*$)下,理想的等熵过程 $0 - 1$,所消耗的流体动能或者说技术功 $h_{1s} - h_0 = (V_{f,0}^2 - V_{f,1s}^2)/2$ 与实际不可逆过程 $0 - 1'$ 消耗的流体动能或者说技术功 $h_1^* - h_0 = V_{f,0}^2/2$ 之比,见图 8-4-4。对定比热容理想气体,由式 (8-4-14) 可以确定理想等熵压缩过程出口温度 T_{1s} 为

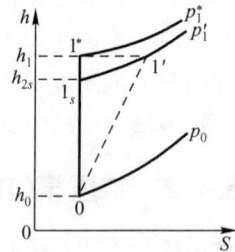

图 8-4-4　扩压管过程

$$T_{1s} = T_0 + \eta_D(T_1^* - T_0) \tag{8-4-15}$$

利用等熵过程方程式(8-1-24)、式(8-1-25),可得扩压管实际所能达到的最大压强 $p_{1'\max}$ 与最大可能的压强 p_1^* 之比 r_p 为

$$r_p = \frac{p'_{1'\max}}{p_1^*} = \frac{p_{1s}}{p_1^*} = \left(\frac{T_{1s}}{T_0}\right)^{\frac{k}{k-1}} = \left[\frac{T_0 + \eta_D(T_1^* - T_0)}{T_0}\right]^{\frac{k}{k-1}} = \left(1 + \eta_D\frac{k-1}{2}M_0^2\right)^{\frac{k}{k-1}} \tag{8-4-16}$$

式中:r_p 为压强恢复因数,是扩压管的另一个重要的性能评价指标,直接反映了扩压管内不可逆性对出口压强的影响。由式(8-4-16)可知,η_D 和 M_0 越大,则 r_p 越大。

例 8-4-3 某涡轮喷气发动机在地面实验时,亚声速进气道进口处的气流 $M_0 = 0.9$,出口处的气流 $M_1 = 0.4$,外界大气的温度为 290K,压强为 0.1MPa。试求,该进气道的扩压比及进出口的压强。

解 物理模型:对于静止的涡轮喷气发动机来说,同样静止的大气温度就是气流的总温,大气压强就是气流的总压,即 $T_0^* = 290\text{K}, p_0^* = 0.1\text{MPa}$。对于等熵流动,总温、总压都不变,则 $T_1^* = T_0^* = 290\text{K}, p_1^* = p_0^* = 0.1\text{MPa}$。因此,该问题是已知总温、总压、马赫数,求静温、静压。

数学模型及求解:由能量方程式(8-2-7)得

$$T_0 = \frac{T_0^*}{1 + \dfrac{k-1}{2}M_0^2} = \frac{290}{1 + \dfrac{1.4-1}{2}} \times 0.9^2 = 249.57\text{K}$$

$$T_1 = \frac{T_1^*}{1 + \dfrac{k-1}{2}M_1^2} = \frac{290}{1 + \dfrac{1.4-1}{2}} \times 0.4^2 = 281.01\text{K}$$

由等熵过程方程式得

$$p_0 = \left(\frac{T_0}{T_0^*}\right)^{\frac{k}{k-1}} p_0^* = \left(\frac{249.57}{290}\right)^{\frac{1.40}{1.40-1}} \times 0.1 = 0.05913\text{MPa}$$

$$p_1 = \left(\frac{T_1}{T_1^*}\right)^{\frac{k}{k-1}} p_1^* = \left(\frac{281.01}{290}\right)^{\frac{1.40}{1.40-1}} \times 0.1 = 0.08956\text{MPa}$$

故增压比为

$$\frac{p_1}{p_0} = \frac{0.08956}{0.05913} = 1.515$$

也可以直接由式(8-4-13)得

$$\frac{p_1}{p_0} = \left(\frac{1 + \dfrac{k-1}{2}M_0^2}{1 + \dfrac{k-1}{2}M_1^2}\right)^{\frac{k}{k-1}} = \left(\frac{1 + \dfrac{1.40-1}{2} \times 0.9^2}{1 + \dfrac{1.40-1}{2} \times 0.4^2}\right)^{\frac{1.40}{1.40-1}} = 1.515$$

讨论及结论:

(1) 进气道的扩压是以进气道中气流马赫数的下降为代价的;

(2) 气流的总压通过进气道扩压管保持不变,说明压强恢复因数 r_p 为1,即没有不可逆损失。

进气道位于航空发动机的前部,即从飞机的空气入口到发动机内压气机前的这一段管道。由于压气机进口处的气流马赫数通常不能大于 $0.6 \sim 0.7$,因此,进气道除了要在各种条件下都能提供发动机所需的空气量以外,其另一个主要功能就是利用扩压管的原理,进行阻滞升压,把气流的速度动能转变为压强势能。这就是所谓的冲压作用。由式(8-4-13)可知,来流马赫数越大,这种冲压作用就越大。因此,随着飞机速度的提升,进气道的升压作用越来越大,甚至可以部分或全部地取代压气机的作用。由式(8-3-10)可知,为了满足连续方程,在来流分别为亚声速和超声速气流时,进气道必须要上有扩张形或收缩形截面才能达到升压的目的,因此进气道又分为亚声速进气道和超声速进气道。现代超声速飞机,为了使进气道适应飞机从起飞、亚声速到超声速的各种飞行状态,多采用可调节进气道。

8.5 绝热节流(Adiabatic throttle)

流体在管道中流动,遇到管道突然收缩(如工程上的阀门、孔板、多孔堵塞物等),由于旋涡、绕流等引起局部阻力使流体压强降低,这种现象称为节流现象。如果节流过程中流体与外界没有热量交换,就称为绝热节流,也简称为节流。

绝热节流具有以下几个特点:

(1)它是一个非准静态过程。因为在节流收缩截面附近扰动强烈,在节流过程中任一截面上(见图8-5-1中的截面3-3)的流体都不处于平衡状态,因此不能用状态参数描述。要研究节流前后流体状态的变化需在远离收缩截面的上游和下游分别选择截面1-1和截面2-2,在这里流体处于平衡状态,可以用状态参数描述。

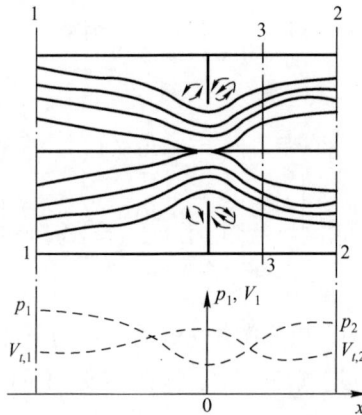

图8-5-1　绝热节流过程

(2)根据流体流动的能量方程式(8-1-7)、式(8-1-8),在绝热($Q=0$)、绝功($W_S=0$),并忽略流体宏观动能、位能变化的情况下,可得

$$h_1 = h_2 \tag{8-5-1}$$

但式(8-5-1)并不是一个过程方程,它并不能说明绝热节流过程是一个等熵过程,因为在收缩截面附近的熵是不能确定的,只能说明节流前后的熵相等。

(3)由于截面收缩带来的局部阻力与流动方向相反,必须有一个沿流动方

向的压强差 $p_1 - p_2$ 与阻力平衡，才能保持流体流动，因此有 $p_1 > p_2$。

（4）根据熵表达式(8-1-19)知，经过绝热节流过程，熵变 $ds = (dh - vdp)/T = -vdp/T > 0$，根据孤立体系熵增原理，绝热节流过程是一个不可逆的熵增过程。其不可逆熵增产生的根源是收缩截面附近强烈扰动造成的不平衡，以及旋涡、绕流引起的耗散效应。从宏观上看，压降是熵增产生的直接原因，且压降越大，熵增越大，做功能力减少。其 $h-s$ 图如图 8-5-2 所示，虚线表示过程 $1-2$ 是一个非准静态过程，也是不可逆过程。对于理想气体，代入状态方程式(8-1-15)得

$$\Delta s_{12} = \int_{p_1}^{p_2} \frac{R_g}{p} dp = -R_g \ln \frac{p_2}{p_1} \tag{8-5-2}$$

（5）经过绝热节流过程，流体的温度是否变化取决于流体的物性。如果是理想气体，由于焓仅仅是温度的函数，且 $h_1 = h_2$，故有 $T_1 = T_2$，即理想气体绝热节流前后温度不变。但对其他非理想气体，焓是温度和压强的函数，绝热节流前后温度有可能升高或者下降，称为绝热节流的温度效应，它反映了工质的物性，因此可以利用此效应来进行工质物性的研究。

绝热节流是工程上常见的现象，除了可用它来研究物性外，还利用流体流过孔板时压降随流速和流量增大的现象测量流速和流量，利用阀的节流效应来调节流量。在动力设备中经常利用节流的不可逆性，用阀门减小流量，造成熵增，减小气体的做功能力，从而达到调节输出功率的目的。

例 8-5-1 理想气体从初态 (p_1, T_1) 经过不同的热力过程到达相同的终压 p_2，一过程为经过喷管的可逆绝热膨胀过程，一过程为经过喷管的不可逆绝热膨胀过程，一过程为经过节流阀的绝热节流过程。若环境参数为 (p_0, T_0)，且 $p_1 > p_0$，$T_1 > T_0$，试比较三过程不可逆损失的大小。

解 物理模型：如图 8-5-3 所示为 $T-s$ 图，可逆绝热膨胀过程、不可逆绝热膨胀过程和绝热节流过程三个过程分别为 $1-2$，$1-2'$ 和 $1-3$，三者都是绝热过程。根据孤立体系熵增原理，谁的熵较大，谁的不可逆损失较大。

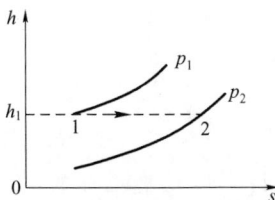

图 8-5-2　绝热节流过程图示　　　　图 8-5-3　三过程不可逆损失比较

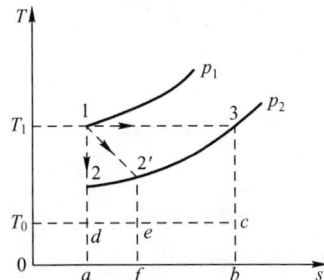

数学模型及求解:由于不可逆造成的做功能力损失为

$$W_1 = T_0 \Delta S_{iso} = T_0 \Delta S_g$$

因此,可逆绝热膨胀过程功损为

$$W_{1,12} = T_0 \Delta S_{12} = 0$$

不可逆绝热膨胀过程功损为

$$W_{1,12'} = T_0 \Delta S_{12'} = T_0 (S_{2'} - S_1) = A_{afeda}$$

绝热节流过程功损为

$$W_{1,13} = T_0 \Delta S_{13} = T_0 (S_3 - S_1) = A_{abcda}$$

讨论及结论:

(1)由图 8-5-3 所示的 $T-S$ 图可以看出,p_1,p_2 确定以后,在所有由 p_1 降至 p_2 的绝能流动中,绝热节流过程的熵增是最大的,因而其不可逆做功能力损失也是最大的。

(2)可逆绝热膨胀过程焓降最大,对外做功最大,做功能力没有损失;不可逆绝热膨胀过程焓降次之,对外做功次之,做功能力损失也次之;绝热节流过程焓降为零,对外不做功,做功能力损失最大。绝热节流过程只降压、不做功的特性决定了其必然损失最大,因此,不可逆性是绝热节流的最主要的特性,节流过程就是典型的不可逆过程。

工程上,需要可逆过程以便最大程度地获取效益,但同样也需要不可逆甚至完全不可逆的、类似于节流的耗散过程,主要用于测量、调节等,因为它具有反应速度快、结构简单、价格便宜等优点。如汽车的刹车、水龙头的流量调节、制冷设备中制冷量的调节等。实际上正是不可逆的耗散过程产生了不可恢复的"变化",使过程具有了方向性,而不可能在两个或几个状态之间无休止地来回变化,使得自然界的运动能够逐渐地平息下来,具有了平衡态。因此,一个没有耗散的世界实际上就不可能存在平衡态,这是不可想象的。当然,在测量和调节中也应想办法尽量减少不可逆性,如利用电机转速调节水泵(或风机)的供水(或风)压强,来调节水(或风)的流量,利用汽车的刹车把一部分动能转化为电能在蓄电池中储存起来,这些都可以减少不可逆损耗,节省能源,因而具有更好的效果。

思 考 题

8-1 声速和流体运动速度有何联系和区别?声速是物理常数、物性参数还是状态参数?为什么说声速在分析气体流动中具有重要的意义?

8-2 试证明理想气体马赫数的平方与气体的动能和热力学能(或焓)之比

成正比。

8-3 以下说法是否正确?

(1) 载人飞船以 7.9km/s 的速度绕地球飞行,因此其飞行马赫数为 23。

(2) 1 马赫就是 340m/s。

8-4 什么是滞止参数或总参数? 在研究气体流动中,滞止参数或总参数有什么作用?

8-5 滞止焓与静焓有何区别? 动焓与静焓有何区别? 动温与静温呢?

8-6 在给定的等熵流动中,流道各截面的滞止参数是否相同? 为什么?

8-7 下列两式各自的适用条件是什么?

$$h^* = h + \frac{V_f^2}{2}, \quad T^* = T + \frac{V_f^2}{2c_p}$$

按照上面两式的形式,总压可否写成静压和动压之和? 需要哪些条件? 动压的表达式是什么? 〔提示:将式(8-2-8)展开〕

8-8 式(8-2-7)是否可以适用于不可逆的情况? 式(8-2-8)、式(8-2-9)、式(8-2-10)呢? 滞止状态为什么一定要加可逆的条件? 在实际的流速阻滞为零的过程中,如果有不可逆因素存在会造成什么不同?

8-9 "绝能流动"中的"绝功"指的是什么功? 是否可以是体积功或者技术功?

8-10 试分别列出式(8-2-4)~式(8-2-10)各自的适用条件。它们的适用条件都完全相同吗?

8-11 下列各式均为计算管道出口速度的公式,其各自的适用条件是什么? 哪一个是最基本的公式? 哪一个是导出公式? 哪一个适用范围最广? 哪一个适用条件最多?

$$V_f = \sqrt{2(h^* - h)}, \quad V_f = \sqrt{2c_p(T^* - T)}, \quad V_f = \sqrt{\frac{2kR_gT^*}{k-1}\left(1 - \frac{T}{T^*}\right)}$$

$$V_f = \sqrt{\frac{2kR_gT^*}{k-1}\left[1 - \left(\frac{p}{p^*}\right)^{\frac{k-1}{k}}\right]}, \quad V_f = \sqrt{\frac{2kp^*v^*}{k-1}\left[1 - \left(\frac{p}{p^*}\right)^{\frac{k-1}{k}}\right]}$$

8-12 式(8-3-3)与式(8-3-4)有何区别? 用总参数和静参数表示的公式有何差别?

8-13 在喷管尺寸不变的情况下,喷管达到壅塞状态是否意味着流量永远无法增加?

8-14 拉瓦尔喷管达到壅塞状态后,继续使背压 p_b 下降,可以增加出口速度,但流量却无法增加。试解释其物理机制。

8-15 何谓临界压强比? 临界压强比在分析气体在喷管中的流动状况方

面起什么作用？可以用临界温度比或临界密度比等来判断喷管的流动状况吗？为什么？

8-16 气体在喷管中加速既要满足力学条件，又要满足几何条件。如何才能同时满足这两个条件？思考题8-11中计算速度的各个公式满足的是什么条件？几何条件体现在哪里？

8-17 气体在喷管中加速时，为什么会出现要求喷管截面积扩大的情况？这似乎与我们的常识不符。如河道窄处水流急，河道宽处水流缓，却从未见过河道宽处水流急的情况，为什么？

8-19 在有不可逆损失情况下，如果仍处于超临界状态，收缩喷管出口或者收缩扩张喷管的喉部速度会保持不变。这时速度因数 φ 不起作用吗？为什么？

8-20 绝热节流过程是否能称为定焓过程？为什么？定焓过程的过程方程应怎样表示？

8-21 工质在绝热节流过程中并未对外做功，能量大小是不变的，做功能力却下降了，那么工质的做功能力跑到哪里去了？由此是否能更深刻地理解热力学第二定律的意义？

8-22 对理想气体来说，压强与气体的能量大小无关，温度才是气体能量大小的标志。那么压强代表什么？没有压差气体能否做功？工质在绝热节流过程中压强下降，损失的是什么？损失到哪里去了？气体在扩压管中减速增压，为什么要以速度为代价？得到的又是什么？气体增压一定增温吗？

8-23 按照8.4.1节中所介绍的等熵效率 η_S 来评价绝热节流过程，其 η_S 是多少？

8-24 与压强相比，温度在做功中起什么作用？压强一定，但温度等于环境大气温度的气体，在一定的大气环境压强下，能否膨胀做功？气体温度升高有什么好处(参考习题8-15)？

8-25 活塞式压气机与离心式或轴流式压气机的工作原理相同吗？为什么说其热力学本质是相同的？

8-26 速度式压气机与容积式压气机相比，有何不同之处？

习 题

8-1 已知进气道入口截面积为 0.3m^2，入口压强为 0.9MPa，温度为 250K，若空气流量为 40kg/s，求入口处空气流速。

8-2 我国西气东输工程天然气输气管道输送天然气(甲烷)的压强为

10MPa,温度为 10℃,管道内径为 0.99m,每年向东部输送天然气 $1.2 \times 10^{10} \text{m}^3$(标准状态下),问管道内气体速度是多少?

8-3 航天飞机重返大气层的马赫数是 25,试计算其迎风面上气体的最高温度大约是多少?

8-4 某飞机在海平面(大气温度为 288K)附近以 $M = 1.0$ 的速度飞行,在 18000m 的高空则以 $M = 1.15$ 的速度飞行,试求:这架飞机在海平面附近和 18000m 高空的飞行速度是多少 km/h?

8-5 由陕西飞机制造公司研制的运-8 运输机,为中型四发涡轮螺桨多用途运输机,其最大起飞重量为 61000kg,长为 34m,翼展为 38m。它的起飞离地速度为 238km/h,巡航速度为 550km/h,最大平飞速度为 662km/h,最大飞行高度为 10400m,着陆速度为 240km/h。假设起飞和着陆都在海平面上,求该型飞机的最大和最小马赫数。

8-6 已知航空发动机尾喷管进口处燃气温度 $T_4^* = 900\text{K}$,速度 $V_{f,4} = 400\text{m/s}$,问此处气流是亚声速还是超声速?

8-7 现用温度计测量管道中空气气流温度为 68℃,若管道中空气流速分别为 30m/s,150m/s,300m/s,试分别求在这三种情况下空气的实际温度?若测温误差要求小于 2%,管道中气流马赫数不超过多少就不必考虑速度对温度的影响?

8-8 某发动机的压气机出口面积 $A_2 = 0.064\text{m}^2$,总压 $p_2^* = 0.794\text{MPa}$,总温 $T_2^* = 530\text{K}$,静压 $p_2 = 0.745\text{MPa}$。求该截面上的静温、流速和流量。

8-9 燃气在尾喷管内作绝能等熵流动,已知进出口参数为 $p_4 = 0.206\text{MPa}$,$T_4 = 800\text{K}$,$p_5 = 0.118\text{MPa}$,$M_5 = 1.0$。试求出口的燃气速度、总温和总压。

8-10 空气在收敛形喷管中作等熵绝能流动,若已知进口的密度、压强和面积分别为 ρ_1、p_1 和 A_1,出口的压强和面积分别为 p_2 和 A_2,试证明:出口速度为

$$V_{f,2} = \sqrt{\frac{\frac{2k}{k-1}\frac{p_1}{\rho_1}\left[1 - \left(\frac{p_2}{p_1}\right)^{\frac{k-1}{k}}\right]}{1 - \left(\frac{A_2}{A_1}\right)^2 \left(\frac{p_2}{p_1}\right)^{\frac{2}{k}}}}$$

8-11 空气流经喷管作绝能等熵流动。已知进口截面参数 $p_1 = 0.6\text{MPa}$,$t_1 = 600℃$,$V_{f,1} = 120\text{m/s}$,出口截面压强 $p_2 = 0.1\text{MPa}$,质量流量 $\dot{m} = 5\text{kg/s}$。求喷管出口截面上的温度 t_2、比体积 v_2、流速 $V_{f,2}$、出口截面积 A_2 和喷管的最小喉部面积 A_t。

8-12 空气流经收敛形喷管作绝能等熵流动。已知进口截面参数 $p_1 = 0.6\text{MPa}$,$t_1 = 700℃$,$V_{f,1} = 260\text{m/s}$,出口截面积 $A_2 = 30\text{mm}^2$。试确定滞止参数、临

界参数、最大质量流量及可以达到最大质量流量的最高背压。

8-13 压强为 0.6MPa,温度为 327℃的空气(初始速度忽略不计),经一个拉瓦尔喷管流入压强为 0.1MPa 的空间,若喷管的最小截面为 6cm²,试求喷管出口处的气流速度、气流流量和出口截面积。若改用出口截面积为 6cm² 的收敛形喷管,试问气体流量是否变化? 出口速度是否变化?

8-14 空气流经管道作绝能等熵流动。已知进口截面空气参数 $p_1 = 2$MPa,$t_1 = 160℃$,进口面积 $A_1 = 70$mm²,出口截面马赫数 $M_2 = 2.3$,质量流量 $\dot{m} = 2$kg/s。试求:

(1) 求管道出口截面的压强 p_2、温度 t_2、截面积 A_2 和临界截面积 A_{cr},这是一个什么管道?

(2) 求喷管出口的速度和压强;

(3) 若已知航空发动机尾喷管进口的截面积为 0.3m²,燃气的流量是多少;

(4) 若尾喷管进口总压和出口背压不变,当总温 T_4^* 升至 1100K 后,求喷管出口的速度。据此能否一般性地证明理想气体在膨胀前后压强一定的情况下,进口总温越大,做功量越大。

8-15 初态 $p_1 = 0.185$MPa,$t_1 = 560℃$ 的氢气(初速忽略),在收敛形喷管中等熵绝能膨胀,出口背压 0.1MPa,喷管出口截面积为 40cm²,求出口的速度和流量。若出口背压升为 0.11MPa,则结果有何变化?

8-16 已知压缩空气的温度为 327℃,压强为 0.6MPa,喷管出口背压为 0.1MPa,空气流量为 1kg/s。试求喷管出口流速,选取喷管的形状,并确定其尺寸(最小截面面积、直径,出口截面面积、直径),若扩张部分锥角为 10°,试确定扩张段管长。

8-17 若尾喷管效率为 0.87,重做习题 8-9。

8-18 按习题 8-12 条件,若喷管效率为 0.9,求喷管出口处的气流速度、气流流量以及进出口的熵增。

8-19 按习题 8-11 条件,若喷管效率为 0.88,求空气流经喷管流动时,喷管出口截面上的温度 t_2、比体积 v_2、流速 $V_{f,2}$、出口截面积 A_2 和喷管的最小喉部面积 A_t,并求流量因数。出口截面积 A_2 和喷管的最小喉部面积 A_t 为什么会发生变化?

8-20 按习题 8-16 条件,若喷管速度因数为 0.96,试求:当出口背压分别为 0.1MPa 和 0.11MPa 时,出口的速度、流量及流量因数。

8-21 若喷管速度因数为 0.96,试重新设计习题 8-17 的喷管。

8-22 压强为 0.2MPa,温度为 20℃的空气,流经扩压管后升压至 0.24MPa,试问进入扩压管中的初速度至少要多大?

8-23 欲使流速为 600m/s 的氢气降速增压,已知氢气的压强为 0.3MPa,

温度为27℃,试确定扩压管形状并计算氢气所能达到的最大压强。

8-24 压强和温度分别为 90kPa 和 260K 的空气以 250m/s 的速度进入飞机的进气道,质量流量为 12kg/s。若进气道出口速度为 70m/s,流动为等熵流动,求出口的压强、温度和出口面积。

8-25 上题若进气道效率为 0.95,则结果又如何?

8-26 压强为 0.6MPa,温度为 100℃的空气流经阀门时,由于节流效应使空气的体积增加了 1 倍。试求:节流过程中熵的增加、节流后的压强及节流过程中功的损失。环境温度为 20℃。

8-27 压强为 1.5MPa,温度为 20℃的某理想气体经绝热节流后,压强降为 0.1MPa。节流前后气流速度相等,试求:节流后的温度和节流前后的管道直径比。

8-28 增压比为 14 的空气压气机,进出口温度分别为 15℃和 384℃。若供给压气机的功率为 26800kW,试求:压气机效率和空气的流量。

8-29 流量为 15kg/s 的空气稳定地流入压气机,由 0.1MPa、18℃被压缩至 0.8MPa,若压气机输入的实际功率为 4040kW,求气体的出口温度及压气机所损失的功率。

8-30 已知涡轮前燃气温度 $T_3 = 1800K$,涡轮降压比 $\pi_T = 4.6$,涡轮效率 $\eta_T = 0.92$,求涡轮出口燃气温度和实际涡轮功以及涡轮所能做的最大可用功 [环境温度 $T_0 = 290K$,燃气 $k = 1.33$,$R_g = 287J/(kg \cdot K)$]。

8-31 燃烧室进出口截面上的气流参数分别为:$p_2 = 0.80MPa$,$T_2 = 600K$,$V_{f,2} = 150m/s$;$p_3 = 0.73MPa$,$T_3 = 1750K$。试计算空气的加热量。分为考虑和不考虑进出口动能两种情况,并进行比较,工质为定比热容空气。

第 9 章　新能源及能量的直接转换

Chapter 9　New Energy Sources and Straight Transformation of Energy

内容提要　新能源在航天工程中的应用具有非常光明的前景,因此本章讨论新能源及能源的直接转换,以期达到抛砖引玉的作用。

基本要求　在本章学习中,要求学生了解新能源的应用情况,理解能源直接转换原理。

当今世界,能源与新材料、生物技术、信息技术一起构成了社会发展的四大支柱。能源已成为推动经济进步的主要物质基础,能源技术的每次进步都成功地推动了人类社会的发展。随着煤炭、石油和天然气等不可再生的化石燃料资源面临加速消耗以及生态环境保护的需要,新能源的开发将促进世界能源结构的转变,新能源技术特别是空间能源技术的日臻成熟将带来产业领域的革命性变化。

9.1　新能源利用(Utilization of new energy sources)

能源有多种分类方法,按其形成方式可分为一次能源和二次能源。一次能源包括三大类:直接来自地球以外天体的能量(如太阳能);地球本身蕴藏的能量(如海洋和陆地内储存的燃料、地球的热能等);地球与天体相互作用产生的能量(如潮汐能)。二次能源是由一次能源转换而来的能量形式,如电、煤气、蒸汽等。按循环方式可分为不可再生能源(如煤、石油、天然气、页岩气)和可再生能源(如生物质能、氢能、化学能源);按使用性质可分为含能体能源(如煤炭、石油等)和过程能源(如太阳能、风能、电能等);按环境保护的要求可分为清洁能源,又称绿色能源(如太阳能、氢能、风能、潮汐能等)和非清洁能源(如煤炭、汽油、柴油等);按现阶段的成熟程度可分为常规能源和新能源等。

新能源与常规能源是一个相对的概念,随着时代的发展,新能源的内涵不断变化和更新。目前,新能源主要包括太阳能、氢能、核能、生物质能、化学能、风能、地热能和海洋能等。新能源的开发和利用是解决能源危机和环境保护问题的关键。

1. 太阳能

太阳能是人类最主要的可再生能源。太阳输出的辐射功率约为 3.8×10^{20} MW，到达地球的能量大约是总辐射能量的 20 亿分之一，被地球大气层反射（30%）和吸收（23%）以后，辐射到地球陆地和海洋表面上的能量大约为 8.5×10^{10} MW。这个数量远大于人类目前消耗的能量的总和，相当于每秒钟燃烧 500 万吨标准煤所释放的热量。在地日平均距离上（1.496×10^8 km），在大气层顶界垂直于太阳光线的单位面积所接收的太阳能辐射功率约为 1366 W/m^2，此即太阳常数。

太阳能利用技术主要包括：①太阳能－热能转换技术，即通过转换装置将太阳辐射能转换为热能加以利用，例如太阳能发电、太阳能采暖技术、太阳能制冷与空调技术、太阳能热水系统、太阳能干燥系统、太阳灶和太阳房等；②太阳能－光电转换技术，即太阳能电池，包括应用广泛的半导体太阳能电池和光化学电池的制备技术；③太阳能－化学能转化技术，例如光化学作用、光合作用和光电转换等。

2. 氢能

氢是未来最理想的二次能源。氢以化合物的形式储存于地球上最广泛的物质——水中，如果把海水中的氢全部提取出来，其总热量将是地球现有化石燃料的 9000 倍。

氢能利用技术包括制氢技术、氢提纯技术、氢储存与运输技术、氢能利用技术。制氢技术范围很广，包括：石化燃料制氢、电解水制氢、固体聚合物电解质电解制氢、高温水蒸气电解制氢、生物制氢、生物质制氢、热化学分解水制氢及甲醇重整、H_2S 分解制氢等。氢的储存是氢能利用的重要保障，主要技术包括液化储氢、压缩氢气储存、金属氢化物储氢、配位氢化物储氢、物理吸附储氢、有机物储氢和玻璃微球储氢等。氢的应用技术主要包括燃料电池、燃气轮机（蒸汽轮机）发电、内燃机和火箭发动机等。

3. 核能

核能是原子核结构发生变化时释放出的能量。核能释放包括核裂变和核聚变。核裂变所用的原料铀 1g 就可释放相当于 30t 煤的能量，而核聚变所用的氘仅用 560t 就可以为全世界提供一年消耗的能量。海洋中氘的储量可供人类使用几十亿年，同样是"取之不尽，用之不竭"的清洁能源。

核电技术主要有核裂变技术和核聚变技术。自 20 世纪 50 年代第一座核电站诞生以来，全球核裂变发电迅速发展，核电技术不断完善，各种类型的反应堆相继出现，如压水堆、沸水堆、重水堆、石墨堆、气冷堆及快中子堆等。其中，以轻水（H_2O）作为慢化剂和载热剂的轻水反应堆（包括压水堆和沸水堆）应用最广，技术相对完善。另一方面，人类实现核聚变并进行控制的难度非常大，采用等离子体最有希望实现核聚变反应。将等离子体加热到点火温度,采用一定的装置和方法来控制反应物的密度及维持此密度的时间,目前人们使用最多的是应用磁约束和惯性约束。

4. 生物质能

生物质能目前占世界能源消耗中的 14%。估计地球每年植物光合作用固定的碳达到 2000 亿吨,含能量 3×10^{21} J。地球上的植物每年生产的能量是目前人类消耗矿物能的 20 倍。

生物质能应用技术的开发利用在许多国家得到高度重视,生物质能有可能成为未来可持续能源系统的主要成员,扩大其利用同时减排 CO_2 是最重要的途径。生物质能的开发技术有生物质能化技术、生物质固化技术、生物质热解技术、生物质液化技术和沼气技术等。

5. 化学能

化学能源实际是直接把化学能转变为低压直流电能的装置,也叫电池。化学能源已经成为国民经济中不可缺少的重要组成部分,同时化学能源还将承担其他新能源比如太阳能的储存功能。

化学电能技术即电池制备技术,目前以下几种电池研究活跃并具有发展前景:金属氢化物–镍电池、锂离子二次电池、燃料电池(包括碱性燃料电池,简称 AFC;质子交换膜燃料电池,简称 PEMFC;磷酸燃料电池,简称 PAFC;熔融碳酸盐燃料电池,简称 MCFC;固体氧化物燃料电池,简称 SOFC)、微生物燃料电池、铝电池和储能电池等。

6. 风能

风能是大气流动的动能,是来源于太阳能的可再生能源。估计全球风能储量为 10^{14} MW,如有千万分之一被人类利用,就有 10^6 MW 的可利用风能,这是全球目前的电能总需求量,也是水利资源可利用量的 10 倍。

风能应用技术主要为风力发电,如海上风力发电、小型风机系统和涡轮风力发电等。

7. 地热能

地热能是来自地球深处的可再生热能。全世界地热资源总量大约 1.45×10^{26} J,相当于全球煤热能的 1.7 亿倍,是分布广、洁净、热流密度大、使用方便的新能源。

地热开发技术集中在地热发电、地热采暖、供热和供热水的技术。

8. 海洋能

海洋能是依附在海水中的可再生能源,包括潮汐能、潮流、海流、波浪、海水温差和海水盐差能。估计全世界海洋能的理论可再生量为 7.6×10^{13} W,相当于目前人类对电能的总需求量。

海洋能作为一种特殊的能源,它的能量主要来自潮汐、涌流和波涛的冲击力,温度差及海水中溶解的化学成分。在上述能源中,目前仅有潮汐能被大规模利用,即潮汐能发电技术,而波浪能发电、温差能发电和盐差能发电技术仍处于研发阶段。

9. 可燃冰

可燃冰是天然气的水合物。它在海底分布范围占海洋总面积的 10%,相当于 4000 万平方千米,它的储量够人类使用 1000 年。

9.2 能量的直接转换(Straight transformation of energy)

在工业生产和日常生活中,电能的使用极为普遍。除水力发电、风力发电外,其他电能的产生途径几乎都是通过热机产生机械能后再转换为电能,这不仅增加了能量转换工序,也降低了能源有效利用效率。

目前,有一类称为能量直接转换的特殊系统正日益受到重视,并已获得迅速发展。在这类系统中,光能、热能或化学能直接转换成电能。实验室试验已经证明,大多数直接转换法在技术上是可行的,有些也已经用于产生电能的特殊用途,如航天器上的电源。

对直接能源转换系统的分析,需要应用许多领域的知识,如不可逆过程热力学、电磁学、流体力学和固体物理等,全面分析已超出了本书的研究范围。因此,本节仅从热力学角度首先简要介绍不可逆过程热力学。

9.2.1 局域平衡假设(Hypothesis of local equilibrium)

经典热力学以研究平衡态和可逆过程为基本内容,不涉及过程的时间坐标和参数的空间分布,假设过程无限缓慢,且过程的每个状态为准平衡态。因此,经典热力学又称为"热静力学"。然而,一切实际过程都是偏离这种假定的,都以其不可逆性为共同特征。经典热力学对不可逆过程仅作了定性讨论,除了揭示这一事实以及指明过程的方向性外,未能对不可逆过程的研究提供更多的依据。

不可逆过程热力学,以研究非平衡态和不可逆过程为基本内容,注重过程的时间进程。因此,不可逆过程热力学,又称为"非平衡态热力学"或"热动力学"。

在前面的章节中,已经介绍了非平衡态热力学发展的两个阶段,即线性非平衡态热力学和非线性非平衡态热力学。线性非平衡热力学,以昂萨格理论(Onsager theory)为标志,在局部区域平衡假设下,使平衡态的理论、概念和方法得到应用,它所研究的非平衡态偏离平衡态不远,在数学上可由对平衡态进行泰勒展开后略去高阶项保留线性项而得到。非线性非平衡态热力学,以普里高津的耗散结构理论(Prigogine dissipation theory)为标志,它所研究的非平衡态远离平衡态,在数学上对平衡态进行泰勒展开后仅保留线性项已不够,还必须保留一些非线性高次项。非平衡态热力学理论的基本内容主要有:描述不可逆过程特点的熵平衡过程,表征不可逆过程的规律及相互影响的线性唯象定律和昂萨格倒易关系;建立在昂萨格理论基础上的热力学变分原理,分析过程特性(如耗散结构、混沌运动等)随时间进展的热动力分析等。这些内容都是经典热力学中没有涉及的。

线性非平衡态热力学已趋于成熟,而非线性非平衡态热力学还在逐步发展和完善中。因此,下面主要介绍线性非平衡态热力学的基本理论和方法,为今后进一步学习打下基础,同时也加深对以前各章内容的理解。

非平衡态热力学研究的对象是有限大的宏观非平衡系统。当系统处于非平衡态时,热力学量(如压强、温度、内能、熵等)是空间和时间的函数。为了能够应用经典热力学的基本概念、基本理论和方法研究非平衡态问题,引入了局部区域平衡假设,简称局域平衡假设。

设想将系统分为若干微观足够大而宏观很小的局部区域(简称局域)。微观上足够大,因此每个局域可视为一个热力学子系统,宏观上很小,因此在每个局域内,热力学参量的差异可以忽略。也就是说,这样的局部区域可视为一个热力学平衡子系统。

在局域中,热力学量具有确定的数值,称为局域量,如局域中的温度、熵称为局域温度、局域熵。整个系统的热力学参量称为系统量,如整个系统的内能、熵,称为系统内能、系统熵。对子内能、熵等广延量,系统量的数值等于各局域量的数值之和;对于温度、压强等强度量,因为局域是热力学平衡子系统,各局域量有确定的值,而强度量不具有可加性,所以系统量没有值。

上述局域平衡假设,与高等数学中曲线、曲面积分时取微元的思想是一致的。局域即可视为非平衡系统的"微元"。局域平衡假设构成非平衡态热力学理论的基础。

9.2.2　唯象定律(Phenomenological law)

非平衡态理论中的唯象定律是从宏观现象出发,由直接观察和实验而总结出的自然界一些普遍的、基本的规律。它建立在大量观察和实验的基础上,其正确性已为无数经验所证明,具有普遍意义,这种研究方法称为宏观方法。

它也可以从微观粒子的结构和运动出发,应用统计理论研究其输运过程,这种研究方法称为非平衡态统计理论,属于微观方法。

在非平衡态热力学中,一般采用宏观方法,研究在大量观察和实验的基础上得到的唯象定律,即研究唯象定律中"流"和"力"的普遍规律及它们之间的相互影响。

正如大家知道的,一切有限势差推动下的输运过程都是不可逆过程。例如有限温差下的热量输运、有限浓度差下的质量输运、有限电位差下的电荷输运,都是不可逆过程。传热学、传质学、电学等学科根据各自的实验,得到了相应的线性唯象定律,来描述相应的不可逆过程的规律。

对于热量输运,传热学中的傅里叶导热定律(Fourier's law of heat conduction)表明,热流密度与温度梯度成正比,即

$$J_Q = \frac{\dot{Q}}{A} = -K_Q \frac{\mathrm{d}T}{\mathrm{d}x} \tag{9-2-1}$$

式中:J_Q 为单位时间通过单位面积的热量,称为热流通量,或热流密度,单位为 $\mathrm{J/(s.m^2)}$ 或 $\mathrm{W/m^2}$;K_Q 为热传导系数,单位为 $\mathrm{J/(s.m.K)}$ 或 $\mathrm{W/(m.K)}$。

对于质量输运,传质学中菲克扩散定律(Fick's law)表明,质量流密度与浓度梯度成正比,即

$$J_m = \frac{\dot{m}}{A} = -K_m \frac{\mathrm{d}D}{\mathrm{d}x} \tag{9-2-2}$$

式中:J_m 为单位时间通过单位面积的质量,称为质量流通量,或质量流密度,单位为 $\mathrm{kg/(s.m^2)}$ 或 $\mathrm{kmol/(s.m^2)}$;K_m 为质量扩散系数,单位为 $\mathrm{m^2/s}$,D 为浓度,单位为 $\mathrm{kg/m^3}$ 或 $\mathrm{kmol/m^3}$。

对于电量输运,电学中欧姆定律(Ohm's law)表明,电流密度与电位梯度成正比,即

$$J_I = \frac{I}{A} = -K_I \frac{\mathrm{d}E}{\mathrm{d}x} \tag{9-2-3}$$

式中:J_I 为单位时间通过单位面积的电量,称为电流通量,单位为 $\mathrm{A/m^2}$(此处 A 为电流单位安培,1 安培 = 1 库仑/秒);K_I 为导电系数,单位为 $1/(\mathrm{m \cdot \Omega})$ [即 $1/$(米·欧姆)],即电导率;E 为电位,单位为 V(伏特)。

在式(9-2-1)、式(9-2-2)、式(9-2-3)中,$\mathrm{d}T/\mathrm{d}x$、$\mathrm{d}D/\mathrm{d}x$、$\mathrm{d}E/\mathrm{d}x$ 分别为温度梯度、浓度梯度和电位梯度,负号表示通量指向梯度增加的负方向,即梯度降低的方向。

比较上述三式,发现它们在形式上是类似的,可以写成统一的形式。

把单位时间通过单位面积所输运的参量(如热量、质量、电量等)统称为广义热力学流,又称为通量,用 J 表示,如 J_Q、J_m、J_I;把引起输运过程的原因(如温差、浓度差、电位差等)统称为广义热力学力,又称为动力,用 X 表示。以上几种输运过程的唯象定律可统一表述为:广义热力学流与广义热力学力成正比,即

$$J = LX \tag{9-2-4}$$

式中:L 为广义热力学流与广义热力学力的比例系数,称为唯象系数,在式(9-2-1)、式(9-2-2)、式(9-2-3)中,唯象系数 L 分别对应为 K_Q、K_m、K_I、广义热力学力 X 分别对应为 $-dT/dx$、$-dD/dx$、$-dE/dx$。

式(9-2-4)适用于描述单一不可逆过程的唯象定律。当两个或两个以上的不可逆过程同时发生时,它们将相互干扰而引起耦合现象,即交叉输运现象。例如,当热量输运与电量输运同时发生时,电位梯度将对热流通量有影响,称为珀尔贴效应(Peltier effect),温度梯度也将对电流通量有影响,称为塞贝克效应(Seebeck effect),这两个效应将在下节详细讨论。因此,热流通量可分成两部分,一部分与温度梯度有关。另一部分与电位梯度有关。同样,电流通量也可分成两部分,一部分与电位梯度有关,另一部分与温度梯度有关。实验表明,耦合现象可在相应的唯象定律中,增加一个线性相关项来表示。例如,在傅里叶定律中,增加与电位梯度线性相关的一项来表示其珀尔贴效应,在欧姆定律中,增加与温度梯度线性相关的一项未表示其塞贝克效应,即

$$J_Q = -K_Q \frac{dT}{dx} - L_P \frac{dE}{dx}$$

$$J_I = -K_I \frac{dE}{dx} - L_S \frac{dT}{dx}$$

式中:L_P 为珀尔贴系数(Peltier coefficient);L_S 为塞贝克系数(Seebeck coefficient)。

归纳上面所举例子,当几个不可逆过程同时发生时,存在它们相互干扰产生的耦合现象;在相应的唯象定律中用增加线性相关项来表示。若有几种不可逆过程同时发生时,线性唯象定律可写成以下形式:

$$J_i = \sum_{j=1}^{n} L_{ij} X_j, i = 1, 2, \cdots, n \tag{9-2-5}$$

式中:J_i 为第 i 种广义热力学流,如热流通量、质量流通量、电流通量等;X_j 为第 j 种广义热力学力,如温度梯度、浓度梯度、电位梯度等;L_{ij} 为广义热力学流与力的比例系数,称为唯象系数。上式表明,当几个不可逆过程同时发生时,其中每一种广义热力学流都与各种广义热力学力成线性关系。当 $j = i$ 时,$X_j(j=i)$ 称为主驱动力,L_{ii} 称为主唯象系数,也就是单一不可逆过程发生时的唯象系数;当 $j \neq i$ 时,$X_j(j \neq i)$ 称为耦合驱动力,$L_{ij}(j \neq i)$ 称为耦合唯象系数。

以上这些唯象定律分别建立在各自实验的基础上,可以看成是实验事实的综合,广义热力学流和力都是单独选用的。式(9-2-5)只是唯象定律的一个统一表达形式,它并未说明各不可逆过程之间相互干扰的内在联系,也未说明广义热力学流和力选择的共同依据。因此,仅有唯象定律来描述不可逆过程是不够的,进一步深入研究需用到表征过程不可逆程度的熵产。

9.2.3 不可逆过程的熵产率(Entropy production rate of irreversible process)

在热力学第二定律的讨论中,引入熵参数后,过程的不可逆性即可用系统内部参数的变化来表示。系统总的熵变量分为熵流 dS_f 和熵产 $d\sigma$ 两部分,即

$$dS = dS_f + d\sigma$$

其中,熵流是指系统与外界进行热量交换时引起的熵变量:

$$dS_f = \delta Q/T$$

系统吸热时 δQ 为正,放热时为负,因此熵流可正可负。

熵产是指系统的不可逆因素引起的熵变量,反映过程的不可逆程度,$d\sigma = 0$ 时为可逆过程,$d\sigma = 0$ 时为不可逆过程。因此,只要有不可逆因素存在,熵产总是大于零的。

当把外界和系统一起组成孤立系统时,由熵增原理,孤立系统的熵只能增加或不变,而不能减少,此时孤立系统内过程总的熵变就等于熵产,只与不可逆因素有关。

关于不可逆过程,经典热力学就告诉我们这么多。由于经典热力学建立在无限缓慢进行的准平衡过程假设的基础上,所以它并不涉及熵产的增加速率。

根据经典热力学中熵的定义,熵的数值是与平衡态分不开的。那么在非平衡态时熵是否有确定的数值? 在局域平衡假设下,局域熵有它确定的数值,而熵又是广延量,具有可加性,因此在局域平衡假设下,非平衡态时系统熵也有确定的值。这就为不可逆过程热力学中熵产的讨论铺平了道路。

在不可逆过程热力学中,要考虑过程随时间的进展。因此,研究不可逆过程时要考虑熵产的增加速率。单位时间间隔 $d\tau$ 内系统单位体积的 dV 熵产,称为熵产率,用 θ 表示,单位为 $J/(s \cdot K \cdot m^3)$ 或 $W/(K \cdot m^3)$,则有

$$\theta = \frac{d\sigma}{d\tau \cdot dV}$$

例 9-2-1 一根横截面为 A 的固体棒,两端分别与温度为 T_1 和 T_2 的热源相连,棒的侧面被绝热,求棒中由于热传导引起的熵产率。

解 由傅里叶定律式(9-2-1),棒中的热流通量为

$$J_Q = \frac{\dot{Q}}{A} = -K_Q \frac{dT}{dx}$$

则棒中熵产通量为

$$J_s = \frac{\sigma}{A} = \frac{\dot{Q}}{T \cdot A} = \frac{J_Q}{T}$$

单位时间在长度单元 dx 内的熵产为

$$\sigma = \frac{d\sigma}{d\tau} = A(J_{S,x+dx} - J_{S,x}) = AJ_Q[(1/T)_{x+dx} - (1/T)_x] = AJ_Q\frac{d(1/T)}{dx}dx$$

由于 $dV = Adx$，则该棒中由于热传导引起的熵产率为

$$\theta = \frac{d\sigma}{d\tau \cdot dV} = J_Q\frac{d(1/T)}{dx} = -J_Q\frac{1}{T^2}\frac{dT}{dx}$$

例 9-2-2 一横截面为 A 的导体，两端的电位分别为 E_1、E_2，设传给环境的热量等于消耗的电能，求导体中由于电传导引起的熵产率。

解 由欧姆定律式(9-2-3)，导体中的电流通量为

$$J_1 = \frac{I}{A} = -K_1\frac{dE}{dx}$$

在任一截面，消耗的电能等于传给环境的热量，即

$$\delta Q = -I\frac{dE}{dx}dx$$

则单位时间在长度单元 dx 内的熵产为

$$\sigma = \frac{d\sigma}{d\tau} = \frac{\delta Q}{T} = -\frac{I}{T}\frac{dE}{dx}dx$$

由于 $dV = Adx$，则导体中由于电传导引起的熵产率为

$$\theta = \frac{d\sigma}{d\tau \cdot dV} = -\frac{I}{TAdx}\frac{dE}{dx}dx = -J_1\frac{1}{T}\frac{dE}{dx}$$

在一般情况下，局域熵产率可由局域熵变的计算而得到。在局域平衡假设下，基本关系式

$$Tds = dU + pdV - \sum\mu_i dm_i$$

仍然适用于局域熵变的计算。

9.2.4 广义热力学流与广义力的选择(Choice of generalized thermodynamics flux and force)

昂萨格研究了几种不可逆过程后得出结论，认为广义热力学流与广义力的选择应满足以下条件：

$$T\theta = \sum J_i X_i \tag{9-2-6}$$

上式即为昂萨格理论中广义热力学流和广义力选择的并同依据，又称力熵产率共同法则。

上式表明，不可逆过程中的广义热力学流 J_i 与广义热力学力 X_i 的乘积之和，等于温度 T 与熵产率 θ 的乘积。广义热力学流与广义力的乘积为功率，$T\theta$ 为不可逆因素的耗能率。因此，式(9-2-6)具有明确的物理意义：不可逆过程中的功率全部用来克服不可逆因素的耗能，这是符合热力学第一定律的。

下面以热量输运过程和电量输运过程为例,说明按照熵产率共同法则式(9-2-6),如何去选择广义力学流和广义力。

对于例9-2-1讨论的热量输运过程,熵产率为

$$\theta = -J_Q \frac{1}{T^2} \frac{dT}{dx}$$

将上式整理成式(9-2-6)的形式,得

$$T\theta = -J_Q \frac{1}{T} \frac{dT}{dx} \tag{9-2-7}$$

按照熵产率共同法则,由式(9-2-7),选择J_Q为广义热力学流,则广义热力学力为$-\frac{1}{T}\frac{dT}{dx}$代入唯象定律式(9-2-4),得

$$J_Q = L_1 \left(-\frac{1}{T} \frac{dT}{dx} \right) \tag{9-2-8}$$

或者,由式(9-2-7),选择J_Q/T为广义热力学流,则广义热力学力为$-\frac{dT}{dx}$,代入唯象定律式(9-2-4)

$$\frac{J_Q}{T} = L_2 \left(-\frac{dT}{dx} \right) \tag{9-2-9}$$

由此可见,按照熵产率共同法则,对同一不可逆过程而言,广义热力学流和广义力的选择并不是唯一确定的,但它们必须满足式(9-2-6),所得到的唯象定律也并无本质的区别。如式(9-2-9)等号两边同乘T,令$L_1 = L_2 T$,即转换为式(9-2-8)。

式(9-2-8)与傅里叶定律式(9-2-1)相比,唯象系数L_1与K_Q之间存在以下关系

$$L_1 = K_Q T \tag{9-2-10}$$

按照熵产率共同法则确定的广义热力学流和广义力与傅里叶定律式(9-2-1)中的广义热力学流和广义力不完全相同。傅里叶定律中的广义热力学流J_Q和广义力$-\frac{dT}{dx}$的乘积不满足熵产率共同法则式(9-2-6)。

对于例9-2-2讨论的电量输运过程,熵产率为

$$\theta = -J_I \frac{1}{T} \frac{dE}{dx}$$

将上式整理成式(9-2-6)的形式,得

$$T\theta = -J_I \frac{dE}{dx}$$

按照熵产率共同法则,由上式,广义热力学流为J_I,广义热力学力为$-\frac{dT}{dx}$,

代入唯象定律式(9-2-4),得

$$J = L\left(-\frac{\mathrm{d}E}{\mathrm{d}x}\right)$$

与欧姆定律式(9-2-3)相比,广义热力学流和广义力完全一样,唯象系数 L 与 K_I 之间存在以下关系:

$$L = K_I \tag{9-2-11}$$

由以上讨论,可以得到两点结论:

(1) 在各自实验基础上得到的唯象定律,其广义热力学流和广义力是单独选取的,不一定满足熵产率共同法则,如傅里叶定律中的流和力就不满足。

(2) 按照熵产率共同法则,广义热力学流和广义力的选择不是唯一确定的,但必须满足式(9-2-6)。

9.2.5　昂萨格倒易关系(Onsager reciprocal relations)

昂萨格理论指出,按照熵产率共同法则选择广义热力学流和广义力后,唯象定律式(9-2-5)中的耦合唯象系数之间存在以下关系:

$$L_{ij} = L_{ji} \tag{9-2-12}$$

上式称为昂萨格倒易关系。它揭示了这样一个事实:当几种不可逆过程同时发生时,第 i 种广义热力学力对第 j 种广义热力学流的作用,等于第 j 种广义热力学力对第 i 种广义热力学流的反作用。例如,当热传导和电传导同时存在时,温差对电传导的影响,等于电位差对热传导的影响。

昂萨格倒易关系,对于唯象系数的确定极为有用。如前所言,唯象定律是建立在大量观察和实验的基础上,原则上一个唯象系数应由一种性质的实验来确定。昂萨格倒易关系则说明,如果唯象定律中的广义热力学流和广义力是按熵产率共同法则来选定的,则有 $L_{ij} = L_{ji}(i \neq j)$,这将减少未知耦合唯象系数的个数,从而减少了实验数目。

例如,当两种不可逆过程同时存在时,由式(9-2-5),有

$$J_1 = L_{11}X_1 + L_{12}X_2$$
$$J_2 = L_{21}X_1 + L_{22}X_2$$

上式中共有四个待定唯象系数,原则上需进行四种不同性质的实验。但如果广义热力学流和广义力按熵产率共同法则选定,由昂萨格倒易关系有 $L_{12} = L_{21}$,这样只需进行三种实验即可。由此可见,昂萨格理论不能代替实验,只是减少了与耦合唯象系数有关的实验数目。

熵产率共同法则式(9-2-6)和倒易关系式(9-2-12),是昂萨格理论的两个基本要素。必须注意,如果广义热力学流和广义力不是按熵产率共同法则确定的,那么耦合唯象系数之间就不满足倒易关系。由此看来,昂萨格理论根据热力

学第二定律,利用熵产率概念统一了各种不可逆过程中广义热力学流和广义力的选择依据,从而建立了相互干扰现象之间的内在联系。因此,昂萨格理论并不是独立于热力学第二定律之外,而是热力学第二定律的补充。昂萨格理论的证明,要用到微观方法中的统计理论,由于它得到大量实验的证明,所以在这里不妨把它作为一个公理来接受。

综上所述,线性非平衡态热力学理论分析问题的一般方法可简要归结为:在局域平衡假设下,首先计算不可逆过程的熵产率,其次按熵产率共同法则式(9-2-6)选定广义热力学流和广义力,从而得到唯象定律式(9-2-5),然后应用昂萨格倒易关系(9-2-12)和实验确定唯象系数,进而可深入研究不可逆过程的性质。

9.3　热电现象(Thermoelectricity phenomenon)

热电现象是不可逆过程热力学中的一个典型例子,它是由于热传导和电传导相互影响而产生的。实验发现热电现象有三种,即塞贝克效应、珀尔贴效应和汤姆逊效应(Thomson effect)。这三种热电现象已在温差电池、测温热电偶和半导体制冷中获得应用。在这三种热电现象发生的同时,还伴随着热传导和焦耳热效应这两种不可逆过程。因此,对它们进行深入研究,需用到前一节所讲的不可逆过程热力学理论。下面从描述热传导、电传导及其相互影响现象的唯象定律出发,先讨论唯象系数的确定,然后分别介绍三种热电现象及相互关系。

9.3.1　唯象系数的确定(Calculation of phenomenological coefficients)

对于同时发生的热传导和电传导过程,由上一节的讨论结果,按照熵产率共同法则,热传导过程的广义热力学流和广义力选定为 J_Q 和 $-\dfrac{1}{T}\dfrac{\mathrm{d}T}{\mathrm{d}x}$,电传导过程的广义热力学流和广义力选定为 J_I 和 $-\dfrac{\mathrm{d}E}{\mathrm{d}x}$,代入唯象定律式(9-2-5)中,得

$$J_Q = L_{11}\left(-\frac{1}{T}\frac{\mathrm{d}T}{\mathrm{d}x}\right) + L_{12}\left(-\frac{\mathrm{d}E}{\mathrm{d}x}\right) \qquad (9\text{-}3\text{-}1)$$

$$J_I = L_{21}\left(-\frac{1}{T}\frac{\mathrm{d}T}{\mathrm{d}x}\right) = L_{22}\left(-\frac{\mathrm{d}E}{\mathrm{d}x}\right) \qquad (9\text{-}3\text{-}2)$$

式中:L_{11},L_{22} 分别为热传导和电传导过程的主唯象系数。由上一节的分析结论,可知

$$L_{11} = K_Q \cdot T, \quad L_{22} = K_I$$

由昂萨格倒易关系,$L_{12} = L_{21}$,这样在式(9-3-1)、式(9-3-2)中,还有一个待定

的耦合唯象系数。

当导体中不存在电流时，$I=0$，$J_I=I/A=0$，由式（9-3-2），有

$$\left(\frac{\mathrm{d}E/\mathrm{d}x}{\mathrm{d}T/\mathrm{d}x}\right)_{I=0} = \left(\frac{\mathrm{d}E}{\mathrm{d}T}\right)^{I=0} = -\frac{L_{21}}{TL_{22}}$$

令

$$\alpha = \left(\frac{\mathrm{d}E}{\mathrm{d}T}\right)_{I=0} = -\frac{L_{21}}{TL_{22}} \tag{9-3-3}$$

α 表示每单位温差在导体中所产生的电位差，这是一个可在实验中测定的量。因此，耦合唯象系数 L_{12} 和 L_{21} 为

$$L_{12} = L_{21} = -\alpha TL_{22} = -\alpha TK_I$$

至此，四个唯象系数都已确定，代入式（9-3-1）、式（9-3-2）中，得

$$J_Q = -K_Q\frac{\mathrm{d}T}{\mathrm{d}x} + \alpha TK_I\frac{\mathrm{d}E}{\mathrm{d}x} \tag{9-3-4}$$

$$J_I = \alpha K_I\frac{\mathrm{d}T}{\mathrm{d}x} - K_I\frac{\mathrm{d}E}{\mathrm{d}x} \tag{9-3-5}$$

9.3.2 塞贝克效应（Seebeck effect）

将两种不同材料的导体 A、B 组成闭合回路，如果导体两端温度不同，则回路中将有电动势出现，这种现象称为**塞贝克效应**。由于温差产生的电动势，称为温差电动势。两端温差为 $\mathrm{d}T$ 时，它所产生的温差电动势 $\mathrm{d}E_{AB}$ 与温差成正比，即

$$\mathrm{d}E_{AB} = \alpha_{AB}\mathrm{d}T$$

式中，比例系数 α_{AB} 称为这两种导体材料组合的塞贝克系数，单位为 $\mu\mathrm{V}/℃$ 或 $\mu\mathrm{V}/\mathrm{K}$。

每一种导体材料都有自己的塞贝克系数，它与导体材料的种类有关，是温度的函数。A、B 两种导体材料组合的塞贝克系数 α_{AB} 等于这两种导体各自的塞贝克系数之差，即

$$\alpha_{AB} = \alpha_A - \alpha_B \tag{9-3-6}$$

事实上由式（9-3-3）定义的 α，即为导体的塞贝克系数

$$\alpha = \left(\frac{\mathrm{d}E}{\mathrm{d}T}\right)_{I=0}$$

回顾一下前面确定唯象系数时的讨论，上式是由唯象定律式（9-3-2）在 $J_I=0$ 时得到的。因此，塞贝克系数 α 具有明确的物理意义，它表示电流为零时，每度温差所产生的温差电动势。

根据不可逆过程热力学理论，塞贝克效应反映了温差对电传导过程的影响，而由昂萨格倒易关系，电位差也影响热传导过程，这就是下面将要讨论的珀尔帖效应。

9.3.3　珀尔帖效应(Peltier effect)

由两种不同材料的导体 A、B 组成回路,导体中不存在温差,当电流通过回路时,将在导体一端吸收热量,在另一端放出热量;如果将电流方向反转,原来吸热的一端变为放热,原来的放热的一端变为吸热,这种现象称为**珀尔帖效应**。由于电位差所产生的热流通量,称为珀尔帖热。如果电流通量为 J_I,产生的珀尔帖热流通量用 $J_{Q,\pi}$ 表示,它与电流通量 J_I 成正比,即

$$J_{Q,\pi} = \pi_{AB} J_I$$

式中:比例系数 π_{AB} 为这两种导体材料组合的珀尔帖系数,单位为 μV。

每一种导体材料都有各自的珀尔帖系数,两种导体材料组合的珀尔帖系数,等于这两种导体各自的珀尔帖系数之差,即

$$\pi_{AB} = \pi_A - \pi_B \tag{9-3-7}$$

下面应用不可逆过程热力学理论进行分析。当导体中不存在温差时,$dT/dx = 0$,由唯象定律式(9-3-4)、式(9-3-5),有

$$J_Q = \alpha T K_I \frac{dE}{dx}$$

$$J_I = -K_I \frac{dE}{dx}$$

联立上述二式消去 dE/dx,得

$$J_Q = -\alpha T J_I \tag{9-3-8}$$

令

$$\pi = \left(\frac{J_Q}{J_I} \right)_{\delta T = 0} \tag{9-3-9}$$

则有 $J_Q = \pi J_I$。式(9-3-8)表明,当不存在温差时,$dT = 0$,由于有电流,从而产生了珀尔帖热。式(9-3-9)给出了珀尔帖系数 π 的物理定义,它表示温度梯度为零时,每单位电流通量产生的热流通量。

9.3.4　汤姆逊效应(Thomson effect)

将两种不同材料的导体 A、B 组成回路,当导体两端存在温度梯度时,将有热流通量流过。现将电流通过该导体回路,并保持导体中各处温度与通电之前相同。实验发现,导体除产生焦耳热 $I^2 R$ 以外,还放出一种附加热量,这种现象称为汤姆逊效应,这种附加的热量称为汤姆逊热。如果导体中温度梯度为 dT/dx,电流通量为 J_I,单位体积的导体在单位时间内放出的汤姆逊热用 $Q_{d\tau,dv}$ 表示,它与温度梯度、电流通量成正比,即

$$Q_{d\tau,dv} = \tau_{AB} J_I \frac{dT}{dx} \tag{9-3-10}$$

式中:比例系数 τ_{AB} 为这两种导体材料组合的汤姆逊系数,单位为 $\mu V/K$。

每一种材料的导体,都有各自的汤姆逊系数,两种导体材料组合的汤姆逊系数,等于这两种导体各自的汤姆逊系数之差,即

$$\tau_{AB} = \tau_A - \tau_B \qquad (9-3-11)$$

下面应用不可逆过程热力学理论来进行分析。当导体中同时存在热传导和电传导时,通过导体的总能量通量 J_Σ 为热流通量与电能通量 EJ_I 之和,即

$$J_\Sigma = J_Q + EJ_I$$

同时存在热传导和电传导时,唯象定律由式(9-3-4)和式(9-3-5)给出,将式(9-3-4)代入上式,得

$$J_\Sigma = -K_Q \frac{dT}{dx} + \alpha T K_I \frac{dE}{dx} + EJ_I$$

其中

$$K_I \frac{dE}{dx} = \alpha K_I \frac{dT}{dx} - J_I$$

$$J_\Sigma = -K_Q \frac{dT}{dx} + \alpha^2 T K_I \frac{dE}{dx} - \alpha T J_I + EJ_I$$

单元长度 dx 内导体总能量通量的变化,等于导体向环境的散热 J_{QR},即

$$J_{Q,R} = J_{\Sigma, x+dx} - J_{\Sigma, x} = \frac{dJ_\Sigma}{dx} dx$$

$$\frac{J_{Q,R}}{dx} = \frac{d}{dx} \left(-K_Q \frac{dT}{dx} + \alpha^2 T K_I \frac{dT}{dx} - \alpha T J_I + EJ_I \right)$$

上式对 x 求导数时,K_Q, K_I, J_I 可当作常数。J_Q 为常数时,温度沿导体为线性分布,通电前后温度分布不变,因此有 $d^2 T/dx^2 = 0$。上式求导时略去二次以上非线性高次项,得

$$\frac{J_{Q,R}}{dx} = -J_I T \frac{dT}{dx} - J_I \left(\alpha \frac{dT}{dx} - \frac{dE}{dx} \right)$$

又

$$\alpha \frac{dT}{dx} - \frac{dE}{dx} = \frac{J_I}{K_I}$$

代入上式括号中,得

$$\frac{J_{Q,R}}{dx} = -J_I T \frac{d\alpha}{dx} - \frac{J_I^2}{K_I}$$

式中:J_I^2/K_I 为焦耳热;$J_{Q,R}/dx$ 为单位体积的导体在单位时间内向环境的散热。由此可见,同时存在热传导和电传导时。导体向环境的散热除焦耳热外,还有一个附加的散热,这个附加的散热即为汤姆逊热,用 $Q_{dr,dv}$ 表示,则有

$$Q_{\mathrm{d}\tau,\mathrm{d}v} = J_I T \frac{\mathrm{d}\alpha}{\mathrm{d}x} = J_I T \frac{\mathrm{d}\alpha}{\mathrm{d}T} \frac{\mathrm{d}T}{\mathrm{d}x} = \tau J_1 \frac{\mathrm{d}T}{\mathrm{d}x}$$

则
$$\tau = T \frac{\mathrm{d}\alpha}{\mathrm{d}T} \tag{9-3-12}$$

式中:τ 为导体的汤姆逊系数。

9.3.5 开尔文方程(Kelvin equation)

塞贝克系数、珀尔帖系数、汤姆逊系数并不是独立的。由式(9-3-8)和式(9-3-9),有

$$\pi = -\alpha T \tag{9-3-13}$$

由上式和式(9-3-12)可知,在三种热电效应系数中,只要已知其中一个系数,即可求出另外两个系数。

理论上每种导体材料都有各自的热电效应系数,但在实验中,只有两种导体材料组合的热电效应系数才能测量。为了与实验比较,将热电效应的两个基本公式(9-3-12)和(9-3-13)用于 A、B 两种导体材料的组合。

将式(9-3-13)分别应用于导体材料 A 和 B,有

$$\pi_A = -\alpha_A T, \pi_B = -\alpha_B T$$

由式(9-3-13),有

$$\pi_{AB} = \pi_A - \pi_B = -(\alpha_A - \alpha_B)T$$

将式(9-3-7)和 $\mathrm{d}E_{AB} = \alpha_{AB}\mathrm{d}T$ 代入上式,得

$$\frac{\pi_{AB}}{T} = \frac{\mathrm{d}E_{AB}}{\mathrm{d}T} \tag{9-3-14}$$

上式称为开尔文第一方程。

将式(9-3-12)分别应用导体材料 A 和 B,有

$$\tau_A = T \frac{\mathrm{d}\alpha_A}{\mathrm{d}T}, \tau_B = T \frac{\mathrm{d}\alpha_B}{\mathrm{d}T}$$

由式(9-3-11),有

$$\tau_{AB} = \tau_A - \tau_B = T \frac{\mathrm{d}(\alpha_A - \alpha_B)}{\mathrm{d}T}$$

将式(9-3-6)和 $\mathrm{d}E_{AB} = \alpha_{AB}\mathrm{d}T$ 代入上式,得

$$\frac{\tau_{AB}}{T} = \frac{\tau_A - \tau_B}{T} = \frac{\mathrm{d}^2 E_{AB}}{\mathrm{d}T^2} \tag{9-3-15}$$

上式称为开文尔第二方程。

9.4 温差发电 (Electricity generation by temperature difference)

由上节关于热电现象的研究可知,因为存在塞贝克效应,所以当两种不同的导体材料连接在一起,且存在温差时,即可产生电动势。如果接上一个外加电路即可输出电能,这样的装置称为温差电池。

由塞贝克系数的定义,温差产生的电动势与塞贝克系数成正比,即

$$\Delta E = \alpha \cdot \Delta T \tag{9-4-1}$$

显然,材料的塞贝克系数越大,越有利于温差发电。金属材料的塞贝克系数通常很小,每度温差大约只能产生几个 μV 的电动势,而半导体材料的塞贝克系数很大,每度温差能产生几百个 μV 的电动势,可有较大的电压输出。因此,温差电池常采用半导体材料。

与其他发电装置一样,温差电池的两个重要性能是热效率和功率输出。在分析温度电池性能时,除了应考虑上节讨论过的三种热电效应外,还应考虑传导热和焦耳热。

9.4.1 传导热和焦耳热 (Conduction heat and Joule heat)

温差电池的基本组成如图 9-4-1 所示,P、N 两种半导体材料的两端用铜线相连或与外部电路相连,在一端加热造成温差。采用铜是由于它具有高的热传导率和低的塞贝克系数及珀尔帖系数,因此,P、N 端部连接处既便于实现大量的热量加入,又能使连接处温差很小。

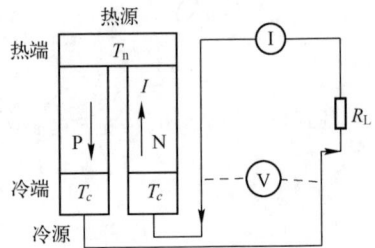

图 9-4-1 温差电池的组成

单位时间内温差电池的传导热为 P、N 两臂间的传导热之和,即

$$\dot{Q} = \dot{Q}_P + \dot{Q}_N$$

由傅里叶定律式 (9-2-1),有

$$J_Q = \frac{\dot{Q}}{A} = -K_Q \frac{\mathrm{d}T}{\mathrm{d}x}$$

在温差电池通常的温度范围内,热传导系数 K_Q 可取平均值,则臂 P、N 的传导热分别为

$$\dot{Q}_A = \left(\frac{K_Q A}{l}\right)_P (T_n - T_c)$$

$$\dot{Q}_B = \left(\frac{K_Q A}{l}\right)_N (T_n - T_c)$$

式中:A 为臂的横截面积;l 为臂的长度;T_n 为热端温度;T_c 为冷端温度。

对于整个温差电池,有

$$\dot{Q} = \dot{Q}_P + \dot{Q}_N = K \cdot (T_n - T_c)$$

式中

$$K = \left(\frac{K_Q A}{l}\right)_P + \left(\frac{K_Q A}{l}\right)_N \tag{9-4-2}$$

式中:K 为温差电池的热传导系数。为减小传导热,应减小热传导系数,即应减小温差电池臂的横截面积 A,而尽可能增大臂长 l。

同理,假定温差电池材料的电阻率不变,则温差电池的焦耳热损失为 P、N 两个臂焦耳热损失之和,即

$$I^2 R_t = I^2 \left[\left(\frac{\rho_R l}{A}\right)_P + \left(\frac{\rho_R l}{A}\right)_N \right] \tag{9-4-3}$$

式中:ρ_R 为村料的电阻率,单位为 Ω/m;R_t 为温差电池的内电阻,即

$$R_t = \left(\frac{\rho_R l}{A}\right)_P + \left(\frac{\rho_R l}{A}\right)_N \tag{9-4-4}$$

由式(9-4-2)、式(9-4-3)可见,温差电池的几何形状对传导热和焦耳热都有直接影响。

温差电池的输出功率为

$$P = I\Delta V \tag{9-4-5}$$

式中:ΔV 为温差电池的输出电压。式(9-4-1)给出了没有电流情况下的温差电动势,即

$$\Delta E = \alpha(T_n - T_c)$$

温差电池内部电压损失为 IR_t,内部电阻 R_t 由式(9-4-4)计算,则输出电压为

$$\Delta V = \Delta E - IR_t = \alpha(T_n - T_c) - IR_t$$

代入式(9-4-5)中,得输出功率

$$P = I\alpha(T_n - T_c) - I^2 R_t \tag{9-4-6}$$

由上式可见,在温差不变时,通过改变外部电阻加以改变电流,可实现输出功率的调节。将式(9-4-6)对 I 微分并令其为零,得到最大功率下的电流 IP_{max} 及最大功率 P_{max} 分别为

$$I_{P,\max} = \frac{\alpha(T_n - T_c)}{2R_t}, \quad P_{\max} = \frac{\alpha^2(T_n - T_c)^2}{4R_t} \tag{9-4-7}$$

9.4.2　热力学第一定律效率（The efficiency by the first law of thermodynamics）

由效率定义式,温差电池的热力学第一定律效率为

$$\eta = \frac{P}{\dot{Q}_1}$$

温差电池的输出功率由式(9-4-6)求得。供给温差电池的热量$\dot{Q}_1$由热连接端的能量平衡求得,即

$$\dot{Q}_1 = \dot{Q} - \pi I - \frac{1}{2}I^2 R_t \qquad (9-4-8)$$

式中:πI为从热连接端传走的珀尔贴热,由式(9-3-13)有 $\pi = -aT$。焦耳热$I^2 R_t$的一半从热连接端传出,另一半从冷连接端传出。传导热$\dot{Q}$由式(9-4-2)计算,则温差电池的热效率为

$$\eta = \frac{I\alpha(T_n - T_c) - I^2 R_t}{I\alpha T_n + K(T_n - T_c) - \frac{1}{2}I^2 R_t} \qquad (9-4-9)$$

当热传导系数和电阻率为零时,有 $K = 0, R_t = 0$。则

$$\eta = \frac{(T_n - T_c)}{T_n} = 1 - \frac{T_c}{T_n}$$

这就是我们非常熟悉的卡诺循环热效率,温差电池的热效率只有在材料的K和R_t为最小值时才能接近卡诺循环的热效率,这一目标的实现需要采用超导材料。

将式(9-4-9)对电流I微分并令其为零,得到最大热效率时的电流,将该电流值代入式(9-4-9)中,得到温差电池的最大热效率为

$$\eta_{\max} = \frac{(T_n - T_c)}{T_n}\left[\frac{\left(1 + Z\dfrac{T_n + T_c}{2}\right)^{\frac{1}{2}} - 1}{1 + Z\left(\dfrac{T_n + T_c}{2}\right)^{\frac{1}{2}} + \dfrac{T_c}{T_n}}\right] \qquad (9-4-10)$$

式中:$Z = \alpha^2/(KR_t)$为温差电池的性能因素。

例 9-4-1　已知某温差电池的有关数据如下:每个臂长 $l = 4\text{cm}$,热传导系数为 $K_Q = 0.02\text{W}/(\text{cm}\cdot\text{℃})$,臂 P 的横截面积为 $A_P = 2\text{cm}^2$,电阻率为 $\rho_{R_P} = 0.001\Omega\cdot\text{Cm}$,塞贝克系数为 $a_P = 180\mu\text{V}/\text{℃}$,臂 B 的横截面积为 $A_N = 1\text{cm}^2$,电阻率为 $\rho_{R_B} = 0.0008\Omega\cdot\text{Cm}$,塞贝克系数为 $a_N = -180\mu\text{V}/\text{℃}$,热端温度为 $T_n = 675\text{K}$,冷端温度为 $T_c = 325\text{K}$。求该温差电池的最大输出功率 $P_{\max}$ 和最大热效率 $\eta_{\max}$。

314

解 （1）最大输出功率 P_{max} 温差电池的内阻 R_t 由式（9-4-4）计算：

$$R_t = \left(\frac{\rho_R l}{A}\right)_P + \left(\frac{\rho_R l}{A}\right)_N = \frac{0.001 \times 4}{2} + \frac{0.0008 \times 4}{1} = 0.0052\,\Omega$$

温差电池的塞贝克系数为 $\alpha_{PN} = \alpha_P - \alpha_N = 360\,\mu\text{V/K}$，求得最大输出功为

$$P_{max} = \frac{\alpha_{AB}^2(T_n - T_c)^2}{4R_t} = \frac{(3.6 \times 10^{-4})^2 \times (675 - 325)^2}{4 \times 0.0052} = 0.763\,\text{W}$$

（2）最大热效率 η_{max}。由式（9-4-2）求得温差电池的热传导系数为

$$K = \left(\frac{K_Q A}{l}\right)_P + \left(\frac{K_Q A}{l}\right)_N = \frac{0.02 \times 2}{4} + \frac{0.02 \times 1}{4} = 0.015\,\text{W/(m·K)}$$

温差电池的性能因素：

$$Z = \frac{\alpha_{PN}^2}{KR_t} = \frac{(3.6 \times 10^{-4})^2}{0.0015 \times 0.034} = 0.00166/\text{K}$$

$$\frac{T_n + T_c}{2} = \frac{576 + 325}{2} = 500\text{K}$$

由式（9-4-10）求得温差电池的最大热效率：

$$\eta_{max} = \frac{675 - 325}{675}\left[\frac{(1 + 0.00166 \times 500)^{\frac{1}{2}} - 1}{1 + 0.00166 \times (500)^{\frac{1}{2}} + \frac{325}{675}}\right] = 12.04\%$$

作为对比，工作在 $T_1 = 675\text{K}$、$T_2 = 325\text{K}$ 温度范围内的卡诺循环热效率为

$$\eta_c = 1 - \frac{T_c}{T_n} = 1 - \frac{325}{675} = 51.85\%$$

由此可见，温差电池的热效率远小于相同温度范围的卡诺循环效率。实际温差电池的热效率通常都低于8%，原因主要有两点：一是材料的热电性能实际上随温度变化显著，在较高温度下其性能因素急剧减小，而在上面分析中为简单起见假定热电性能为常数；二是在连接处以及温差电池臂的侧面都存在一定的热损失，在分析中都被忽略了。正因为温差电池的热效率很低，不能用于大量生产发电，所以仅用在耗电较小的特殊用途上，例如用于空间站、宇宙飞船、空间探测器等航天器的电源。

根据式（9-4-1），某一热电装置产生的电压与温差成正比。因此，当没有电流通过时，电压的大小即指示出温度差的大小，这种热电装置就是常用于温度测量的热电偶。

当将一个比赛贝克电压高得多的电压加在热电装置上时，热量将会从冷端快速传向热端，使热端被加热而温度升高，冷端被冷却而温度降低，使温差增大以满足式（9-4-1）。这种现象可用于制冷。实际上这是温差发电的逆过程，又称为半导体制冷。与前面介绍的制冷装置相比，这种半导体热电制冷机不需要压气机等运动部件，不需要工质的循环，因而具有广阔的应用前景。目前的问题

是制冷量较小,需要开发和研究新型半导体材料,使半导体热电制冷机的制冷量达到目前制冷装置的水平。另一方面,该热电元件在原则上既可用于加热也可用于制冷,因此将是未来新型的空调设备。

9.5　磁流体动力发电(Electricity generation by fer-rofluid)

当将实心的导体通过磁场时,导体中即感应产生电荷。如果把该导体与外部电路连接起来则有电能输出。同理,当离子化的气体通过磁场时,离子化气体中的某些电子即转向两根电极中的一根,如图9-5-1所示。虽然正离子与电子所受到的磁力相同,但由于正离子的质量为电子质量的数千倍,所以正离子并未明显偏离直的路线,如果将两根电极与外部电路相连接,则也会有电能输出。不同的是,这一电能是来自离子化气体的焓,而不是来自将导体移过磁场时所需要的输入功。这种利用带电离子流体穿过磁场而发电的装置称为磁流体动力发电机。

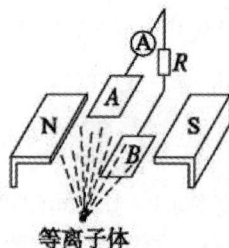

图9-5-1　离子化气体中电荷的分离

9.5.1　发电机输出电压(Output of generator)

当离子化气体通过磁流体动力发电机时,其速度一般变化不大。假设气体速度不变,且磁感应强度处处相同,由法拉第电磁感应定律(Faraday law of electromagnetic induction)得到磁场感生的电动势为

$$\Delta E = h \cdot V \times B$$

上式等号右边"·"表示标量积,即点乘;"×"表示矢量积,即叉乘。h 为流体通道的平均高度,V 为气体速度,B 为磁感应强度,单位为特斯拉,即牛顿/(安培·米),用 T 表示。磁感应强度为与磁场方向垂直的单位面积上的磁通量,因为磁通量的单位为韦伯(Wb),所以单位特斯拉等于韦伯/平方米,即 $1T = 1Wb/m^2$,故磁感应强度又常称为磁通量密度。

在磁流体动力发电机中,一般气流速度的方向与磁感应强度的方向垂直,则上式矢量叉乘可以用标量积表示,即

$$\Delta E = hcB \qquad (9-5-1)$$

上式表示的感生电动势又称为开路电压。对于电路回路,感生电动势 ΔE 等于发电机的内电压损失与输出电压 ΔV_o 之和。发电机的内电阻为 $R_t = \rho_R h/(bl)$,其中 ρ_R 为电阻率,b 为通道的宽度,l 为发电机的长度。因为电流通量 $J_I = I/(bl)$,则内电压损失为

$$\Delta V_i = I \cdot R_t = I \cdot \rho_R h/(bl) = J_I \cdot \rho_R h$$

因此,发电机输出电压为

$$\Delta V_o = \Delta E - \Delta V_i = hcB - J_I \rho_R h \qquad (9-5-2)$$

9.5.2　磁流体状态参数(State parameters of ferrofluid)

在磁流体发电机中,流体通道较短,气体速度几乎没有改变,因此可以认为在运动方向上作用于气体的力达到平衡。这些力包括洛仑兹力、气体压强以及侧壁的摩擦力。如果忽略侧壁摩擦力,由力平衡有

$$A dp = -J_I B A dl$$

等式两边消去 A,对长度 l 积分后得

$$p_1 - p_2 = J_I Bl \qquad (9-5-3)$$

尽管在磁流体动力发动机中气体温度很高,当质量流量很大时,可以忽略气体传给通道壁的热损失。由热力学第一定律,有

$$\dot{m} c_p T_1 = \dot{m} c_p T_2 + W = \dot{m} c_p T_2 + I \Delta V_o$$

式中:$\dot{m}$ 为质量流量。比定压热容 c_p 取平均值,并注意到 $I = J_I bl$,由上式得到气体的温度变化为

$$T_1 - T_2 = \frac{J_I bl \Delta V_o}{\dot{m} c_p} \qquad (9-5-4)$$

因为气体速度和流量不变,则由流量公式得到气体密度与通道横截面积的关系

$$\frac{\rho_{R_1}}{\rho_{R_2}} = \frac{A_1}{A_2} \qquad (9-5-5)$$

例 9-5-1　一台磁流体发电机中气体速度为 1000m/s,进口高度为 0.15m,出口高度为 0.25m,宽度为 0.15m,发电机长度为 4.29m,磁感应强度为 1.5Wb/m²,电阻率为 0.02Ω·m,电流密度为 20000A/m²,气体平均比定压热容为 1.17kJ/(kg·K),气体常数为 0.287kJ/(kg·K),进口处气体压强为 275kPa,温度为 2490℃。求输出电压、出口处的压强和温度。

解　(1)输出电压。

通道的平均高度为 $h = (h_1 + h_2)/2 = 0.2\text{m}$，输出电压由式(9-5-2)求得

$$\Delta V_o = hcB - J_l \rho_R h$$
$$= 0.2 \times 1000 \times 1.5 - 0.2 \times 0.02 \times 2000 = 220\text{V}$$

（2）出口处压强 p_2 和温度 T_2。

出口处气体压强 p_2 由式(9-5-3)求得

$$p_2 = p_1 - J_l Bl = 275 \times 10^3 - 2000 \times 1.5 \times 4.29 = 146.3\text{kPa}$$

假定气体遵循理想气体状态方程，则进口处气体的比容为 $v_1 = RT_1/p_1$，其质量流量为

$$\dot{m} = \frac{A_1 V}{v_1} = \frac{p_1 A_1 V}{RT_1} = 7.802\text{kg/s}$$

出口处气体温度 T_2 由式(9-5-4)求得，为

$$T_2 = T_1 - \frac{J_l bl\Delta V_o}{\dot{m}c_p} = 2452.97\text{K}$$

由例9-5-1的计算结果可以看出，磁流体动力发电机中气体的出口温度仍相当高（这里为 $T_2 = 2452.97\text{K}$），这是因为要保持所要求的离子化程度以提供电荷分离用的电子，还要保持气体高的电导率，这些因素都使得出口温度很高。从热力学第二定律来看，这样高的气体排放到环境中，将会造成很大的㶲损失，是不经济的。因此，磁流体动力发电机通常不单独使用，而是将热气体先用于预热燃烧室用的空气，然后再与其他现代蒸汽设备和汽轮机等联合，以提高能量利用效率，即提高效率。

9.5.3　磁流体发电机的循环（Cycle of ferrofliud generator）

大多数气体必须加热到极高的温度才能产生所需要数目的离子。因此，磁流体发电机常用比较容易离子化的物质，如铯、钾或它们的某些化合物。尽管如此，要产生所需要的离子化程度，仍要求温度达到约为 2500℃，这样高的温度通常是通过燃料在空气中燃烧而产生的。空气用磁流体动力发动机排出的热气体进行预热，为使磁流体动力发动机达到所要求的性能，气体速度必须很高，甚至可能要超过音速。这样高的速度显然要通过一个喷管将气体膨胀才能达到。因此，还需要有一台压缩机使空气达到所要求的压强。磁流体动力发电机的组成如图9-5-2所示。

在没有热损失和其他不可逆损失的情况下，磁流体动力发电过程可由以下理想过程代替：1-2 为工质在燃烧室内定压加热过程，2-3 为工质在发电机中的等熵膨胀过程，3-4 为工质在换热器中的定压放热过程，4-1 为的工质在压缩机中的等熵压缩过程。由这些基本热力过程组成的循环如图9-5-3所示。

显然，磁流体动力发电循环是一种热动力循环，因此受卡诺循环效率的限

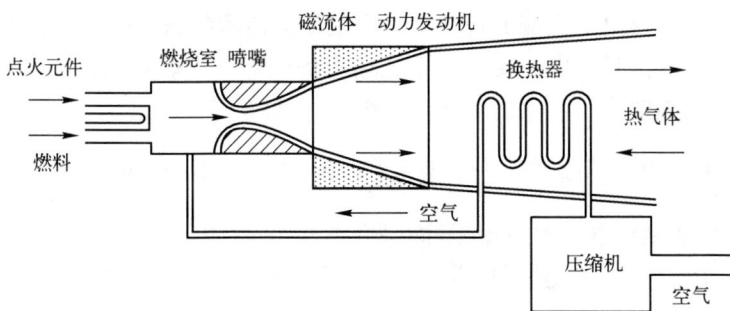

图 9-5-2　磁流体动力发动机的组成

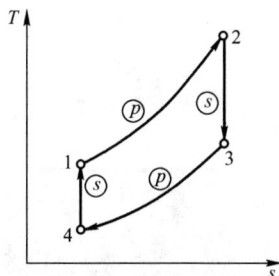

图 9-5-3　磁流体动力发电理想循环

制。在磁流体动力发电循环中,磁流体动力发电机输出的电能为 $h_2 - h_3$,压缩机消耗的功量为 $h_1 - h_4$,在燃烧室中输入循环的热量为 $h_2 - h_1$,循环净输出功为发电机输出的电能与压缩机消耗的功量之差。由效率定义式,循环的热效率为

$$\eta = \frac{(h_2 - h_3) - (h_1 - h_4)}{h_2 - h_1} \tag{9-5-6}$$

因为在磁流体动力发电机中存在不可逆损失,消耗了输出功率的大部分,所以热效率比较低,也严重限制了小型磁流体动力发电机的实际应用。然而,大型磁流体动力发电机能在很高的温度下运行,从而为获得比一般燃气动力循环高得多的热效率提供了可能性。这种系统的发展前景,与强磁场超导磁铁的研制密切相关。

9.6　燃料电池(Fuel cell)

前面介绍的几种发电装置都是直接将热能转化为电能,本节讨论的燃料电池是一种直接将化学能转换为电能的装置。

燃料电池与蓄电池相似,但比蓄电池具有更大的优越性。在蓄电池中,电能也是直接由化学能产生的,但蓄电池是一个密闭的系统,所有的反应物都装在蓄

电池内。因此,蓄电池只能通过充电来恢复到其初始状态,只在充电前一段有限的时内输出电能,且充电量要比蓄电池输出的电能多。燃料电池则能够连续地获得反应物,因此输出功率的时间可以很长。

9.6.1 燃料电池的工作原理(Working principle of fuel cell)

为了说明燃料电池的原理,下面研究图9-6-1所示的氢—氧电池(已在航天器上用作电源)。氢是燃料,供给一个电极,称为燃料电极或阳极。氧气是氧化剂,供给另一个电极,称为氧化剂电极或阴极,两个电极都是由一种能使气体通过的多孔材料构成。

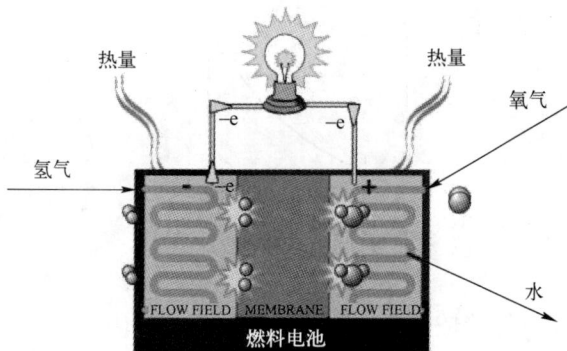

图9-6-1 氢-氧燃料电池

在燃料电极上,吸附在电极表面的氢与电解液发生反应被离子化,即

$$2H_2 \rightarrow 4e^- + 4H^+$$

四个电子从燃料电极通过外部载荷,再回到氧化剂电极。四个带正电的氢离子穿过电解液到达氧化剂电极,在那里与四个电子及吸附在电极表面的氧结合,生成水,并输出电功。氧化剂电极上的反应为

$$4e^- + 4H^+ + O_2 \rightarrow 2H_2O$$

燃料电池总的反应为上述两个电极上的反应之和,即

$$2H_2 + O_2 \rightarrow 2H_2O \tag{9-6-1}$$

虽然总的结果与氢气在空气中燃烧所得到的结果相同,但应当强调指出,在燃料电池中氢气和氧气并不是直接化合的。电解液不仅将两个电极隔开,而且也将氢和氧隔开,不使它们直接发生反应。同时,它又使氢和氧分别在两个电极上同电解液一起进行氧化-还原反应,在反应中直接放出电子,产生电能。电极在反应中不起直接作用,只是作为反应物的载体和隔离物,防止氢和氧直接反应,同时起加速电子迁移的作用。因此,燃料电池工作时,不消耗电极材料,这也正是燃料电池与一般电池不同之处。

320

燃料电池所使用的燃料种类很多,有氢气、碳、一氧化碳以及较轻的碳氢化合物,较重的碳氢化合物则需要重新分裂成较轻的燃料后再用于燃料电池。通常还要给燃料电池提供纯氧或空气作为氧化剂,氢—氧电池是最常用的燃料电池之一。

9.6.2 输出功和传热量(Work output and heat transferred)

总的来看,在燃料电池中,燃料和氧化剂供给电池,而由电池产生电功、热和水。在理想情况下,该装置可以在恒等压强条件下可逆、等温地工作。对于这样一种过程,在前面中已讨论过,其可逆条件下的输出功等于自由焓(吉布斯函数)的减少量,即

$$W = -\Delta G \qquad (9-6-2)$$

同时,在一个可逆等温过程中其传热量为

$$Q = T\Delta S \qquad (9-6-3)$$

电池总的能量平衡可以根据热力学第一定律由稳流能量方程式求得

$$Q = \Delta H + W = \Delta H - \Delta G \qquad (9-6-4)$$

式中:W 为输出功。

理想可逆燃料电池每克摩尔燃料的输出功也可以用电子(或离子)输运来表示,即

$$W = \Delta E \cdot n_e F = -\Delta G \qquad (9-6-5)$$

式中:ΔE 为可逆燃料电池的电动势(开路电压);n_e 为每摩尔燃料反应后传送的自由电子数;F 为法拉第常数,由阿佛加德罗数 N_0 和一个电子的电荷量 e 相乘得到,其值为 96510J/(V·gmol)。

9.6.3 燃料电池的效率(Efficiency of fuel cell)

燃料电池不是热机,因此表示热机性能的"热效率"与燃料电池无关。为了便于比较在某一稳定燃料条件下燃料电池的性能,通常将燃料电池的效率定义为

$$燃料电池效率 = \frac{输出的电能}{燃料发热值}$$

燃料的发热值在化学热力学一章中已进行了讨论,它等于反应前后焓的变化,用 ΔH 表示。电池输出的电能由式(9-6-2)或式(9-6-5)表示,则燃料电池的效率可表示为

$$\eta = \frac{\Delta G}{\Delta H} \qquad (9-6-6)$$

上式表明:燃料电池消耗单位化学能的燃料所能够输出的最大电能。对于

可逆反应为放热的燃料电池,$\eta < 1$,对于可逆反应为吸热的燃料电池 $\eta > 1$。

例9-6-1 一台氢-氧燃料电池在25℃下工作,计算该电池的输出电压、效率以及消耗 1mol H_2 并产生 1mol H_2O 所输出的电功和传热量。

解 在25℃(298K)下,根据式(9-6-1)给出的反应,其标准反应热和吉布斯函数的增量是

$$\Delta H^0_{298} = -285.57 \text{kJ/gmol}, \quad \Delta G^0_{298} = -236.96 \text{kJ/gmol}$$

根据燃料极的反应,每摩尔 H_2 分子传送两个电子,因而 $n_e = 2$,则燃料电池的开路电压由式(9-6-5)得

$$\Delta E = \frac{-\Delta G^0_{298}}{n_e F} = \frac{-(-236.96 \times 10^3)}{2 \times 96510} = 1.228 \text{V}$$

燃料电池效率由式(9-6-6)求得

$$\eta = \frac{\Delta G^0_{298}}{\Delta H^0_{298}} = \frac{-236.96}{-285.57} = 82.98\%$$

每摩尔燃料输出的电功由式(9-6-2)求得

$$W = -\Delta G = 236.96 \text{kJ/gmol}$$

因而当消耗 1mol 燃料产生 1mol 的 H_2O 时,其传热量由式(9-6-4)求得

$$Q = T\Delta S = \Delta H^0_{298} - \Delta G^0_{298} = -285.57 - (-236.96) = -48.61 \text{kJ/gmol}$$

负号表示热量由电池传向环境。

9.6.4 实际燃料电池(Real fuel cell)

一台真实的燃料电池与理想电池不同的是,在实际中还必须考虑以下几个重要问题:

(1)燃料必须输送到与电解液接触的电极表面,反应产物必须离开各自所在的电极,这种传输过程要求选择一种适当的多孔电极材料。

(2)电解液必须经过选择以便提供适当的离子载体。例如,酸性电解液能够提供 H^+ 离子,而碱性电解液能够提供(OH)$^-$离子。另外,要求电解液不腐蚀电极,并且不使氧气或燃料溶解于其中。

(3)电极性能是燃料电池本体的关键,因此必须选择合适的电极材料,要求它具有良好的传导性,不阻碍在其表面上电子的迁移。

(4)燃料电池在电极上的反应,通常是在固体(电极)、液体(电解液)和气体(燃料组分)三相分界面上进行的,因此必须设计合理的电极结构,使之提供稳定的三相反应界面。

由此可见,在实际燃料电池中,与迁移、扩散过程有关的因素是影响燃料和电极选择的主要因素。

燃料电池已发展应用于空间飞行器上。例如,美国执行登月计划的"阿波

罗"飞船,采用氢氧燃料电池作为电源。同时,氢氧燃料电池生成的水,又可作为航天员的生活水源,在应用上达到一举两得的效果。

现代燃料电池的主要困难是电极的使用寿命比较短,特别是当用较低品质的燃料运行时寿命更短。使用纯氢可显著地增加电极的寿命,但是操作费用从用户的观点来看又太贵了。不过燃料电池可望成为未来电动汽车的动力,使用天然气的燃料电池也正在开发研制中。

9.7 光电池(Photovoltaic cell)

把光能直接转换成电能的装置称为光电他。当一个光子与一个电子相互作用时能给予该电子足以从其母体金属中逸出的能量——这一原理就是光电池的基础。实际上今天所有光电池的光源都来自太阳光,因此,这种电池也称为太阳能电池。

9.7.1 太阳能(Solar energy)

地球接收到的太阳能是由称为"光子"的离散能量粒子组成的。每个光子的能量取决于它的振动频率。因此有

$$E = hv \tag{9-7-1}$$

式中:E 为每个光子的能量,单位为 J;h 为普朗克常数,其值为 6.625×10^{-34} J·S;v 为振动频率,单位为 1/s。振动频率等于光速与光波长之比,即 $v = c/\lambda$。其中,c 为光速,其值为 3×10^8 m/s;λ 为波长,单位为 m。式(9-7-1)又可写成以下形式:

$$E = \frac{hc}{\lambda} \tag{9-7-2}$$

因为光子以光速运动,因此它的能量也可以用著名的爱因斯坦关系式表示:

$$E = mc^2 \tag{9-7-3}$$

例9-7-1 试求波长为 $0.5 \mu m$ 的太阳光的光子能量。

解 由式(9-7-2)得

$$E = \frac{hc}{\lambda} = \frac{6.625 \times 10^{-34} \times 3 \times 10^8}{0.5 \times 10^{-6}} = 3.975 \times 10^{-19} J$$

具有特定波长在某特定地点接收到的那一部分太阳能,取决于接收地点、时间、季节以及天气的状况。

9.7.2 材料的间隙能(Clearance energy of material)

将一个电子驱赶出其母体所需的能量称为材料的间隙能。当一个光子冲

击一个电子时,只有当光子的能量大于电子的间隙能时,才能使电子自由。如果光子的能量低于这一数值,该光子的全部能量都耗散了。如果一个光子具有的能量高于该电子的间隙能时,则多余的能量都耗散了。由于太阳光波长的变化范围很宽,它们的能量变化范围也很宽,因此对于某种材料来说,有许多光子所具有的能量都不足以使材料中的电子自由,而其他的光子所具有的能量又比电子的间隙能高很多,过剩的能量则产生热效应。

例 9-7-2 已知硅的间隙能为 $E_g = 1.12\text{eV}$,试求能释放硅中电子的太阳光光子的最大波长。

解 由题意已知:

$$E_g = 1.12\text{eV} = 1.12 \times 1.602 \times 10^{-19} = 1.794 \times 10^{-19}\text{J}$$

当光子的能量大于硅的间隙能时,才能使电子从硅中逸出,由式(9-7-2),有

$$E = \frac{hc}{\lambda} \geq E_g$$

$$\lambda \leq \frac{hc}{E_g} = \frac{6.625 \times 10^{-34} \times 3 \times 10^8}{1.794 \times 10^{-19}} = 1.108 \times 10^{-5}\text{m} = 1.108\,\mu\text{m}$$

因此,太阳光中波长小于 $1.108\,\mu\text{m}$ 的光子都能激发硅材料中的电子。

由此可见,对于硅来说,太阳光中波长大于 $1.108\,\mu\text{m}$ 的光子不能激发硅材料中的电子成为自由电子。此时有 22% 的太阳能不能利用。因此,对于一定的材料,只有波长比较短的光子,才能使得材料中的电子成为自由电子。

9.7.3　太阳能电池的工作原理(Working principle of solar cell)

太阳能电池最基本的元件是两种不同类型的半导体,即主要靠空穴导电的 P 型半导体和主要靠电子导电的 N 型半导体。

当 P 型半导体与 N 型半导体结合在一起时,在它们的交界处电子与空穴由于浓度差而产生扩散运动。由于两种多数载流子(P 型区为空穴,N 型区为电子)相互向对方区域扩散,结果就出现一个空间电荷区,这就是 P-N 结。在空间电荷区内靠近 N 型区的一边存在着正电荷,靠近 P 型区的一边存在着负电荷。因此在空间电荷区内,就会产生电场,即由 N 型区指向 P 型区的电场,称为内电场或结电场。显然,P-N 结的内电场的出现会对多数载流子扩散运动起阻碍作用,这种作用,实际上是要使载流子向相反的方向运动。把载流子在内电场作用下的运动称作漂移运动,可见,载流子的漂移运动跟扩散运动的方向相反,达到平衡状态时,通过 P-N 结的总电流为零。

当一束具有足够能量的光照射在 P-N 结区时,在光子的冲击下产生了电子—空穴对。凡是扩散到内电场范围的电子或空穴,都要受内电场的作用,即把空穴推向 P 型区,把电子推向 N 型区。结果,在 P 型区和 N 型区,各自比原来平

衡状态下,多出一些添加的空穴和电子,如图9-7-1所示。也就是在P-N结的两边,P型区累积了正电荷,N型区累积了负电荷。因此,P型端与N型端之间出现了一个电动势。这种半导体受到光的照射而感生电动势的现象,称为光生伏特效应(Photovoltaic effect)。

太阳能电池的工作原理就是基于半导体P-N结的光生伏特效应。当电池表面受到光照射时,在电池内部产生的光生电子-空穴对扩散到P-N结并受到结电场的影响而分开;电子移向N区,空穴移向P区,这样在P区和N区之间产生了光生电动势,当用导线从两块半导体接头与外部电路连接起来时就有电能输出。

太阳能电池的热力学第一定律效率又称为转换效率,由效率定义式有

$$转换效率 = \frac{电池输出的最大功率}{输入的太阳能功率} \tag{9-7-4}$$

9.7.4 太阳能电池的应用(Application of solar cell)

太阳能电池由于能源来源充足和能量转换无污染,引起人们浓厚的兴趣,应用领域不断扩大。1981年7月,美国研制的单座太阳能飞机成功地从法国飞到英国。日本每年都要举行太阳能汽车竞赛,在航天领域太阳能电池已广泛应用。

各类航天器应用的太阳能电池通常为P-N结型的硅太阳能电池。它分为以P型硅为基体的N+/P型电池和以N型硅为基体的P+/N型电池两种,前者耐辐照性能好,后者效率较高。硅太阳能电池一般是用扩散工艺制成P-N结,然后分别在P型和N型层加上电极。为了让光照所产生的载流子不致因为未达到P-N结之前就复合掉,外表一层P型(或N型)做得非常薄,约1~2μm。

目前硅太阳能电池单体开路电压约为0.55V左右,短路时最大电流约为每平方厘米35~45mA,转换效率最大可达15%,平均为8%左右。除了硅以外,还有砷化镓P-N结太阳能电池,它的开路电压约为0.84V(比硅大),短路电流每平方厘米约13~15mA(比硅小),转换效率约为7%,它的优点在于工作温度可以比硅太阳能电池高。

单体太阳能电池的输出功率通常很小。为满足供电要求,需将多个单体电池串联或并联成组合条,许多组合条构成组合板,许多组合板组成太阳能电池方阵。方阵以体装式或展开式安装在航天器上,为航天器提供电源。

体装式太阳能电池方阵安装在飞行器的本体结构上,一般装在飞行器的外表面上。太阳能电池方阵的基板就是飞行器本体结构的一部分,这种结构简单可靠、温控易于实现,没有运动部件,但是由于面积有限,提供的功率不大。

展开式太阳能电池方阵独立于飞行器本体之外形成单独的部件,发射时以

一定的方式固定在本体上,收藏在运载火箭整流罩内,入轨后展开形成较大面积的太阳能电池组合板,称为太阳能翼或太阳能帆板。这种结构,方阵面积可以很大,大多是对太阳定向,可提供较大的功率。

空间应用离不开硅太阳能电池,有关研究工作还在不断进行。提高单电效率、增大方阵功率与提高重量比功率、提高耐高能粒子轰击的能力以及提高方阵的可靠性等均在进行深入研究。

因为太阳能电池的基本材料要制得极纯,有一种半导体要做得极薄,所以现在太阳能电池的费用极高,目前还不能够实际用于大量商用发电。

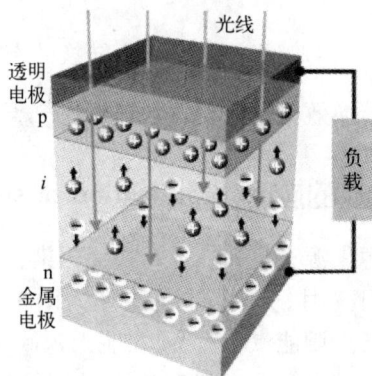

图 9-7-1　P－N 结的光生伏特效应

思　考　题

9-1　什么是唯象定律? 什么是广义热力学流和广义力?

9-2　什么是熵产率共同准则,有何作用?

9-3　什么是昂萨格倒易关系? 有何作用? 应用时有何限制?

9-4　珀尔帖效应与塞贝克效应有何不同?

9-5　磁流体动力发电机是否受卡诺循环限制? 为什么?

9-6　燃料电池的效率为什么不受卡诺循环的限制?

9-7　热离子电池是怎样做功的?

习　　题

9-1　某温差电池的性能如下:臂 A 横截面积为 $5cm^2$,塞贝克系数为

$30\mu V/℃$,电阻率为 $0.00105\Omega \cdot cm$,臂 B 横截面积为 $4cm^2$,塞贝克系数为 $-300\mu V/℃$,电阻率为 $0.00092\Omega \cdot cm$,两臂的热传导系数均为 $0.0215W/(m.K)$,臂长均为 $4.5cm$,热端温度为 $527℃$,冷端温度为 $127℃$。求(1)最大输出功率;(2)最大输出功率时的电压;(3)最大输出功率时的热效率。

9-2 同习题9-1,只是热端温度改为 $1000℃$。

9-3 一个真空型热离子电池,发射极用钨制成,工作温度为2500K,辐射率为0.19,收集极用钽制成,工作温度为1000K,辐射率为0.16,电极间空间电荷的电势为0.1V。求该电池的输出电压、功率密度和热效率。

9-4 同习题9-3,但发射极温度为2000K。

9-5 试计算能释放砷化镓中电子的太阳光光子的最大波长,并求太阳光中光子能量能够被利用的百分数。

附　　录

Appendix

附表 1　常用元素和化合物的分子量、临界参数和压缩因子

物　　质	分　子　式	M	T_c/K	p_c/bar	$Z=\dfrac{p_c v_c}{RT_c}$
乙炔	C_2H_2	26.04	309	62.8	0.274
空气	—	28.97	133	37.7	0.284
氨	NH_3	17.04	406	112.8	0.242
氩	Ar	39.94	151	48.6	0.290
苯	C_6H_6	78.11	563	49.3	0.274
丁烷	C_4H_{10}	58.12	425	38.0	0.274
碳	C	12.01	—	—	—
二氧化碳	CO_2	44.01	304	73.9	0.276
一氧化碳	CO	28.01	133	35.0	0.294
铜	Cu	63.54	—	—	—
乙烷	C_2H_6	30.07	305	48.8	0.285
酒精	C_2H_5OH	46.07	516	63.8	0.249
乙烯	C_2H_4	28.05	283	51.2	0.270
氦	He	4.003	5.2	2.3	0.300
氢气	H_2	2.018	33.2	13.0	0.304
甲烷	CH_4	16.04	191	46.4	0.290
甲醇	CH_3OH	32.05	513	79.5	0.220
氮气	N_2	28.01	126	33.9	0.291
辛烷	C_8H_{18}	14.22	569	24.9	0.258
氧气	O_2	32.00	154	50.5	0.290
丙烷	C_3H_8	44.09	370	42.7	0.276
丙烯	C_3H_6	42.08	365	46.2	0.276
制冷剂 12	CCL_2F_2	120.92	385	41.2	0.278
制冷剂 22	$CHCLF_2$	86.48	369	49.8	0.278
制冷剂 134a	CF_3CH_2F	102.03	374	40.7	0.260
二氧化硫	SO_2	64.06	431	78.7	0.268
水	H_2O	18.02	647.3	220.9	0.233

附表2　饱和水(液—汽)的特性参数(随温度变化)

温度 /(℃)	压强 /bar	比体积 /(m³/kg)		比内能 /(kJ/kg)		比焓 /(kJ/kg)			比熵 /(kJ/(kg·K))		温度 /(℃)
		饱和 液体 $v_f \times 10^3$	饱和 蒸汽 v_g	饱和 液体 u_f	饱和 蒸汽 u_g	饱和 液体 h_f	相变 焓差 Δh_{fg}	饱和 蒸汽 h_g	饱和 液体 s_f	饱和 蒸汽 s_g	
0.01	0.00611	1.0002	206.136	0.00	2375.3	0.01	2501.3	2501.4	0.0000	9.1562	0.01
4	0.00813	1.0001	157.232	16.77	2380.9	16.78	2491.9	2508.7	0.0610	9.0514	4
5	0.00872	1.0001	147.120	20.97	2382.3	20.98	2489.6	2510.6	0.0761	9.0257	5
6	0.00935	1.0001	137.734	25.19	2383.6	25.20	2487.2	2512.4	0.0912	9.0003	6
8	0.01072	1.0002	120.917	33.59	2396.4	33.60	2482.5	2516.1	0.1212	8.9501	8
10	0.01228	1.0004	106.379	42.00	2389.2	42.01	2477.7	2519.8	0.1510	8.9008	10
11	0.01312	1.0004	99.857	46.20	2390.5	46.20	2475.4	2521.6	0.1658	8.8765	11
12	0.01402	1.0005	93.784	50.41	2391.9	50.41	2473.0	2523.4	0.1806	8.8524	12
13	0.01497	1.0007	88.124	54.60	2393.3	54.60	2470.7	2525.3	0.1953	8.8285	13
14	0.01598	1.0008	82.848	58.79	2394.7	58..80	2468.3	2527.1	0.2099	8.8048	14
15	0.01705	1.0009	77.926	62.99	2396.1	62.99	2465.9	2528.9	0.2245	8.7814	15
16	0.01818	1.0011	73.333	67.18	2397.4	67.19	2463.6	2530.8	0.2390	8.7582	16
17	0.01938	1.0012	69.044	71.38	2398.8	71.38	2461.2	2532.6	0.2535	8.7351	17
18	0.02064	1.0014	65.038	75.57	2400.2	75.58	2458.8	2534.4	0.2679	8.7123	18
19	0.02198	1.0016	31.293	79.76	2401.6	79.77	2456.5	2536.2	0.2823	8.6897	19
20	0.02198	1.0018	57.791	83.95	2402.9	83.96	2454.1	2538.1	0.2966	8.6672	20
21	0.02487	1.0020	54.514	88.14	2404.3	88.14	2451.8	2539.9	0.3109	8.6450	21
22	0.02645	1.0022	51.447	92.32	2405.7	92.33	2499.4	2541.7	0.3251	8.6229	22
23	0.02810	1.0024	48.574	96.51	2407.0	96.52	2447.0	2543.5	0.3393	8.6011	23
24	0.02985	1.0027	45.883	100.70	2408.4	100.70	2444.7	2545.4	0.3534	8.5794	24
25	0.03169	1.0029	43.360	104.88	2409.8	104.89	2442.3	2547.2	03674	8.5580	25
26	0.03363	1.0032	40.994	109.06	2411.1	109.07	2439.9	2549.0	0.3814	8.5367	26
27	0.03567	1.0035	38.774	113.25	2412.5	113.25	2437.6	2550.8	0.3954	8.5156	27
28	0.03782	1.0037	36.690	117.42	2413.9	117.43	2425.2	2552.6	0.4093	8.4946	28
29	0.04008	1.0040	34.733	121.60	2415.2	121.61	2432.8	2554.5	0.4231	8.4739	29
30	0.04246	1.0043	32.894	125.78	2416.6	125.79	2430.4	2556.3	0.4369	8.4533	30
31	0.04496	1.0046	31.165	129.96	2418.0	129.97	2428.1	2558.1	0.4507	8.4329	31
32	0.04759	1.0050	29.540	134.14	2419.3	134.15	2425.7	2559.9	0.4644	8.4127	32
33	0.05034	1.0053	28.011	138.32	2420.7	138.32	2423.4	2561.7	0.4781	8.3927	33

温度 /(℃)	压强 /bar	比体积 /(m³/kg)		比内能 /(kJ/kg)		比焓 /(kJ/kg)			比熵 /(kJ/(kg·K))		温度 /(℃)
		饱和 液体 $v_f \times 10^3$	饱和 蒸汽 v_g	饱和 液体 u_f	饱和 蒸汽 u_g	饱和 液体 h_f	相变 焓差 Δh_{fg}	饱和 蒸汽 h_g	饱和 液体 s_f	饱和 蒸汽 s_g	
34	0.05324	1.0056	26.571	142.50	2422.0	142.50	2421.0	2563.5	0.4917	8.3728	34
35	0.05628	1.0060	25.216	146.67	2423.4	146.68	2418.6	2565.3	0.5053	8.3531	35
36	0.05947	1.0063	23.940	150.85	2424.7	150.86	2416.2	2567.1	0.5188	8.3336	36
38	0.06632	1.0071	21.602	159.20	2427.4	159.21	2411.5	2570.7	0.5458	8.2950	38
40	0.07384	1.0078	19.523	167.56	2430.1	167.57	2406.7	2574.3	0.5725	8.2570	40
45	0.09593	1.0099	15.258	188.44	2436.8	188.45	2394.8	2583.2	0.6387	8.1648	45
50	.1235	1.0121	12.032	209.32	2443.5	209.33	2382.7	2592.1	7038	8.0763	50
55	.1576	1.0146	9.568	230.21	2450.1	230.23	2370.7	2600.9	7679	7.9913	55
60	.1994	1.0172	7.671	251.11	2456.6	251.13	2358.5	2609.6	8312	7.9096	60
65	.2503	1.0199	6.197	272.02	2463.1	272.06	2346.2	2618.3	8935	7.8310	65
70	.3119	1.0228	5.042	292.95	2469.6	292.98	2333.8	2626.8	9549	7.7553	70
75	.3858	1.0259	4.131	313.90	2475.9	313.93	2321.4	2635.3	1.0155	7.6824	75
80	.4739	1.0291	3.407	334.86	2482.2	334.91	2308.8	2643.7	1.0753	7.6122	80
85	.5783	1.0325	2.828	355.84	2488.4	355.90	2296.0	2651.9	1.1343	7.5445	85
90	.7014	1.0360	2.361	376.85	2494.5	376.92	2283.2	2660.1	1.1925	7.4791	90
95	.8455	1.0397	1.982	397.88	2500.6	397.96	2270.2	2668.1	1.2500	7.4159	95
100	1.014	1.0435	1.673	418.94	2506.5	419.04	2257.0	2676.1	1.3069	7.3549	100
110	1.433	1.0516	1.210	4.61.14	2518.1	461.30	2230.2	2691.5	1.14185	7.2387	110
120	1.985	1.0603	0.8919	503.50	2529.3	503.71	2202.6	2706.3	1.5276	7.1296	120
130	2.701	1.0697	0.6685	546.02	2539.9	546.31	2174.2	2720.5	1.6344	7.0269	130
140	3.613	1.0797	0.5089	588.74	2550.0	589.13	2144.7	2733.9	1.7391	6.9299	140
150	4.758	1.0905	0.3928	631.68	2559.5	632.20	2114.3	2746.5	1.8418	6.8379	150
160	6.178	1.1020	0.3071	647.86	2568.4	675.55	2082.6	2758.1	1.9427	6.7502	160
170	7.917	1.1143	0.2428	718.33	2576.5	719.21	2049.5	2468.7	2.0419	6.6663	170
180	10.02	1.1274	0.1941	762.09	2583.7	763.22	2015.0	2778.2	2.1396	6.5857	180
190	12.54	1.1414	0.1565	806.19	2590.0	807.62	1978.2	2786.4	2.2359	6.5079	190
200	15.51	1.1565	0.1274	850.65	2595.3	852.45	1940.7	2793.2	2.3309	6.4323	200
210	19.06	1.1726	0.1044	895.53	2599.5	897.76	1900.7	2798.5	2.4248	6.3585	210
220	23.18	1.1900	0.08619	940.87	2602.4	943.62	1858.5	2802.1	2.5178	6.2861	220

温度 /(℃)	压强 /bar	比体积 /(m³/kg)		比内能 /(kJ/kg)		比焓 /(kJ/kg)			比熵 /(kJ/(kg·K))		温度 /(℃)
		饱和 液体 $v_f \times 10^3$	饱和 蒸汽 v_g	饱和 液体 u_f	饱和 蒸汽 u_g	饱和 液体 h_f	相变 焓差 Δh_{fg}	饱和 蒸汽 h_g	饱和 液体 s_f	饱和 蒸汽 s_g	
230	27.95	1.2088	0.07158	986.74	2603.9	990.12	1813.8	2804.0	2.6099	6.2146	230
240	33.44	1.2291	0.05976	1033.2	2604.0	1037.3	1766.5	2803.8	2.7015	6.1437	240
250	39.73	1.2512	0.15013	1080.4	2602.4	1085.4	1716.2	2801.5	2.7927	6.0730	250
260	46.88	1.2755	0.04221	1128.4	2599.0	1134.4	1662.5	2796.6	2.8838	6.0019	260
270	54.99	1.3023	0.03564	1177.4	2593.7	1184.5	1605.2	2789.7	2.9751	5.9301	270
280	64.12	1.3321	0.03017	1277.5	2586.1	1236.0	1543.6	2779.6	3.0668	5.8571	280
290	74.36	1.3656	0.02557	1278.9	2576.0	1289.1	1477.1	2766.2	3.1594	5.7821	290
300	85.81	1.4036	0.02167	1332.0	2563.0	1344.0	1404.9	2749.0	3.2534	5.7045	300
320	112.7	1.4988	0.01549	1444.6	2525.5	1461.5	1238.6	2700.1	3.4480	5.5362	320
340	145.9	1.6379	0.01080	1570.3	2464.6	1594.2	1027.9	2622.0	3.6594	5.3357	340
360	186.5	1.8925	0.003945	1725.2	2351.5	1760.5	720.5	2481.0	3.9147	5.0526	360
374.14	220.9	3.155	0.003155	2029.6	2029.6	2099.3	0.000	2099.3	4.4298	4.4298	374.14

附表3　饱和水（液—汽）的特性参数（随压强变化）

压强 /bar	温度 /(℃)	比体积 /(m³/kg)		比内能 /(kJ/kg)		比焓 /(kJ/kg)			比熵 /(kJ/(kg·K))		压强 /bar
		饱和 液体 $v_f \times 10^3$	饱和 蒸汽 v_g	饱和 液体 u_f	饱和 蒸汽 u_g	饱和 液体 h_f	相变 焓差 Δh_{fg}	饱和 蒸汽 h_g	饱和 液体 s_f	饱和 蒸汽 s_g	
0.04	28.96	1.0040	34.800	121.45	2415.2	121.46	2432.9	2554.4	0.4226	8.4746	0.04
0.06	36.16	1.0064	23.739	151.53	2425.0	151.53	2415.9	2567.4	0.5210	8.3304	0.06
0.08	41.51	1.0084	18.103	173.87	2432.2	173.88	2403.1	2577.0	0.5926	8.2287	0.08
0.10	45.81	1.0102	14.674	191.82	2437.9	191.83	2392.8	2584.7	0.6493	8.1502	0.10
0.20	60.06	1.0172	7.6490	251.38	2456.7	251.40	2358.3	2609.7	0.8320	7.9085	0.20
0.30	69.10	1.0223	5.2290	289.20	2468.4	289.23	2336.1	2625.3	0.9439	7.7689	0.30
0.40	75.87	1.0265	3.9930	317.53	2477.0	317.58	2319.2	2636.8	1.0259	7.6700	0.40
0.50	81.33	1.0300	3.2400	340.44	2483.9	340.49	2305.4	2645.9	1.0910	7.5939	0.50
0.60	85.94	1.0331	2.7320	359.79	2489.6	359.86	2293.6	2653.5	1.1453	7.5320	0.60
0.70	89.95	1.0360	2.3650	376.63	2494.5	376.70	2283.3	2660.0	1.1919	7.4797	0.70
0.80	93.50	1.0380	2.0870	391.58	2498.8	391.66	2274.1	2665.8	1.2329	7.4346	0.80

压强 /bar	温度 /(℃)	比体积 /(m³/kg)		比内能 /(kJ/kg)		比焓 /(kJ/kg)			比熵 /(kJ/(kg·K))		压强 /bar
		饱和 液体 $v_f \times 10^3$	饱和 蒸汽 v_g	饱和 液体 u_f	饱和 蒸汽 u_g	饱和 液体 h_f	相变 焓差 Δh_{fg}	饱和 蒸汽 h_g	饱和 液体 s_f	饱和 蒸汽 s_g	
0.90	96.71	1.0410	1.8690	405.06	2502.6	405.15	2265.7	2670.9	1.2695	7.3949	0.90
1.00	99.63	1.0432	1.6940	417.36	2506.1	417.46	2258.0	2675.5	1.3026	7.3594	1.00
1.50	111.4	1.0528	1.1590	466.94	2519.7	467.11	2226.5	2693.6	1.4336	7.2233	1.50
2.00	120.2	1.0605	0.8857	504.49	2529.5	504.70	2201.9	2706.7	1.5301	7.1271	2.00
2.50	127.1	1.0672	0.7187	535.10	2537.2	535.37	2181.5	2716.9	1.6072	7.0527	2.50
3.00	133.6	1.0732	0.6058	561.15	2543.6	561.47	2163.8	2725.6	1.6718	6.9919	3.00
3.50	138.9	1.0786	0.5243	583.95	2546.9	584.33	2148.1	2732.4	1.7275	6.9405	3.50
4.00	143.6	1.0836	0.4625	604.31	2553.6	604.74	2133.8	2738.6	1.7766	6.8959	4.00
4.50	147.9	1.0882	0.4140	622.25	2557.6	623.25	2120.7	2743.9	1.8207	6.8565	4.50
5.00	151.9	1.0926	0.3749	639.68	2561.2	640.23	2108.5	2748.7	1.8607	6.8212	5.00
6.00	158.9	1.1006	0.3157	669.90	2567.4	670.56	2086.3	2756.8	1.9312	6.7600	6.00
7.00	165.0	1.1080	0.2729	696.44	2572.5	697.22	2066.3	2763.5	1.9922	6.7080	7.00
8.00	170.4	1.1148	0.2404	720.22	2576.8	721.11	2048.0	2769.1	2.0462	6.6628	8.00
9.00	175.4	1.1212	0.2150	741.83	2580.5	742.83	2031.1	2773.9	2.0946	6.6226	9.00
10.0	179.9	1.1273	0.1944	761.68	2583.6	762.81	2015.3	2778.1	2.1387	6.5863	10.0
15.0	198.3	1.1539	0.1318	843.16	2594.5	844.84	1947.3	2792.2	2.3150	6.4448	15.0
20.0	212.4	1.1767	0.09963	906.44	2600.3	908.79	1890.7	2799.5	2.4474	6.3409	20.0
25.0	224.0	1.1973	0.07998	959.11	2603.1	962.11	1841.0	2803.1	2.5547	6.2575	25.0
30.0	233.9	1.2165	0.06668	1004.8	2064.1	1008.4	1795.7	2804.2	2.6457	6.1869	30.0
35.0	242.6	1.2347	0.05707	1045.4	2603.7	1049.8	1753.7	2803.4	2.7253	6.1253	35.0
40.0	250.4	1.2522	0.04978	1082.3	2602.3	1087.3	1714.1	2801.4	2.7964	6.0701	40.0
45.0	257.5	1.2692	0.04406	1116.2	2600.1	1121.9	1676.4	2798.3	2.8610	6.0199	45.0
50.0	264.0	1.2859	0.03944	1147.8	2597.1	1154.2	1640.1	2794.3	2.9202	5.9734	5.00
60.0	275.6	1.3187	0.03244	1205.6	2589.7	1213.4	1571.0	2784.3	3.0267	5.8892	6.00
70.0	285.9	1.3513	0.02737	1257.6	2580.5	1267.0	1505.1	2772.1	3.1211	5.8133	7.00
80.00	295.1	1.3842	0.02352	1305.6	2569.8	1316.6	1441.3	2758.0	3.2068	5.7432	80.00
90.00	303.4	1.4178	0.02048	1350.5	2557.8	1363.3	1378.9	2742.1	3.2858	5.6772	90.00
100.0	311.1	1.4524	0.01803	1393.0	2544.4	1407.6	1317.1	2724.7	3.3596	5.6141	1000.
110.0	318.2	1.4886	0.01599	1433.7	2529.8	1450.1	1255.5	2705.6	3.4295	5.5527	110.0

压强/bar	温度/(℃)	比体积/(m³/kg)		比内能/(kJ/kg)		比焓/(kJ/kg)			比熵/(kJ/(kg·K))		压强/bar
		饱和液体 $v_f \times 10^3$	饱和蒸汽 v_g	饱和液体 u_f	饱和蒸汽 u_g	饱和液体 h_f	相变焓差 Δh_{fg}	饱和蒸汽 h_g	饱和液体 s_f	饱和蒸汽 s_g	
120.0	324.8	1.5267	0.01426	1473.0	2513.7	1491.3	1193.6	2684.9	3.4962	5.4924	1200.
130.0	330.9	1.5671	0.01278	1511.1	2496.1	1531.5	1130.7	2662.2	3.5606	5.4323	130.0
140.0	336.8	1.6107	0.01149	1548.6	2476.8	1571.1	1066.5	2637.6	3.6232	5.3717	1400.
150.0	342.4	1.6581	0.01034	1585.6	2455.5	1610.5	1000.0	2610.5	3.6848	5.3098	150.0
160.0	374.4	1.7107	0.009306	1622.7	2431.7	1650.1	930.6	2580.6	3.7461	5.2455	160.0
170.0	352.4	1.7702	0.008364	1620.2	2405.0	1690.3	856.9	2547.2	3.8079	5.1777	170.0
180.0	357.1	1.8397	0.007489	1698.9	2374.3	1732.0	777.1	2509.1	3.8715	5.1044	180.0
190.0	361.5	1.9243	0.006657	1739.9	2338.1	1776.5	688.0	2464.5	3.9388	5.0228	190.0
200.0	365.8	2.036	0.005834	1785.6	2293.0	1826.3	583.4	2409.7	4.0139	4.9269	200.0
220.9	374.1	3.155	0.003155	2029.6	2029.6	2099.3	0.000	2099.3	4.4298	4.4298	220.9

附表4　过热水蒸气的特性参数

t/(℃)	v/(m³/kg)	u/(kJ/kg)	h/(kJ/kg)	s/(kJ/(kg·K))	v/(m³/kg)	u/(kJ/kg)	h/(kJ/kg)	s/(kJ/(kg·K))
	$p=0.06\text{bar}=0.006\text{MPa}$ ($t_{sat}=36.16$℃)				$p=0.35\text{bar}=0.035\text{MPa}$ ($t_{sat}=72.69$℃)			
饱和	23.739	2425.0	2567.4	8.3304	4.526	2473.0	2631.4	7.7158
80	27.132	2487.3	2650.1	8.5804	4.625	2483.7	2645.6	7.7564
120	30.219	2544.7	2726.0	8.7840	5.163	2542.4	2723.1	7.9644
160	33.302	2602.7	2802.5	8.9693	5.696	2601.2	2800.6	8.1519
200	36.383	2661.4	2879.7	9.1398	6.228	2660.4	2878.4	8.3237
240	39.462	2721.0	2957.8	9.2982	6.758	2720.3	2956.8	8.4828
280	42.540	2781.5	3036.8	9.4464	7.287	2780.9	3036.0	8.6314
320	45.618	2843.0	3116.7	9.5859	7.815	2842..5	3116.1	8.7712
360	48.696	2905.5	3197.7	9.7180	8.344	2905.1	3197.1	8.9034
400	51.774	2969.0	3279.6	9.8435	8.872	2968.6	3279.2	9.0291
440	54.851	3033.5	3362.6	9.9633	9.400	3033.2	3362.2	9.1490
500	59.467	3132.3	3489.1	10.1336	10.192	3132.1	3488.8	9.3194

t /(℃)	v /(m³/kg)	u /(kJ/kg)	h /(kJ/kg)	s /(kJ/ (kg·K))	v /(m³/kg)	u /(kJ/kg)	h /(kJ/kg)	s /(kJ/ (kg·K))
	$p=0.70$bar$=0.07$MPa ($t_{sat}=89.95$℃)				$p=1.0$bar$=0.10$MPa ($t_{sat}=99.63$℃)			
饱和	2.365	2494.5	2660.0	7.4797	1.694	2506.1	2675.5	7.3594
100	2.434	2509.7	2680.0	7.5341	1.696	2506.7	2676.2	7.3614
120	2.571	2539.7	2719.6	7.6375	1.793	2537.3	2716.6	7.4668
160	2.841	2599.4	2798.2	7.8279	1.984	2597.8	2796.2	7.6597
200	3.108	2659.1	2876.7	8.0012	2.172	2658.1	2875.3	7.8343
240	3.374	2719.3	2955.5	8.1611	2.359	2718.5	2954.5	7.9949
280	3.640	2780.2	3035.0	8.3162	2.546	2779.6	3034.2	8.1445
320	3.905	2842.0	3115.3	8.4504	2.732	2841.5	3114.6	8.2849
360	4.170	2904.6	3196.5	8.5828	2.917	2904.2	3195.9	8.4175
400	4.434	2968.2	3278.6	8.7086	3.103	2967.9	3278.2	8.5435
440	4.698	3032.9	3361.8	8.8286	3.288	3032.6	3361.4	8.6636
500	5.095	3131.8	3488.5	8.9991	3.565	3131.6	3488.1	8.8342
	$p=1.5$bar$=0.15$MPa ($t_{sat}=111.37$℃)				$p=3.0$bar$=0.30$MPa ($t_{sat}=133.55$℃)			
饱和	1.159	2519.7	2693.6	7.2233	0.606	2543.6	2725.3	6.9919
120	1.188	2533.3	2711.4	7.2693				
160	1.317	2595.2	2792.8	7.4665	0.651	2587.1	2782.3	7.1276
200	1.444	2656.2	2872.9	7.6433	0.716	2650.7	2865.5	7.3115
240	1.570	2717.2	2952.7	7.8052	0.781	2713.1	2947.3	7.4774
280	1.695	2778.6	3032.8	7.9555	0.844	2775.4	3028.6	7.6299
320	1.819	2840.6	3113.5	8.0964	0.907	2838.1	3140.1	7.7722
360	1.943	2903.5	3195.0	8.2293	0.969	2901.4	3192.2	7.9061
	$p=1.5$bar$=0.15$MPa ($t_{sat}=111.37$℃)				$p=3.0$bar$=0.30$MPa ($t_{sat}=133.55$℃)			
400	2.067	2967.3	3277.4	8.3555	1.032	2965.6	3275.0	8.0330
440	2.191	3032.1	3360.7	8.4757	1.094	3030.6	3358.7	8.1538
500	2.376	3131.2	3487.6	8.6466	1.187	3130.0	3486.0	8.3251
600	2.685	3301.7	3704.3	8.9101	1.341	3300.8	3703.2	8.5892

t /(℃)	v /(m³/kg)	u /(kJ/kg)	h /(kJ/kg)	s /(kJ/ (kg·K))	v /(m³/kg)	u /(kJ/kg)	h /(kJ/kg)	s /(kJ/ (kg·K))
	$p=5.0\text{bar}=0.50\text{MPa}$ ($t_{sat}=151.86℃$)				$p=7.0\text{bar}=0.70\text{MPa}$ ($t_{sat}=164.97℃$)			
饱和	0.3749	2561.2	2748.7	6.8213	0.2729	2572.5	2763.5	6.7080
180	0.4045	2609.7	2812.0	6.9556	0.2847	2599.8	2799.1	6.7880
200	0.4249	2642.9	2855.4	7.0592	0.2999	2634.8	2844.8	6.8865
240	0.4646	2707.6	2939.9	7.2307	0.3292	2701.8	2932.2	7.0641
280	0.5034	2771.2	3022.9	7.3865	0.3574	2766.9	3017.1	7.2233
320	0.5416	2834.7	3105.6	7.5308	0.3852	2831.3	3100.9	7.3697
360	0.5796	2898.7	3188.4	7.6660	0.4126	2895.8	3184.7	7.5063
400	0.6173	2963.2	3271.9	7.7938	0.4397	2960.9	3268.7	7.6350
440	0.6548	3028.6	3356.0	7.9152	0.4667	3026.6	3353.3	7.7571
500	0.7109	3128.4	3483.9	8.0873	0.5070	3126.8	3481.7	7.9299
600	0.8041	3299.6	3701.7	8.3522	0.5738	3298.5	3700.2	8.1956
700	0.8969	3477.5	3925.9	8.5952	0.6403	3476.6	3924.8	8.4391
	$p=10.0\text{bar}=1.0\text{MPa}$ ($t_{sat}=179.91℃$)				$p=15.0\text{bar}=1.5\text{MPa}$ ($t_{sat}=198.32℃$)			
饱和	0.1994	2583.6	2778.1	6.5865	0.1318	2594.5	2792.2	6.4448
200	0.2060	2621.9	2827.9	6.6940	0.1325	2598.1	2796.8	6.4546
240	0.2275	2692.9	2920.4	6.8817	0.1483	2676.9	2899.3	6.6628
280	0.2480	2760.2	3008.2	7.0465	0.1627	2748.6	2992.7	6.8381
320	0.2678	2826.1	3093.9	7.1962	0.1765	2817.1	3081.9	6.9938
360	0.2873	2891.6	3178.9	7.4651	0.2030	2951.3	3473.1	7.5698
400	0.3066	2957.3	3263.9	7.4651	0.2030	2951.3	3255.8	7.2690
440	0.3257	3023.6	3178.9	7.3349	0.1899	2884.4	3169.2	7.1363
500	0.3541	3124.4	3478.5	7.7622	0.2352	3120.3	3473.1	7.5698
540	0.3729	3192.6	3565.6	7.8720	0.2478	3189.1	3560.9	7.6805
600	0.4011	3296.8	3697.9	8.0290	0.2668	3293.9	3694.0	7.8385
640	0.4198	3367.4	3787.2	8.1290	0.2793	3364.8	3783.8	7.9391
	$p=10.0\text{bar}=1.0\text{MPa}$ ($t_{sat}=179.91℃$)				$p=15.0\text{bar}=1.5\text{MPa}$ ($t_{sat}=198.32℃$)			
饱和	0.1994	2583.6	2778.1	6.5865	0.1318	2594.5	2792.2	6.4448
200	0.2060	2621.9	2827.9	6.6940	0.1325	2598.1	2796.8	6.4546

t /（℃）	v /（m³/kg)	u /（kJ/kg）	h /（kJ/kg）	s /（kJ/ (kg·K)）	v /（m³/kg)	u /（kJ/kg）	h /（kJ/kg）	s /（kJ/ (kg·K)）
	$p = 10.0\text{bar} = 1.0\text{MPa}$ （$t_{\text{sat}} = 179.91℃$）				$p = 15.0\text{bar} = 1.5\text{MPa}$ （$t_{\text{sat}} = 198.32℃$）			
240	0.2275	2692.9	2920.4	6.8817	0.1483	2676.9	2899.3	6.6628
280	0.2480	2760.2	3008.2	7.0465	0.1627	2748.6	2992.7	6.8381
320	0.2678	2826.1	3093.9	7.1962	0.1765	2817.1	3081.9	6.9938
360	0.2873	2891.6	3178.9	7.4651	0.2030	2951.3	3473.1	7.5698
400	0.3066	2957.3	3263.9	7.4651	0.2030	2951.3	3255.8	7.2690
440	0.3257	3023.6	3178.9	7.3349	0.1899	2884.4	3169.2	7.1363
500	0.3541	3124.4	3478.5	7.7622	0.2352	3120.3	3473.1	7.5698
540	0.3729	3192.6	3565.6	7.8720	0.2478	3189.1	3560.9	7.6805
600	0.4011	3296.8	3697.9	8.0290	0.2668	3293.9	3694.0	7.8385
640	0.4198	3367.4	3787.2	8.1290	0.2793	3364.8	3783.8	7.9391
	$p = 20.0\text{bar} = 2.0\text{MPa}$ （$t_{\text{sat}} = 212.42℃$）				$p = 30.0\text{bar} = 3.0\text{MPa}$ （$t_{\text{sat}} = 233.90℃$）			
饱和	0.0996	2600.3	2799.5	6.3409	0.0667	2604.1	2804.2	6.1869
240	0.1085	2659.6	2876.5	6.4952	0.0682	2619.7	2824.3	6.2265
280	0.1200	2736.4	2976.4	6.6828	0.0771	2709.9	2941.3	6.4462
320	0.1308	2807.9	3069.5	6.8452	0.0850	2788.4	3043.4	6.6245
360	0.1411	2877.0	3159.3	6.9917	0.0923	2861.7	3138.7	6.7801
400	0.1512	2945.2	3247.6	7.1271	0.0994	2932.8	3230.9	6.9212
440	0.1611	3013.4	3335.5	7.2540	0.1062	3002.9	3321.5	7.0520
500	0.1757	3116.2	3467.6	7.4317	0.1162	3108.0	3456.5	7.2338
540	0.1853	3185.6	3556.1	7.5434	0.1227	3178.4	3546.6	7.3474
600	0.1996	3290.9	3690.1	7.7024	0.1324	3285.0	3682.3	7.5085
640	0.2091	3362.2	3780.4	7.8035	0.1388	3357.0	3773.5	7.6106
700	0.2232	3470.9	3917.4	7.9487	0.1484	3466.5	3911.7	7.7571
	$p = 40.0\text{bar} = 4.0\text{MPa}$ （$t_{\text{sat}} = 250.40℃$）				$p = 60.0\text{bar} = 6.0\text{MPa}$ （$t_{\text{sat}} = 275.64℃$）			
饱和	0.04978	2602.3	2801.4	6.0701	0.03244	2589.7	2784.3	5.8892
280	0.05546	2680.0	2901.8	6.2568	0.03317	2605.2	2804.2	5.9252
320	0.06199	2767.4	3015.4	6.4553	0.03876	2720.0	2952.6	6.1846
360	0.06788	2845.7	3117.2	6.6215	0.04331	2811.2	3071.1	6.3782

（续）

t /（℃）	v /（m³/kg）	u /（kJ/kg）	h /（kJ/kg）	s /（kJ/ （kg·K））	v /（m³/kg）	u /（kJ/kg）	h /（kJ/kg）	s /（kJ/ （kg·K））
	$p = 40.0$bar $= 4.0$MPa （$t_{sat} = 250.40$℃）				$p = 60.0$bar $= 6.0$MPa （$t_{sat} = 275.64$℃）			
400	0.07341	2919.9	3213.6	6.7690	0.04739	2892.9	3177.2	6.5408
440	0.07872	2992.2	3307.1	6.9041	0.05122	2970.0	3277.3	6.6853
500	0.08643	3099.5	3445.3	7.0901	0.05665	3082.2	3422.2	6.8803
540	0.09145	3171.1	3536.9	7.2056	0.06015	3156.1	3517.0	6.9999
	$p = 40.0$bar $= 4.0$MPa （$t_{sat} = 250.40$℃）				$p = 60.0$bar $= 6.0$MPa （$t_{sat} = 275.64$℃）			
640	0.1037	3351.8	3766.6	7.4720	0.06859	3341.0	3752.6	7.2731
700	0.1110	3462.1	3905.9	7.6198	0.07352	3453.1	3894.1	7.4234
740	0.1157	3536.6	3999.6	7.7141	0.07677	3528.3	3989.2	7.5190
	$p = 80.0$bar $= 8.0$MPa （$t_{sat} = 295.06$℃）				$p = 100.0$bar $= 10.0$MPa （$t_{sat} = 311.06$℃）			
饱和	0.02352	2569.8	2758.0	5.7432	0.01803	2544.4	2724.7	5.6141
320	0.02682	2662.7	2877.2	5.9489	0.01925	2588.8	2781.3	5.7103
360	0.03089	2772.7	3019.8	6.1819	0.02331	2729.1	2962.1	6.0060
400	0.03432	2863.8	31138.3	6.3634	0.02641	2832.4	3096.5	6.2120
440	0.03742	2946.7	3246.1	6.5190	0.02911	2922.1	3213.2	6.3805
480	0.04034	3025.7	3348.4	6.6586	0.03160	3055.4	3321.4	6.5282
520	0.04313	3102.7	3447.7	6.7871	0.03394	3085.6	3425.1	6.6622
560	0.04582	3178.7	3545.3	6.9072	0.03619	3164.1	3526.0	6.7864
600	0.04845	3254.4	3642.0	7.0206	0.03837	3241.7	3625.3	6.9029
640	0.05102	3330.1	3738.3	7.1283	0.04048	3318.9	3723.7	7.0131
700	0.05481	3443.9	3882.4	7.2812	0.04358	3434.7	3870.5	7.1687
740	0.05729	3520.4	3978.7	7.3782	0.04560	3512.1	3968.1	7.2670
	$p = 120.0$bar $= 12.0$MPa （$t_{sat} = 324.75$℃）				$p = 140.0$bar $= 14.0$MPa （$t_{sat} = 336.75$℃）			
饱和	0.01426	2513.7	2684.9	5.4924	0.01149	2476.8	2637.6	5.3717
360	0.01811	2678.4	2895.7	5.8361	0.01422	2617.4	2816.5	5.6602
400	0.02108	2798.3	3051.3	6.0747	0.01722	2760.9	3001.9	5.9448
440	0.02355	2896.1	3178.7	6.2586	0.01954	2868.6	3142.2	6.1474
480	0.02576	2984.4	3293.5	6.4154	0.02157	2962.5	3264.5	6.3143
520	0.02781	3068.0	3401.8	6.5555	0.02343	3049.8	3377.8	6.4610
560	0.02977	3149.0	3506.2	6.6840	0.02517	3133.6	3486.0	6.5941

t /（℃）	v /（m³/kg）	u /（kJ/kg）	h /（kJ/kg）	s /（kJ/ （kg·K））	v /（m³/kg）	u /（kJ/kg）	h /（kJ/kg）	s /（kJ/ （kg·K））
	$p = 120.0$ bar $= 12.0$ MPa （$t_{sat} = 324.75$℃）				$p = 140.0$ bar $= 14.0$ MPa （$t_{sat} = 336.75$℃）			
600	0.03164	3228.7	3608.3	6.8037	0.02683	3215.4	3591.1	6.7172
640	0.03345	3307.5	3709.0	6.9164	0.02843	3296.0	3694.1	6.8326
700	0.03610	3425.2	3858.4	7.0749	0.03075	3415.7	3846.2	6.9939
740	0.03781	3503.7	3957.4	7.1746	0.03225	3495.2	3946.2	7.0952
	$p = 160.0$ bar $= 16.0$ MPa （$t_{sat} = 347.44$℃）				$p = 180.0$ bar $= 18.0$ MPa （$t_{sat} = 357.06$℃）			
饱和	0.00931	2431.7	2580.6	5.2455	0.00749	2374.3	2509.1	5.1044
360	0.01105	2539.0	2715.8	5.4614	0.00809	2418.9	2564.5	5.1922
400	0.01426	2719.4	2947.6	5.8175	0.01190	2672.8	2887.0	5.6887
	$p = 160.0$ bar $= 16.0$ MPa （$t_{sat} = 347.44$℃）				$p = 180.0$ bar $= 18.0$ MPa （$t_{sat} = 357.06$℃）			
440	0.01652	2839.7	3103.7	6.0429	0.01414	2808.2	3062.8	5.9428
480	0.01842	2939.7	3234.4	6.2215	0.01596	2915.9	3203.2	6.1345
520	0.02013	3031.1	3353.3	6.3752	0.01757	3011.8	3378.0	6.2960
560	0.02172	3117.8	3465.4	6.5132	0.01904	3101.7	3444.4	6.4392
600	0.02323	3201.8	3573.5	6.6399	0.02042	3188.0	3555.6	6.5696
640	0.02467	3284.2	3678.9	6.7580	0.02174	3272.3	3663.6	6.5696
700	0.02674	3406.0	3833.9	6.9224	0.02362	3396.3	3821.5	6.8580
740	0.02808	3486.7	3935.9	7.0251	0.02483	3478.0	3925.0	6.9623
	$p = 200.0$ bar $= 20.0$ MPa （$t_{sat} = 365.81$℃）				$p = 240$ bar $= 24.0$ MPa			
饱和	0.00583	2293.0	2409.7	4.9269				
400	0.00994	2619.3	2818.1	5.5540	0.00673	2477.8	2639.4	5.2393
440	0.01222	2774.9	3019.4	5.8450	0.00929	2700.6	2923.4	5.6506
480	0.01399	2891.2	3170.8	6.0518	0.01100	2838.3	3102.3	5.8950
520	0.01551	2992.0	3302.2	6.2218	0.01241	2950.5	3248.5	6.0842
560	0.01689	3085.2	3423.0	6.3705	0.01366	3051.1	3379.0	6.2448
600	0.01818	3174.0	3537.6	6.5048	0.01481	3145.2	3500.7	6.3875
640	0.01940	3260.2	3648.1	6.6286	0.01588	3235.5	3616.7	6.5174
700	0.02113	3386.4	3809.0	6.7993	0.01739	3366.4	3783.8	6.6947
740	0.02224	3469.3	3914.1	6.9052	0.01835	3451.7	3892.1	6.8038
800	0.02385	3592.7	4069.7	7.0544	0.01974	3578.0	4051.6	6.9567

t /(℃)	v /(m³/kg)	u /(kJ/kg)	h /(kJ/kg)	s /(kJ/ (kg·K))	v /(m³/kg)	u /(kJ/kg)	h /(kJ/kg)	s /(kJ/ (kg·K))
	$p=280\text{bar}=28.0\text{MPa}$				$p=320\text{bar}=32.0\text{MPa}$			
400	0.00383	2223.5	2330.7	4.7494	0.00236	1980.4	2055.9	4.3239
440	0.00712	2613.2	2812.6	5.4494	0.00544	2509.0	2683.0	5.2327
480	0.00885	2780.8	3028.5	5.7446	0.00722	2718.1	2949.2	5.5968
520	0.01020	2906.8	3192.3	5.9566	0.00853	2860.7	3133.7	5.8357
560	0.01136	3015.7	3333.7	6.1307	0.00963	2979.0	3287.2	6.0246
600	0.01241	3115.6	3463.0	6.2823	0.01061	3085.3	3424.6	6.1858
640	0.01338	3210.3	3584.8	6.4187	0.01150	3184.5	3552.5	6.3290
700	0.01473	3346.1	3758.4	6.6029	0.01273	3325.4	3732.8	6.5203
740	0.01558	3433.9	3870.0	6.7153	0.01350	3415.9	3847.8	6.6361
800	0.01680	3563.1	4033.4	6.8720	0.01460	3548.0	4015.8	6.7966
900	0.01873	3774.3	4298.8	7.1084	0.01633	3762.7	4285.1	7.0372

附表 5　压缩液态水的特性参数

t /(℃)	$v\times10^3$ /(m³/kg)	u /(kJ/kg)	h /(kJ/kg)	s /(kJ/ (kg·K))	$v\times10^3$ /(m³/kg)	u /(kJ/kg)	h /(kJ/kg)	s /(kJ/ (kg·K))
	$p=25.0\text{bar}=2.5\text{MPa}$ ($t_{sat}=223.99℃$)				$p=50.0\text{bar}=5.0\text{MPa}$ ($t_{sat}=263.99℃$)			
20	1.0006	83.80	86.30	0.2961	0.9995	83.65	88.65	0.2956
40	1.0067	167.25	169.77	0.5715	1.0056	166.95	171.97	0.5705
80	1.0280	334.29	336.86	1.0737	1.0268	333.72	338.85	1.0720
100	1.0423	418.24	420.85	1.3050	1.0410	417.52	422.72	1.3030
140	1.0784	587.82	590.52	1.7369	1.0768	586.76	592.15	1.7343
180	1.1261	761.16	763.97	2.1375	1.1240	759.63	765.25	2.1341
200	1.1555	849.9	852.8	2.3294	1.1530	848.1	853.9	2.3255
220	1.1898	940.7	943.7	2.5174	1.1866	938.4	944.4	2.5128
饱和	1.1973	95931	962.1	2.5546	1.2859	1147.8	1154.2	2.9202

t /(℃)	$v \times 10^3$ /(m³/kg)	u /(kJ/kg)	h /(kJ/kg)	s /(kJ/(kg·K))	$v \times 10^3$ /(m³/kg)	u /(kJ/kg)	h /(kJ/kg)	s /(kJ/(kg·K))
	$p = 75.0\text{bar} = 7.5\text{MPa}$ ($t_{sat} = 290.59$℃)				$p = 100.0\text{bar} = 10.0\text{MPa}$ ($t_{sat} = 311.06$℃)			
20	0.9984	83.50	90.99	0.2950	0.9972	83.36	93.33	0.2945
40	1.0045	166.64	174.18	0.5696	1.0034	166.35	176.38	0.5686
80	1.0256	333.15	340.84	1.0704	1.0245	332.59	342.83	1.0688
100	1.0397	416.81	424.62	1.3011	1.0385	416.12	426.50	1.2992
140	1.0752	585.72	593.78	1.731	1.0737	584.68	595.42	1.7292
180	1.1219	758.13	766.55	2.1308	1.1199	756.65	767.84	2.1275
220	1.1835	936.2	945.1	2.5083	1.1805	934.1	945.9	2.5039
260	1.2696	1124.4	1134.0	2.8763	1.2645	1121.1	1133.7	2.8699
饱和	1.3677	1282.0	1292.2	3.1649	1.4524	1393.0	1407.6	3.3596
	$p = 150.0\text{bar} = 15.0\text{MPa}$ ($t_{sat} = 324.24$℃)				$p = 200.0\text{bar} = 20.0\text{MPa}$ ($t_{sat} = 365.81$℃)			
20	0.9950	83.06	97.99	0.2934	0.9928	82.77	102.62	0.2923
40	1.0013	165.76	180.78	0.5666	0.9992	165.17	185.16	0.5646
80	1.0222	331.48	346.81	1.0656	1.0199	330.40	350.80	1.0624
100	1.0361	414.74	430.28	1.2955	1.0337	413.39	434.06	1.2917
140	1.0707	582.66	598.72	1.7242	1.0678	580.69	602.04	1.7193
180	1.1159	753.76	770.50	2.1210	1.1120	750.95	773.20	2.1147
220	1.1748	929.9	947.5	2.4953	1.1693	925.9	949.3	2.4870
260	1.2550	1114.6	1133.4	2.8576	1.2462	1108.6	1133.5	2.8459
300	1.3770	1316.6	1337.3	3.2260	1.3596	1306.1	1333.3	3.2071
饱和	1.6581	1585.6	1610.5	3.6848	2.036	1785.6	1826.3	4.0139
	$p = 250\text{bar} = 25.0\text{MPa}$				$p = 300\text{bar} = 30.0\text{MPa}$			
20	0.9907	82.47	107.24	0.2911	0.9886	82.17	111.84	0.2899
40	0.9971	164.60	189.52	0.5626	0.9951	164.04	193.89	0.5607
100	1.0313	412.08	437.85	1.2881	1.0290	410.78	441.66	1.2844
200	1.1344	834.5	862.8	2.2961	1.1302	831.4	865.3	2.2893
300	1.3442	1296.6	1330.2	3.1900	1.3304	1287.9	1327.8	3.1741

附表6 饱和水的特性参数（固—汽）

温度 /(℃)	压强 /kPa	比体积 /(m³/kg)		比内能 /(kJ/kg)			比焓 /(kJ/kg)			比熵 /(kJ/(kg·K))		
		饱和液体 $v_f \times 10^3$	饱和蒸汽 v_g	饱和固体 u_i	相变内能差 Δu_{ig}	饱和蒸汽 u_g	饱和固体 h_i	相变焓差 Δh_{ig}	饱和蒸汽 h_g	饱和固体 s_i	相变熵差 Δs_{ig}	饱和蒸汽 s_g
0.01	0.6113	1.0908	206.1	−333.40	2708.7	2375.3	−333.40	2834.8	2501.4	−1.221	10.378	9.156
0	0.6108	1.0908	206.3	−333.43	0708.8	2375.3	−333.43	2834.8	2501.3	−1.221	10.378	9.157
−2	0.5176	1.0904	241.7	−337.62	2710.2	2372.6	−337.62	2835.3	2497.7	−1.237	10.456	9.219
−4	0.4375	1.0901	283.8	−341.78	2711.6	2369.8	−341.78	2835.7	2494.0	−1.253	10.536	9.283
−6	0.3689	1.0898	334.2	−345.91	2712.9	2367.0	−345.91	2836.2	2490.3	−1.268	10.616	9.348
−8	0.3102	1.0894	394.4	−350.02	2714.2	2364.2	−350.02	2836.6	2486.6	−1.284	10.698	9.414
−10	0.2602	1.0891	466.7	−354.09	2715.5	2361.4	−354.09	2837.0	2482.9	−1.299	10.781	9.481
−12	0.2176	1.0888	553.7	−358.14	2716.8	2358.7	−358.14	2837.3	2479.2	−1.315	10.865	9.550
−14	0.1815	1.0884	658.8	−362.15	2718.0	2355.9	−362.15	2837.6	2475.5	−1.331	10.950	9.619
−16	0.1510	1.0881	786.0	−366.14	2719.2	2353.1	−366.14	2837.9	2471.8	−1.346	11.036	9.690
−18	0.1252	1.0878	940.5	−370.10	2720.4	2350.3	−370.10	2838.2	2468.1	−1.362	11.123	9.762
−20	0.1035	1.0874	1128.6	−374.03	2721.6	2347.5	−374.03	2838.4	2564.3	−1.377	11.212	9.835
−22	0.0853	1.0871	1358.4	−377.93	2722.7	2344.7	−377.93	2838.6	2460.6	−1.393	11.302	9.909
−24	0.0701	1.0868	1640.1	−381.80	2723.7	2342.0	−381.80	2838.7	2456.9	−1.408	11.394	9.985
−26	0.0574	1.0864	1986.4	−385.64	2724.8	2339.2	−385.64	2838.9	2453.2	−1.424	11.486	10.062
−28	0.0469	1.0861	2413.7	−389.45	2725.8	2336.4	−389.45	2839.0	2449.5	−1.439	11.580	10.141
−30	0.0381	1.0858	2943	−393.23	2726.8	2333.6	−293.23	2839.0	2445.8	−1.455	11.676	10.221
−32	0.0309	1.0854	3600	−396.98	2727.8	2330.8	−396.98	2839.1	2442.1	−1.471	11.773	10.303
−34	0.0250	1.0851	4419	−100.71	2728.7	2328.0	−400.71	2839.1	2438.4	−1.486	11.872	10.386
−36	0.0201	1.0848	5444	−404.40	2729.6	2325.2	−404.40	2839.1	2434.7	−1.501	11.972	10.470
−38	0.0161	1.0844	6731	−408.06	2730.5	2322.4	−408.06	2839.0	2430.9	−1.517	12.073	10.556
−40	0.0129	1.0841	8354	−411.70	2731.3	2319.6	−411.70	2838.9	2427.2	−1.532	12.176	10.644

附表 7　饱和制冷剂 12(液—汽)的特性参数(随温度变化)

温度/(℃)	压强/bar	比体积/(m³/kg)		比内能/(kJ/kg)		比焓/(kJ/kg)			比熵/(kJ/(kg·K))		温度/(℃)
		饱和液体 $v_f \times 10^3$	饱和蒸汽 v_g	饱和液体 u_f	饱和蒸汽 u_g	饱和液体 h_f	相变焓差 Δh_{fg}	饱和蒸汽 h_g	饱和液体 s_f	饱和蒸汽 s_g	
−40	0.6417	0.6595	0.24191	−0.04	154.07	0.00	169.59	169.59	0.0000	0.7274	−40
−35	0.8071	0.6656	0.19540	4.37	156.13	4.42	167.48	171.90	0.0187	0.7219	−35
−30	0.0041	0.6720	0.15938	8.79	158.20	8.86	165.33	174.20	0.0371	0.7170	−30
−28	1.0927	0.6746	0.14728	10.58	159.02	10.65	164.46	175.11	0.0444	0.7153	−28
−26	1.1872	0.6773	0.13628	12.35	159.84	12.43	163.59	176.02	0.0517	0.7135	−26
−25	1.2368	0.6786	0.13117	13.25	160.26	13.33	163.15	176.48	0.0552	0.7126	−25
−24	1.2880	0.6800	0.12628	14.13	160.67	14.22	162.71	176.93	0.0589	0.7119	−24
−22	1.3953	0.6827	0.11717	15.92	161.48	16.02	161.82	177.83	0.0660	0.7103	−22
−20	1.5093	0.6855	0.10885	17.72	162.31	17.82	160.92	178.74	0.0731	0.7087	−20
−18	1.6304	0.6883	0.10124	19.51	163.12	19.62	160.01	179.63	0.0802	0.7073	−18
−15	1.8260	0.6926	0.09102	22.20	164.35	22.33	158.64	180.97	0.0906	0.7051	−15
−10	2.1912	0.7000	0.07665	26.72	166.39	26.87	156.31	183.19	0.1080	0.7019	−10
−5	2.6096	0.7080	0.06496	31.27	168.42	31.45	153.93	185.37	0.1251	0.6991	−5
0	3.0861	0.7159	0.05539	35.83	170.44	36.05	153.48	187.53	0.1420	0.6965	0
4	3.5124	0.7227	0.04895	39.51	172.04	39.76	149.47	189.23	0.1553	0.6946	4
8	3.9815	0.7297	0.04340	43.21	173.63	43.50	147.41	190.91	0.1686	0.6929	8
12	4.4962	0.7370	0.03860	46.93	175.20	47.26	145.30	192.56	0.1817	0.6912	12
16	5.0591	0.7446	0.03442	50.67	176.78	51.05	143.14	194.19	0.1948	0.6898	16
20	5.6729	0.7525	0.03078	54.44	178.32	54.87	140.91	195.78	0.2078	0.6884	20
24	6.3405	0.7607	0.02759	58.25	179.85	58.73	138.61	197.34	0.2207	0.6871	24
26	6.6954	0.7650	0.02614	60.17	180.61	60.68	137.44	198.11	0.2271	0.6865	26
28	7.0648	0.7694	0.02478	62.09	181.36	62.63	136.24	198.87	0.2335	0.6859	28
30	7.4490	0.7739	0.02351	64.01	182.11	64.59	135.03	199.62	0.2400	0.6853	30
32	7.8485	0.7785	0.02231	65.96	182.85	66.57	133.79	200.36	0.2463	0.6847	32
34	8.2636	0.7832	0.02118	67.90	183.59	68.55	132.53	201.09	0.2527	0.6842	34
36	8.6948	0.7880	0.02012	69.86	184.31	70.55	131.25	201.80	0.2591	0.6836	36
38	9.1423	0.7929	0.01912	71.84	185.03	72.56	129.94	202.51	0.2655	0.6831	38
40	9.6065	0.7980	0.01817	73.82	185.74	74.59	128.61	203.20	0.2718	0.6825	40
42	10.088	0.8033	0.01728	75.82	186.45	76.63	127.25	203.88	0.2782	0.6820	42
44	10.587	0.8086	0.01644	77.82	187.13	76.68	125.87	204.54	0.2845	0.6814	44

温度 /(℃)	压强 /bar	比体积 /(m³/kg)		比内能 /(kJ/kg)		比焓 /(kJ/kg)			比熵 /(kJ/(kg·K))		温度 /(℃)
		饱和液体 $v_f \times 10^3$	饱和蒸汽 v_g	饱和液体 u_f	饱和蒸汽 u_g	饱和液体 h_f	相变焓差 Δh_{fg}	饱和蒸汽 h_g	饱和液体 s_f	饱和蒸汽 s_g	
48	11.639	0.8199	0.01488	81.88	188.51	82.83	123.00	205.83	0.2973	0.6802	48
52	12.766	0.8318	0.01349	86.00	189.83	87.06	119.99	207.05	0.3101	0.6791	52
56	13.972	0.8445	0.01224	90.18	191.10	91.36	116.84	208.20	0.3229	0.6779	56
60	15.259	0.8581	0.01111	94.43	192.31	95.74	113.52	209.26	0.3358	0.6765	60
112	41.155	1.7920	0.00179	175.98	175.95	183.35	0.000	183.35	0.5687	0.5687	112

附表 8 饱和制冷剂 12(液—汽)的特性参数(随压强变化)

压强 /bar	温度 /(℃)	比体积 /(m³/kg)		比内能 /(kJ/kg)		比焓 /(kJ/kg)			比熵 /(kJ/(kg·K))		压强 /bar
		饱和液体 $v_f \times 10^3$	饱和蒸汽 v_g	饱和液体 u_f	饱和蒸汽 u_g	饱和液体 h_f	相变焓差 Δh_{fg}	饱和蒸汽 h_g	饱和液体 s_f	饱和蒸汽 s_g	
0.6	−41.42	0.6578	0.2575	−1.29	153.49	−1.25	170.19	168.94	−0.0054	0.7290	0.6
1.0	−30.10	0.6719	0.1600	8.71	158.15	8.78	165.37	174.15	0.0368	0.7171	1.0
1.2	−25.74	0.6776	0.1349	12.58	159.95	12.66	163.48	176.14	0.0526	0.7133	1.2
1.4	−21.91	0.6828	0.1168	15.99	161.52	16.09	161.78	177.87	0.0663	0.7102	1.4
1.6	−18.49	0.6876	0.1031	19.07	162.91	19.18	160.23	179.41	0.0784	0.7076	1.6
1.8	−15.38	0.6921	0.09225	21.86	164.19	21.98	158.82	180.80	0.0893	0.7054	1.8
2.0	−12.53	0.6962	0.08354	24.43	165.36	24.57	157.50	182.07	0.0992	0.7035	2.0
2.4	−7.42	0.7040	0.07033	29.06	167.44	29.23	155.09	184.32	0.1168	0.7004	2.4
2.8	−2.93	0.7111	0.06076	33.15	169.26	33.35	152.92	186.27	0.1321	0.6980	2.8
3.2	1.11	0.7177	0.05351	36.85	170.88	37.08	150.92	188.00	0.1457	0.6960	3.2
4.0	8.15	0.7299	0.04321	43.35	173.69	43.64	147.33	190.97	0.1691	0.6928	4.0
5.0	15.60	0.7438	0.03482	50.30	176.61	50.67	143.35	194.02	0.1935	0.6899	5.0
6.0	22.00	0.7566	0.02913	56.35	179.09	56.80	139.77	196.57	0.2142	0.6878	6.0
7.0	27.65	0.7686	0.02501	61.75	181.23	62.29	136.45	198.74	0.23240	0.6860	7.0
8.0	32.74	0.7802	0.02188	66.68	183.13	67.30	133.33	200.63	0.2487	0.6845	8.0
9.0	37.37	0.7914	0.01942	71.22	184.81	71.93	130.36	202.29	0.2634	0.6832	9.0
10.0	41.64	0.8023	0.01744	75.46	186.32	76.26	127.50	203.76	0.2770	0.6820	10.0
12.0	49.31	0.8237	0.01441	83.22	188.95	84.21	122.03	206.24	0.3015	0.6799	12.0
14.0	56.09	0.8448	0.01222	90.28	191.11	91.46	116.76	208.22	0.3232	0.6778	14.0
16.0	62.19	0.8660	0.01054	96.80	192.95	98.19	111.62	209.81	0.3329	0.6758	16.0

附表 9　制冷剂 12 过热蒸汽的特性参数

t /(℃)	v /(m³/kg)	u /(kJ/kg)	h /(kJ/kg)	s /(kJ/ (kg·K))	v /(m³/kg)	u /(kJ/kg)	h /(kJ/kg)	s /(kJ/ (kg·K))
	$p = 0.6\text{bar} = 0.06\text{MPa}$ ($t_{\text{sat}} = -41.42℃$)				$p = 1.0\text{bar} = 0.10\text{MPa}$ ($t_{\text{sat}} = -30.10℃$)			
饱和	0.2575	153.49	168.94	0.7290	0.1600	158.15	174.15	0.7171
−40	0.2593	154.16	169.72	0.7324				
−20	0.2838	163.91	180.94	0.7785	0.1677	163.22	179.99	0.7406
0	0.3079	174.05	192.52	0.8225	0.1827	173.50	191.77	0.7854
10	0.3198	179.26	198.45	0.8439	0.1900	178.77	197.77	0.8070
20	0.3317	184.57	204.47	0.8647	0.1973	184.12	203.85	0.8281
30	0.3435	189.96	210.57	0.8852	0.2045	189.57	210.02	0.8488
40	0.3552	195.46	216.77	0.9053	0.2117	195.09	216.26	0.8691
50	0.3670	201.02	223.04	0.9251	0.2188	200.70	222.58	0.8889
60	0.3787	206.69	229.41	0.9444	0.2260	206.38	228.98	0.9084
80	0.4020	218.25	242.37	0.9822	0.2401	218.00	242.01	0.9464
	$p = 1.4\text{bar} = 0.14\text{MPa}$ ($t_{\text{sat}} = -21.91℃$)				$p = 1.8\text{bar} = 0.18\text{MPa}$ ($t_{\text{sat}} = -15.38℃$)			
饱和	0.1168	161.52	177.87	0.7102	0.0922	164.20	180.80	0.7054
−20	0.1179	162.50	179.01	0.7147				
−10	0.1235	167.69	184.97	0.7378	0.0925	164.39	181.03	0.7181
0	0.1289	172.94	190.99	0.7602	0.0991	172.37	190.21	0.7408
10	0.1343	178.28	197.08	0.7821	0.1034	177.77	196.38	0.7630
20	0.1397	183.67	203.23	0.8035	0.1076	183.23	202.60	0.7846
30	0.1449	189.17	209.46	0.8243	0.1118	188.77	208.89	0.8057
40	0.1502	194.72	215.75	0.8447	0.1160	194.35	215.23	0.8263
50	0.1553	200.38	222.12	0.8648	0.1201	200.02	221.64	0.8464
60	0.1605	206.08	228.55	0.8844	0.1241	205.78	228.12	0.8662
80	0.1707	217.74	241.64	0.9225	0.1322	217.47	217.27	0.9045
100	0.1809	229.67	255.00	0.9593	0.1402	229.45	254.69	0.9414
	$p = 2.0\text{bar} = 0.20\text{MPa}$ ($t_{\text{sat}} = -12.53℃$)				$p = 2.4\text{bar} = 0.24\text{MPa}$ ($t_{\text{sat}} = -7.42℃$)			
饱和	0.0835	165.37	182.07	0.7035	0.0703	167.45	184.32	0.7004
0	0.0886	172.08	189.08	0.7325	0.0729	171.49	188.99	0.7177
10	0.0926	177.50	196.02	0.7548	0.0763	176.98	195.29	0.7404

t /(℃)	v /(m³/kg)	u /(kJ/kg)	h /(kJ/kg)	s /(kJ/ (kg·K))	v /(m³/kg)	u /(kJ/kg)	h /(kJ/kg)	s /(kJ/ (kg·K))
	$p=2.0\text{bar}=0.20\text{MPa}$ ($t_{sat}=-12.53℃$)				$p=2.4\text{bar}=0.24\text{MPa}$ ($t_{sat}=-7.42℃$)			
20	0.0964	183.00	202.28	0.7766	0.0796	182.53	201.63	0.7624
30	0.1002	188.56	208.60	0.7978	0.0828	188.14	208.01	0.7838
40	0.1040	194.17	214.97	0.8184	0.0860	193.80	214.44	0.8047
50	0.1077	199.86	221.40	0.8387	0.0892	199.51	220.92	0.8251
60	0.1114	205.62	227.90	0.8585	0.0923	205.31	227.46	0.8450
80	0.1187	217.35	241.09	0.8969	0.0985	217.07	240.71	0.8836
100	0.1259	229.35	254.53	0.9339	0.1045	229.12	254.20	0.9208
120	0.1331	241.59	268.21	0.9696	0.1105	241.41	267.93	0.9566
	$p=2.8\text{bar}=0.28\text{MPa}$ ($t_{sat}=-2.93℃$)				$p=3.2\text{bar}=0.32\text{MPa}$ ($t_{sat}=-1.11℃$)			
饱和	0.06076	169.26	186.27	0.6980	0.05351	170.88	188.00	0.6960
0	0.06166	170.89	188.15	0.7049				
10	0.6464	176.45	194.55	0.7279	0.05590	175.90	193.79	0.7167
20	0.06755	182.06	200.97	0.7502	0.05852	181.57	200.30	0.7393
30	0.07040	187.71	207.42	0.7718	0.06106	187.28	206.82	0.7612
40	0.07319	193.42	213.91	0.7928	0.06355	193.02	213.36	0.7824
50	0.07594	199.18	220.44	0.8134	0.06600	198.82	219.94	0.8031
60	0.07865	205.00	227.02	0.8334	0.06841	204.68	226.57	0.8233
80	0.08399	216.82	240.34	0.8772	0.07314	216.55	239.96	0.8623
100	0.08924	228.29	253.88	0.9095	0.07778	228.66	253.55	0.8997
120	0.09443	241.21	267.65	0.9455	0.08236	241.00	267.36	0.9358
	$p=4.0\text{bar}=0.40\text{MPa}$ ($t_{sat}=8.15℃$)				$p=5.0\text{bar}=0.50\text{MPa}$ ($t_{sat}=15.60℃$)			
饱和	0.04321	173.69	190.97	0.6928	0.03482	176.61	194.02	0.6899
10	0.04363	174.76	192.21	0.6972				
20	0.04584	180.57	198.91	0.7204	0.03565	179.26	197.08	0.7004
30	0.04797	186.39	205.58	0.7428	0.03746	185.23	203.96	0.7235
40	0.05005	192.23	212.25	0.7645	0.03922	191.20	210.81	0.7457
50	0.05207	198.11	218.94	0.7855	0.04091	197.19	217.64	0.7672
60	0.05406	204.03	225.65	0.8060	0.04257	203.20	224.48	0.7881

t /（℃）	v /（m³/kg）	u /（kJ/kg）	h /（kJ/kg）	s /（kJ/ （kg·K））	v /（m³/kg）	u /（kJ/kg）	h /（kJ/kg）	s /（kJ/ （kg·K））
	$p=4.0\text{bar}=0.40\text{MPa}$ （$t_{sat}=8.15℃$）				$p=5.0\text{bar}=0.50\text{MPa}$ （$t_{sat}=15.60℃$）			
80	0.05791	216.03	239.19	0.8454	0.04578	215.32	238.21	0.8281
100	0.06173	228.20	252.89	0.8831	0.04889	227.61	252.05	0.8662
120	0.06546	240.61	266.79	0.9194	0.05193	240.10	266.06	0.9028
140	0.06913	253.23	280.88	0.9544	0.05492	252.77	280.23	0.9379
	$p=6.0\text{bar}=0.60\text{MPa}$ （$t_{sat}=22.00℃$）				$p=7.0\text{bar}=0.70\text{MPa}$ （$t_{sat}=27.65℃$）			
饱和	0.02913	179.09	196.57	0.6878	0.02501	181.23	198.74	0.6860
30	0.03042	184.01	202.26	0.7068	0.02535	182.72	200.46	0.6917
40	0.03197	190.13	209.31	0.7297	0.02676	189.00	207.73	0.7153
50	0.03345	196.23	216.30	0.7516	0.02810	195.23	214.90	0.7378
60	0.03489	202.34	223.27	0.7729	0.02939	201.45	222.02	0.7595
80	0.03765	214.61	237.20	0.8135	0.03184	213.88	236.17	0.8008
100	0.04032	227.01	251.20	0.8520	0.03419	226.40	250.33	0.8398
120	0.04291	239.57	265.32	0.8889	0.03646	239.05	264.57	0.8769
140	0.04545	252.31	279.58	0.9243	0.03867	251.85	278.92	0.9125
160	0.04794	265.25	294.01	0.9584	0.04085	264.83	293.42	0.9468
	$p=8.0\text{bar}=0.80\text{MPa}$ （$t_{sat}=32.74℃$）				$p=9.0\text{bar}=0.90\text{MPa}$ （$t_{sat}=37.37℃$）			
饱和	0.02188	183.13	200.63	0.6845	0.01942	184.81	202.29	0.6832
40	0.02283	187.81	206.07	0.7021	0.01974	186.55	204.32	0.6897
50	0.02407	194.19	213.45	0.7253	0.02091	193.10	211.92	0.7136
60	0.02525	200.52	220.72	0.7474	0.02201	199.56	219.37	0.7363
80	0.02748	213.13	235.11	0.7894	0.02407	212.37	234.03	0.7790
100	0.02959	225.77	249.44	0.8289	0.02601	225.13	245.54	0.8190
120	0.03162	238.51	263.81	0.8664	0.02785	237.97	263.03	0.8569
140	0.03359	251.39	278.26	0.9022	0.02964	250.90	277.58	0.8930
160	0.03552	264.41	292.83	0.9367	0.03138	263.99	292.23	0.9276
180	0.03742	277.60	307.54	0.9699	0.03309	277.23	307.01	0.9609
	$p=10.0\text{bar}=1.00\text{MPa}$ （$t_{sat}=41.64℃$）				$p=12.0\text{bar}=1.20\text{MPa}$ （$t_{sat}=49.31℃$）			
饱和	0.01744	186.32	203.76	0.6820	0.01441	188.95	206.24	0.6799
50	0.01837	191.95	210.32	0.7026	0.01448	189.43	206.81	0.6816

t /（℃）	v /（m³/kg）	u /（kJ/kg）	h /（kJ/kg）	s /（kJ/（kg·K））	v /（m³/kg）	u /（kJ/kg）	h /（kJ/kg）	s /（kJ/（kg·K））
	$p=10.0\text{bar}=1.00\text{MPa}$ （$t_{sat}=41.64℃$）				$p=12.0\text{bar}=1.20\text{MPa}$ （$t_{sat}=49.31℃$）			
60	0.01941	198.56	217.97	0.7259	0.01546	196.41	214.96	0.7065
80	0.02134	211.57	232.91	0.7695	0.01722	209.91	230.57	0.7520
100	0.02313	224.48	247.61	0.8100	0.01881	223.13	245.70	0.7937
120	0.02484	237.41	262.25	0.8482	0.02030	236.27	260.63	0.8326
140	0.02647	250.43	276.90	0.8845	0.02172	249.45	275.51	0.8696
160	0.02807	263.56	291.63	0.9193	0.02309	263.70	290.41	0.9048
180	0.02963	276.84	306.47	0.9528	0.02443	276.05	305.37	0.9385
200	0.03116	290.26	321.42	0.9851	0.02574	289.55	320.44	0.9711
	$p=14.0\text{bar}=1.40\text{MPa}$ （$t_{sat}=56.09℃$）				$p=16.0\text{bar}=1.60\text{MPa}$ （$t_{sat}=62.19℃$）			
饱和	0.01222	191.11	208.22	0.6778	0.01054	192.95	209.81	0.6758
60	0.01258	194.00	211.61	0.6881				
80	0.01425	208.11	228.06	0.7360	0.01198	206.17	225.34	0.7209
100	0.01571	221.70	243.69	0.7791	0.01337	220.19	241.58	0.7656
120	0.01705	235.09	258.96	0.8189	0.01461	233.84	257.22	0.8065
140	0.01832	248.43	274.08	0.8564	0.01577	247.38	272.61	0.8447
160	0.01954	261.80	289.16	0.8921	0.01686	260.90	287.88	0.8808
180	0.02071	275.27	304.26	0.9262	0.01792	274.47	303.14	0.9152
200	0.02186	288.84	319.44	0.9589	0.01895	288.11	318.43	0.9482
220	0.02299	302.51	334.70	0.9905	0.01996	301.84	333.78	0.9800

附表 10　饱和制冷剂 134a（液—汽）的特性参数（随温度变化）

温度 /（℃）	压强 /bar	比体积 /（m³/kg）		比内能 /（kJ/kg）		比焓 /（kJ/kg）			比熵 /（kJ/（kg·K））		温度 /（℃）
		饱和液体 $v_f×10^3$	饱和蒸汽 v_g	饱和液体 u_f	饱和蒸汽 u_g	饱和液体 h_f	相变焓差 Δh_{fg}	饱和蒸汽 h_g	饱和液体 s_f	饱和蒸汽 s_g	
−40	0.5164	0.7055	0.3569	−0.04	204.45	0.00	222.88	222.88	0.0000	0.9560	−40
−36	0.6332	0.7113	0.2947	4.680	206.73	4.73	220.67	225.40	0.0201	0.9506	−36
−32	0.7704	0.7172	0.2451	9.470	209.01	9.52	218.37	227.90	0.0401	0.9456	−32
−28	0.9305	0.7233	0.2052	14.31	211.29	14.37	216.01	230.38	0.0600	0.9411	−28
−26	1.0199	0.7265	0.1882	16.75	212.43	16.82	214.80	231.62	0.0699	0.9390	−26
−24	1.1160	0.7296	0.1728	19.21	213.57	19.29	213.57	232.85	0.0798	0.9370	−24
−22	1.2192	0.7328	0.1590	21.68	214.70	21.77	212.32	234.08	0.0897	0.9351	−22
−20	1.3299	0.7361	0.1464	24.17	215.84	24.26	211.05	235.31	0.0996	0.9332	−20

（续）

温度 /(℃)	压强 /bar	比体积 /(m³/kg)		比内能 /(kJ/kg)		比焓 /(kJ/kg)			比熵 /(kJ/(kg·K))		温度 /(℃)
		饱和液体 $v_f \times 10^3$	饱和蒸汽 v_g	饱和液体 u_f	饱和蒸汽 u_g	饱和液体 h_f	相变焓差 Δh_{fg}	饱和蒸汽 h_g	饱和液体 s_f	饱和蒸汽 s_g	
−18	1.4483	0.7395	0.1350	26.67	216.97	26.77	209.76	236.53	0.1094	0.9315	−18
−16	1.5748	0.7428	0.1247	29.18	218.10	29.30	208.45	237.74	0.1192	0.9298	−16
−12	1.8540	0.7498	0.1068	34.25	220.36	34.39	205.77	240.15	0.1388	0.9267	−12
−8	2.1704	0.7569	0.0919	39.38	222.60	39.54	203.00	242.54	0.1583	0.9239	−8
−4	2.5274	0.7644	0.0794	44.56	224.84	44.75	200.15	244.90	0.1777	0.9213	−4
0	2.9282	0.7721	0.0689	49.79	227.06	50.02	197.21	247.23	0.1970	0.9190	0
4	3.3765	0.7801	0.0600	55.08	229.27	55.35	194.19	249.53	0.2162	0.9169	4
8	3.3856	0.7884	0.0525	60.43	231.46	60.73	191.07	251.80	0.2354	0.9150	8
12	4.4294	0.7971	0.0460	65.83	233.63	66.18	187.85	254.03	0.2545	0.9132	12
16	5.0416	0.8062	0.0405	71.29	235.78	71.69	184.52	256.22	0.2735	0.9116	16
20	5.7160	0.8157	0.0358	76.80	237.91	77.26	181.09	258.36	0.2924	0.9102	20
24	6.4566	0.8257	0.0317	82.37	240.01	82.90	177.55	260.45	0.3113	0.9089	24
26	6.8530	0.8309	0.0298	85.18	241.05	85.75	175.73	261.48	0.3208	0.9082	26
28	7.2675	0.8362	0.0281	88.80	242.08	88.61	173.89	262.50	0.3302	0.9076	28
30	7.7006	0.8417	0.0265	90.84	243.10	91.49	172.00	263.50	0.3396	0.9070	30
32	8.1528	0.8473	0.0250	93.70	244.12	94.39	170.09	264.48	0.3490	0.9064	32
34	8.6247	0.8530	0.0236	96.58	245.12	97.31	168.14	265.45	0.3584	0.9058	34
36	9.1168	0.8590	0.0223	99.47	246.11	100.25	166.15	266.40	0.3678	0.9053	36
38	9.6298	0.8651	0.0210	102.38	247.09	103.21	164.12	267.33	0.3772	0.9047	38
40	10.164	0.8714	0.0199	105.30	248.06	106.19	162.05	268.24	0.3866	0.9041	40
42	10.720	0.8780	0.0188	108.25	249.02	109.19	159.94	269.14	0.3960	0.9035	42
44	11.299	0.8847	0.0177	111.22	249.96	112.22	157.79	270.01	0.4054	0.9030	44
48	12.526	0.8989	0.0159	117.22	251.79	118.35	153.33	271.68	0.4243	0.9017	48
52	13.851	0.9142	0.0142	123.31	253.55	124.58	148.66	273.24	0.4432	0.9004	52
56	15.278	0.9308	0.0127	129.51	255.23	130.93	143.75	274.68	0.4622	0.8990	56
60	1.813	0.9488	0.0114	135.82	256.81	137.42	138.57	275.99	0.4814	0.8973	60
70	21.162	1.0027	0.0086	152.22	260.15	154.34	124.08	278.43	0.5302	0.8918	70
80	26.324	1.0766	0.0064	169.88	262.14	172.71	106.41	279.12	0.5814	0.8827	80
90	32.435	1.1949	0.0046	189.82	261.34	193.69	82.63	276.32	0.6380	0.8655	90
100	39.742	1.5443	0.0027	218.60	248.49	224.74	34.40	259.13	0.7196	0.8117	100

348

附表 11　饱和制冷剂 134a(液—汽)的特性参数(随压强变化)

压强 /bar	温度 /(℃)	比体积 /(m³/kg)		比内能 /(kJ/kg)		比焓 /(kJ/kg)			比熵 /(kJ/(kg·K))		压强 /bar
		饱和液体 $v_f \times 10^3$	饱和蒸汽 v_g	饱和液体 u_f	饱和蒸汽 u_g	饱和液体 h_f	相变焓差 Δh_{fg}	饱和蒸汽 h_g	饱和液体 s_f	饱和蒸汽 s_g	
0.6	−37.07	0.7097	0.3100	3.41	206.12	3.46	221.27	224.72	0.0147	0.9520	0.6
0.8	−31.21	0.7184	0.2366	10.41	209.46	10.47	217.92	228.39	0.0440	0.9447	0.8
1.0	−26.43	0.7258	0.1917	16.22	212.18	16.29	215.06	231.35	0.0678	0.9395	1.0
1.2	−22.36	0.7323	0.1614	21.23	214.50	21.32	212.54	233.86	0.0879	0.9354	1.2
1.4	−18.80	0.7381	0.1395	25.66	216.52	25.77	210.27	236.04	0.1055	0.9322	1.4
1.6	−15.62	0.7435	0.1229	29.66	218.32	29.78	208.19	237.97	0.1211	0.9295	1.6
1.8	−12.73	0.7485	0.1098	33.31	219.94	33.45	206.26	239.71	0.1352	0.9273	1.8
2.0	−10.09	0.7532	0.0993	36.69	221.43	36.84	204.46	241.30	0.1481	0.9253	2.0
2.4	−5.37	0.7618	0.0834	42.77	224.07	42.95	201.14	244.09	0.1710	0.9222	2.4
2.8	−1.23	0.7697	0.0719	48.18	226.38	48.39	198.13	246.52	0.1911	0.9197	2.8
3.2	2.48	0.7770	0.0632	53.06	228.43	53.31	195.35	248.66	0.2089	0.9177	3.2
3.6	5.84	0.7839	0.0564	57.54	230.28	57.82	192.76	250.58	0.2251	0.9160	3.6
4.0	8.93	0.7904	0.0509	61.69	231.97	62.00	190.32	252.32	0.2399	0.9145	4.0
5.0	15.74	0.8056	0.0409	70.93	235.64	71.33	184.74	256.07	0.2723	0.9117	5.0
6.0	21.58	0.8196	0.0341	78.99	238.74	79.48	179.71	259.19	0.2999	0.9097	6.0
7.0	26.72	0.8328	0.0292	86.19	241.42	86.78	175.07	261.85	0.3242	0.9080	7.0
8.0	31.33	0.8454	0.0255	92.75	243.78	93.42	170.73	264.15	0.3459	0.9066	8.0
9.0	35.53	0.8576	0.0226	98.79	245.88	99.56	166.62	266.18	0.3656	0.9054	9.0
10.0	39.39	0.8695	0.0202	104.42	247.77	105.29	162.68	267.97	0.3838	0.9043	10.0
12.0	46.32	0.8928	0.0166	114.69	251.03	115.76	155.23	270.99	0.4164	0.9023	12.0
14.0	52.43	0.9159	0.0140	123.18	253.74	125.26	148.14	273.40	0.4453	0.900.	14.0
16.0	57.92	0.9392	0.0121	132.52	256.00	134.02	141.31	275.33	0.4714	0.8982	16.0
18.0	62.91	0.9631	0.0105	140.49	257.88	142.22	134.60	276.83	0.4954	0.8959	18.0
20.0	67.49	0.9878	0.0093	148.02	259.41	149.99	127.95	277.94	0.5178	0.8934	20.0
25.0	77.59	1.0562	0.0069	165.48	261.84	168.12	111.06	279.17	0.5687	0.8854	25.0
30.0	86.22	1.1416	0.0053	181.88	262.16	185.30	92.710	278.01	0.6156	0.8735	30.0

附表 12　制冷剂 134a 过热蒸汽的特性参数

t /(℃)	v /(m³/kg)	u /(kJ/kg)	h /(kJ/kg)	s/(kJ/(kg·K))	v /(m³/kg)	u /(kJ/kg)	h /(kJ/kg)	s/(kJ/(kg·K))
	$p=0.06\text{bar}=0.006\text{MPa}$ ($t_{sat}=-37.07℃$)				$p=1.0\text{bar}=0.10\text{MPa}$ ($t_{sat}=-26.43℃$)			
饱和	0.31003	206.12	224.72	0.9520	0.19170	212.18	231.35	0.9395

t /（℃）	v /（m³/kg）	u /（kJ/kg）	h /（kJ/kg）	s/（kJ/ （kg·K））	v /（m³/kg）	u /（kJ/kg）	h /（kJ/kg）	s/（kJ/ （kg·K））
	$p=0.06\text{bar}=0.006\text{MPa}$ （$t_{sat}=-37.07℃$）				$p=1.0\text{bar}=0.10\text{MPa}$ （$t_{sat}=-26.43℃$）			
−20	0.33536	217.86	237.98	1.0062	0.19770	216.77	236.54	0.9602
−10	0.34992	224.97	245.96	1.0371	0.20686	224.01	244.70	0.9918
0	0.36433	232.24	254.10	1.0675	0.21587	231.41	252.99	1.0227
10	0.37861	239.69	262.41	1.0973	0.22473	238.96	261.43	1.0531
20	0.39279	247.32	270.89	1.1267	0.23349	246.67	270.02	1.0829
30	0.40688	255.12	279.53	1.1557	0.24216	254.54	278.76	1.1122
40	0.42091	263.10	288.35	1.1844	0.25076	262.58	287.66	1.1411
50	0.43487	271.25	297.34	1.2126	0.25930	270.79	296.72	1.1696
60	0.44879	279.58	306.51	1.2405	0.26779	279.16	305.94	1.1977
70	0.46266	288.08	315.84	1.2681	0.27623	287.70	315.32	1.2254
80	0.47650	296.75	325.34	1.2954	0.28464	296.40	324.87	1.2528
90	0.49031	305.58	335.00	1.3224	0.29302	305.27	334.57	1.2799
	$p=1.4\text{bar}=0.14\text{MPa}$ （$t_{sat}=-18.80℃$）				$p=1.8\text{bar}=0.18\text{MPa}$ （$t_{sat}=-12.73℃$）			
饱和	0.13945	216.52	236.04	0.9322	0.10983	219.94	239.71	0.9273
−10	0.14549	223.03	243.40	0.9606	0.11135	222.02	242.06	0.9362
0	0.15219	230.55	251.86	0.9922	0.11678	229.67	250.69	0.9684
10	0.15875	238.21	260.43	1.0230	0.12207	237.44	259.41	0.9998
20	0.16520	246.01	269.13	1.0532	0.12723	245.33	268.23	1.0304
30	0.17155	253.96	277.97	1.0828	0.13230	253.36	277.17	1.0604
40	0.17783	262.06	286.96	1.1120	0.13730	261.53	286.24	1.0898
50	0.18404	270.32	296.09	1.1407	0.14222	269.85	295.45	1.1187
60	0.19020	278.74	305.37	1.1690	0.14710	278.31	304.79	1.1472
70	0.19633	287.32	314.80	1.1969	0.15193	286.93	314.28	1.1753
80	0.20241	296.06	324.39	1.2244	0.15672	295.71	323.92	1.2030
90	0.20846	304.95	334.14	1.2516	0.16148	304.63	333.70	1.2303
100	0.21449	314.01	344.04	1.2785	0.16622	313.72	343.63	1.2573
	$p=2.0\text{bar}=0.20\text{MPa}$ （$t_{sat}=-10.09℃$）				$p=2.4\text{bar}=0.24\text{MPa}$ （$t_{sat}=-5.37℃$）			
饱和	0.09933	221.43	241.30	0.9253	0.08343	224.07	244.09	0.9222
−10	0.09938	221.50	241.38	0.9256				
0	0.10438	229.23	250.10	0.9582	0.08574	228.31	248.89	0.9399

t /（℃）	v /（m³/kg）	u /（kJ/kg）	h /（kJ/kg）	s/（kJ/ （kg·K））	v /（m³/kg）	u /（kJ/kg）	h /（kJ/kg）	s/（kJ/ （kg·K））
	$p=2.0\mathrm{bar}=0.20\mathrm{MPa}$ （$t_{\mathrm{sat}}=-10.09℃$）				$p=2.4\mathrm{bar}=0.24\mathrm{MPa}$ （$t_{\mathrm{sat}}=-5.37℃$）			
10	0.10922	237.05	258.89	0.9898	0.08993	236.26	257.84	0.9721
20	0.11394	244.99	267.78	1.0206	0.09399	244.30	266.85	1.0034
30	0.11856	253.06	276.77	1.0508	0.09794	252.45	275.95	1.0339
40	0.12311	261.26	285.88	1.0804	0.10181	260.72	285.16	1.0637
50	0.12758	269.61	295.12	1.1094	0.10562	269.12	294.47	1.0930
60	0.13201	278.10	304.50	1.1380	0.10937	277.67	303.91	1.1218
70	0.13639	286.74	314.02	1.1661	0.11307	286.35	313.49	1.1501
80	0.14073	295.53	323.68	1.1939	0.11674	295.18	323.19	1.1780
90	0.14504	304.47	333.48	1.2212	0.12037	304.15	333.04	1.2055
100	0.14932	313.57	343.43	1.2483	0.12398	313.27	343.03	1.2326
	$p=2.8\mathrm{bar}=0.28\mathrm{MPa}$ （$t_{\mathrm{sat}}=-1.23℃$）				$p=3.2\mathrm{bar}=0.32\mathrm{MPa}$ （$t_{\mathrm{sat}}=2.48℃$）			
饱和	0.07193	226.38	246.52	0.9197	0.06322	228.43	248.66	0.9177
0	0.07240	227.37	247.64	0.9238				
10	0.07613	235.44	256.76	0.9566	0.06576	234.61	255.65	0.9427
20	0.07972	243.59	265.91	0.9883	0.06901	242.87	264.95	0.9749
30	0.08320	251.83	275.12	1.0192	0.07214	251.19	274.28	1.0062
40	0.08660	260.17	284.42	1.0494	0.07518	259.61	283.67	1.0367
50	0.08992	268.64	293.81	1.0789	0.07815	268.14	293.15	1.0665
60	0.09319	277.23	303.32	1.1079	0.08106	276.79	302.72	1.0957
70	0.09641	285.96	312.95	1.1364	0.08392	285.56	312.41	1.1243
80	0.09960	294.82	322.71	1.1644	0.08674	294.46	322.22	1.1525
90	0.10275	303.83	332.60	1.1920	0.08953	303.50	332.15	1.1802
100	0.10587	312.98	342.62	1.2193	0.09229	312.68	342.21	1.2076
110	0.10897	322.27	352.78	1.2461	0.09503	322.00	352.40	1.2345
120	0.11205	331.71	363.08	1.2727	0.09774	331.45	362.73	1.2611
	$p=4.0\mathrm{bar}=0.40\mathrm{MPa}$ （$t_{\mathrm{sat}}=8.93℃$）				$p=5.0\mathrm{bar}=0.50\mathrm{MPa}$ （$t_{\mathrm{sat}}=15.74℃$）			
饱和	0.05089	231.97	252.32	0.9145	0.04086	235.64	256.07	0.9117
10	0.05119	232.87	253.35	0.9182				
20	0.05397	241.37	262.96	0.9515	0.04188	239.40	260.34	0.9264
30	0.05662	249.89	272.54	0.9837	0.04416	248.20	270.28	0.9597

351

t /(℃)	v /(m³/kg)	u /(kJ/kg)	h /(kJ/kg)	s/(kJ/ (kg·K))	v /(m³/kg)	u /(kJ/kg)	h /(kJ/kg)	s/(kJ/ (kg·K))
	$p=4.0\text{bar}=0.40\text{MPa}$ ($t_{sat}=8.93℃$)				$p=5.0\text{bar}=0.50\text{MPa}$ ($t_{sat}=15.74℃$)			
40	0.05917	258.47	282.14	1.0148	0.04633	256.99	280.16	0.9918
50	0.06164	267.13	291.79	1.0452	0.04842	265.83	290.04	1.0229
60	0.06405	275.89	301.51	1.0748	0.05043	274.73	299.95	1.0531
70	0.06641	284.75	311.32	1.1038	0.05240	283.72	309.92	1.0825
80	0.06873	293.73	321.23	1.1322	0.05432	292.80	319.96	1.1114
90	0.07102	302.84	331.25	1.1602	0.05620	302.00	330.10	1.1397
100	0.07327	312.08	341.38	1.1878	0.05805	311.31	340.33	1.1675
110	0.07550	321.44	351.64	1.2149	0.05988	320.74	350.68	1.1949
120	0.07771	330.94	362.03	1.2417	0.06168	330.30	361.14	1.2218
130	0.07991	340.58	372.54	1.2681	0.06347	339.98	371.72	1.2484
140	0.08208	350.35	383.18	1.2941	0.06524	349.79	382.42	1.2746
	$p=6.0\text{bar}=0.60\text{MPa}$ ($t_{sat}=21.58℃$)				$p=7.0\text{bar}=0.70\text{MPa}$ ($t_{sat}=26.72℃$)			
饱和	0.03408	238.74	259.19	0.9097	0.02918	241.42	261.85	0.9080
30	0.03581	246.41	267.89	0.9388	0.02979	244.51	265.37	0.9197
40	0.03774	255.45	278.09	0.9719	0.03157	253.83	275.93	0.9539
50	0.03958	264.48	288.23	1.0037	0.03324	263.08	286.35	0.9867
60	0.04134	273.54	298.35	1.0346	0.03482	272.31	296.69	1.0182
70	0.04304	282.66	308.48	1.0645	0.03634	281.57	307.01	1.0487
80	0.04469	291.86	318.67	1.0938	0.03781	290.88	317.35	1.0784
90	0.04631	301.14	328.93	1.1225	0.03924	300.27	327.74	1.1074
100	0.04790	310.53	339.27	1.1505	0.04064	309.74	338.19	1.1358
110	0.04946	320.03	349.70	1.1781	0.04201	319.31	348.71	1.1637
120	0.05099	329.64	360.24	1.2053	0.04335	328.98	359.33	1.1910
130	0.05251	339.38	370.88	1.2320	0.04468	338.76	370.04	1.2179
140	0.05402	349.23	381.64	1.2584	0.04599	348.66	380.86	1.2444
150	0.05550	359.21	392.52	1.2844	0.04729	358.68	391.79	1.2706
160	0.05698	369.32	403.51	1.3100	0.04857	368.82	402.82	1.2963
	$p=8.0\text{bar}=0.80\text{MPa}$ ($t_{sat}=31.33℃$)				$p=9.0\text{bar}=0.90\text{MPa}$ ($t_{sat}=35.53℃$)			
饱和	0.02547	243.78	264.15	0.9066	0.02255	245.88	266.18	0.9054
40	0.02691	252.13	273.66	0.9374	0.02325	250.32	271.25	0.9217

t /(℃)	v /(m³/kg)	u /(kJ/kg)	h /(kJ/kg)	s/(kJ/ (kg·K))	v /(m³/kg)	u /(kJ/kg)	h /(kJ/kg)	s/(kJ/ (kg·K))
	$p=8.0\text{bar}=0.80\text{MPa}$ ($t_\text{sat}=31.33℃$)				$p=9.0\text{bar}=0.90\text{MPa}$ ($t_\text{sat}=35.53℃$)			
50	0.02846	261.62	284.39	0.9711	0.02472	260.09	282.34	0.9566
60	0.02992	271.04	294.98	1.0034	0.02609	269.72	293.21	0.9897
70	0.03131	280.45	305.50	1.0345	0.02738	279.30	303.94	1.0214
80	0.03264	289.89	316.00	1.0647	0.02861	288.87	314.62	1.0521
90	0.03393	299.37	326.52	1.0940	0.02980	298.46	325.28	1.0819
100	0.03519	308.93	337.08	1.1227	0.03095	308.11	335.96	1.1109
110	0.03642	318.57	347.71	1.1508	0.03207	317.82	346.68	1.1392
120	0.03762	328.31	358.40	1.1784	0.03316	327.62	357.47	1.1670
130	0.03881	338.14	369.19	1.2055	0.03423	337.52	368.33	1.1943
140	0.03997	348.09	380.07	1.2321	0.03529	347.51	379.27	1.2211
150	0.04113	358.15	391.05	1.2584	0.03633	357.61	390.31	1.2475
160	0.04227	368.32	402.14	1.2843	0.03736	367.82	401.44	1.2735
170	0.04340	378.61	413.33	1.3098	0.03838	378.14	412.68	1.2992
180	0.04452	389.02	424.63	1.3351	0.03939	388.57	424.02	1.3245
	$p=10.0\text{bar}=1.00\text{MPa}$ ($t_\text{sat}=39.39℃$)				$p=12.0\text{bar}=1.20\text{MPa}$ ($t_\text{sat}=46.32℃$)			
饱和	0.02020	247.77	267.97	0.9043	0.01663	251.03	270.99	0.9023
40	0.02029	248.39	268.68	0.9066				
50	0.02171	258.48	280.19	0.9428	0.01712	254.98	275.52	0.9164
60	0.02301	268.35	291.36	0.9768	0.01835	265.42	287.44	0.9527
70	0.02423	278.11	302.34	1.0093	0.01947	275.59	298.96	0.9868
80	0.02538	287.82	313.20	1.0405	0.02051	285.62	310.24	1.0192
90	0.02649	297.53	324.01	1.0707	0.02150	295.59	321.39	1.0503
100	0.02755	307.27	334.82	1.1000	0.02244	305.54	332.47	1.0804
110	0.02858	317.06	345.65	1.1286	0.02335	315.50	343.52	1.1096
120	0.02959	326.93	356.52	1.1567	0.02423	325.51	354.58	1.1381
130	0.03058	317.06	345.65	1.1286	0.02508	335.58	365.68	1.1660
140	0.03154	346.92	378.46	1.1841	0.02592	345.73	376.83	1.1933
150	0.03250	357.06	389.56	1.2376	0.02674	355.95	388.04	1.2201
160	0.03344	367.31	400.74	1.2638	0.02754	366.27	399.33	1.2465
170	0.03436	377.66	412.02	1.2895	0.02834	376.69	410.70	1.2724
180	0.03528	388.12	423.40	1.3149	0.02912	387.21	422.16	1.2980

t /(℃)	v /(m³/kg)	u /(kJ/kg)	h /(kJ/kg)	s/(kJ/(kg·K))	v /(m³/kg)	u /(kJ/kg)	h /(kJ/kg)	s/(kJ/(kg·K))
	\multicolumn{4}{c}{$p=14.0$bar=1.40MPa ($t_{sat}=52.43$℃)}					
饱和	0.01405	253.74	273.40	0.9003	0.01208	256.00	275.33	0.8982
60	0.01495	262.17	283.10	0.9297	0.01233	258.48	278.20	0.9069
70	0.01603	272.87	295.31	0.9658	0.01340	269.89	291.33	0.9457
80	0.01701	283.29	307.10	0.9997	0.01435	280.78	303.74	0.9813
90	0.01792	293.55	318.63	1.0319	0.01521	291.39	315.72	1.0148
100	0.01878	303.73	330.02	1.0628	0.01601	301.84	327.46	1.0467
110	0.01960	313.88	341.32	1.0927	0.01677	312.20	339.04	1.0773
120	0.02039	324.05	352.59	1.1218	0.01750	322.53	350.53	1.1069
130	0.02115	334.25	363.86	1.1501	0.01820	332.87	361.99	1.1357
140	0.02189	344.50	375.15	1.1777	0.01887	343.24	373.44	1.1638
150	0.02262	354.82	386.49	1.2048	0.01953	353.66	384.91	1.1912
160	0.02333	365.22	397.89	1.2315	0.02017	364.15	396.43	1.2181
170	0.02403	375.71	409.36	1.2576	0.02080	374.71	407.99	1.2445
180	0.02472	386.29	420.90	1.2834	0.02142	385.35	419.62	1.2704
190	0.02541	396.96	432.53	1.3088	0.02203	396.08	431.33	1.2960
200	0.02608	407.73	444.24	1.3338	0.02263	406.90	443.11	1.3212

附表13 饱和氨(液—汽)的特性参数(随温度变化)

温度 /(℃)	压强 /bar	比体积 /(m³/kg)		比内能 /(kJ/kg)		比焓 /(kJ/kg)			比熵 /(kJ/(kg·K))		温度 /(℃)
		饱和液体 $v_f \times 10^3$	饱和蒸汽 v_g	饱和液体 u_f	饱和蒸汽 u_g	饱和液体 h_f	相变焓差 Δh_{fg}	饱和蒸汽 h_g	饱和液体 s_f	饱和蒸汽 s_g	
−50	0.4086	1.4245	2.6265	−43.94	1264.99	−43.88	1416.20	1372.32	−0.1922	6.1543	−50
−45	0.5453	1.4367	2.0060	−22.03	1271.19	−21.95	1402.52	1380.57	−0.0951	6.0523	−45
−40	0.7174	1.4493	1.5524	−0.10	1277.20	0.00	1388.56	1388.56	0.0000	5.9577	−40
−36	0.8850	1.4597	1.2757	17.47	1281.87	17.60	1377.17	1394.77	0.0747	5.8819	−36
−32	1.0832	1.4703	1.0561	35.09	1286.41	35.25	1365.55	1400.81	0.1484	5.8111	−32
−30	1.1950	1.4757	0.9634	43.93	1288.63	44.10	1359.65	1403.75	0.1849	5.7767	−30
−28	1.3159	1.4812	0.8803	52.78	1290.82	52.97	1353.68	1406.66	0.2212	5.7430	−28
−26	1.4465	1.4867	0.8056	61.65	1292.97	61.86	1347.65	1409.51	0.2572	5.7100	−26
−22	1.7390	1.4980	0.6780	79.46	1297.18	79.72	1335.36	1415.08	0.3287	5.6457	−22
−20	1.9019	1.5038	0.6233	88.40	1299.23	88.68	1329.10	1417.79	0.3642	5.6144	−20
−18	2.0769	1.5096	0.5739	97.36	1301.25	97.68	1322.77	1420.45	0.3994	5.5837	−18

温度/(℃)	压强/bar	比体积/(m³/kg)		比内能/(kJ/kg)		比焓/(kJ/kg)			比熵/(kJ/(kg·K))		温度/(℃)
		饱和液体 $v_f \times 10^3$	饱和蒸汽 v_g	饱和液体 u_f	饱和蒸汽 u_g	饱和液体 h_f	相变焓差 Δh_{fg}	饱和蒸汽 h_g	饱和液体 s_f	饱和蒸汽 s_g	
−16	2.2644	1.5155	0.5291	106.36	1303.23	106.70	1316.35	1423.05	0.4346	5.5536	−16
−14	2.4652	1.5215	0.4885	115.37	1305.17	115.75	1309.86	1425.61	0.4695	5.5239	−14
−12	2.6798	1.5276	0.4516	124.42	1307.08	124.83	1303.28	1428.11	0.5043	5.4948	−12
−10	2.9089	1.5338	0.4180	133.50	1308.95	133.94	1296.61	1430.55	0.5389	5.4662	−10
−8	3.1532	1.5400	0.3874	142.60	1310.78	143.09	1289.86	1432.95	0.5734	5.4380	−8
−6	3.4134	1.5464	0.3595	151.74	1312.57	152.26	1283.02	1435.28	0.6077	5.4103	−6
−4	3.6901	1.5528	0.3340	160.88	1314.32	161.46	1276.10	1437.56	0.6418	5.3831	−4
−2	3.9842	1.5594	0.3106	170.07	1316.04	170.69	1269.08	1439.78	0.6759	5.3562	−2
0	4.2962	1.5660	0.2892	179.29	1317.71	179.96	1261.97	1441.94	0.7097	5.3298	0
2	4.6270	1.5727	0.2695	188.53	1319.34	189.26	1254.77	1444.03	0.7435	5.3038	2
4	4.9773	1.5796	0.2514	197.80	1320.92	198.59	1247.48	1446.07	0.7770	5.2781	4
6	5.3479	1.5866	0.2348	207.10	1322.47	207.95	1240.09	1488.04	0.8105	5.2529	6
8	5.7395	1.5936	0.2195	216.42	1323.96	217.34	1232.61	1449.94	0.8438	5.2279	8
10	6.1529	1.6008	0.2054	225.77	1325.42	226.75	1255.03	1451.78	0.8769	5.2033	10
12	6.5890	1.6081	0.1923	235.14	1326.82	236.20	1217.35	1453.55	0.9099	5.1791	12
16	7.5324	1.6231	0.1691	253.95	1329.48	255.18	1201.70	1456.87	0.9755	5.1314	16
20	8.5762	1.6386	0.1492	272.86	1331.94	274.26	1185.64	1459.90	1.0404	5.0849	20
24	9.7274	1.6547	0.1320	291.84	1334.19	293.45	1169.16	1462.61	1.1048	5.0394	24
28	10.993	1.6714	0.1172	310.92	1336.20	312.75	1152.24	1465.00	1.1686	4.9948	28
32	12.380	1.6887	0.1043	330.07	1337.97	332.17	1134.87	1467.03	1.2319	4.9509	32
36	13.896	1.7068	0.0930	349.32	1339.47	351.69	1117.00	1468.70	1.2946	4.9078	36
40	15.549	1.7256	0.0831	368.67	1340.70	371.35	1098.62	1469.97	1.3569	4.8652	40
45	17.819	1.7503	0.0725	393.01	1341.81	396.13	1074.84	1470.96	1.4341	4.8125	45
50	20.331	1.7765	0.0634	417.56	1342.42	421.17	1050.09	1471.26	1.5109	4.7604	50

附表14　饱和氨(液—汽)的特性参数(随压强变化)

温度/(℃)	压强/bar	比体积/(m³/kg)		比内能/(kJ/kg)		比焓/(kJ/kg)			比熵/(kJ/(kg·K))		温度/(℃)
		饱和液体 $v_f \times 10^3$	饱和蒸汽 v_g	饱和液体 u_f	饱和蒸汽 u_g	饱和液体 h_f	相变焓差 Δh_{fg}	饱和蒸汽 h_g	饱和液体 s_f	饱和蒸汽 s_g	
0.40	−50.36	1.4326	2.6795	−45.52	1264.54	−45.46	1417.18	1371.72	−0.1992	6.1618	0.40
0.50	−46.53	1.4330	2.1752	−28.73	1269.31	−28.66	1406.73	1378.07	−0.1245	6.0829	0.50
0.60	−43.28	1.4410	1.8345	−14.51	1273.27	−14.42	1397.76	1383.34	−0.0622	6.0186	0.60

温度 /(℃)	压强 /bar	比体积 /(m³/kg)		比内能 /(kJ/kg)		比焓 /(kJ/kg)			比熵 /(kJ/(kg·K))		温度 /(℃)
		饱和液体 $v_f \times 10^3$	饱和蒸汽 v_g	饱和液体 u_f	饱和蒸汽 u_g	饱和液体 h_f	相变焓差 Δh_{fg}	饱和蒸汽 h_g	饱和液体 s_f	饱和蒸汽 s_g	
0.70	−40.46	1.4482	1.5884	−2.11	1276.66	−2.01	1389.85	1387.84	−0.0086	5.9643	0.70
0.80	−37.94	1.4546	1.4020	8.93	1279.61	9.04	1382.73	1391.78	0.0386	5.9174	0.80
0.90	−35.67	1.4605	1.2559	18.91	1282.24	19.04	1376.23	1395.27	0.0808	5.8760	0.90
1.00	−33.60	1.4660	1.1381	28.03	1284.61	28.03	1382.73	1398.41	0.1191	5.8391	1.00
1.25	−29.07	1.4782	0.9237	48.03	1289.65	48.22	1356.89	1405.11	0.2018	5.7610	1.25
1.50	−25.22	1.4889	0.7787	65.10	1293.80	65.32	1345.28	1410.61	0.2712	5.6973	1.50
1.75	−21.86	1.4984	0.6740	80.08	1297.33	80.35	1334.92	1415.27	0.3312	5.6435	1.75
2.00	−18.86	1.5071	0.5946	93.50	1300.39	93.80	1325.51	1419.31	0.3843	5.5969	2.00
2.25	−16.15	1.5151	0.5323	105.68	1303.08	106.03	1316.83	1422.86	0.4319	5.5558	2.25
2.50	−13.67	1.5225	0.4821	116.88	1305.49	117.26	1308.76	1426.03	0.4753	5.5190	2.50
2.75	−11.37	1.5295	0.4408	127.26	1307.67	127.68	1301.20	1428.88	0.5152	5.4858	2.75
3.00	−9.24	1.5361	0.4061	136.96	1309.65	137.42	1294.05	1431.47	0.5520	5.4554	3.00
3.25	−7.24	1.5424	0.3765	146.06	1311.46	146.57	1287.27	1433.84	0.5864	5.4275	3.25
3.50	−5.36	1.5484	0.3511	154.66	1313.14	155.20	1280.81	1436.01	0.6186	5.4016	3.50
3.75	−3.58	1.5542	0.3289	162.80	1314.68	163.38	1274.64	1438.03	0.6489	5.3774	3.75
4.00	−1.90	1.5597	0.3094	170.55	1316.12	171.18	1268.71	1439.89	0.6776	5.3548	4.00
4.25	−0.29	1.5650	0.2921	177.96	1317.47	178.62	1263.01	1441.63	0.7048	5.3336	4.25
4.50	1.25	1.5702	0.2767	185.04	1318.73	185.75	1257.50	1443.25	0.7308	5.3135	4.50
4.75	2.72	1.5752	0.2629	191.84	1319.91	192.59	1252.18	1444.77	0.7555	5.2946	4.75
5.00	4.13	1.5800	0.2503	198.39	1321.02	199.18	1247.02	1446.19	0.7791	5.2765	5.00
5.25	5.48	1.5847	0.2390	204.69	1322.07	205.52	1242.01	1447.53	0.8018	5.2594	5.25
5.50	6.79	1.5893	0.2286	210.78	1323.06	211.65	1237.15	1448.80	0.8236	5.2430	5.50
5.75	8.05	1.5938	0.2191	216.66	1324.00	217.58	1232.41	1449.99	0.8446	5.2273	5.75
6.00	9.27	1.5982	0.2104	222.37	1324.89	223.32	1227.79	1451.12	0.8649	5.2122	6.00
7.00	13.79	1.6148	0.1815	243.56	1328.04	244.69	1210.38	1455.07	0.9394	5.1576	7.00
8.00	17.84	1.6302	0.1596	262.64	1330.64	263.95	1194.36	1458.30	1.0054	5.1099	8.00
9.00	21.52	1.6446	0.1424	280.05	1332.82	281.53	1179.44	1460.97	1.0649	5.0675	9.00
10.00	24.89	1.6584	0.1285	296.10	1334.66	297.76	1165.42	1463.18	1.1191	5.0294	10.00
12.00	30.94	1.6841	0.1075	324.99	1337.52	327.01	1139.52	1466.53	1.2152	4.9625	12.00
14.00	36.26	1.7080	0.0923	350.58	1339.56	352.97	1115.82	1468.79	1.2987	4.9050	14.00
16.00	41.03	1.7306	0.0808	373.69	1340.97	376.46	1093.77	1470.23	1.3729	4.8542	16.00
18.00	45.38	1.7522	0.0717	394.85	1341.88	398.00	1073.01	1471.01	1.4399	4.8086	18.00
20.00	49.37	1.7731	0.0644	414.44	1342.37	417.99	1053.27	1471.26	1.5012	4.7670	20.00

附表 15　氨过热蒸汽的特性参数

t /(℃)	v /(m³/kg)	u /(kJ/kg)	h /(kJ/kg)	s/(kJ/ (kg·K))	v /(m³/kg)	u /(kJ/kg)	h /(kJ/kg)	s/(kJ/ (kg·K))
	$p=0.4\mathrm{bar}=0.04\mathrm{MPa}$ ($t_\mathrm{sat}=-50.36℃$)				$p=0.6\mathrm{bar}=0.06\mathrm{MPa}$ ($t_\mathrm{sat}=-43.28℃$)			
饱和	2.6795	1264.54	1371.72	6.1618	1.8345	1273.27	1383.34	6.0186
−50	2.6841	1265.11	1372.48	6.1652				
−45	2.7481	1273.05	1382.98	6.2118				
−40	2.8118	1281.01	1393.48	6.2573	1.8630	1278.62	1390.40	6.0490
−35	2.8753	1288.96	1403.98	6.3018	1.9061	1286.75	1401.12	6.0946
−30	2.9385	1296.93	1414.47	6.3455	1.9491	1294.88	1411.83	6.1390
−25	3.0015	1304.90	1424.96	6.3382	1.9918	1303.01	1422.52	6.1826
−20	3.0644	1312.88	1435.46	6.4300	2.0343	1311.13	1433.19	6.2251
−15	3.1271	1320.87	1445.95	6.4711	2.0766	1319.25	1443.85	6.2668
−10	3.1896	1328.87	1456.45	6.5114	2.1188	1327.37	1454.50	6.3077
−5	3.2520	1336.88	1466.95	6.5509	2.1609	1335.49	1465.14	6.3478
0	3.3142	1344.90	1477.47	6.5898	2.2028	1343.61	1475.78	6.3871
5	3.3764	1352.95	1488.00	6.6280	2.2446	1351.75	1486.43	6.4257
	$p=0.8\mathrm{bar}=0.08\mathrm{MPa}$ ($t_\mathrm{sat}=-37.94℃$)				$p=1.0\mathrm{bar}=0.10\mathrm{MPa}$ ($t_\mathrm{sat}=-33.60℃$)			
饱和	1.4021	1279.61	1391.78	5.9174	1.1381	1284.61	1398.41	5.8391
−35	1.4215	1284.51	1398.23	5.9446				
−30	1.4543	1292.81	1409.15	5.9900	1.1573	1290.71	1406.44	5.8723
−25	1.4868	1301.09	1420.04	6.0343	1.1838	1299.15	1417.53	5.9175
−20	1.5192	1309.36	1430.90	6.0777	1.2101	1307.57	1428.58	5.9616
−15	1.5514	1317.61	1441.72	6.1200	1.2362	1315.96	1439.58	6.0046
−10	1.5834	1325.85	1452.53	6.1615	1.2621	1349.33	1450.54	6.0467
−5	1.6153	1334.09	1463.31	6.2021	1.2880	1332.67	1461.47	6.0878
0	1.6471	1342.31	1474.08	6.2419	1.3136	1341.00	1472.37	6.1281
5	1.6788	1350.54	1484.84	6.2809	1.3392	1349.33	1483.25	6.1676
10	1.7103	1358.77	1495.60	6.3192	1.3647	1357.64	1494.11	6.2063
15	1.7418	1367.01	1506.35	6.3568	1.3900	1365.95	1504.96	6.2442
20	1.7732	1375.25	1517.10	6.3939	1.4153	1374.27	1515.80	6.2816
	$p=1.5\mathrm{bar}=0.15\mathrm{MPa}$ ($t_\mathrm{sat}=-25.22℃$)				$p=2.0\mathrm{bar}=0.20\mathrm{MPa}$ ($t_\mathrm{sat}=-18.86℃$)			
饱和	0.7787	1293.80	1410.61	5.6973	0.59460	1300.39	1419.31	5.5969

t /(℃)	v /(m³/kg)	u /(kJ/kg)	h /(kJ/kg)	s/(kJ/ (kg·K))	v /(m³/kg)	u /(kJ/kg)	h /(kJ/kg)	s/(kJ/ (kg·K))
	\multicolumn{4}{c}{p = 1. 5bar = 0. 15MPa (t_{sat} = − 25. 22℃)}	\multicolumn{4}{c}{p = 2. 0bar = 0. 20MPa (t_{sat} = − 18. 86℃)}
− 25	0. 7795	1294. 20	1411. 13	5. 6994				
− 20	0. 7978	1303. 00	1422. 67	5. 7454				
− 15	0. 8158	1311. 75	1434. 12	5. 7902	0. 60542	1307. 43	1428. 51	5. 6328
− 10	0. 8336	1320. 44	1445. 49	5. 8338	0. 61926	1316. 46	1440. 31	5. 6781
− 5	0. 8514	1329. 08	1456. 79	5. 8764	0. 63294	1325. 41	1452. 00	5. 7221
0	0. 8689	1337. 68	1468. 02	5. 9179	0. 64648	1334. 29	1463. 59	5. 7649
5	0. 8864	1346. 25	1479. 20	5. 9585	0. 65989	1343. 11	1475. 09	5. 8066
10	0. 9037	1354. 78	1490. 34	5. 9981	0. 67320	1351. 87	1486. 51	5. 8473
15	0. 9210	1363. 29	1501. 44	6. 0370	0. 68640	1360. 59	1497. 87	5. 8871
20	0. 9382	1371. 79	1512. 51	6. 0751	0. 69952	1369. 28	1509. 18	5. 9260
25	0. 9553	1380. 28	1523. 56	6. 1125	0. 71256	1377. 93	1520. 44	5. 9641
30	0. 9723	1388. 76	1534. 60	6. 1492	0. 72553	1386. 56	1531. 67	6. 0014
	\multicolumn{4}{c}{p = 2. 5bar = 0. 25MPa (t_{sat} = − 13. 67℃)}	\multicolumn{4}{c}{p = 3. 0bar = 0. 30MPa (t_{sat} = − 9. 24℃)}
饱和	0. 48213	1305. 49	1426. 03	5. 5190	0. 40607	1309. 65	1431. 47	5. 4554
− 10	0. 49051	1312. 37	1435. 00	5. 5534				
− 5	0. 50180	1321. 65	1447. 10	5. 5989	0. 41428	1317. 80	1442. 08	5. 4953
0	0. 51293	1330. 83	1459. 06	5. 6431	0. 42382	1327. 28	1454. 43	5. 5409
5	0. 52393	1339. 91	1470. 89	5. 6760	0. 43323	1336. 64	1466. 61	5. 5851
10	0. 53482	1348. 91	1482. 61	5. 7278	0. 44251	1345. 89	1489. 65	5. 6280
15	0. 54560	1357. 84	1494. 25	5. 7685	0. 45169	1355. 05	1490. 56	5. 6697
20	0. 55630	1366. 72	1505. 80	5. 8083	0. 46078	1364. 13	1502. 36	5. 7103
25	0. 56691	1375. 55	1417. 28	5. 8471	0. 46978	1373. 14	1514. 07	5. 7499
30	0. 57745	1384. 34	1528. 70	5. 8851	0. 47870	1382. 09	1525. 70	5. 7886
35	0. 58793	1393. 10	1540. 08	5. 9223	0. 48756	1391. 00	1537. 26	5. 8264
40	0. 59835	1401. 84	1551. 42	5. 9589	0. 49637	1399. 86	1548. 77	5. 8635
45	0. 60872	1410. 56	1562. 74	5. 9947	0. 50512	1408. 70	1560. 24	5. 8998
	\multicolumn{4}{c}{p = 3. 5bar = 0. 35MPa (t_{sat} = − 5. 36℃)}	\multicolumn{4}{c}{p = 4. 0bar = 0. 40MPa (t_{sat} = − 1. 90℃)}
饱和	0. 35108	1313. 14	1436. 01	5. 4016	0. 30942	1316. 12	1439. 89	5. 3548
0	0. 36011	1323. 66	1449. 70	5. 4522	0. 31227	1319. 95	1444. 86	5. 3731

t /(℃)	v /(m³/kg)	u /(kJ/kg)	h /(kJ/kg)	s/(kJ/ (kg·K))	v /(m³/kg)	u /(kJ/kg)	h /(kJ/kg)	s/(kJ/ (kg·K))
	$p = 3.5\text{bar} = 0.35\text{MPa}$ ($t_{sat} = -5.36℃$)				$p = 4.0\text{bar} = 0.40\text{MPa}$ ($t_{sat} = -1.90℃$)			
10	0.37654	1342.82	1474.61	5.5417	0.32701	1339.68	1470.49	5.4652
20	0.39251	1361.49	1498.87	5.6259	0.34129	1358.81	1495.33	5.5515
30	0.40814	1379.81	1522.66	5.7057	0.35520	1377.49	1519.57	5.6328
40	0.42350	1397.87	1546.09	5.7818	0.36884	1395.85	1543.38	5.7101
60	0.45363	1433.55	1592.32	5.9249	0.39550	1431.97	1590.17	5.8549
80	0.48320	1469.06	1638.18	6.0586	0.42160	1467.77	1636.41	5.9897
100	0.51240	1504.73	1684.07	6.1850	0.44733	1503.64	1682.58	6.1169
120	0.54136	1540.79	1730.26	6.3056	0.47280	1539.85	1728.97	6.2380
140	0.57013	1577.38	1776.92	6.4213	0.49808	1576.55	1755.79	6.3541
160	0.59876	1614.60	1824.16	6.5330	0.52323	1613.86	1823.16	6.4661
180	0.62728	1652.51	1872.06	6.6411	0.54827	1651.85	1871.16	6.5744
200	0.65572	1691.15	1920.65	6.7460	0.57322	1690.56	1919.85	6.6796
	$p = 4.5\text{bar} = 0.45\text{MPa}$ ($t_{sat} = -1.25℃$)				$p = 5.0\text{bar} = 0.50\text{MPa}$ ($t_{sat} = 4.13℃$)			
饱和	0.27671	1318.73	1443.25	5.3135	0.025034	1321.02	1446.19	5.2765
10	0.28846	1336.48	1466.29	5.3962	0.25757	1333.22	1462.00	5.3330
20	0.30142	1356.09	1491.72	5.4845	0.26949	1353.32	1488.06	5.4234
30	0.31401	1375.15	1516.45	5.5674	0.28103	1372.76	1513.28	5.5080
40	0.21631	1393.80	1540.64	5.6460	0.29227	1391.74	1537.87	5.5878
60	0.35029	1430.37	1588.00	5.7926	0.31410	1428.76	1585.81	5.7362
80	0.37369	1466.47	1634.63	5.9285	0.33535	1465.16	1632.84	5.8733
100	0.39671	1502.55	1681.07	6.0564	0.35621	1501.46	1679.56	6.0020
120	0.41947	1538.91	1727.67	6.1781	0.37681	1537.97	1726.37	6.1242
140	0.44205	1575.73	1774.65	6.2946	0.39722	1574.90	1773.51	6.2412
160	0.46448	1613.13	1822.15	6.4069	0.41749	1612.40	1821.14	6.3537
180	0.48681	1651.20	1870.26	6.5155	0.43765	1650.54	1869.36	6.4626
200	0.50905	1689.97	1919.04	6.6208	0.45771	1689.38	1918.24	6.5681
	$p = 5.5\text{bar} = 0.55\text{MPa}$ ($t_{sat} = 6.79℃$)				$p = 6.0\text{bar} = 0.60\text{MPa}$ ($t_{sat} = 9.27℃$)			
饱和	0.22861	1323.06	1448.80	5.2430	0.21038	1324.89	1451.12	5.2122
10	0.23227	1329.88	1457.63	5.2743	0.21115	1326.47	1453.16	5.2195
20	0.24335	1350.50	1484.34	5.3671	0.22155	1347.62	1480.55	5.3145

t /(℃)	v /(m³/kg)	u /(kJ/kg)	h /(kJ/kg)	s/(kJ/ (kg·K))	v /(m³/kg)	u /(kJ/kg)	h /(kJ/kg)	s/(kJ/ (kg·K))
	$p=5.5\text{bar}=0.55\text{MPa}$ ($t_{sat}=6.79℃$)				$p=6.0\text{bar}=0.60\text{MPa}$ ($t_{sat}=9.27℃$)			
30	0.25403	1370.35	1510.07	5.4534	0.23152	1367.90	1506.81	5.4026
40	0.26441	1389.64	1535.07	5.5345	0.24118	1387.52	1532.23	5.4851
50	0.27454	1408.53	1559.53	5.6114	0.25059	1406.67	1557.03	5.5631
60	0.28449	1427.13	1583.60	5.6848	0.25981	1425.49	1581.38	5.6373
80	0.30398	1463.85	1631.04	5.8230	0.27783	1462.52	1629.22	5.7768
100	0.32307	1500.36	1678.05	5.9525	0.29546	1499.25	1676.52	5.9071
120	0.34190	1537.02	1725.07	6.0753	0.31281	1536.07	1723.76	6.0304
140	0.36054	1574.07	1772.37	6.1926	0.32997	1573.24	1771.22	6.1481
160	0.37903	1611.66	1820.13	6.3055	0.34699	1610.92	1819.12	6.2613
180	0.39742	1649.88	1868.46	6.4146	0.36390	1649.22	1867.56	6.3707
200	0.41571	1688.79	1917.43	6.5203	0.38071	1688.20	1916.63	6.4766
	$p=7.0\text{bar}=0.70\text{MPa}$ ($t_{sat}=13.79℃$)				$p=8.0\text{bar}=0.80\text{MPa}$ ($t_{sat}=17.84℃$)			
饱和	0.18148	1328.04	1455.07	5.1576	0.15958	1330.64	1458.30	5.1099
20	0.18721	1341.72	1472.77	5.2186	0.16138	1335.59	1464.70	5.1318
30	0.19610	1362.88	1500.15	5.3104	0.16948	1357.71	1493.29	5.2277
40	0.20464	1383.20	1526.45	5.3958	0.17720	1378.77	1520.53	5.3161
50	0.21293	1402.90	1551.95	5.4760	0.18465	1399.05	1546.77	5.3986
60	0.22101	1422.16	1576.87	5.5519	0.19189	1418.77	1572.28	5.4763
80	0.23674	1459.85	1625.56	5.6939	0.20590	1457.14	1621.86	5.6209
100	0.25205	1497.02	1673.46	5.8258	0.21949	1494.77	1670.37	5.7545
120	0.26709	1534.16	1721.12	5.9502	0.23280	1532.24	1718.48	5.8801
140	0.28193	1571.57	1768.92	6.0688	0.24590	1569.89	1766.61	5.9995
160	0.29663	1609.44	1817.08	6.1826	0.25886	1607.96	1815.04	6.1140
180	0.31121	1647.90	1865.75	6.2925	0.27170	1646.57	1863.94	6.2243
200	0.32571	1687.02	1915.01	6.3988	0.28445	1685.83	1913.39	6.3311
	$p=9.0\text{bar}=0.90\text{MPa}$ ($t_{sat}=21.52℃$)				$p=10.0\text{bar}=1.00\text{MPa}$ ($t_{sat}=24.89℃$)			
饱和	0.14239	1332.82	1460.97	5.0675	0.12852	1334.66	1463.18	5.0294
30	0.14872	1352.36	1486.20	5.1520	0.13206	1346.82	1478.88	5.0816
40	0.15582	1374.21	1514.45	5.2436	0.13868	1369.52	1508.20	5.1768
50	0.16263	1395.11	1541.47	5.3286	0.14499	1391.07	1536.06	5.2644

t /(℃)	v /(m³/kg)	u /(kJ/kg)	h /(kJ/kg)	s/(kJ/ (kg·K))	v /(m³/kg)	u /(kJ/kg)	h /(kJ/kg)	s/(kJ/ (kg·K))
	$p=9.0\text{bar}=0.90\text{MPa}$ ($t_{sat}=21.52℃$)				$p=10.0\text{bar}=1.00\text{MPa}$ ($t_{sat}=24.89℃$)			
60	0.16922	1415.32	1567.61	5.4083	0.15106	1411.79	1562.86	5.3460
80	0.18191	1454.39	1618.11	5.5555	0.16270	1451.60	1614.31	5.4960
100	0.19416	1492.50	1667.24	5.6908	0.17389	1490.20	1664.10	5.6332
120	0.20612	1530.30	1715.81	5.8176	0.18478	1528.35	1713.13	5.7612
140	0.21788	1568.20	1764.29	5.9379	0.19545	1566.51	1761.96	5.8823
160	0.22948	1606.46	1813.00	6.0530	0.20598	1604.97	1810.94	5.9981
180	0.24097	1645.24	1862.12	6.1639	0.21638	1643.91	1860.29	6.1095
200	0.25237	1684.64	1911.77	6.2711	0.22670	1683.44	1910.14	6.2171
	$p=12.0\text{bar}=1.20\text{MPa}$ ($t_{sat}=30.94℃$)				$p=14.0\text{bar}=1.40\text{MPa}$ ($t_{sat}=36.26℃$)			
饱和	0.10751	1337.52	1466.53	4.9625	0.09231	1339.56	1468.79	4.9050
40	0.11287	1359.73	1895.18	5.0553	0.09432	1349.29	1481.33	4.9453
60	0.12378	1404.54	1553.07	5.2347	0.10423	1396.97	1542.89	5.1360
80	0.13387	1445.91	1606.56	5.3906	0.11324	1440.06	1598.59	5.2984
100	0.14247	1485.55	1657.71	5.5315	0.12172	1480.79	1651.20	5.4433
120	0.15275	1524.11	1707.71	5.6620	0.12986	1520.41	1702.21	5.5765
140	0.16181	1563.09	1757.26	5.7850	0.13777	1559.63	1752.52	5.7013
160	0.17072	1601.95	1806.81	5.9021	0.14552	1598.92	1802.65	5.8198
180	0.17950	1641.23	1856.63	6.0145	0.15315	1638.53	1852.94	5.9333
200	0.18819	1681.05	1906.87	6.1230	0.16068	1678.64	1903.59	6.0427
220	0.19680	1721.50	1957.66	6.2282	0.16813	1719.35	1954.73	6.1485
240	0.20534	1762.63	2009.04	6.3303	0.17551	1760.72	2006.43	6.2513
260	0.21382	1804.48	2061.06	6.4297	0.18283	1802.78	2058.75	6.3513
280	0.22225	1847.04	2113.74	6.5267	0.19010	1845.55	2111.69	6.4488
	$p=16.0\text{bar}=1.60\text{MPa}$ ($t_{sat}=41.03℃$)				$p=18.0\text{bar}=1.80\text{MPa}$ ($t_{sat}=45.38℃$)			
饱和	0.08079	1340.97	1470.23	4.8542	0.07174	1341.88	1471.01	4.8086
60	0.08951	1389.06	1532.28	5.0461	0.07801	1380.77	1521.19	4.9627
80	0.09774	1434.02	1590.40	5.2156	0.08565	1427.79	1581.97	5.1399
100	0.10539	1475.93	1644.56	5.3648	0.09267	1470.97	1637.78	5.2937
120	0.11268	1516.34	1696.64	5.5008	0.09931	1512.22	1690.98	5.4326
140	0.11974	1556.14	1747.72	5.6276	0.10570	1552.61	1742.88	5.5614

t /(℃)	v /(m³/kg)	u /(kJ/kg)	h /(kJ/kg)	s/(kJ/(kg·K))	v /(m³/kg)	u /(kJ/kg)	h /(kJ/kg)	s/(kJ/(kg·K))
	$p=16.0\text{bar}=1.60\text{MPa}$ ($t_{\text{sat}}=41.03℃$)				$p=18.0\text{bar}=1.80\text{MPa}$ ($t_{\text{sat}}=45.38℃$)			
160	0.12663	1595.85	1798.45	5.7475	0.11192	1592.76	1794.23	5.6862
180	0.13339	1635.81	1849.23	5.8621	0.11801	1633.08	1845.50	5.7985
200	0.14005	1676.21	1900.29	5.9723	0.12400	1673.78	1896.98	5.9096
220	0.14663	1717.18	1951.79	6.0789	0.12991	1715.00	1948.83	6.0170
240	0.15314	1758.79	203.81	6.1823	0.13574	1756.85	2001.18	6.1210
260	0.15959	1801.07	2056.42	6.2829	0.14152	1799.35	2054.08	6.2222
280	0.16599	1844.05	2109.64	6.3809	0.14724	1842.55	2107.58	6.3207
	$p=20.0\text{bar}=2.00\text{MPa}$ ($t_{\text{sat}}=49.37℃$)							
饱和	0.06445	1342.37	1471.26	4.7670				
60	0.06875	1372.05	1509.54	4.8838				
80	0.07596	1421.36	1573.27	5.0696				
100	0.08248	1465.89	1630.86	5.2283				
120	0.08861	1508.03	1685.24	5.3703				
140	0.09447	1549.03	1737.98	5.5012				
160	0.10016	1589.65	1789.97	5.6241				
180	0.10571	1630.32	1841.74	5.7409				
200	0.11116	1671.33	1893.64	5.8530				
220	0.11652	1712.82	1945.87	5.9611				
240	0.12182	1754.90	1998.54	6.0658				
260	0.12706	1797.63	2051.74	6.1675				
280	0.13224	1841.03	2105.50	6.2665				

附表16　饱和制冷剂22(液—汽)的特性参数(随温度变化)

温度 /(℃)	压强 /bar	比体积 /(m³/kg)		比内能 /(kJ/kg)		比焓 /(kJ/kg)			比熵 /(kJ/(kg·K))		温度 /(℃)
		饱和液体 $v_f \times 10^3$	饱和蒸汽 v_g	饱和液体 u_f	饱和蒸汽 u_g	饱和液体 h_f	相变焓差 Δh_{fg}	饱和蒸汽 h_g	饱和液体 s_f	饱和蒸汽 s_g	
−60	0.3749	0.6833	0.5370	−21.57	203.67	−21.55	245.35	223.81	−0.0964	1.0547	−60
−50	0.6451	0.6966	0.3239	−10.89	207.70	−10.85	239.44	228.60	−0.0474	1.0256	−50
−45	0.8290	0.7037	0.2564	−5.50	209.70	−5.44	236.39	230.95	−0.0235	1.0126	−45
−40	1.0522	0.7109	0.2052	−0.07	211.68	0.00	233.27	233.27	0.0000	1.0005	−40
−36	1.2627	0.7169	0.1730	4.29	213.25	4.38	230.71	235.09	0.0186	0.9914	−36
−32	1.5049	0.7231	0.1468	8.68	214.80	8.79	228.10	236.89	0.0369	0.9828	−32

温度 /(℃)	压强 /bar	比体积 /(m³/kg)		比内能 /(kJ/kg)		比焓 /(kJ/kg)			比熵 /(kJ/(kg·K))		温度 /(℃)
		饱和液体 $v_f \times 10^3$	饱和蒸汽 v_g	饱和液体 u_f	饱和蒸汽 u_g	饱和液体 h_f	相变焓差 Δh_{fg}	饱和蒸汽 h_g	饱和液体 s_f	饱和蒸汽 s_g	
−30	1.6389	0.7262	0.1355	10.88	215.58	11.00	226.77	237.78	0.0460	0.9787	−30
−28	1.7819	0.7294	0.1252	13.09	216.34	13.22	225.43	238.66	0.0551	0.9746	−28
−26	1.9345	0.7327	0.1159	15.31	217.11	15.45	224.08	239.53	0.0641	0.9707	−26
−22	2.2698	0.7393	0.0997	19.76	218.62	19.92	221.32	241.24	0.0819	0.9631	−22
−20	2.4534	0.7427	0.0926	21.99	219.37	22.17	219.91	242.09	0.0908	0.9595	−20
−18	2.6482	0.7462	0.0861	24.23	220.11	24.43	218.49	242.92	0.0996	0.9559	−18
−16	2.8547	0.7497	0.0802	26.48	220.85	26.69	217.05	243.74	0.1084	0.9525	−16
−14	3.0733	0.7533	0.0748	28.73	221.58	28.97	215.59	244.56	0.1171	0.9490	−14
−12	3.3044	0.7569	0.0698	31.00	222.30	31.25	214.11	245.36	0.1258	0.9457	−12
−10	3.5485	0.7606	0.0652	33.27	223.02	33.54	212.62	246.15	0.1345	0.9424	−10
−8	3.8062	0.7644	0.0610	35.54	223.73	35.83	211.10	246.93	0.1431	0.9392	−8
−6	4.0777	0.7683	0.0571	37.83	224.43	38.14	209.56	247.70	0.1517	0.9361	−6
−4	4.3638	0.7722	0.0535	40.12	225.13	40.46	208.00	248.45	0.1602	0.9330	−4
−2	4.6647	0.7762	0.0501	42.42	225.82	42.78	206.41	249.20	0.1688	0.9300	−2
0	4.9811	0.7803	0.0470	44.73	226.50	45.12	204.81	249.92	0.1773	0.9271	0
2	5.3133	0.7844	0.0442	47.04	227.17	47.46	203.18	250.64	0.1857	0.9241	2
4	5.6619	0.7887	0.0415	49.37	227.83	49.82	201.52	251.34	0.1941	0.9213	4
6	6.0275	0.7930	0.0391	51.71	228.48	52.18	199.84	252.03	0.2025	0.9184	6
8	6.4105	0.7974	0.0368	54.05	229.13	54.56	198.14	252.70	0.2109	0.9157	8
10	6.8113	0.8020	0.0346	56.40	229.76	56.95	196.40	253.35	0.2193	0.9129	10
12	7.2307	0.8066	0.0326	58.77	230.38	59.35	194.64	253.99	0.2276	0.9102	12
16	8.1268	0.8162	0.0291	63.53	231.59	64.19	191.02	255.21	0.2442	0.9048	16
20	9.1030	0.8263	0.0259	68.33	232.76	69.09	187.28	256.37	0.2607	0.8996	20
24	10.164	0.8369	0.0232	73.19	233.87	74.04	183.40	257.44	0.2772	0.8944	24
28	11.313	0.8480	0.0208	78.09	234.92	79.05	179.37	258.43	0.2936	0.8893	28
32	12.556	0.8599	0.0186	83.06	235.91	84.14	175.18	259.32	0.3101	0.8842	32
36	13.897	0.8724	0.0168	88.08	236.83	89.29	170.82	260.11	0.3265	0.8790	36
40	15.341	0.8858	0.0151	93.18	237.66	94.53	166.25	260.79	0.3429	0.8738	40
45	17.298	0.9039	0.0132	99.65	238.59	101.21	160.24	261.46	0.3635	0.8672	45
50	19.433	0.9238	0.0116	106.26	239.34	108.06	153.84	261.90	0.3842	0.8603	50
60	24.281	0.9705	0.0089	120.00	240.24	122.35	139.61	261.96	0.4264	0.8455	60

附表 17　饱和制冷剂 22(液—汽)的特性参数(随压强变化)

温度 /(℃)	压强 /bar	比体积 /(m³/kg)		比内能 /(kJ/kg)		比焓 /(kJ/kg)			比熵 /(kJ/(kg·K))		温度 /(℃)
		饱和液体 $v_f \times 10^3$	饱和蒸汽 v_g	饱和液体 u_f	饱和蒸汽 u_g	饱和液体 h_f	相变焓差 Δh_{fg}	饱和蒸汽 h_g	饱和液体 s_f	饱和蒸汽 s_g	
0.40	-58.86	0.6847	0.5056	-20.36	204.13	-20.34	244.69	224.36	-0.0907	1.0512	0.40
0.50	-54.83	0.6901	0.4107	-16.07	205.76	-16.03	242.33	226.30	-0.0709	1.0391	0.50
0.60	-51.40	0.6947	0.3466	-12.39	207.14	-12.35	240.28	227.93	-0.0542	1.0294	0.60
0.70	-48.40	0.6989	0.3002	-9.17	208.34	-9.12	238.47	229.35	-0.0397	1.0213	0.70
0.80	-45.73	0.7026	0.2650	-6.28	209.41	-6.23	236.84	230.61	-0.0270	1.0144	0.80
0.90	-43.30	0.7061	0.2374	-3.66	210.37	-3.60	235.34	231.74	-0.0155	1.0084	0.90
1.00	-41.09	0.7093	0.2152	-1.26	211.25	-1.19	233.95	232.77	-0.0051	1.0031	1.00
1.25	-36.23	0.7166	0.1746	4.04	213.16	4.13	230.86	234.99	0.0175	0.9919	1.25
1.50	-32.08	0.7230	0.1472	8.60	214.77	8.70	228.15	236.86	0.0366	0.9830	1.50
1.75	-28.44	0.7287	0.1274	12.61	216.18	12.74	225.73	238.47	0.0531	0.9755	1.75
2.00	-25.18	0.7340	0.1123	16.22	217.42	16.37	223.52	239.88	0.0678	0.9691	2.00
2.25	-22.22	0.7389	0.1005	19.51	218.53	19.67	221.47	241.15	0.0809	0.9636	2.25
2.50	-19.51	0.7436	0.0910	22.54	219.55	22.72	219.57	242.29	0.0930	0.9586	2.50
2.75	-17.00	0.7479	0.0831	25.36	220.48	25.56	217.77	243.33	0.1040	0.9542	2.75
3.00	-14.66	0.7521	0.0765	27.99	221.34	28.22	216.07	244.29	0.1143	0.9502	3.00
3.25	-12.46	0.7561	0.0709	30.47	222.13	30.72	214.46	245.18	0.1238	0.9465	3.25
3.50	-10.39	0.7599	0.0661	32.82	222.88	33.09	212.91	246.00	0.1328	0.9431	3.50
3.75	-8.43	0.7636	0.0618	35.06	223.58	35.34	211.42	246.77	0.1413	0.9399	3.75
4.00	-6.56	0.7672	0.0581	37.18	224.24	37.49	209.99	247.48	0.1493	0.9370	4.00
4.25	-4.78	0.7706	0.0548	39.22	224.86	39.55	208.61	248.16	0.1569	0.9342	4.25
4.50	-3.08	0.7740	0.0519	41.17	225.45	41.52	207.27	248.80	0.1642	0.9316	4.50
4.75	-1.45	0.7773	0.0492	43.05	226.00	43.42	205.98	249.40	0.1711	0.9292	4.75
5.00	0.12	0.7805	0.0469	44.86	226.54	45.25	204.71	249.97	0.1777	0.9269	5.00
5.25	1.63	0.7836	0.0447	46.61	227.04	47.02	203.48	250.51	0.1841	0.9247	5.25
5.50	3.08	0.7867	0.0427	48.30	227.53	48.74	202.28	251.02	0.1903	0.9226	5.50
5.75	4.49	0.7897	0.0409	49.94	227.99	50.40	201.11	251.51	0.1962	0.9206	5.75
6.00	5.85	0.7927	0.0392	51.53	228.44	52.01	199.97	251.98	0.2019	0.9186	6.00
7.00	10.91	0.8041	0.0337	57.48	230.04	58.04	195.60	253.64	0.2231	0.9117	7.00
8.00	15.45	0.8149	0.0295	62.88	231.43	63.53	191.52	255.05	0.2419	0.9056	8.00
9.00	19.59	0.8252	0.0262	67.84	232.64	68.59	187.67	256.25	0.2591	0.9001	9.00
10.00	23.40	0.8352	0.0236	72.46	233.71	73.30	183.99	257.28	0.2748	0.8952	10.00
12.00	30.25	0.8546	0.0195	80.87	235.48	81.90	177.04	258.94	0.3029	0.8864	12.00
14.00	36.29	0.8734	0.0166	88.45	236.89	89.68	170.49	260.16	0.3277	0.8786	14.00

温度 /(℃)	压强 /bar	比体积 /(m³/kg)		比内能 /(kJ/kg)		比焓 /(kJ/kg)			比熵 /(kJ/(kg·K))		温度 /(℃)
		饱和液体 $v_f \times 10^3$	饱和蒸汽 v_g	饱和液体 u_f	饱和蒸汽 u_g	饱和液体 h_f	相变焓差 Δh_{fg}	饱和蒸汽 h_g	饱和液体 s_f	饱和蒸汽 s_g	
16.00	41.73	0.8919	0.0144	95.41	238.00	96.83	164.21	261.04	0.3500	0.8715	16.00
18.00	46.69	0.9104	0.0127	101.87	238.86	103.51	158.13	261.64	0.3705	0.8649	18.00
20.00	51.62	0.9391	0.0112	107.95	239.51	109.81	152.17	261.98	0.3895	0.8586	20.00
24.00	59.46	0.9677	0.0091	119.24	240.22	121.56	140.43	261.99	0.4241	0.8463	24.00

附表 18　制冷剂 22 过热蒸汽的特性参数

t /(℃)	v /(m³/kg)	u /(kJ/kg)	h /(kJ/kg)	s/(kJ/ (kg·K))	v /(m³/kg)	u /(kJ/kg)	h /(kJ/kg)	s/(kJ/ (kg·K))
	$p=0.4\text{bar}=0.04\text{MPa}$ ($t_{sat}=-58.86℃$)				$p=0.6\text{bar}=0.06\text{MPa}$ ($t_{sat}=-52.30℃$)			
饱和	0.50559	204.13	224.36	1.0512	0.34656	207.14	227.93	1.0294
−55	0.51532	205.92	226.53	1.0612				
−50	0.52787	208.26	229.38	1.0741	0.34895	207.80	228.74	1.0330
−45	0.54037	210.63	232.24	1.0868	0.35747	210.20	231.65	1.0459
−40	0.55284	213.02	235.13	1.0993	0.36594	212.62	234.58	1.0586
−35	0.56526	215.43	238.05	1.1117	0.37437	215.06	237.52	1.0711
−30	0.57766	217.88	240.99	1.1239	0.38277	217.53	240.49	1.0835
−25	0.59002	220.35	243.95	1.1360	0.39114	220.02	243.49	1.0956
−20	0.60236	222.85	246.95	1.1479	0.39948	222.54	246.51	1.1077
−15	0.61468	225.38	249.97	1.1597	0.40779	225.08	249.55	1.1196
−10	0.62697	227.93	253.01	1.1714	0.41608	227.65	252.62	1.1314
−5	0.63925	230.52	256.09	1.1830	0.42436	230.25	255.71	1.1430
0	0.65151	233.13	259.19	1.1944	0.43261	232.88	258.83	1.1545
	$p=0.8\text{bar}=0.08\text{MPa}$ ($t_{sat}=-45.73℃$)				$p=1.0\text{bar}=0.10\text{MPa}$ ($t_{sat}=-41.09℃$)			
饱和	0.26503	209.41	230.61	1.0144	0.21518	211.25	232.77	1.0031
−45	0.26597	209.76	231.04	1.0163				
−40	0.27245	212.21	234.01	1.0292	0.21633	211.79	233.42	1.0059
−35	0.27890	214.68	236.99	1.0418	0.22158	214.29	236.44	1.0187
−30	0.28530	217.17	239.99	1.0543	0.22679	216.80	239.48	1.0313
−25	0.29167	219.68	243.02	1.0666	0.23197	219.34	242.54	1.0438
−20	0.29801	222.22	246.06	1.0788	0.23712	221.90	245.61	1.0560

t /(℃)	v /(m³/kg)	u /(kJ/kg)	h /(kJ/kg)	s/(kJ/ (kg·K))	v /(m³/kg)	u /(kJ/kg)	h /(kJ/kg)	s/(kJ/ (kg·K))

t /(℃)	v /(m³/kg)	u /(kJ/kg)	h /(kJ/kg)	s/(kJ/ (kg·K))	v /(m³/kg)	u /(kJ/kg)	h /(kJ/kg)	s/(kJ/ (kg·K))
	$p=0.8\text{bar}=0.08\text{MPa}$ ($t_{sat}=-45.73℃$)				$p=1.0\text{bar}=0.10\text{MPa}$ ($t_{sat}=-41.09℃$)			
-15	0.30433	224.78	249.13	1.0908	0.24224	224.48	248.70	1.0681
-10	0.31062	227.37	252.22	1.1026	0.24734	227.08	251.82	1.0801
-5	0.31690	229.98	255.34	1.1143	0.25241	229.71	254.95	1.0919
0	0.32315	232.62	258.47	1.1259	0.25747	232.36	258.11	1.1035
5	0.32939	235.29	261.64	1.1374	0.26251	235.04	261.29	1.1151
10	0.33561	237.98	264.83	1.1488	0.26753	237.74	264.50	1.1265
	$p=1.5\text{bar}=0.15\text{MPa}$ ($t_{sat}=-32.08℃$)				$p=2.0\text{bar}=0.20\text{MPa}$ ($t_{sat}=-25.18℃$)			
饱和	0.14721	214.77	236.86	0.9830	0.11232	217.42	239.88	0.9691
-30	0.14872	215.85	238.16	0.9883				
-25	0.15232	218.45	241.30	1.0011	0.11242	217.51	240.00	0.9696
-20	0.15588	221.07	244.45	1.0137	0.11520	220.19	243.23	0.9825
-15	0.15941	223.70	247.61	1.0260	0.11795	222.88	246.47	0.9952
-10	0.16292	226.35	250.78	1.0382	0.12067	225.58	249.372	1.0076
-5	0.16640	229.02	253.98	1.0502	0.12336	228.30	252.97	1.0199
0	0.1698	231.70	257.18	1.0621	0.12603	231.03	256.23	0.0310
5	0.17331	234.42	260.41	1.0738	0.12868	233.78	259.51	1.0438
10	0.17674	237.15	263.66	1.0854	0.13132	236.54	262.81	1.0555
15	0.18015	239.91	266.93	1.0968	0.13393	239.33	266.12	1.0671
20	0.18355	242.69	270.22	1.1081	0.13653	242.14	269.44	1.0786
25	0.18693	245.49	273.53	1.1193	0.13912	244.97	272.79	1.0899
	$p=2.5\text{bar}=0.25\text{MPa}$ ($t_{sat}=-19.51℃$)				$p=3.0\text{bar}=0.30\text{MPa}$ ($t_{sat}=-14.66℃$)			
饱和	0.09097	219.55	242.29	0.9586	0.07651	221.34	244.29	0.9502
-15	0.09303	222.03	245.29	0.9703				
-10	0.09528	224.79	248.61	0.9831	0.07833	223.96	247.46	0.9623
-5	0.09751	227.55	251.93	0.9956	0.08025	226.78	250.86	0.9751
0	0.09971	230.33	255.26	1.0078	0.08214	229.61	254.25	0.9876
5	0.10189	233.12	258.59	1.0199	0.08400	232.44	257.64	0.9999
10	0.10405	235.92	261.93	1.0318	0.08585	235.28	261.04	1.0120
15	0.10619	238.74	265.29	1.0436	0.08767	238.14	264.44	1.0239
20	0.10831	241.58	268.66	1.0552	0.08949	241.01	267.85	1.0357

t /(℃)	v /(m³/kg)	u /(kJ/kg)	h /(kJ/kg)	s/(kJ/ (kg·K))	v /(m³/kg)	u /(kJ/kg)	h /(kJ/kg)	s/(kJ/ (kg·K))
	$p=2.5$bar$=0.25$MPa ($t_{sat}=-19.51$℃)				$p=3.0$bar$=0.30$MPa ($t_{sat}=-14.66$℃)			
25	0.11043	244.44	272.04	1.0666	0.09128	243.89	271.28	1.0472
30	0.11253	247.31	275.44	1.0779	0.09307	246.80	274.72	1.0587
35	0.11461	250.21	278.86	1.0891	0.09484	249.72	278.17	1.0700
40	0.11669	253.13	282.30	1.1002	0.09660	252.66	281.64	1.0811
	$p=3.5$bar$=0.35$MPa ($t_{sat}=-10.39$℃)				$p=4.0$bar$=0.40$MPa ($t_{sat}=-6.56$℃)			
饱和	0.06605	222.88	246.00	0.9431	0.05812	224.24	247.48	0.9370
-10	0.06619	223.10	246.27	0.9441				
-5	0.06789	225.99	249.75	0.9572	0.05860	225.16	248.60	0.9411
0	0.06956	228.86	253.21	0.9700	0.06011	228.09	252.14	0.9542
5	0.07121	231.74	256.67	0.9825	0.06160	231.02	255.66	0.9670
10	0.07284	234.63	260.12	0.9948	0.06306	233.95	259.18	0.9795
15	0.07444	237.52	263.57	1.0069	0.06450	236.89	262.69	0.9918
20	0.07603	240.42	267.03	1.0188	0.06592	239.83	266.19	1.0039
25	0.07760	243.34	270.50	1.0305	0.06733	242.77	269.71	1.0158
30	0.07916	246.27	273.97	1.0421	0.06872	245.73	273.22	1.0274
35	0.08070	249.22	277.46	1.0535	0.07010	248.71	276.75	1.0390
40	0.08224	252.18	280.97	1.0648	0.07146	251.70	280.28	1.0504
45	0.08376	255.17	284.48	1.0759	0.07282	254.70	283.83	1.0616
	$p=4.5$bar$=0.45$MPa ($t_{sat}=-3.08$℃)				$p=5.0$bar$=0.50$MPa ($t_{sat}=-0.12$℃)			
饱和	0.05189	225.45	248.80	0.9316	0.04686	226.54	249.97	0.9269
0	0.05275	227.29	251.03	0.9399				
5	0.05411	230.28	254.63	0.9529	0.04810	229.52	253.57	0.9399
10	0.05545	233.26	258.21	0.9675	0.04934	232.55	257.22	0.9530
15	0.05676	236.24	261.78	0.9782	0.05056	235.57	260.85	0.9657
20	0.05805	239.22	265.34	0.9904	0.05175	238.59	264.47	0.9781
25	0.05933	242.20	268.90	1.0025	0.05293	241.61	268.07	0.9903
30	0.06059	245.19	272.46	1.0143	0.05409	244.63	271.68	1.0023
35	0.06184	248.19	276.02	1.0259	0.05523	247.66	275.28	1.0141
40	0.06308	251.20	279.59	1.0374	0.05636	250.70	278.89	1.0257
45	0.06430	254.23	283.17	1.0488	0.05748	253.76	282.50	1.0371

t /(℃)	v /(m³/kg)	u /(kJ/kg)	h /(kJ/kg)	s/(kJ/(kg·K))	v /(m³/kg)	u /(kJ/kg)	h /(kJ/kg)	s/(kJ/(kg·K))
	$p=4.5\text{bar}=0.45\text{MPa}$ ($t_{\text{sat}}=-3.08$℃)				$p=5.0\text{bar}=0.50\text{MPa}$ ($t_{\text{sat}}=-0.12$℃)			
50	0.06552	257.28	286.76	1.0600	0.05859	256.82	286.12	1.0484
55	0.06672	260.34	290.36	1.0710	0.05969	259.90	289.75	1.0595
	$p=5.5\text{bar}=0.55\text{MPa}$ ($t_{\text{sat}}=3.08$℃)				$p=6.0\text{bar}=0.60\text{MPa}$ ($t_{\text{sat}}=5.85$℃)			
饱和	0.044271	227.53	251.02	0.9226	0.03923	228.44	251.98	0.9186
5	0.04317	228.72	252.46	0.9278				
10	0.04433	231.81	256.20	0.9411	0.04015	231.05	255.14	0.9299
15	0.04547	234.89	259.90	0.9540	0.04122	234.18	258.91	0.9431
20	0.04658	237.95	263.57	0.9667	0.04330	237.29	262.65	0.9560
25	0.04768	241.01	267.23	0.9790	0.04431	240.39	266.37	0.9685
30	0.04875	244.07	270.88	0.9912	0.04530	243.49	270.07	0.9808
35	0.04982	247.13	274.53	1.0031	0.04628	246.58	273.76	0.9929
40	0.05086	250.20	278.17	1.0148	0.04530	249.68	277.45	1.0048
45	0.05190	253.27	281.82	1.0264	0.04724	252.78	281.13	1.0164
50	0.05293	256.36	285.47	1.0378	0.04820	255.90	284.82	1.0279
55	0.05394	259.46	289.13	1.0490	0.04914	259.02	288.51	1.0393
60	0.05495	262.58	292.80	1.0601	0.05008	262.15	292.20	1.0504
	$p=7.0\text{bar}=0.70\text{MPa}$ ($t_{\text{sat}}=10.91$℃)				$p=8.0\text{bar}=0.80\text{MPa}$ ($t_{\text{sat}}=15.45$℃)			
饱和	0.03371	230.04	253.64	0.9117	0.02953	231.43	255.05	0.9056
15	0.03451	232.70	256.86	0.9229				
20	0.03547	235.92	260.75	0.9363	0.03033	234.47	258.74	0.9182
25	0.03639	239.12	264.59	0.9493	0.03118	237.76	262.70	0.9315
30	0.03730	242.29	268.40	0.9619	0.03202	241.04	266.66	0.9448
35	0.03819	245.46	272.19	0.9743	0.03283	244.28	270.54	0.9574
40	0.03906	248.62	275.96	0.9865	0.03363	247.52	274.42	0.9700
45	0.03992	251.78	279.72	0.9984	0.03440	250.74	278.26	0.9821
50	0.04076	254.94	283.48	1.0101	0.03517	253.96	282.10	0.9941
55	0.04160	258.11	287.23	1.0216	0.03592	257.18	285.92	1.0058
60	0.04242	261.29	290.99	1.0330	0.03667	260.40	289.74	1.0174
65	0.04324	264.48	294.75	1.0442	0.03741	263.64	293.56	1.0287
70	0.04405	267.68	298.51	1.0552	0.03814	266.87	297.38	1.0400

t /(℃)	v /(m³/kg)	u /(kJ/kg)	h /(kJ/kg)	s/(kJ/ (kg·K))	v /(m³/kg)	u /(kJ/kg)	h /(kJ/kg)	s/(kJ/ (kg·K))
	$p = 9.0\text{bar} = 0.90\text{MPa}$ ($t_\text{sat} = 19.59℃$)				$p = 10.0\text{bar} = 1.00\text{MPa}$ ($t_\text{sat} = 23.40℃$)			
饱和	0.02623	232.64	256.25	0.9001	0.02358	233.71	257.28	0.8952
20	0.02630	232.92	256.59	0.9013				
30	0.02789	239.73	264.83	0.9289	0.02457	238.34	262.91	0.9139
40	0.02939	246.37	272.82	0.9549	0.02598	245.18	271.17	0.9407
50	0.03082	252.95	280.68	0.9795	0.02732	251.90	279.22	0.9660
60	0.03219	259.49	288.46	1.0033	0.02860	258.56	287.15	0.9902
70	0.03353	266.04	296.21	1.0262	0.02984	265.19	295.03	1.0135
80	0.03483	272.62	303.96	1.0484	0.03104	271.84	302.88	1.0361
90	0.03611	279.23	311.73	1.0701	0.03221	278.52	310.74	1.0580
100	0.03736	285.90	319.53	1.0913	0.03337	285.24	318.61	1.0794
110	0.03860	292.63	327.37	1.1120	0.03450	292.02	326.52	1.1003
120	0.03982	299.42	335.26	1.1323	0.03562	298.85	334.46	1.1207
130	0.04103	306.28	343.21	1.1523	0.03672	305.74	342.46	1.1408
140	0.04223	313.21	351.22	1.1719	0.03781	312.70	350.51	1.1605
150	0.04342	320.21	359.29	1.1912	0.03889	319.74	358.63	1.1790
	$p = 12.0\text{bar} = 1.20\text{MPa}$ ($t_\text{sat} = 30.25℃$)				$p = 14.0\text{bar} = 1.40\text{MPa}$ ($t_\text{sat} = 36.29℃$)			
饱和	0.01955	235.48	258.94	0.8864	0.01662	236.89	260.16	0.8786
40	0.02083	242.63	267.62	0.9146	0.01708	239.78	263.70	0.8900
50	0.02204	249.69	276.14	0.9413	0.01823	247.29	272.81	0.9186
60	0.02319	356.60	284.43	0.9666	0.01929	254.52	281.53	0.9452
70	0.02428	263.44	292.58	0.9907	0.02029	261.60	290.01	0.9703
80	0.02534	270.25	300.66	1.0139	0.02125	268.60	298.34	0.9942
90	0.02636	277.07	308.70	1.0363	0.02217	275.56	306.60	1.0172
100	0.02736	283.90	316.73	1.0582	0.02306	282.52	314.80	1.0395
110	0.02834	290.77	324.78	1.0794	0.02393	289.49	323.00	1.0612
120	0.02930	297.69	332.85	1.1002	0.02478	296.50	331.19	1.0823
130	0.03024	304.65	340.95	1.1205	0.02562	303.55	339.41	1.1029
140	0.03118	311.68	349.09	1.1405	0.02644	310.64	347.65	1.1231
150	0.03210	318.77	357.29	1.1601	0.02725	317.79	355.94	1.1429

369

t /(℃)	v /(m³/kg)	u /(kJ/kg)	h /(kJ/kg)	s/(kJ/ (kg·K))	v /(m³/kg)	u /(kJ/kg)	h /(kJ/kg)	s/(kJ/ (kg·K))
	$p=12.0\text{bar}=1.20\text{MPa}$ ($t_{sat}=30.25℃$)				$p=14.0\text{bar}=1.40\text{MPa}$ ($t_{sat}=36.29℃$)			
160	0.03301	325.92	365.54	1.1793	0.02805	324.99	364.26	1.1624
170	0.03392	333.14	373.84	1.1983	0.02884	332.26	372.64	1.1815
	$p=16.0\text{bar}=1.60\text{MPa}$ ($t_{sat}=41.73℃$)				$p=18.0\text{bar}=1.80\text{MPa}$ ($t_{sat}=46.69℃$)			
饱和	0.01440	238.00	261.04	0.8715	0.01265	238.86	261.64	0.8649
50	0.01533	244.66	269.18	0.8971	0.01301	241.72	265.14	0.8758
60	0.01634	252.29	278.43	0.9252	0.01401	249.86	275.09	0.9061
70	0.01728	259.65	287.30	0.9515	0.01492	257.57	284.43	0.9337
80	0.01817	266.86	295.93	0.9762	0.01576	265.04	293.40	0.9595
90	0.01901	274.00	304.42	0.9999	0.01655	272.37	302.16	0.9839
100	0.01983	281.09	312.82	1.0228	0.01731	279.62	310.77	1.0073
110	0.02062	288.18	321.17	1.0448	0.01804	286.83	319.30	1.0299
120	0.02139	295.28	329.51	1.0663	0.01874	294.04	327.78	1.0517
130	0.02214	302.41	337.84	1.0872	0.01943	301.26	336.24	1.0730
140	0.02288	309.58	346.19	1.1077	0.02011	308.50	344.70	1.0937
150	0.02361	316.79	354.56	1.1277	0.02077	315.78	353.17	1.1139
160	0.02432	324.05	362.97	1.1473	0.02142	323.10	361.66	1.1338
170	0.02503	331.37	371.42	1.1666	0.02207	330.47	370.19	1.1532
	$p=20.0\text{bar}=2.00\text{MPa}$ ($t_{sat}=51.26℃$)				$p=24.0\text{bar}=2.40\text{MPa}$ ($t_{sat}=59.46℃$)			
饱和	0.01124	239.51	261.98	0.8586	0.00907	240.22	261.99	0.8463
60	0.01212	247.20	271.43	0.8873	0.00913	240.78	262.68	0.8484
70	0.01300	255.35	281.36	0.9167	0.01006	250.30	274.43	0.8831
80	0.01381	263.12	290.74	0.9436	0.01085	258.89	284.93	0.9133
90	0.01457	270.67	299.80	0.9689	0.01156	267.01	294.75	0.9407
100	0.01528	278.09	308.65	0.9929	0.01222	274.85	304.18	0.9663
110	0.01596	285.44	317.37	1.0160	0.01284	282.53	313.35	0.9906
120	0.01663	292.76	326.01	1.0383	0.01343	290.11	322.35	1.0137
130	0.01727	300.08	334.61	1.0598	0.01400	297.64	331.25	1.0361
140	0.01789	307.40	343.19	1.0808	0.01456	305.14	340.08	1.0577
150	0.01850	314.75	351.76	1.1013	0.01509	312.64	348.87	1.0787
160	0.01910	322.14	360.34	1.1214	0.01562	320.16	357.64	1.0992
170	0.01969	329.56	368.95	1.1410	0.01613	327.70	366.41	1.1192
180	0.02027	337.03	377.58	1.1603	0.01663	335.27	375.20	1.1388

附表 19　一些液体和固体的比热容

A. 液体	状态	$c[\text{kJ}/(\text{kg}\cdot\text{K})]$
氨水	饱和液体, $-20℃$	4.52
	饱和液体,10℃	5.67
	饱和液体,50℃	5.10
酒精	1 atm,25℃	2.43
甘油(丙三醇)	1 atm,10℃	2.32
	1 atm,50℃	2.58
水银	1 atm,10℃	0.138
	1 atm,315℃	0.134
制冷剂12	饱和液体, $-20℃$	0.90
	饱和液体,20℃	0.96
水	1 atm,0℃	4.217
	1 atm,27℃	4.179
	1 atm,100℃	4.218

B. 固体	温度(K)	$c[\text{kJ}/(\text{kg}\cdot\text{K})]$
铝	300	0.903
铜	300	0.385
	400	0.393
冰	200	1.56
	240	1.86
	273	2.11
铁	300	0.447
铅	300	0.129
银	300	0.235

附表 20　常用理想气体的比热容 $[\text{kJ}/(\text{kg. K})]$

温度 K	c_p	c_v	k	c_p	c_v	k	c_p	c_v	k	温度 K
	空气			N$_2$			O$_2$			
250	1.003	0.716	1.401	1.039	0.742	1.400	0.913	0.653	1.398	250
300	1.005	0.718	1.400	1.039	0.743	1.400	0.918	0.658	1.395	300
350	1.008	0.721	1.398	1.041	0.744	1.399	0.928	0.668	1.389	350
400	1.013	0.726	1.395	1.044	0.747	1.397	0.941	0.681	1.382	400
450	1.020	0.733	1.391	1.049	0.752	1.395	0.956	0.696	1.373	450
500	1.029	0.742	1.987	1.056	0.759	1.391	0.972	0.712	1.365	500
550	1.040	0.753	1.381	1.065	0.768	1.387	0.988	0.728	1.358	550
600	1.051	0.764	1.376	1.075	0.778	1.382	1.003	0.743	1.350	600
650	1.063	0.776	1.370	1.086	0.789	1.376	1.017	0.758	1.343	650

温度 K	c_p	c_v	k	c_p	c_v	k	c_p	c_v	k	温度 K
	空气			N_2			O_2			
700	1.075	0.788	1.364	1.098	0.801	1.371	1.031	0.771	1.337	700
750	1.087	0.800	1.359	1.110	0.813	1.365	1.043	0.783	1.332	750
800	1.099	0.812	1.354	1.121	0.825	1.360	1.054	0.794	1.327	800
900	1.121	0.834	1.344	1.145	0.849	1.349	1.074	0.814	1.319	900
1000	1.142	0.855	1.336	1.167	0.870	1.341	1.090	0.830	1.313	1000
温度 K	CO_2			CO			H_2			温度 K
250	0.791	0.602	1.314	1.039	0.743	1.400	14.051	9.927	1.416	250
300	0.846	0.657	1.288	1.040	0.744	1.399	14.307	10.183	1.405	300
350	0.895	0.706	1.268	1.043	0.746	1.398	14.427	10.302	1.400	350
400	0.939	0.750	1.252	1.047	0.751	1.395	14.476	10.352	1.398	400
450	0.978	0.790	1.239	1.054	0.757	1.392	14.501	10.377	1.398	450
500	1.014	0.825	1.229	1.063	0.767	1.387	14.513	10.389	1.397	500
550	1.046	0.857	1.220	1.075	0.778	1.382	14.530	10.405	1.396	550
600	1.075	0.886	1.213	1.087	0.790	1.376	14.546	10.422	1.396	600
650	1.102	0.913	1.207	1.100	0.803	1.370	14.571	10.447	1.395	650
700	1.126	0.937	1.202	1.113	0.816	1.364	14.604	10.480	1.394	700
750	1.148	0.959	1.197	1.126	0.829	1.358	14.645	10.521	1.392	750
800	1.169	0.980	1.193	1.139	0.842	1.353	14.695	10.570	1.390	800
900	1.204	1.015	1.186	1.163	0.866	1.343	14.822	10.698	1.385	900
1000	1.234	1.045	1.181	1.185	0.888	1.335	14.983	10.859	1.380	1000

附表21　理想气体的比热容随温度变化

$\dfrac{\overline{c_p}}{R} = \alpha + \beta T + \gamma T^2 + \delta T^3 + \varepsilon T^4$					
T 单位为 K,公式适用范围:300K ~ 1000K					
气体	α	$\beta \times 10^3$	$\gamma \times 10^6$	$\delta \times 10^9$	$\varepsilon \times 10^{12}$
CO	3.710	−1.619	3.692	−2.032	0.240
CO_2	2.401	8.735	−6.607	2.002	0
H_2	3.057	2.677	−5.810	5.521	−1.812
H_2O	4.070	−1.108	4.152	−2.964	0.807
O_2	3.626	−1.878	7.055	−6.764	2.156
N_2	3.675	−1.208	2.324	−0.632	−0.226
Air	3.653	−1.337	3.294	−1.913	0.2763
SO_2	3.267	5.324	0.684	−5.281	2.559
CH_4	3.826	−3.979	24.558	−22.733	6.963
C_2H_2	1.410	19.057	−24.501	16.391	−4.135
C_2H_4	1.426	11.383	7.989	−16.254	6.749
单原子气体	2.5	0.0	0.0	0.0	0.0

附表22　理想空气的特性参数

$T(\mathrm{K})$	h	$u(\mathrm{kJ/kg})$	$s^o[\mathrm{kJ/(kg \cdot K)}]$								
T	h	p_r	u	v_r	s^o	T	h	p_r	u	v_r	s^o
200	199.97	0.3363	142.56	1707.	1.29559	450	451.80	5.775	322.62	223.6	2.11161
210	209.97	0.3987	149.69	1512.	1.34444	460	462.02	6.245	329.97	211.4	2.13407
220	219.97	0.4690	156.82	1346.	1.39105	470	472.24	6.742	337.32	200.1	2.15604
230	230.02	0.5477	164.00	1205.	1.43557	480	482.49	7.268	344.70	189.5	2.17760
240	240.02	0.6355	171.13	1084.	1.47824	490	492.74	7.824	352.08	179.7	2.19876
250	250.05	0.7329	178.28	979.	1.51917	500	503.02	8.411	359.49	170.6	2.21952
260	260.09	0.8405	185.45	887.8	1.55848	510	513.32	9.031	366.92	162.1	2.23993
270	270.11	0.9590	192.60	808.0	1.59634	520	523.63	9.684	374.36	154.1	2.25997
280	280.13	1.0889	199.75	738.0	1.63279	530	533.98	10.37	381.84	146.7	2.27967
285	285.14	1.1584	203.33	706.1	1.65055	540	544.35	11.10	389.34	139.7	2.29906
290	290.16	1.2311	206.91	676.1	1.66802	550	554.74	11.86	396.86	133.1	2.31809
295	295.17	1.3068	210.49	647.9	1.68515	560	565.17	12.66	404.42	127.0	2.33685
300	300.19	1.3860	214.07	621.2	1.70203	570	575.59	13.50	411.97	121.2	2.35531
305	305.22	1.4686	217.67	596.0	1.71865	580	586.04	14.38	419.55	115.7	2.37348
310	310.24	1.5546	221.25	572.3	1.73498	590	596.52	15.31	427.15	110.6	2.39140
315	315.27	1.6442	224.85	549.8	1.75106	600	607.02	16.28	434.78	105.8	2.40902
320	320.29	1.7375	228.42	528.6	1.76690	610	617.53	17.30	442.42	101.2	2.42644
325	325.31	1.8345	232.02	508.4	1.78249	620	628.07	18.36	450.09	96.92	2.44356
330	330.34	1.9352	235.61	489.4	1.79783	630	638.63	19.84	457.78	92.84	2.46048
340	340.42	2.149	242.82	454.1	1.82790	640	649.22	20.64	465.50	88.99	2.47716
350	250.49	2.379	250.02	422.2	1.85708	650	659.84	21.86	473.25	85.34	2.49364
360	360.58	2.626	257.24	393.4	1.88543	660	670.47	23.13	481.01	81.89	2.50985
370	370.67	2.892	264.46	367.2	1.91313	670	681.14	24.46	488.81	78.61	2.52589
380	380.77	3.176	271.69	343.4	1.94001	680	691.82	25.85	496.62	75.50	2.54175
390	390.88	3.481	278.93	321.5	1.96633	690	702.52	27.29	504.45	72.56	2.55731
400	400.98	3.806	286.16	301.6	1.99194	700	713.27	28.80	512.33	69.76	2.57277
410	411.12	4.153	293.43	283.3	2.01699	710	724.04	30.38	520.23	67.07	2.58810
420	421.26	4.522	300.69	266.6	2.04142	720	734.82	32.02	528.14	74.53	2.60319
430	431.43	4.915	307.99	251.1	2.06533	730	745.62	33.72	536.07	62.13	2.61803
440	441.61	5.332	315.30	236.8	2.08870	740	756.44	35.50	544.02	59.82	2.63280
750	767.29	37.35	551.99	57.63	2.64737	1320	1419.76	352.5	1040.88	10.747	3.29160

\multicolumn{6}{l}{$T(\mathrm{K})$, h 和 $u(\mathrm{kJ/kg})$, $s^o[\mathrm{kJ/(kg \cdot K)}]$}					
T	h	p_r	u	v_r	s^o	T	h	p_r	u	v_r	s^o
760	778.18	39.27	560.01	55.54	2.66176	1340	1443.60	375.3	1058.94	10.247	3.30959
770	789.11	41.31	568.07	53.39	2.67595	1360	1467.49	399.1	1077.10	9.780	3.32724
780	800.03	43.35	576.12	51.64	2.69013	1380	1491.44	424.2	1095.26	9.337	3.36200
790	810.99	45.55	584.21	49.86	2.70400	1400	1515.42	450.5	1113.52	8.919	3.36200
800	821.95	47.76	592.30	48.08	2.71787	1420	1539.44	478.0	1131.77	8.526	3.37901
820	843.98	52.59	608.59	44.84	2.74504	1440	1563.51	506.9	1150.13	8.153	3.39586
840	866.08	57.60	624.95	41.85	2.77170	1460	1587.63	537.1	1168.49	7.801	3.41247
860	888.27	63.09	641.40	39.12	2.79783	1480	1611.79	368.8	1186.95	7.468	3.42892
880	910.56	68.98	657.95	36.61	2.82344	1500	1635.97	601.9	1205.41	7.152	3.44516
900	932.93	75.29	674.58	34.31	2.84856	1520	1660.23	636.5	1223.87	6.854	3.46120
920	955.38	82.05	691.28	32.18	2.87324	1540	1684.51	672.8	1242.43	6.569	3.47712
940	977.92	89.28	708.08	30.22	2.89748	1560	1708.82	710.5	1260.99	6.301	3.49276
960	1000.55	97.00	725.02	28.40	2.92128	1580	1733.17	750.0	1379.65	6.046	3.50829
980	1023.25	105.2	741.98	26.73	2.94468	1600	1757.57	791.2	1298.30	5.804	3.52364
1000	1046.04	114.0	758.94	25.17	2.96770	1620	1782.00	834.1	1316.96	5.574	3.53879
1020	1068.89	123.4	776.10	23.72	2.99034	1640	1806.46	878.9	1335.72	5.355	3.55381
1040	1091.85	133.3	793.36	22.39	3.01260	1660	1830.96	925.6	1354.48	5.147	3.56867
1060	1114.86	143.9	810.62	21.14	3.03449	1680	1855.50	974.2	1373.24	4.949	3.58335
1080	1137.89	155.2	827.88	19.98	3.05608	1700	1880.1	1025	1392.7	4.761	3.5979
1100	1161.07	167.1	845.33	18.896	3.07732	1750	1941.6	1161	1439.8	4.328	3.6336
1120	1184.28	179.7	862.79	17.886	3.09825	1800	2003.3	1310	1487.2	3.944	3.6684
1140	1207.57	193.1	880.35	16.946	3.11883	1850	2065.3	1475	1534.9	3.601	3.7023
1160	1230.92	207.2	897.91	16.064	3.13916	1900	2127.4	1655	1582.6	3.295	3.7354
1180	1254.34	222.2	915.57	15.241	3.15916	1950	2189.7	1852	1630.6	3.022	3.7677
1200	1277.79	238.0	933.33	14.470	3.17888	2000	2252.1	2068	1678.7	2.776	3.7994
1220	1301.31	254.7	951.09	13.747	3.49834	2050	2314.6	2303	1726.8	2.555	3.8303
1240	1324.93	272.3	968.95	13.069	3.21751	2100	2377.4	2559	1775.3	2.356	3.8605
1260	1348.55	290.8	986.90	12.435	3.23638	2150	2440.3	2837	1823.8	2.175	3.8901
1280	1372.24	310.4	1004.76	11.835	3.25510	2200	2503.2	3138	1872.4	2.012	3.9191
1300	1395.97	330.9	1022.82	11.275	3.27345	2250	2566.4	3464	1921.3	1.864	3.9474

附表 23　理想氮气的特性参数

$T(K)$, $\bar{h}$ 和 $\bar{u}(kJ/kmol)$, $\bar{s}°[kJ/(kmol \cdot K)]$							
$[\bar{h}°_f = 0kJ/kmol]$							
T	$\bar{h}$	$\bar{u}$	$\bar{s}°$	T	$\bar{h}$	$\bar{u}$	$\bar{s}°$
0	0	0	0	600	17.563	12.574	212.066
220	6.391	4.562	182.639	610	17.864	12.792	212.564
230	6.683	4.770	183.938	620	18.166	13.011	213.055
240	6.975	4.979	185.180	630	18.468	13.230	213.541
250	7.266	5.188	186.370	640	18.772	13.450	214.018
260	7.558	5.396	187.514	650	19.075	13.671	214.489
270	7.849	5.604	188.614	660	19.380	13.892	214.954
280	8.141	5.813	189.673	670	19.685	14.114	215.413
290	8.432	6.021	190.695	680	19.991	14.337	215.866
298	8.669	6.190	191.502	690	20.297	14.560	216.314
300	8.723	6.229	191.682	700	20.604	14.784	216.756
310	9.014	6.437	192.638	710	20.912	15.008	217.192
320	9.306	6.645	193.562	720	21.220	15.234	217.624
330	9.597	6.853	194.459	730	21.529	15.460	218.059
340	9.888	7.061	195.328	740	21.839	15.686	218.472
350	10.180	7.270	196.173	750	22.149	15.913	218.889
360	10.471	7.478	196.995	760	22.460	16.141	219.301
370	10.763	7.687	197.784	770	22.772	16.370	219.709
380	11.055	7.895	198.572	780	23.085	16.599	220.113
390	11.347	8.104	199.331	790	23.398	16.830	220.512
400	11.640	8.314	200.071	800	23.714	17.061	220.907
410	11.932	8.523	200.794	810	24.027	17.292	221.298
420	12.225	8.733	201.499	820	24.342	17.524	221.684
430	12.518	8.943	202.189	830	24.658	17.757	222.067
440	12.811	9.153	202.863	840	24.974	17.990	222.449
450	13.105	9.363	203.523	850	25.296	18.224	222.822
460	13.399	9.574	204.170	860	25.610	18.459	223.194
470	13.693	9.786	204.803	870	25.928	18.695	223.562
480	13.988	9.997	205.424	880	26.248	18.931	223.927

$T(\mathrm{K})$,$\bar{h}$ 和 $\bar{u}(\mathrm{kJ/kmol})$,$\bar{s}°[\mathrm{kJ/(kmol \cdot K)}]$							
$[\bar{h}°_f = 0\mathrm{kJ/kmol}]$							
T	$\bar{h}$	$\bar{u}$	$\bar{s}°$	T	$\bar{h}$	$\bar{u}$	$\bar{s}°$
490	14.285	10.210	206.033	890	26.568	19.168	224.288
500	14.581	10.423	206.630	900	26.890	19.407	224.647
510	14.876	10.635	207.216	910	27.210	19.644	225.002
520	15.172	10.848	207.792	920	27.532	19.883	225.353
530	15.469	11.062	208.358	930	27.854	20.122	225.701
540	15.766	11.277	208.914	940	28.178	20.362	226.047
550	16.064	11.492	209.461	950	28.501	20.603	226.389
560	16.363	11.707	209.999	960	28.826	20.844	226.728
570	16.662	11.923	210.528	970	29.151	21.086	227.064
580	16.962	12.139	211.049	980	29.476	21.328	227.398
590	17.262	12.356	211.562	990	29.803	21.571	227.728
1000	30.129	21.815	228.057	1760	56.227	41.594	247.396
1020	30.784	22.304	228.706	1780	56.938	42.139	247.798
1040	31.442	22.795	229.344	1800	57.651	42.685	248.195
1060	32.101	23.288	229.973	1820	58.363	43.231	248.589
1080	32.762	23.782	230.591	1840	59.075	43.777	248.979
1100	33.426	24.280	231.199	1860	59.790	44.324	249.365
1120	34.092	24.780	231.799	1880	60.504	44.873	249.748
1140	34.760	25.282	232.391	1900	61.220	45.423	250.128
1160	35.430	25.786	232.973	1920	61.936	45.973	250.502
1180	36.104	26.291	233.549	1940	62.654	46.524	25.874
1200	36.777	26.799	234.115	1960	63.381	47.075	251.242
1220	37.452	27.308	234.673	1980	64.090	47.627	251.607
1240	38.129	27.819	235.223	2000	64.810	48.181	251.969
1260	38.807	28.331	235.766	2050	66.612	49.567	252.858
1280	39.488	28.845	236.302	2100	68.417	50.957	253.726
1300	40.170	29.361	236.831	2150	70.226	52.351	254.578
1320	40.853	29.878	237.353	2200	72.040	53.749	255.412
1340	41.539	30.398	237.867	2250	73.856	55.149	256.227
1360	42.227	30.919	238.376	2300	75.676	56.553	257.027
1380	42.915	31.441	238.878	2350	77.496	57.958	257.810
1400	43.605	31.964	239.375	2400	79.320	59.366	258.580
1420	44.295	32.489	239.865	2450	81.149	60.779	259.332
1440	44.988	33.014	240.350	2500	82.981	62.195	260.073
1460	45.682	33.543	240.827	2550	84.814	63.613	260.799
1480	46.377	34.071	241.301	2600	86.650	65.033	261.512

$T(\mathrm{K}),\bar{h}$ 和 $\bar{u}(\mathrm{kJ/kmol}),\bar{s}^\circ[\mathrm{kJ/(kmol\cdot K)}]$							
$[\bar{h}^\circ_f=0\mathrm{kJ/kmol}]$							
T	$\bar{h}$	$\bar{u}$	$\bar{s}^\circ$	T	$\bar{h}$	$\bar{u}$	$\bar{s}^\circ$
1500	47.073	34.601	241.768	2650	88.488	66.455	262.213
1520	47.771	35.133	242.228	2700	90.328	67.880	262.902
1540	48.470	35.665	242.685	2750	92.171	69.306	263.577
1560	49.168	36.197	243.137	2800	94.014	70.734	264.241
1580	49.869	36.732	243.585	2850	95.859	72.163	264.895
1600	50.571	37.268	244.028	2900	97.705	73.593	2653538
1620	51.275	37.806	244.464	2950	99.556	75.028	266.170
1640	51.980	38.344	244.896	3000	101.407	76.464	266.793
1660	52.686	38.884	245.324	3050	103.260	77.902	267.404
1680	53.393	39.424	245.747	3100	105.115	79.341	268.007
1700	54.099	39.965	246.166	3150	106.972	80.782	268.601
1720	54.807	40.507	246.580	3200	108.830	82.224	269.186
1740	55.516	41.049	246.990	3250	110.690	83.668	269.763

附表 24　理想氧气的特性参数

$T(\mathrm{K}),\bar{h}$ 和 $\bar{u}(\mathrm{kJ/kmol}),\bar{s}^\circ[\mathrm{kJ/(kmol\cdot K)}]$							
$[\bar{h}^\circ_f=0\mathrm{kJ/kmol}]$							
T	$\bar{h}$	$\bar{u}$	$\bar{s}^\circ$	T	$\bar{h}$	$\bar{u}$	$\bar{s}^\circ$
0.0	0.0	0.0	0.0	600	17.929	12.940	226.346
220	6.404	4.575	196.171	610	18.250	13.178	226.877
230	6.694	4.782	197.461	620	18.572	13.417	227.400
240	6.984	4.989	198.696	630	18.895	13.657	227.918
250	7.275	5.197	199.885	640	19.219	13.898	228.429
260	7.566	5.405	201.027	650	19.544	14.140	228.932
270	7.858	5.613	202.128	660	19.870	14.383	229.430
280	8.150	5.822	203.191	670	20.197	14.626	229.920
290	8.443	6.032	204.218	680	20.524	14.871	230.405
298	8.682	6.203	205.033	690	20.854	15.116	230.885
300	8.736	6.242	205.213	700	21.184	15.364	231.358
310	9.030	6.453	206.177	710	21.514	15.611	231.827
320	9.325	6.664	207.112	720	21.845	15.859	232.291
330	9.620	6.877	208.020	730	22.177	16.107	232.748

$T(\mathrm{K})$, $\bar{h}$ 和 $\bar{u}(\mathrm{kJ/kmol})$, $\bar{s}°[\mathrm{kJ/(kmol \cdot K)}]$							
$[\bar{h}°_f = 0\mathrm{kJ/kmol}]$							
T	$\bar{h}$	$\bar{u}$	$\bar{s}°$	T	$\bar{h}$	$\bar{u}$	$\bar{s}°$
340	9.916	7.090	208.904	740	22.510	16.357	233.201
350	10.213	7.303	209.765	750	22.844	16.607	233.649
360	10.511	7.518	210.604	760	23.178	16.859	234.091
370	10.809	7.733	211.432	770	23.513	17.111	234.528
380	11.109	7.949	212.222	780	23.850	17.364	234.960
390	11.409	8.166	213.002	790	24.186	17.618	235.387
400	11.711	8.384	213.765	800	24.523	17.872	235.810
410	12.012	8.603	214.510	810	24.861	18.126	236.230
420	12.314	8.822	215.241	820	25.199	18.382	236.644
430	12.618	9.043	215.955	830	25.537	18.637	237.055
440	12.923	9.264	216.656	840	25.877	18.893	237.462
450	13.228	9.487	217.342	850	26.218	19.150	237.864
460	13.535	9.710	218.016	860	26.559	19.408	238.264
470	13.842	9.935	218.676	870	26.899	19.666	238.660
480	14.151	10.160	219.326	880	27.242	19.925	239.051
490	14.460	10.386	219.963	890	27.584	20.185	239.439
500	14.770	10.614	220.589	900	27.928	20.445	239.823
510	15.082	10.842	221.206	910	28.272	20.706	240.203
520	15.395	11.071	221.812	920	28.616	20.967	240.580
530	15.708	11.301	222.409	930	28.960	21.228	240.953
540	16.022	11.533	222.997	940	29.306	21.491	241.323
550	16.338	11.765	223.576	950	29.652	21.754	241.689
560	16.654	11.998	224.146	960	29.999	22.017	242.052
570	16.971	12.232	224.708	970	30.345	22.280	242.411
580	17.290	12.467	225.2626	980	30.692	22.544	242.768
590	17.609	12.703	225.808	990	31.041	22.809	243.120
1000	31.389	23.075	243.471	1760	58.880	44.247	263.861
1020	32.088	23.607	244.164	1780	59.624	44.825	264.283
1040	32.789	24.142	244.844	1800	60.371	45.405	264.701
1060	33.490	24.677	245.513	1820	61.118	45.986	265.113
1080	34.194	25.214	246.171	1840	61.866	46.568	265.521
1100	34.899	25.753	246.818	1860	62.616	47.151	265.925

T(K) $,\bar{h}$ 和 $\bar{u}$ (kJ/kmol) $,\bar{s}°$ [kJ/(kmol · K)]							
[$\bar{h}°_f = 0$ kJ/kmol]							
T	$\bar{h}$	$\bar{u}$	$\bar{s}°$	T	$\bar{h}$	$\bar{u}$	$\bar{s}°$
1120	35. 606	26. 294	247. 454	1880	63. 365	47. 734	266. 326
1140	36. 314	26. 836	248. 081	1900	64. 116	48. 319	266. 722
1160	37. 023	27. 379	248. 698	1920	64. 868	48. 904	267. 115
1180	37. 734	27. 923	249. 307	1940	65. 620	49. 490	267. 505
1200	38. 447	28. 469	249. 906	1960	66. 374	50. 078	267. 891
1220	39. 162	29. 018	250. 497	1980	67. 127	50. 665	268. 275
1240	39. 877	29. 568	251. 079	2000	67. 881	51. 253	268. 655
1260	40. 594	30. 118	251. 653	2050	69. 772	52. 727	269. 588
1280	41. 312	30. 670	252. 219	2100	71. 668	54. 208	270. 504
1300	42. 033	31. 224	252. 776	2150	73. 573	55. 697	271. 399
1320	42. 753	31. 778	253. 325	2200	75. 484	57. 192	272. 278
1340	43. 475	32. 334	253. 868	2250	77. 397	58. 690	273. 136
1360	44. 198	32. 891	254. 404	2300	79. 316	60. 193	273. 981
1380	44. 923	33. 449	254. 932	2350	81. 243	61. 704	274. 809
1400	45. 648	34. 008	255. 454	2400	83. 174	63. 219	275. 625
1420	46. 374	34. 567	255. 968	2450	85. 112	64. 742	276. 424
1440	47. 102	35. 129	256. 475	2500	87. 057	66. 271	277. 207
1460	47. 831	35. 692	256. 978	2550	89. 004	67. 802	277. 979
1480	48. 561	36. 256	257. 474	2600	90. 956	69. 339	278. 738
1500	49. 292	36. 821	257. 965	2650	92. 916	70. 883	279. 485
1520	50. 024	37. 387	258. 450	2700	94. 881	72. 433	280. 219
1540	50. 756	37. 952	258. 928	2750	96. 852	73. 987	280. 942
1560	51. 490	38. 520	259. 402	2800	98. 826	75. 546	281. 654
1580	52. 224	39. 088	259. 870	2850	100. 808	77. 112	282. 357
1600	52. 961	39. 658	260. 333	2900	102. 793	78. 682	283. 048
1620	53. 696	40. 227	260. 791	2950	104. 785	80. 258	283. 728
1640	54. 434	40. 799	261. 242	3000	106. 780	81. 837	284. 399
1660	55. 172	41. 370	26. 690	3050	108. 778	83. 419	285. 060
1680	55. 912	41. 944	262. 132	3100	110. 784	85. 009	285. 713
1700	56. 652	42. 517	262. 571	3150	112. 795	86. 601	286. 355
1720	57. 394	43. 093	263. 005	3200	114. 809	88. 203	286. 989
1740	58. 136	43. 669	263. 435	3250	116. 827	89. 804	287. 614

附表 25 理想水蒸气的特性参数

$T(K)$，$\bar{h}$ 和 $\bar{u}(kJ/kmol)$，$\bar{s}°[kJ/(kmol \cdot K)]$							
$[\bar{h}°_f = -241.820kJ/kmol]$							
T	$\bar{h}$	$\bar{u}$	$\bar{s}°$	T	$\bar{h}$	$\bar{u}$	$\bar{s}°$
0.0	0.0	0.0	0.0	600	20.402	15.413	212.920
220	7.295	5.466	178.576	610	20.765	15.693	213.529
230	7.628	5.715	180.054	620	21.130	15.975	214.122
240	7.961	5.965	181.471	630	21.495	16.257	214.707
250	8.294	6.215	182.831	640	21.862	16.541	215.285
260	8.627	6.466	184.139	650	22.230	16.826	215.856
270	8.961	6.716	185.399	660	22.600	17.112	216.419
280	9.296	6.968	186.616	670	22.970	17.399	216.976
290	9.631	7.219	187.791	680	23.342	17.688	217.527
298	9.904	7.425	188.720	690	23.714	17.978	218.071
300	9.966	7.472	188.928	700	24.088	18.268	218.610
310	10.302	7.725	190.030	710	24.464	18.561	219.142
320	10.639	7.978	191.098	720	24.840	18.854	219.668
330	10.976	8.232	192.136	730	25.218	19.148	220.189
340	11.314	8.487	193.144	740	25.597	19.444	220.707
350	11.652	8.742	194.125	750	25.977	19.741	221.215
360	11.992	8.998	195.081	760	26.358	20.039	221.720
370	12.331	9.255	196.012	770	26.741	20.339	222.221
380	12.672	9.513	196.920	780	27.125	20.639	222.717
390	13.014	9.771	197.807	790	27.510	20.941	223.207
400	13.356	10.030	198.673	800	27.896	21.245	223.693
410	13.699	10.290	199.521	810	28.284	21.549	224.174
420	14.043	10.551	200.350	820	28.672	21.855	224.651
430	14.388	10.813	201.160	830	29.062	22.162	225.123
440	14.734	11.075	201.955	840	29.454	22.470	225.592
450	15.080	11.339	202.734	850	29.846	22.779	226.057
460	15.428	11.603	203.497	860	30.240	23.090	226.517
470	15.777	11.869	204.247	870	30.635	23.402	226.973
480	16.126	12.135	204.982	880	31.032	23.715	227.426
490	16.477	12.403	205.705	890	31.429	24.029	227.875
500	16.828	12.671	206.413	900	31.828	24.345	228.321
510	17.181	12.940	207.112	910	32.228	24.662	228.763
520	17.534	13.211	207.799	920	32.629	24.980	229.202

T(K), $\bar{h}$ 和 $\bar{u}$(kJ/kmol), $\bar{s}°$[kJ/(kmol·K)]							
$[\bar{h}°_f = -241.820\text{kJ/kmol}]$							
T	$\bar{h}$	$\bar{u}$	$\bar{s}°$	T	$\bar{h}$	$\bar{u}$	$\bar{s}°$
530	17.889	13.482	208.475	930	33.032	25.300	229.637
540	18.245	13.755	209.139	940	33.436	25.621	230.070
550	18.601	14.028	209.795	950	33.841	25.943	230.499
560	18.959	14.303	210.440	960	34.247	26.265	230.924
570	19.318	14.579	211.075	970	34.653	26.588	231.347
580	19.678	14.856	211.702	980	35.061	26.913	231.767
590	20.039	15.134	212.320	990	35.472	27.240	232.184
1000	35.882	27.568	232.597	1760	70.535	55.902	258.151
1020	36.709	28.228	233.415	1780	71.523	56.723	258.708
1040	37.542	28.985	234.223	1800	72.513	57.547	259.262
1060	38.380	29.567	235.020	1820	73.507	58.375	259.811
1080	39.223	530.243	235.806	1840	74.506	59.207	260.357
1100	40.071	30.925	236.584	1860	75.506	60.042	260.898
1120	40.923	31.611	237.352	1880	76.511	60.880	261.436
1140	41.780	32.301	238.110	1900	77.517	61.720	261.969
1160	42.642	32.997	238.859	1920	78.527	62.564	262.497
1180	43.509	33.698	239.600	1940	79.540	63.411	263.022
1200	44.380	34.403	240.333	1960	80.555	64.259	263.542
1220	45.256	35.112	241.057	1980	81.573	65.111	264.059
1240	46.137	35.827	241.773	2000	82.593	65.965	264.571
1260	47.022	36.546	242.482	2050	85.156	68.111	265.838
1280	47.912	37.270	243.183	2100	87.735	70.275	267.081
1300	28.807	38.000	243.877	2150	90.330	72.454	268.301
1320	49.707	38.732	244.564	2200	92.940	74.649	269.500
1340	50.612	39.470	245.243	2250	95.562	76.855	270.679
1360	51.521	40.213	245.915	2300	98.199	79.076	271.839
1380	52.434	40.960	246.582	2350	100.846	81.308	272.978
1400	53.351	41.711	247.241	2400	103.508	83.553	274.098
1420	54.273	42.466	247.895	2450	106.183	85.811	275.201
1440	55.198	43.226	248.543	2500	108.868	88.082	276.286
1460	56.128	43.989	249.185	2550	111.565	90.364	277.354
1480	57.062	44.756	249.820	2600	114.273	92.656	278.407

T	$\bar{h}$	$\bar{u}$	$\bar{s}°$	T	$\bar{h}$	$\bar{u}$	$\bar{s}°$
1500	57.999	45.528	250.450	2650	116.991	94.958	279.441
1520	58.942	46.304	251.074	2700	119.717	97.269	280.462
1540	59.888	47.084	251.693	2750	122.453	99.588	281.464
1560	60.838	47.868	252.305	2800	125.198	101.917	282.453
1580	61.792	48.655	252.912	2850	127.952	104.256	283.429
1600	62.748	49.445	253.513	2900	130.717	106.605	284.390
1620	63.709	50.240	254.111	2950	133.486	108.959	285.338
1640	64.675	51.039	254.703	3000	136.264	111.321	286.273
1660	65.643	51.841	255.290	3050	139.051	113.692	287.194
1680	66.614	52.646	255.873	3100	141.846	116.072	288.102
1700	67.589	53.455	256.450	3150	144.648	118.458	288.999
1720	68.567	54.267	257.022	3200	147.457	120.851	289.884
1740	69.550	55.083	257.589	3250	150.272	123.250	290.756

$T(\mathrm{K})$, $\bar{h}$ 和 $\bar{u}(\mathrm{kJ/kmol})$, $\bar{s}°[\mathrm{kJ/(kmol \cdot K)}]$

$[\bar{h}°_f = -241.820\mathrm{kJ/kmol}]$

附表26　理想气体一氧化碳的特性参数

$T(\mathrm{K})$, $\bar{h}$ 和 $\bar{u}(\mathrm{kJ/kmol})$, $\bar{s}°[\mathrm{kJ/(kmol \cdot K)}]$

$[\bar{h}°_f = -110.530\mathrm{kJ/kmol}]$

T	$\bar{h}$	$\bar{u}$	$\bar{s}°$	T	$\bar{h}$	$\bar{u}$	$\bar{s}°$
0.0	0.0	0.0	0.0	600	17.611	12.622	218.204
220	6.391	4.562	188.683	610	17.915	12.843	218.708
230	6.683	4.771	189.980	620	18.221	13.066	219.205
240	6.975	4.979	191.221	630	18.527	13.289	219.695
250	7.266	5.188	192.411	640	18.833	13.512	220.179
260	7.558	3.596	193.554	650	19.141	13.736	220.656
270	7.849	5.604	194.654	660	19.449	13.962	221.127
280	8.140	5.812	195.173	670	19.758	14.187	221.592
290	8.432	6.020	196.735	680	20.068	14.414	222.052
298	8.669	6.190	197.543	690	20.378	14.641	222.505
300	8.723	6.229	197.723	700	20.690	14.870	222.953
310	9.014	6.437	198.678	710	21.002	15.099	223.396
320	9.306	6.645	199.603	720	21.315	15.328	223.833
330	9.597	6.854	200.500	730	21.628	15.558	224.265

$T(\mathrm{K})$，$\bar{h}$ 和 $\bar{u}(\mathrm{kJ/kmol})$，$\bar{s}°\,[\,\mathrm{kJ/(kmol \cdot K)}\,]$							
$[\,\bar{h}°_f = -241.820\mathrm{kJ/kmol}\,]$							
T	$\bar{h}$	$\bar{u}$	$\bar{s}°$	T	$\bar{h}$	$\bar{u}$	$\bar{s}°$
340	9.889	7.062	201.371	740	21.943	15.789	224.692
350	10.181	7.271	202.217	750	22.258	16.022	225.115
360	10.473	7.480	203.040	760	22.573	16.255	225.533
370	10.765	7.689	203.842	770	22.890	16.488	225.947
380	11.058	7.899	204.622	780	23.208	16.723	226.357
390	11.351	8.108	205.383	790	23.526	16.957	226.762
400	11.644	8.319	206.125	800	23.844	17.193	227.162
410	11.934	8.529	206.850	810	24.164	17.429	227.559
420	12.232	8.740	207.549	820	24.483	17.665	227.952
430	12.526	8.951	208.252	830	24.803	17.902	228.339
440	12.821	9.163	208.929	840	25.124	18.140	228.724
450	13.116	9.375	209.593	850	25.446	18.379	229.106
460	13.412	9.587	210.243	860	25.768	18.617	229.482
470	13.708	9.800	210.880	870	26.091	18.858	229.856
480	14.005	10.014	211.504	880	26.415	19.099	230.227
490	14.302	10.228	212.117	890	26.740	19.341	230.593
500	14.600	10.443	212.719	900	27.066	19.583	230.957
510	14.898	10.658	213.310	910	27.392	19.826	231.317
520	15.197	10.874	213.890	920	27.719	20.070	231.674
530	15.497	10.090	214.460	930	28.046	20.314	232.028
540	15.797	11.307	215.020	940	28.375	20.559	232.379
550	16.097	11.524	215.572	950	28.703	20.805	232.727
560	16.399	11.743	216.115	960	29.033	21.051	233.072
570	16.701	11.961	216.649	970	29.362	21.298	233.413
580	17.003	12.181	217.175	980	29.693	21.545	233.752
590	17.307	12.401	217.693	990	30.024	21.793	234.088
1000	30.355	22.041	234.421	1760	56.756	42.123	253.991
1020	31.020	22.540	235.079	1780	57.473	42.673	254.398
1040	31.688	23.041	235.728	1800	58.191	43.225	254.797
1060	32.357	23.544	236.364	1820	58.910	43.778	255.194
1080	33.029	24.049	236.992	1840	59.629	44.331	255.587
1100	33.702	24.557	237.609	1860	60.351	44.886	255.976

$T(\mathrm{K})$, $\bar{h}$ 和 $\bar{u}(\mathrm{kJ/kmol})$, $\bar{s}^{\circ}[\mathrm{kJ/(kmol \cdot K)}]$							
$[\bar{h}^{\circ}_f = -241.820\mathrm{kJ/kmol}]$							
T	$\bar{h}$	$\bar{u}$	$\bar{s}^{\circ}$	T	$\bar{h}$	$\bar{u}$	$\bar{s}^{\circ}$
1120	34.377	25.065	238.217	1880	61.072	45.441	256.361
1140	35.054	25.575	238.817	1900	61.794	45.997	256.743
1160	35.733	26.088	239.407	1920	62.516	46.552	257.122
1180	36.406	26.602	239.989	1940	63.238	47.108	257.497
1200	37.095	27.118	240.663	1960	63.961	47.665	257.868
1220	37.780	27.637	241.128	1980	64.684	48.221	258.236
1240	38.466	28.426	241.686	2000	65.408	48.780	258.600
1260	39.154	28.678	242.236	2050	67.224	50.179	259.494
1280	39.884	29.201	242.780	2100	69.044	51.584	260.370
1300	40.534	29.725	243.316	2150	70.864	52.988	261.226
1320	41.266	30.251	243.844	2200	72.688	54.396	262.065
1340	41.919	30.778	244.366	2250	74.516	55.809	262.887
1360	42.613	31.306	244.880	2300	76.345	57.222	263.692
1380	43.309	31.836	245.388	2350	78.178	58.640	264.480
1400	44.007	32.367	245.889	2400	80.015	60.060	265.253
1420	44.707	32.900	246.385	2450	81.852	61.482	266.012
1440	45.408	33.434	246.876	2500	83.692	62.906	266.755
1460	46.110	33.971	247.360	2550	85.537	64.335	267.485
1480	46.813	34.508	247.839	2600	87.383	65.766	268.202
1500	47.517	35.046	248.312	2650	89.230	67.197	268.905
1520	48.222	35.584	248.778	2700	91.077	68.628	269.596
1540	48.928	36.124	249.240	2750	92.930	70.066	270.285
1560	39.635	36.665	249.695	2800	94.784	71.504	270.943
1580	50.344	37.207	250.147	2850	96.639	72.945	271.602
1600	51.053	37.750	250.592	2900	98.495	74.383	272.249
1620	51.763	38.293	251.033	2950	100.352	75.825	272.884
1640	52.472	38.837	251.470	3000	102.210	77.267	273.508
1660	53.184	39.382	251.901	3050	104.073	78.715	274.123
1680	53.985	39.927	252.329	3100	105.939	80.164	274.730
1700	54.609	40.474	252.751	3150	107.802	81.612	275.326
1720	55.323	41.023	253.169	3200	109.667	83.061	275.914
1740	56.039	41.572	253.582	3250	111.534	84.513	276.494

附表 27　理想气体二氧化碳的特性参数

$T(K)$,$\bar{h}$ 和 $\bar{u}(kJ/kmol)$,$\bar{s}^{\circ}[kJ/(kmol \cdot K)]$							
$[\bar{h}^{\circ}_f = -393.520kJ/kmol]$							
T	$\bar{h}$	$\bar{u}$	$\bar{s}^{\circ}$	T	$\bar{h}$	$\bar{u}$	$\bar{s}^{\circ}$
0.0	0.0	0.0	0.0	600	22.280	17.291	243.199
220	6.601	4.772	202.966	610	22.754	17.683	243.983
230	6.938	5.026	204.464	620	23.231	18.076	244.758
240	7.280	5.285	205.920	630	23.709	18.471	245.524
250	7.627	5.548	207.337	640	24.190	18.869	246.282
260	7.979	5.817	208.717	650	24.674	19.270	247.032
270	8.335	6.091	210.062	660	25.160	19.672	247.773
280	8.697	6.369	211.376	670	25.648	20.078	248.507
290	9.063	6.651	212.660	680	26.138	20.484	249.233
298	9.364	6.885	213.685	690	26.631	20.894	249.952
300	9.431	6.939	213.915	700	27.125	21.305	250.663
310	9.807	7.230	215.146	710	27.622	21.719	251.368
320	10.286	7.526	216.351	720	28.121	22.134	252.065
330	10.570	7.826	217.534	730	28.622	22.552	252.755
340	10.959	8.131	218.684	740	29.124	22.972	253.439
350	11.351	8.439	319.831	750	29.629	23.393	254.117
360	11.748	8.752	220.948	760	30.135	23.817	254.787
370	12.148	9.068	222.044	770	30.644	24.242	255.452
380	12.552	9.392	223.122	780	31.154	24.669	256.110
390	12.960	9.718	224.182	790	31.665	25.097	256.762
400	13.372	10.046	225.225	800	32.179	25.527	257.408
410	13.787	10.378	226.250	810	32.694	25.959	258.048
420	14.206	10.714	227.258	820	33.212	26.394	258.682
430	14.628	11.053	228.252	830	33.730	26.829	259.311
440	15.054	11.393	229.230	840	34.251	27.267	259.934
450	15.483	11.742	230.194	850	34.773	27.706	260.551
460	15.916	12.091	231.144	860	35.296	28.125	261.164
470	16.351	12.444	232.080	870	35.821	28.588	261.770
480	16.791	12.800	233.044	880	36.347	29.031	262.371
490	17.232	13.158	233.916	890	36.876	29.476	262.968
500	17.678	13.521	234.814	900	37.405	29.922	263.559
510	18.126	13.885	235.700	910	37.935	30.369	264.146
520	18.576	14.253	236.575	920	38.467	30.818	264.728

（续）

$T(\mathrm{K})$, $\bar{h}$ 和 $\bar{u}(\mathrm{kJ/kmol})$, $\bar{s}°[\mathrm{kJ/(kmol \cdot K)}]$							
$[\bar{h}°_f = -393.520\mathrm{kJ/kmol}]$							
T	$\bar{h}$	$\bar{u}$	$\bar{s}°$	T	$\bar{h}$	$\bar{u}$	$\bar{s}°$
530	19.029	14.622	237.439	930	39.000	31.268	265.304
540	19.485	14.996	238.292	940	39.535	31.719	265.877
550	19.945	15.372	239.135	950	40.070	32.171	266.444
560	20.407	15.751	239.962	960	40.607	32.625	267.007
570	20.870	16.131	240.789	970	41.145	33.081	267.566
580	21.337	16.515	241.602	980	41.685	33.537	268.119
590	21.807	16.902	242.405	990	42.226	33.995	268.670
1000	42.769	34.455	269.215	1760	86.420	71.787	301.543
1020	43.859	35.378	270.293	1780	87.612	72.812	302.271
1040	44.953	36.306	271.354	1800	88.806	73.840	302.884
1060	46.051	37.238	272.400	1820	90.000	74.868	303.544
1080	47.153	38.174	273.430	1840	91.196	75.897	304.198
1100	48.258	39.112	274.445	1860	92.394	76.929	304.845
1120	49.369	40.057	275.444	1880	93.593	77.962	305.487
1140	50.484	41.006	276.430	1900	94.793	78.996	306.122
1160	51.602	41.957	277.403	1920	95.995	80.031	306.751
1180	52.724	42.913	278.362	1940	97.197	81.067	307.374
1200	53.848	43.871	279.307	1960	98.401	82.105	307.992
1220	54.977	44.834	280.238	1980	99.606	83.144	308.604
1240	56.108	45.799	281.158	2000	100.804	84.185	309.210
1260	57.244	46.768	282.066	2050	103.835	86.791	310.701
1280	58.381	47.739	282.962	2100	106.864	89.404	310.160
1300	59.522	48.713	283.847	2150	109.898	92.023	313.589
1320	60.666	49.691	284.722	2200	112.939	94.648	314.988
1340	61.813	50.672	285.586	2250	115.984	97.277	316.356
1360	62.963	51.656	286.439	2300	119.035	99.219	317.695
1380	64.116	52.643	287.283	2350	122.091	102.552	319.011
1400	65.271	53.631	288.106	2400	125.152	105.197	320.302
1420	66.427	54.621	288.934	2450	128.219	107.849	321.566
1440	67.586	55.614	289.743	2500	131.290	110.504	322.808
1460	68.748	56.609	290.542	2550	134.368	113.166	324.026
1480	69.911	57.606	291.333	2600	137.449	115.832	325.222

$T(\mathrm{K})$，$\bar{h}$ 和 $\bar{u}(\mathrm{kJ/kmol})$，$\bar{s}°[\mathrm{kJ/(kmol \cdot K)}]$							
$[\bar{h}°_f = -393.520\mathrm{kJ/kmol}]$							
T	$\bar{h}$	$\bar{u}$	$\bar{s}°$	T	$\bar{h}$	$\bar{u}$	$\bar{s}°$
1500	71.078	58.606	292.114	2650	140.533	118.500	326.396
1520	72.246	59.609	292.888	2700	143.620	121.172	327.549
1540	73.417	60.613	292.654	2750	146.713	123.849	328.684
1560	74.590	61.620	294.411	2800	149.808	126.528	329.800
1580	76.767	62.630	295.161	2850	152.908	129.212	330.896
1600	76.944	63.741	295.901	2900	156.009	131.898	331.975
1620	78.123	64.653	296.632	2950	159.117	134.589	333.037
1640	79.303	65.668	297.356	3000	162.226	137.283	334.084
1660	80.486	66.592	298.072	3050	165.341	139.982	335.114
1680	81.670	67.702	298.781	3100	168.456	142.681	336.126
1700	82.856	68.721	299.482	3150	171.576	145.385	337.124
1720	84.043	69.742	300.177	3200	174.695	148.089	338.109
1740	85.231	70.764	300.863	3250	177.822	150.801	339.069

附表 28　理想氢气的特性参数

$T(\mathrm{K})$，$\bar{h}$ 和 $\bar{u}(\mathrm{kJ/kmol})$，$\bar{s}°[\mathrm{kJ/(kmol \cdot K)}]$							
$[\bar{h}°_f = 0\mathrm{kJ/kmol}]$							
T	$\bar{h}$	$\bar{u}$	$\bar{s}°$	T	$\bar{h}$	$\bar{u}$	$\bar{s}°$
0.0	0.0	0.0	0.0	1440	42.808	30.835	177.410
260	7.370	5.209	126.636	1480	44.091	31.786	178.291
270	7.657	5.412	127.719	1520	45.384	32.746	179.153
280	7.945	5.617	128.765	1560	46.683	33.713	179.995
290	8.233	5.822	129.775	1600	47.990	34.687	180.820
298	8.468	5.989	130.574	1640	49.303	35.668	181.632
300	8.522	6.027	130.754	1680	50.662	36.654	182.428
320	9.100	6.440	132.621	1720	51.947	37.646	183.208
340	9.680	6.853	134.378	1760	53.279	38.645	183.973
360	10.262	7.268	136.039	1800	54.618	39.652	184.724
380	10.843	7.684	137.612	1840	55.962	40.663	185.463
400	11.426	8.100	139.106	1880	57.311	41.680	186.190
420	12.010	8.518	140.529	1920	58.668	42.705	186.904
440	12.594	8.936	141.888	1960	60.031	43.735	187.607

$T(\mathrm{K})$,$\bar{h}$ 和 $\bar{u}(\mathrm{kJ/kmol})$,$\bar{s}^\circ [\mathrm{kJ/(kmol \cdot K)}]$

$[\bar{h}^\circ_f = 0\mathrm{kJ/kmol}]$

T	$\bar{h}$	$\bar{u}$	$\bar{s}^\circ$	T	$\bar{h}$	$\bar{u}$	$\bar{s}^\circ$
460	13.719	9.355	143.187	2000	61.400	44.771	188.297
480	13.764	9.773	144.432	2050	63.119	46.074	189.148
500	14.350	10.193	145.628	2100	64.847	47.386	189.979
520	14.935	10.611	146.775	2150	66.584	48.708	190.796
560	16.107	11.451	148.945	2200	68.328	50.037	191.598
600	17.280	12.291	150.968	2250	70.080	51.373	192.385
640	18.453	13.133	152.863	2300	71.839	52.716	193.159
680	19.630	13.976	154.645	2350	73.608	54.069	193.921
720	20.807	14.821	156.328	2400	75.383	55.429	194.669
760	21.988	15.669	157.923	2450	77.168	56.798	195.403
800	23.171	16.520	159.440	2500	78.960	58.175	196.125
840	24.359	17.375	160.891	2550	80.755	59.554	196.837
880	25.551	18.235	162.277	2600	82.558	60.941	197.539
920	26.747	19.098	163.607	2650	84.386	62.335	198.229
960	27.948	19.966	164.884	2700	86.186	63.737	198.907
1000	29.154	20.839	166.114	2750	88.008	65.144	199.575
1040	30.364	21.717	167.300	2800	89.838	66.558	200.234
1080	31.580	22.601	168.449	2850	91.671	67.976	200.885
1120	32.802	23.490	169.560	2900	93.512	69.401	201.527
1160	34.028	24.384	170.636	2950	95.358	70.831	202.157
1200	35.262	25.284	171.682	3000	97.211	72.268	202.778
1240	36.502	26.192	172.698	3050	99.065	73.707	203.391
1280	37.749	27.106	173.687	3100	100.926	75.152	203.995
1320	39.002	28.027	174.652	3150	102.793	76.604	204.592
1360	40.263	28.955	175.593	3200	104.667	78.061	205.181
1400	41.530	29.889	176.510	3250	106.545	79.523	205.765

附表 29　实际气体状态方程的系数

物质	Van der Waals 方程		Redlich – Kwong 方程	
	$a/$ $\mathrm{bar}\left(\dfrac{\mathrm{m}^3}{\mathrm{kmol}}\right)^2$	$b/$ $\dfrac{\mathrm{m}^3}{\mathrm{kmol}}$	$a/$ $\mathrm{bar}\left(\dfrac{\mathrm{m}^3}{\mathrm{kmol}}\right)^2 \mathrm{K}^{1/2}$	$b/$ $\dfrac{\mathrm{m}^3}{\mathrm{kmol}}$
空气	1.368	0.0367	15.989	0.02541
丁烷($\mathrm{C_4 H_{10}}$)	13.86	0.1162	289.55	0.08060
二氧化碳($\mathrm{CO_2}$)	3.647	0.0428	64.43	0.02963
一氧化碳(CO)	1.474	0.0395	17.22	0.02737

物质	Van der Waals 方程		Redlich – Kwong 方程	
	$a/$ $bar\left(\dfrac{m^3}{kmol}\right)^2$	$b/$ $\dfrac{m^3}{kmol}$	$a/$ $bar\left(\dfrac{m^3}{kmol}\right)^2 K^{1/2}$	$b/$ $\dfrac{m^3}{kmol}$
甲烷（CH_4）	2.293	0.0428	32.11	0.02965
氮气（N_2）	1.366	0.0386	15.53	0.02677
氧气（O_2）	1.369	0.0317	17.22	0.02197
丙烷（C_3H_8）	9.349	0.0901	182.23	0.06242
制冷剂 12	10.49	0.0971	208.59	0.06731
二氧化硫（SO_2）	6.883	0.0569	144.80	0.03945
水蒸汽（H_2O）	5.531	0.0305	142.59	0.02111

Benedict – Webb – Rubin 方程（压强单位 bar，比体积单位 $m^3/kmol$，温度单位 K）

物质	a	A	b	B	c	C	α	γ
C_4H_{10}	1.9073	10.218	0.039998	0.12436	3.206×10^5	1.006×10^6	1.101×10^{-3}	0.0340
CO_2	0.1386	2.7737	0.007210	0.04991	1.512×10^4	1.404×10^5	8.47×10^{-5}	0.00539
CO	0.0731	1.3590	0.002632	0.05454	1.054×10^3	8.676×10^3	1.350×10^{-4}	0.0060
CH_4	0.0501	1.8796	0.003380	0.04260	2.579×10^3	2.287×10^4	1.244×10^{-4}	0.0060
N_2	0.0254	1.0676	0.002328	0.04074	7.381×10^2	8.166×10^3	1.272×10^{-4}	0.0053

附表 30　一些物质在标准参数状态下（298K 和 1atm）的生成焓、吉布斯函数、绝对熵

$\overline{h}^\circ_f$ and $\overline{g}^\circ_f(kJ/kmol)$，$\overline{s}^\circ[kJ/(kmol \cdot K)]$				
物质	分子式	$\overline{h}^\circ_f$	$\overline{g}^\circ_f$	$\overline{s}^\circ$
碳	C(s)	0.0	0.0	5.74
氢气	H_2(g)	0.0	0.0	130.57
氮气	N_2(g)	0.0	0.0	191.50
氧气	O_2(g)	0.0	0.0	205.03
一氧化碳	CO(g)	-110.530	-137.150	197.54
二氧化碳	CO_2(g)	-393.520	-394.380	213.69
水	H_2O(g)	-241.820	-228.590	188.72
水	H_2O(l)	-285.830	-237.180	69.95
过氧化氢	H_2O_2(g)	-136.310	-105.600	232.63
氨	NH_3(g)	-46.190	-16.590	192.33
氧	O(g)	249.170	231.770	160.95

（续）

$\bar{h}^\circ{}_f$ and $\bar{g}^\circ{}_f$ (kJ/kmol), $\bar{s}^\circ$ [kJ/(kmol · K)]				
物质	分子式	$\bar{h}^\circ{}_f$	$\bar{g}^\circ{}_f$	$\bar{s}^\circ$
氢	H(g)	218.000	203.290	114.61
氮	N(g)	472.680	455.510	153.19
氢氧基	OH(g)	39.460	34.280	183.75
甲烷	CH_4(g)	−74.850	−50.790	186.16
乙炔	C_2H_2(g)	226.730	209.170	200.85
乙烯	C_2H_4(g)	52.280	68.120	219.83
乙烷	C_2H_6(g)	−84.680	−32.890	229.49
丙烯	C_3H_6(g)	20.410	62.720	266.94
丙烷	C_3H_8(g)	−103.850	−23.490	269.91
丁烷	C_4H_{10}(g)	−126.150	−15.710	310.03
戊烷	C_5H_{12}(g)	−146.440	−8.200	348.40
辛烷	C_8H_{18}(g)	−208.450	17.320	463.67
辛烷	C_8H_{18}(l)	−249.910	6.610	360.79
苯	C_6H_6(g)	82.930	129.660	269.20
甲醇	CH_3OH(g)	−200.890	−162.140	239.70
甲醇	CH_3OH(l)	−238.810	−166.290	126.80
酒精	C_2H_5OH(g)	−235.310	−168.570	282.59
酒精	C_2H_5OH(l)	−277.690	174.890	160.70

附表 31 标准摩尔化学可用能（单位 kJ/kmol）

物质	分子式	Model I[a]	Model II[b]
氮气	N_2(g)	640.0	720.0
氧气	O_2(g)	3.950	3.970
二氧化碳	CO_2(g)	14.175	19.870
水	H_2O(g)	8.635	9.500
水	H_2O(l)	45	900
碳	C(s)	404.590	410.260
氢气	H_2(g)	235.250	236.100
硫	S(s)	598.160	609.600
一氧化碳	CO(g)	269.410	275.100
二氧化硫	SO_2(g)	301.940	313.400
一氧化氮	NO(g)	88.850	88.900

（续）

物质	分子式	Model I[a]	Model II[b]
二氧化氮	$NO_2(g)$	55.565	55.600
硫化氢	$H_2S(g)$	799.890	812.000
氨	$NH_3(g)$	336.685	337.900
甲烷	$CH_4(g)$	824.350	831.650
乙烷	$C_2H_6(g)$	1.482.035	1.495.840
甲醇	$CH_3OH(g)$	715.070	722.300
甲醇	$CH_3OH(1)$	710.745	718.000
酒精	$C_2H_5OH(g)$	1.348.330	1.363.900
酒精	$C_2H_5OH(1)$	1,342.085	1.357.700

附表32 化学反应平衡常数的对数值

温度 K	$\log_{10} K$							
	$H_2 \rightleftharpoons 2H$	$O_2 \rightleftharpoons 2O$	$N_2 \rightleftharpoons 2N$	$\frac{1}{2}O_2 + \frac{1}{2}N_2 \rightleftharpoons NO$	$H_2O \rightleftharpoons H_2 + \frac{1}{2}O_2$	$H_2O \rightleftharpoons OH + \frac{1}{2}H_2$	$CO_2 \rightleftharpoons CO + \frac{1}{2}O_2$	$CO_2 + H_2 \rightleftharpoons CO + H_2O$
198	−71.224	−81.208	−159.600	−15.171	−40.048	−46.054	−45.066	−5.018
500	−40.316	−45.880	−92.672	−8.783	−22.886	−26.130	−25.025	−2.139
1000	−17.292	−19.614	−43.056	−4.062	−10.062	−11.280	−10.221	−0.159
1200	−13.414	−15.208	−34.754	−3.275	−7.899	−8.811	−7.764	+0.153
1400	−10.630	−12.054	−28.812	−2.712	−6.347	−7.021	−6.104	+0.333
1600	−8.532	−9.684	−24.350	−2.290	−5.180	−5.677	−4.706	+0.474
1700	−7.666	−8.706	−22.512	−2.116	−4.699	−5.124	−4.169	+0.530
1800	−6.896	−7.836	−20.874	−1.962	−4.270	−4.613	−3.693	+0.577
1900	−6.204	−7.058	−19.410	−1.823	−3.886	−4.190	−3.267	+0.619
2000	−5.580	−6.356	−18.092	−1.699	−3.540	−3.776	−2.884	+0.656
2100	−5.016	−5.720	−16.898	−1.586	−3.227	−3.434	−2.539	+0.688
2200	−4.502	−50142	−15.810	−1.484	−2.942	−3.091	−2.226	+0.716
2300	−4.032	−4.614	−14.818	−1.391	−2.682	−2.809	−1.940	+0.742
2400	−3.600	−4.130	−13.908	−1.305	−2.443	−2.520	−1.679	+0.764
2500	−3.202	−3.684	−13.070	−1.227	−2.224	−2.270	−1.440	+0.784
2600	−2.836	−3.272	−12.298	−1.154	−2.021	−2.038	−1.219	+0.802
2700	−2.494	−2.892	−11.580	−1.087	−1.833	−1.823	−1.015	+0.818

温度 K	$\log_{10} K$							
	$H_2 \rightleftharpoons 2H$	$O_2 \rightleftharpoons 2O$	$N_2 \rightleftharpoons 2N$	$\frac{1}{2}O_2 +$ $\frac{1}{2}N_2 \rightleftharpoons NO$	$H_2O \rightleftharpoons$ $H_2 + \frac{1}{2}O_2$	$H_2O \rightleftharpoons$ $OH + \frac{1}{2}H_2$	$CO_2 \rightleftharpoons$ $CO + \frac{1}{2}O_2$	$CO_2 + H_2 \rightleftharpoons$ $CO + H_2O$
2800	-2.178	-2.536	-10.914	-1.025	-1.658	-1.624	-0.825	$+0.833$
2900	-1.882	-2.206	-10.294	-0.967	-1.495	-1.438	-0.649	$+0.846$
3000	-1.606	-1.898	-9.716	-0.913	-1.343	-1.265	-0.485	$+0.858$
3100	-1.348	-1.610	-9.174	-0.863	-1.201	-1.103	-0.332	$+0.869$
3200	-1.106	-1.340	-8.664	-0.815	-1.067	-0.951	-0.189	$+0.878$
3300	-0.878	-1.086	-8.186	-0.771	-0.942	-0.809	-0.054	$+0.888$
3400	-0.664	-0.846	-7.736	-0.729	-0.824	-0.674	$+0.071$	$+0.895$
3500	-0.462	-0.620	-7.312	-0.690	-0.712	-0.547	$+0.190$	$+0.0902$

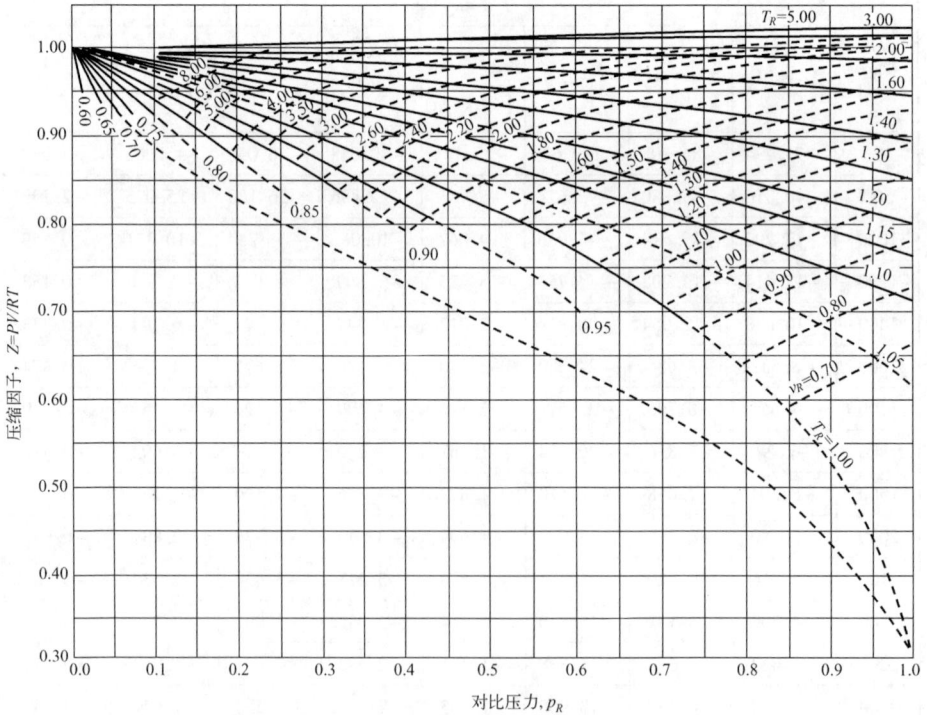

附图 1　通用压缩因子图（$p_R \leqslant 1.0$）

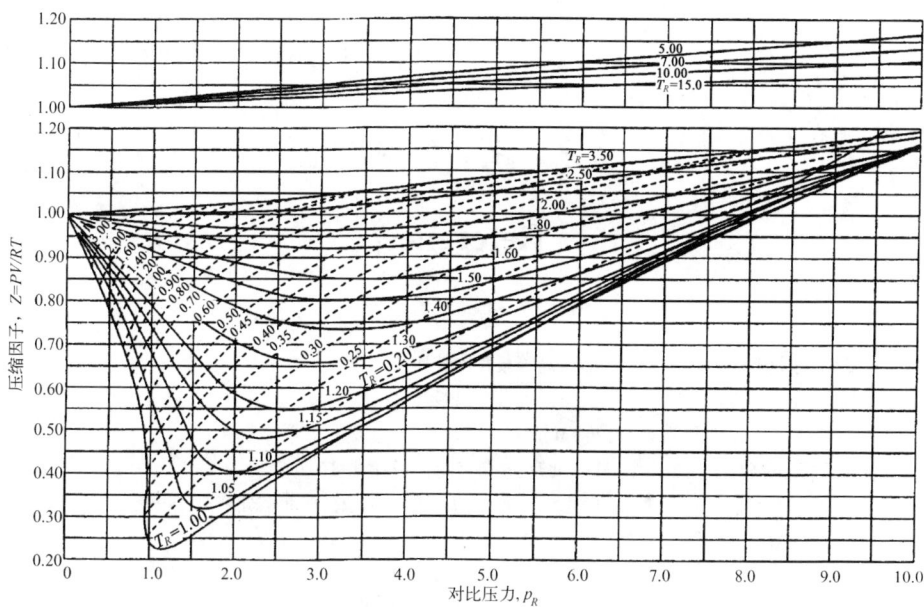

附图 2   通用压缩因子图($p_R \leqslant 10.0$)

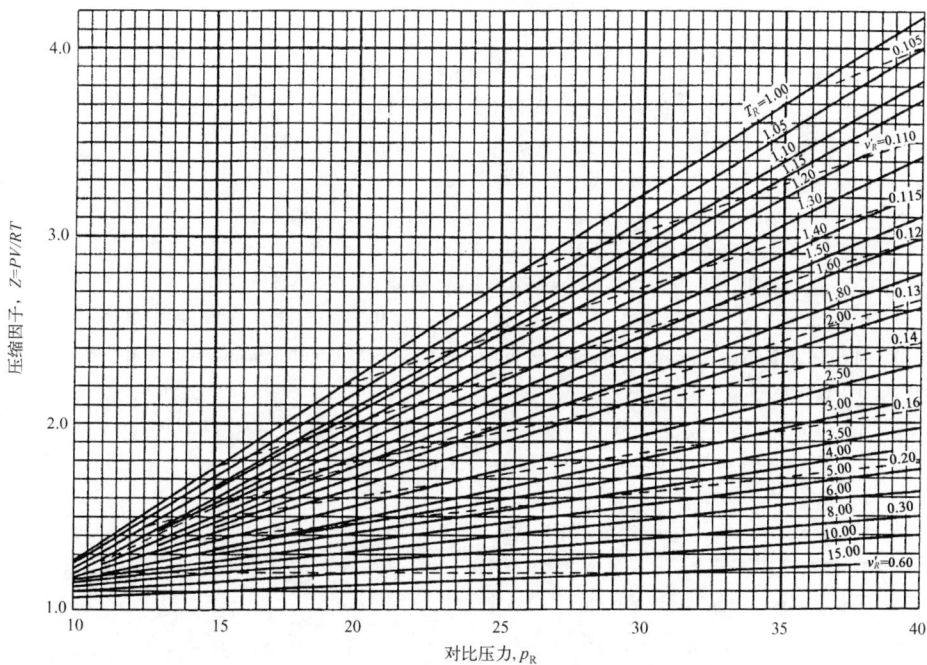

附图 3   通用压缩因子图($10.0 \leqslant p_R \leqslant 40.0$)

参 考 文 献

Reference

［1］ 庞麓鸣,等. 工程热力学[M]. 北京:高等教育出版社,1988.

［2］ 沈维道,等. 工程热力学[M]. 北京:高等教育出版社,1984.

［3］ 朱明善,等. 工程热力学题型分析[M]. 北京:清华大学出版社,1989.

［4］ 苏长荪,等. 高等工程热力学[M]. 北京:高等教育出版社,1987.

［5］ 琼斯 J B,霍金斯 G A. 工程热力学[M]. 北京:世界图书出版公司北京分公司,1994.

［6］ 郑令仪,孙祖国,赵静霞. 工程热力学[M]. 北京:兵器工业出版社,1993.

［7］ 严家騄. 工程热力学[M]. 北京:高等教育出版社,1989.

［8］ 张祉佑. 低温技术热力学[M]. 西安:西安交通大学出版社,1991.

［9］ 王竹溪. 热力学[M]. 北京:高等教育出版社,1960.

［10］ 谢锐生. 热力学原理[M]. 北京:人民教育出版社,1980.

［11］ 巴扎洛夫. 热力学[M]. 北京:高等教育出版社,1988.

［12］ 朱明善,等. 工程热力学[M]. 北京:清华大学出版社,1995.

［13］ 刘桂玉,等. 工程热力学[M]. 北京:高等教育出版社,1998.

［14］ 杨海,车驰东,张小卿. 工程热力学[M]. 北京:国防工业出版社,2009.

［15］ 周继珠,等. 工程热力学[M]. 长沙:国防科技大学出版社,1999.

［16］ 沈维道,蒋智敏,童钧耕,等. 工程热力学[M]. 北京:高等教育出版社,2001.

［17］ 辛明道,等. 沸腾传热及其强化[M]. 重庆:重庆大学出版社,1987.

［18］ 徐济鋆,鲁钟琪,等. 沸腾传热和气夜两相流[M]. 北京:原子能出版社,2001.

［19］ B. E. 波林,J. M. 普劳斯尼茨,等. 气液物性估算手册[M]. 北京:化学工业出版社,2006.

［20］ Michael J. Moran, Howard N. Shapiro M. Fundamentals EngineeringThermodynamics ［M］. New York: Wiley,1995.

［21］ Jones J B,Dugan R E. . Engineering Thermodynamics ［M］. Englewood Cliffs,N. J. ;Prentice Hall. C1996.

［22］ Irving Granet Maurice Bluestein. Thermodynamics and heat Power ［M］. Upper Saddle River, N. J: Prentice Hall. C2000.

［23］ Kenne Wark. Thermodynamics[M]. McGraw – Hill Book Company.

［24］ 吴沛宜,马元,等. 变质量系统热力学及其应用[M]. 北京:高等教育出版社,1983.

［25］ 蔡祖恢,等. 工程热力学[M]. 北京:高等教育出版社,1994.